Mathematikwerk für Gymnasien

Oberstufe · Analysis II

Bearbeitet von

Studiendirektor Klaus Bischops
Oberstudiendirektor Dr. Rainer Draaf
Studiendirektor Klaus Jochum
Oberstudiendirektor Wilhelm Kuypers
Professor Dr. Josef Lauter
Studiendirektor Dr. Karl Souvignier

PÄDAGOGISCHER VERLAG SCHWANN DÜSSELDORF

Zugelassen für den Gebrauch an Schulen

Auflage 6 5 4 3 / 81 80 79 78
Herstellung
ISBN 3-590-12328-1

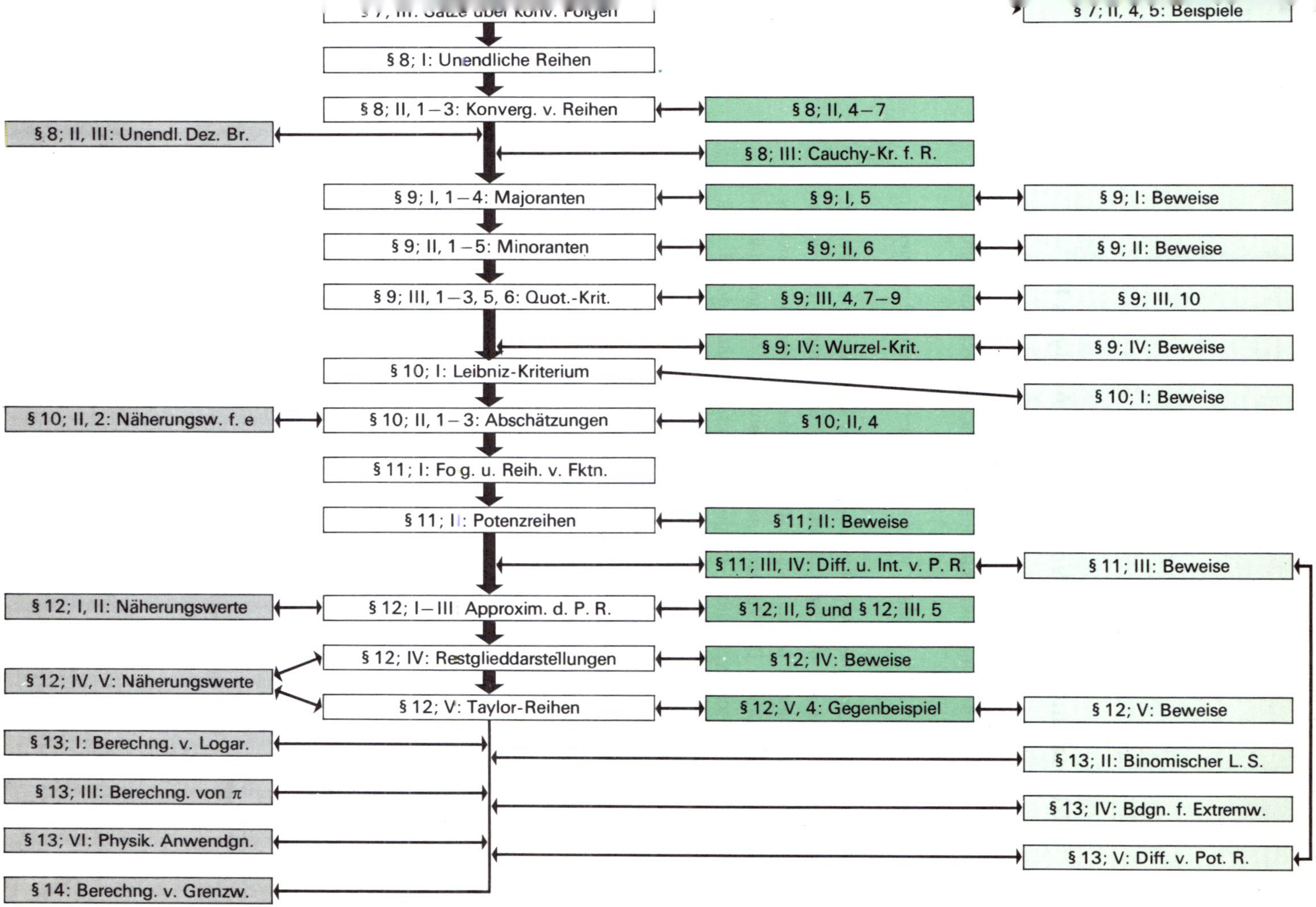

Christel Storms Jgst 12 5. Juni 78

Erläuterungen zum Wegweiser zu Analysis II

Der Wegweiser gibt Anhaltspunkte für eine mögliche sinnvolle Auswahl des Stoffes.
Der Grundkurs ist von allem entlastet worden, was nicht unbedingt notwendig erscheint.
Aus diesem Grunde sind z. B. die schwierigeren oder langwierigeren Beweise durchweg unter „Vertiefung I" bzw. „Vertiefung II" eingeordnet. Dies sollte jedoch nicht so verstanden werden, als ob keiner dieser Beweise im Grundkurs behandelt werden könnte. Die Verfasser sind vielmehr der Meinung, daß im Grundkurs exemplarisch wenigstens einige der zentralen Sätze des Buches vollständig bewiesen werden sollten; die Auswahl dieser Sätze wird dem Lehrer überlassen.
Im 1. Abschnitt des Buches eignen sich vor allem die Ergänzungen zur Integralrechnung in § 3 (Neudefinition des bestimmten Integrals; Integrierbarkeit stetiger Funktionen; uneigentliche Integrale) zu einer sinnvollen Vertiefung.
Die Reihenlehre des Grundkurses kommt mit Majoranten- und Minorantenkriterien aus. Das Verständnis für die Konvergenz von Reihen kann jedoch durch das Cauchykriterium (§ 7, II und § 8, III) wesentlich vertieft werden.
Vor allem für den 1. Abschnitt enthält der Wegweiser – soweit der Platz es erlaubt – auch Hinweise auf besonderen Aufgabentypen.

(weiß)	Kernstücke des Aufbaus
(dunkelgrün)	wichtige Vertiefungen
(hellgrün)	Vertiefungen und Ausweitungen
(grau)	Teile, die im wesentlichen Anwendungen enthalten

MATHEMATIKWERK FÜR GYMNASIEN

Mathematikwerk für Gymnasien

Unter Mitarbeit von

Studiendirektor Albert Bister
Studiendirektor Klaus Bischops
Studiendirektor Dr. Arno Brüning
Oberstudienrat Walter Corbach†
Oberstudiendirektor Dr. Klaus Dormanns
Oberstudiendirektor Dr. Rainer Draaf
Studiendirektor Hans-Joachim Fock
Studiendirektor Heinz-Georg Funke
Oberstudienrat Ernst Heinrichs
Oberstudienrat Dr. Ernst Hermann
Studiendirektor Karl Heinz Hürten
Studiendirektor Klaus Jochum
Oberstudienrat Manfred Lange
Professor Dr. Josef Lauter
Oberstudiendirektor Dr. Karl Püllen
Professor Dr. Josef Saxler
Oberstudiendirektor Werner Schafhaus
Studiendirektor Dr. Karl Souvignier
Studiendirektor Rolf Weidenfeld
Studiendirektor Hans Wuttke

herausgegeben von

Oberstudiendirektor Wilhelm Kuypers

PÄDAGOGISCHER VERLAG SCHWANN DÜSSELDORF

INHALT

1. Abschnitt: Ergänzungen zur Differential- und zur Integralrechnung

§ 1 Umkehrfunktionen

I. Zum Begriff der Umkehrfunktion 9
II. Umkehrfunktionen stetiger Funktionen 19
III. Umkehrfunktionen differenzierbarer Funktionen 27

§ 2 Erweiterung der Funktionenlehre

I. Potenz- und Wurzelfunktionen 33
II. Sogenannte „algebraische Funktionen" 37
III. Das Verfahren des „impliziten Differenzierens" 40
IV. Die Umkehrfunktionen der trigonometrischen Funktionen 43

§ 3 Ergänzungen zur Integralrechnung

I. Zur Definition des bestimmten Integrals 53
II. Die Integrierbarkeit stetiger Funktionen 65
III. Der 2. Mittelwertsatz der Integralrechnung 70
IV. Uneigentliche Integrale 73

§ 4 Exponential- und Logarithmusfunktionen

I. Definition und Eigenschaft einer Funktion L 79
II. Die Umkehrfunktion E zur Funktion L 86
III. Die Eulersche Zahl e. Natürliche Exponential- und natürliche Logarithmusfunktion 88
IV. Erweiterung des Potenzbegriffs 93
V. Logarithmusfunktionen zu einer Basis $a \in \mathbb{R}^{>0}$ 99
VI. Grenzwertformel für die Zahl e 107

§ 5 Die Integration gebrochener rationaler Funktionen

I. Neue Grundintegrale 112
II. Das Verfahren der Partialbruchzerlegung (I) 117
III. Das Verfahren der Partialbruchzerlegung (II) 122

§ 6 Physikalische Anwendungen

I. Beispiel einer Differentialgleichung (Radioaktiver Zerfall) 128
II. Beispiele und Aufgaben aus anderen Gebieten der Physik 132
III. Berechnung von Mittelwerten 137

2. Abschnitt: Einführung in die Reihenlehre

§ 7 Zahlenfolgen

I. Wiederholung grundlegender Begriffe und Sätze . . . 140
II. Das Konvergenzkriterium von Cauchy . . . 146
III. Weitere Sätze zu konvergenten Zahlenfolgen . . . 150

§ 8 Unendliche Reihen mit konstanten Gliedern

I. Der Begriff der unendlichen Reihe . . . 153
II. Konvergenz unendlicher Reihen . . . 156
III. Das Cauchykriterium für unendliche Reihen . . . 162

§ 9 Majoranten und Minoranten

I. Das Majorantenkriterium . . . 166
II. Das Minorantenkriterium . . . 169
III. Das Quotientenkriterium von d'Alembert . . . 173
IV. Das Wurzelkriterium von Cauchy . . . 180

§ 10 Alternierende Reihen

I. Das Konvergenzkriterium von Leibniz . . . 184
II. Abschätzungen bei alternierenden Reihen . . . 189

§ 11 Potenzreihen

I. Folgen und Reihen von Funktionen . . . 195
II. Potenzreihen . . . 200
III. Die Differentiation von Potenzreihen . . . 204
IV. Die Integration von Potenzreihen . . . 210

§ 12 Approximation von Funktionen durch Potenzreihen

I. Vorüberlegungen . . . 214
II. Approximation durch Polynome . . . 217
III. Herleitung des Restgliedes . . . 221
IV. Abschätzung des Restgliedes . . . 226
V. Taylor-Reihen (Maclaurin-Reihen) . . . 229

§ 13 Anwendungen von Taylor-Reihen

I. Berechnung von Logarithmen 234
II. Erweiterung des binomischen Lehrsatzes 237
III. Berechnung der Zahl π 242
IV. Hinreichende Bedingungen für lokale Extremwerte 246
V. Die Differentiation von Potenzreihen 247
VI. Anwendungen in der Physik 249

§ 14 Die Berechnung von Grenzwerten

I. Die Regel von de l'Hospital 254
II. Unbestimmte Ausdrücke der Form „$\infty - \infty$" 262
III. Grenzwertbestimmung mit Hilfe von Reihen 264

1. Abschnitt: Ergänzungen zur Differential- und zur Integralrechnung

§ 1 Umkehrfunktionen

I. Zum Begriff der Umkehrfunktion

1. Schon in der Mittelstufe haben wir uns mit Relationen und ihren Umkehrrelationen beschäftigt. Wir wiederholen das Wichtigste.

D 1.1 **Unter einer „Relation über einer Menge M“ versteht man eine Teilmenge der Menge $M \times M$:**

$$\mathbf{R \subseteq M \times M}.$$

Die Definitionsmenge von R bezeichnen wir mit „D(R)“, die Wertemenge von R mit „W(R)“. Stets gilt: $D(R) \subseteq M$ und $W(R) \subseteq M$.

Beispiel: Durch die Aussageform

$$A(x|y):\ x \text{ ist Teiler von } y$$

wird über der Menge $M = \{1, 2, 3, 4\}$ die folgende Relation festgelegt:

$$R = \{(1|1); (1|2); (1|3); (1|4); (2|2); (2|4); (3|3); (4|4)\}.$$

In diesem Falle gilt $D(R) = W(R) = M$.
Aus dieser Relation R erhält man die zugehörige „Umkehrrelation $\overset{-1}{R}$“ (gelesen „R oben minus eins“) dadurch, daß man in allen Paaren die Elemente miteinander vertauscht.

Beispiel: $\overset{-1}{R} = \{(1|1); (2|1); (3|1); (4|1); (2|2); (4|2); (3|3); (4|4)\}.$

Wir definieren:

D 1.2 **Unter der „Umkehrrelation $\overset{-1}{R}$ einer Relation R“ (oder der „konversen Relation einer Relation R“) versteht man die Relation**

$$\overset{-1}{\mathbf{R}} = \{(x|y) \mid (y|x) \in \mathbf{R}\}.$$

Es gilt also: $\quad (x|y) \in \overset{-1}{\mathbf{R}} \Leftrightarrow (y|x) \in \mathbf{R}.$

Aus dieser Definition ergibt sich unmittelbar:

1) $\overset{-1}{(\overset{-1}{R})} = R$;

2) $D(\overset{-1}{R}) = W(R)$;

3) $W(\overset{-1}{R}) = D(R)$.

Der Graph von $\overset{-1}{R}$ ergibt sich aus dem Graph von R durch Spiegelung an der 45°-Achse (Gerade zu $y = x$). Bild 1.1 zeigt die Graphen zu obigem **Beispiel.**

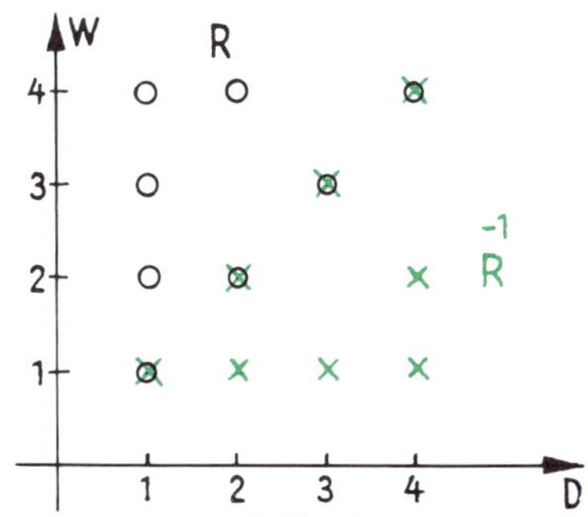

Bild 1.1

Das Pfeilbild von $\overset{-1}{R}$ entsteht aus dem Pfeilbild von R dadurch, daß man alle Pfeile durch ihre Gegenpfeile ersetzt (Bild 1.2).

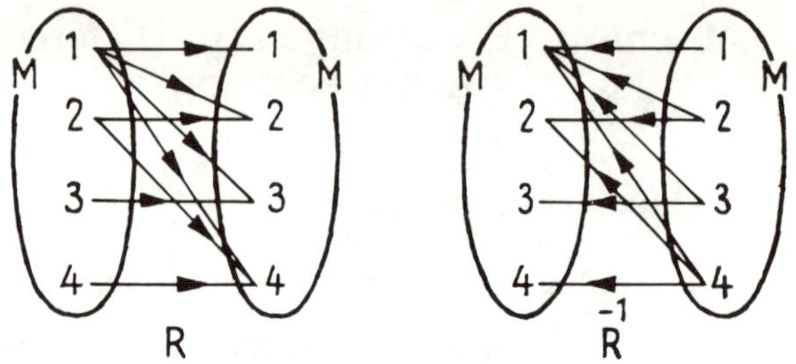

Bild 1.2

2. Ist eine Relation R **rechtseindeutig**, gilt also für $x, y_1, y_2 \in M$

$$(x|y_1) \in R \wedge (x|y_2) \in R \Rightarrow y_1 = y_2,$$

so nennt man R eine „**Abbildungsrelation**", eine „**Abbildung**", oder eine „**funktionale Relation**" oder eine „**Funktion**".

Wir definieren:

D 1.3 **Unter einer „Funktion f" oder „Abbildung f" versteht man eine rechtseindeutige Relation über einer Menge M.**

Durch eine Funktion f wird jedem Element $x \in D(f)$ eindeutig ein Element $y \in W(f)$ zugeordnet; man bezeichnet dieses Element y mit „f(x)" und schreibt:

$$x \mapsto f(x), \qquad \text{gelesen: „x abgebildet auf f von x".}$$

Man nennt f(x) den „**Funktionsterm**" und $y = f(x)$ die „**Funktionsgleichung**" von f. Es gilt:

$$y = f(x) \Leftrightarrow (x|y) \in f.$$

Beispiel:

Funktionsterm: $f(x) = 3x^2 + 1$
Funktionsgleichung: $y = 3x^2 + 1$

Beachte, daß nicht jeder Funktionsterm durch einen Rechenausdruck darstellbar ist!

Beispiel:

$$f(x) = \begin{cases} x^2 & \text{für } x > 1 \\ 1 - x & \text{für } -1 \leq x \leq 1 \\ 2 - x^2 & \text{für } x < -1 \end{cases} \qquad \text{(Bild 1.3)}$$

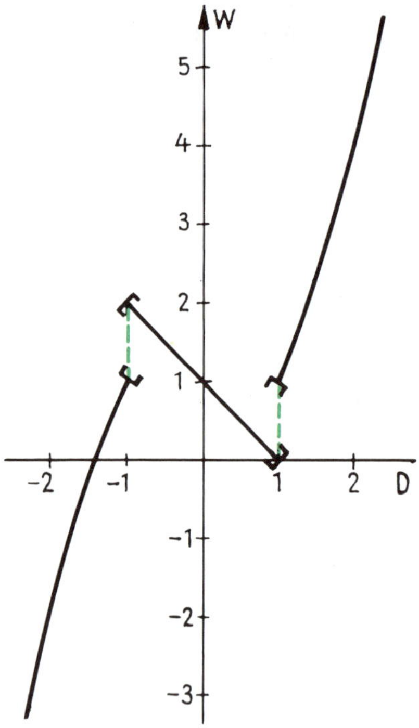

Bild 1.3

Bei manchen wichtigen Funktionen wählt man für die Funktionsterme eigene Zeichen.

Beispiele:

1) $f(x) = [x]$
(sogenannte „Gaußklammer")

2) $f(x) = \operatorname{sign} x$
(vgl. Band Analysis I!)

3. Durch einen Funktionsterm f(x) oder durch eine Funktionsgleichung der Form $y=f(x)$ ist eine Funktion f noch nicht eindeutig festgelegt.

Beispiel: Durch den Term $f(x)=x^2$ können u.a.

1) die Zahlenfolge $f_1=\{(1|1); (2|4); (3|9); (4|16); \ldots\}$
$=\{(x|y) \mid y=x^2 \wedge x \in \mathbb{N}\}$ und

2) die Funktion $f_2=\{(x|y) \mid y=x^2 \wedge x \in \mathbb{R}\}$

gegeben sein.
Zur eindeutigen Festlegung einer Funktion muß also noch angegeben werden, welche Menge A die Definitionsmenge der Funktion ist.
Daher kennzeichnet man eine Funktion häufig durch die Schreibweise:

$$f\colon x \mapsto f(x);\; x \in A.$$

Beispiele: **1)** $f_1\colon x \mapsto x^2;\; x \in \mathbb{N}$ **2)** $f_2\colon x \mapsto x^2;\; x \in \mathbb{R}$

Steht die Funktionsbezeichnung nicht allein, so deutet man die Zusammengehörigkeit der Zeichen gelegentlich durch spitze Klammern an:

$$f=\langle x \mapsto f(x);\; x \in A\rangle.$$

Beispiele: **1)** $f_1=\langle x \mapsto x^2;\; x \in \mathbb{N}\rangle$ **2)** $f_2=\langle x \mapsto x^2;\; x \in \mathbb{R}\rangle$

Außerdem gibt man häufig noch an, zu welcher Menge B die Elemente der Wertemenge gehören.
Gilt also

$$D(f)=A \quad \text{und} \quad W(f) \subseteq B,$$

so nennt man f eine **„Abbildung von A nach B"** und schreibt:

$$\mathbf{f\colon A \to B}.$$

Gilt sogar

$$D(f)=A \quad \text{und} \quad W(f)=B,$$

so nennt man f eine **„Abbildung von A auf B"** und schreibt:

$$\mathbf{f\colon A \xrightarrow[\text{auf}]{} B}.$$

Die Funktion (Abbildung) heißt dann auch **„surjektiv"** oder eine **„Surjektion"**.

Beachte:

1) Jede Abbildung (Funktion) von A auf B ist auch eine Abbildung von A nach B; das Umgekehrte gilt nicht.

2) Jede Abbildung (Funktion) von A nach B ist eine (rechtseindeutige) Relation über $M=A \cup B$.

4. Wenn es nicht ausdrücklich anders gesagt wird, setzen wir in diesem Buch voraus, daß $B=\mathbb{R}$ und A die Definitionsmenge des Funktionsterms in $\mathbb{R}$, also die umfassendste Teilmenge von $\mathbb{R}$ ist, die der Funktionsterm zuläßt.

Beispiele:

1) $f(x)=\frac{1}{1-x^2}$; dann ist $A=D(f)=\mathbb{R}\setminus\{1; -1\}$

2) $f(x)=\sqrt{x}$; dann ist $A=D(f)=\mathbb{R}^{\geq 0}$

3) $f(x)=\sin x$; dann ist $A=D(f)=\mathbb{R}$

Nach dieser Vereinbarung ist es also durchaus sinnvoll, in einer Aufgabe die Definitionsmenge einer Funktion bestimmen zu lassen.

5. Wenn man alle wesentlichen Informationen über eine Funktion in einer kurzen Formulierung zusammenfassen will, so bedient man sich der folgenden Schreibweise:

$$f\colon\ A \to B;\ x \mapsto f(x).$$

Wir betrachten zwei **Beispiele** zum Term $f(x) = x^2$.

1) $f_1\colon\ \mathbb{N} \to \mathbb{R};\ x \mapsto x^2$.
Es gilt $D(f_1) = \mathbb{N}$ und $W(f_1) \subseteq \mathbb{R}$; f_1 ist also eine Abbildung von $\mathbb{N}$ nach $\mathbb{R}$ (eine Zahlenfolge).

2) $f_2\colon\ \mathbb{R} \to \mathbb{R}^{\geq 0};\ x \mapsto x^2$.
Es gilt $D(f_2) = \mathbb{R}$ und $W(f_2) = \mathbb{R}^{\geq 0}$; f_2 ist also eine Abbildung von $\mathbb{R}$ auf $\mathbb{R}^{\geq 0}$, eine Surjektion.

Wir werden von dieser Schreibweise aber nur gelegentlich Gebrauch machen.
Wird durch eine Funktion f eine Menge A **auf** eine Menge B abgebildet, so schreibt man auch:

$$B = f(A).$$

Für eine Abbildung von A **nach** B gilt also: $f(A) \subseteq B$.

6. Ist eine Funktion f gegeben, so erhebt sich die Frage, ob auch die zugehörige Umkehrrelation $\overset{-1}{f}$ eine Funktion ist oder nicht. Das ist offenbar der Fall, wenn $\overset{-1}{f}$ rechtseindeutig, f also auch **linkseindeutig** ist. Man nennt f dann **„umkehrbar"** und $\overset{-1}{f}$ die **„Umkehrfunktion zur Funktion f"** oder die **„Umkehrabbildung zur Abbildung f"**.

Es gilt also der Satz:

S 1.1 **Die Umkehrrelation $\overset{-1}{f}$ einer Funktion f ist genau dann eine Funktion, wenn f auch linkseindeutig ist, wenn also für $x_1, x_2 \in D(f)$ gilt:**

$$(x_1|y) \in f \wedge (x_2|y) \in f \Rightarrow x_1 = x_2,$$

also

$$f(x_1) = f(x_2) \Rightarrow x_1 = x_2$$

oder

$$x_1 \neq x_2 \Rightarrow f(x_1) \neq f(x_2).$$

Bemerkung: Eine linkseindeutige Funktion f nennt man auch **„injektiv"** oder eine **„Injektion"**.

Beachte:

1) Zu jeder Funktion f gibt es eine Umkehrrelation $\overset{-1}{f}$; $\overset{-1}{f}$ braucht aber keine Funktion zu sein.

2) Nur wenn auch $\overset{-1}{f}$ eine Funktion ist, hat das Zeichen „$\overset{-1}{f}(x)$" einen Sinn.

Beispiele:

Zu 1): $f(x) = x^2$ mit $A = B = \mathbb{R}$; es ist $f = \{(x|y) \mid y = x^2 \wedge x, y \in \mathbb{R}\}$ und
$\overset{-1}{f} = \{(x|y) \mid x = y^2 \wedge x, y \in \mathbb{R}\} = \{(x|y) \mid (y = \sqrt{x} \vee y = -\sqrt{x}) \wedge x, y \in \mathbb{R}\}$
Zu $\overset{-1}{f}$ gibt es also keinen Term $\overset{-1}{f}(x)$.

Zu 2): $f(x) = x^2$ mit $A = B = \mathbb{R}^{\geq 0}$; es ist $f = \{(x|y) \mid y = x^2 \wedge x, y \in \mathbb{R}^{\geq 0}\}$ und
$\overset{-1}{f} = \{(x|y) \mid x = y^2 \wedge x, y \in \mathbb{R}^{\geq 0}\} = \{(x|y) \mid y = \sqrt{x} \wedge x, y \in \mathbb{R}^{\geq 0}\}$
$\overset{-1}{f}$ ist eine Funktion mit dem Term $\overset{-1}{f}(x) = \sqrt{x}$.

7. Ist eine Abbildung (eine Funktion) sowohl **surjektiv** als auch **injektiv**, so nennt man sie auch **„bijektiv“** oder eine **„Bijektion“**. Durch eine Bijektion f wird also jedem Element $x \in D(f)$ genau ein Element $y \in W(f)$ zugeordnet und umgekehrt entspricht jedem Element $y \in W(f)$ genau ein Element $x \in D(f)$.

Beispiel: Die Funktion $f = \{(x|y) | y = x^2 \wedge x, y \in \mathbb{R}^{\geq 0}\}$ ist eine Bijektion von $\mathbb{R}^{\geq 0}$ auf $\mathbb{R}^{\geq 0}$, eine Bijektion von $\mathbb{R}^{\geq 0}$ „auf sich“.

8. Man kann Relationen (und also auch Funktionen) miteinander **„verketten“**. Bei Funktionen ergibt sich der Term f(x) der „Verkettungsfunktion“ f dadurch, daß man den Term der ersten Funktion $f_1(x)$ in die Variable des Terms der zweiten Funktion $f_2(x)$ einsetzt:

$$f(x) = f_2[f_1(x)] \qquad \text{(vgl. Analysis I).}$$

Es gilt dann $D(f) \subseteq D(f_1)$ und $W(f) \subseteq W(f_2)$.

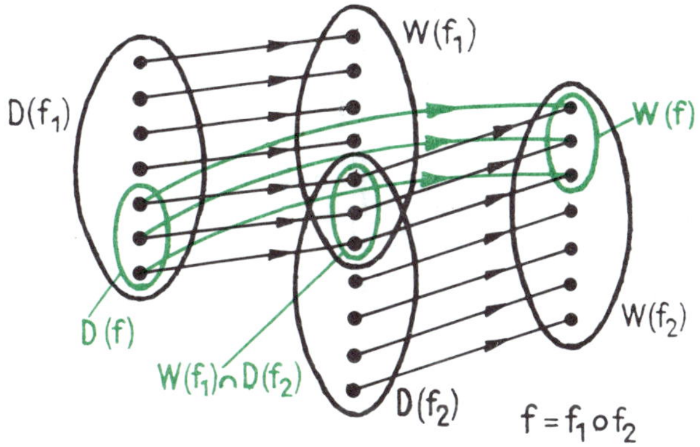

Bild 1.4

Bild 1.4 zeigt den Zusammenhang der Mengen $D(f_1)$, $W(f_1)$, $D(f_2)$, $W(f_2)$, D(f) und W(f) in einem Pfeilbild.

Beispiel: $f_1(x) = 1 - x^2$ mit $D(f_1) = \mathbb{R}$ und $W(f_1) = \mathbb{R}^{\leq 1}$;
$f_2(x) = \sqrt{x}$ mit $D(f_2) = \mathbb{R}^{\geq 0}$ und $W(f_2) = \mathbb{R}^{\geq 0}$;
dann ist $f(x) = f_2[f_1(x)] = \sqrt{1 - x^2}$ mit $D(f) = [-1; 1]$ und $W(f) = [0; 1]$.

Bild 1.5 zeigt den Zusammenhang in einer Darstellung mit drei Zahlengeraden.

Man drückt die Verkettung zweier Funktionen f_1 und f_2 zur Funktion f auch folgendermaßen aus:

$$f = f_1 \circ f_2, \qquad \text{gelesen: „f gleich } f_1 \text{ verkettet mit } f_2\text{“.}$$

Beachte: In der Termschreibweise $f(x) = f_2[f_1(x)]$ steht das Zeichen für die **erste** Funktion an **zweiter** Stelle, das Zeichen für die **zweite** Funktion an **erster** Stelle. Daher bezeichnet man in der wissenschaftlichen Literatur die Verkettungsfunktion f häufig mit

$$f = f_2 \circ f_1, \qquad \text{gelesen: „f gleich } f_2 \text{ nach } f_1\text{“.}$$

Wir werden in diesem Buch statt dessen die naheliegende Schreibweise

$$f = f_1 \circ f_2, \qquad \text{gelesen: „f gleich } f_1 \text{ verkettet mit } f_2\text{“}$$

verwenden, haben dabei aber zu beachten, daß in der Termschreibweise die umgekehrte Reihenfolge auftritt: $f(x) = f_2[f_1(x)]$.

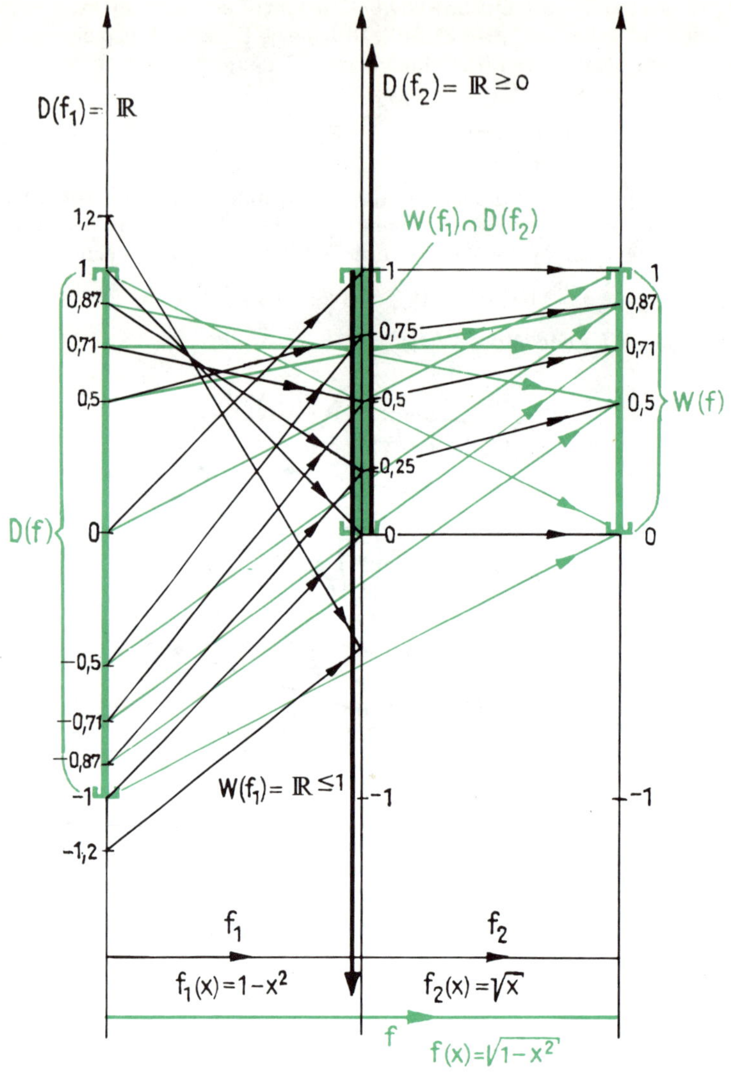

Bild 1.5

9. Allgemein definiert man die Verkettung von Relationen [1]) folgendermaßen:

D 1.4 **Unter der Verkettungsrelation R zweier Relationen R_1 und R_2 (über einer Menge M) versteht man die Menge aller Paare $(x|y) \in M \times M$, für die es ein Element $z \in M$ gibt mit $(x|z) \in R_1$ und $(z|y) \in R_2$:**

$$\mathbf{R_1 \circ R_2 = \{(x|y) \mid \bigvee_{z \in M} [(x|z) \in R_1 \wedge (z|y) \in R_2]\}.}$$

[1]) Vgl. Band „Logik, Relationen, Zahlen".

Beispiel: $R_1 = \{(1|2); (2|4); (3|6); (4|8)\}$;
$R_2 = \{(1|2); (2|3); (3|4); (4|5); (5|6); (6|7); (7|8)\}$;
dann ist $R_1 \circ R_2 = \{(1|3); (2|5); (3|7)\}$.

10. Verkettet man eine umkehrbare Funktion mit ihrer Umkehrfunktion, so ergibt sich stets eine identische Funktion, also eine Funktion, die jedes Element ihrer Definitionsmenge auf sich selbst abbildet; wir bezeichnen die Identität über einer Menge M mit „id_M".

Beispiel: $f = \{(1|2); (2|3); (3|4)\}$ mit $D(f) = \{1, 2, 3\}$ und $W(f) = \{2, 3, 4\}$;
$\overset{-1}{f} = \{(2|1); (3|2); (4|3)\}$ mit $D(\overset{-1}{f}) = \{2, 3, 4\}$ und $W(\overset{-1}{f}) = \{1, 2, 3\}$.
Es gilt: $f \circ \overset{-1}{f} = \{(1|1); (2|2); (3|3)\} = id_{D(f)}$
und: $\overset{-1}{f} \circ f = \{(2|2); (3|3); (4|4)\} = id_{W(f)} = id_{D(\overset{-1}{f})}$.

Es gilt also der Satz[1]):

S 1.2 **Für eine umkehrbare Funktion f (eine Injektion) gilt:**

1) $\mathbf{f \circ \overset{-1}{f} = id_{D(f)}}$**, also:** $\mathbf{\overset{-1}{f}[f(x)] = x}$ **für alle** $\mathbf{x \in D(f)}$**;**

2) $\mathbf{\overset{-1}{f} \circ f = id_{W(f)}}$**, also:** $\mathbf{f[\overset{-1}{f}(x)] = x}$ **für alle** $\mathbf{x \in W(f)}$**.**

Beispiel: $f(x) = \sqrt{x-1}$ mit $D(f) = \mathbb{R}^{\geq 1}$ und $W(f) = \mathbb{R}^{\geq 0}$
$\overset{-1}{f}(x) = x^2 + 1$ mit $D(\overset{-1}{f}) = \mathbb{R}^{\geq 0}$ und $W(\overset{-1}{f}) = \mathbb{R}^{\geq 1}$.
Es gilt: $\overset{-1}{f}[f(x)] = \sqrt{x-1}^2 + 1 = x - 1 + 1 = x$ für alle $x \in \mathbb{R}^{\geq 1}$
und $f[\overset{-1}{f}(x)] = \sqrt{(x^2+1)-1} = \sqrt{x^2} = x$ für alle $x \in \mathbb{R}^{\geq 0}$.

Übungen und Aufgaben

1. Über einer gegebenen Menge M sei durch eine Aussageform $A(x|y)$ eine Relation $R \subseteq M \times M$ festgelegt. Ermittle die betreffende Relation R, ihre Definitionsmenge $D(R)$ und ihre Wertemenge $W(R)$. Zeichne von der Relation R ein Pfeilbild und den Relationsgraphen!

a) $M = \{1, 2, 5, 8, 9, 10, 12, 15, 18, 20\}$; $A(x|y)$: x ist ein Vielfaches von y

b) $M = \{3, 4, 7, 8, 12, 14, 17\}$; $A(x|y)$: x und y sind teilerfremd

c) $M = \{1, 2, 3, 4, 5, 6\}$; $A(x|y)$: $x^2 + y^2 \leq 25$

d) $M = \{2, 3, 4, 5, 6\}$; $A(x|y)$: $x \cdot y \leq 20$

e) $M = \{0, 1, -1, 2, -2, 3, -3, 4, -4, 5, -5\}$; $A(x|y)$: $x^2 + y^2 \leq 25$

f) $M = \{-3, -2, -1, 0, 1, 2, 3\}$; $A(x|y)$: $y = |x|$

2. a) Ermittle zu den Aufgaben 1a) bis 1f) die zugehörigen Umkehrrelationen $\overset{-1}{R}$. Vergleiche ihre Definitionsmengen $D(\overset{-1}{R})$ mit $W(R)$, ihre Wertemengen $W(\overset{-1}{R})$ mit $D(R)$! Vergleiche Pfeilbilder und Relationsgraphen von $\overset{-1}{R}$ mit denjenigen von R! Prüfe schließlich, wie die Graphen von R und $\overset{-1}{R}$ jeweils zur 45°-Achse (Gerade zu $y = x$) liegen, und gib dafür eine Begründung an!

[1]) Der Beweis findet sich im Band „Logik, Relationen, Zahlen".

b) Über der Menge $M=\{-3, -2, -1, 0, 1, 2, 3\}$ ist durch die Aussageform $A(x|y)$: $x+y=0$ eine Relation R gegeben. Bilde die zugehörige Umkehrrelation $\overset{-1}{R}$ und zeige, daß „R" und „$\overset{-1}{R}$" die gleiche Relation bezeichnen! Woran liegt das? Vergleiche unter anderem auch die Graphen!

c) Bilde selbst Beispiele für Relationen R, die gleich ihrer Umkehrrelation $\overset{-1}{R}$ sind! (Hinweis: auch Aufgabe 1 enthält solche Beispiele.)

d) Wie muß der Graph einer Relation R zur 45°-Achse liegen, wenn R gleich der zugehörigen Umkehrrelation $\overset{-1}{R}$ ist? Leite daraus eine allgemeine Bedingung für $R=\overset{-1}{R}$ ab!

3. Zeige, daß die folgenden Relationen R über M rechtseindeutig, also Funktionen f über M sind! Bestimme $D(f)\subseteq M$ und $W(f)\subseteq M$. Zeichne die Funktionsgraphen jeweils über D(f).

a) $M=\{0, 1, 2, 3, 4, 5\}$; $A(x|y)$: $x^2+y^2=25$

b) $M=[-6; 6]\subset \mathbb{R}$; $A(x|y)$: $y=x-|x|$

c) $M=[-7; 7]\subset \mathbb{R}$; $A(x|y)$: $y=x\cdot|x|$

d) $M=\{\frac{1}{4}, \frac{1}{3}, \frac{1}{2}, 1, 2, 3, 4\}$; $A(x|y)$: $y=\dfrac{1}{x}$

e) $M=\{\frac{1}{4}, -\frac{1}{4}, \frac{1}{3}, -\frac{1}{3}, \frac{1}{2}, -\frac{1}{2}, 1, -1, 2, -2, 3, -3, 4, -4\}$; $A(x|y)$: $x\cdot y=-1$

f) $M=[-4; 4]\subset \mathbb{R}$; $A(x|y)$: $y=x+|x|-4$

g) $M=\mathbb{R}$; $A(x|y)$: $y=[x]$ (Gaußklammer)

h) $M=\mathbb{R}$; $A(x|y)$: $y=x-[x]$

i) $M=\mathbb{R}$; $A(x|y)$: $y=x+[x]$

4. a) Begründe, warum die durch folgende Bedingungen gegebenen Relationen weder rechtseindeutig noch linkseindeutig sind!

1) $M=\mathbb{R}$; $A(x|y)$: $x^2+y^2=1$

2) $M=\mathbb{R}$; $A(x|y)$: $x^2+y^2\neq 1$

3) $M=\mathbb{R}$; $A(x|y)$: $(x^2+y^2>1)\vee(x^2+y^2=0)$

b) Begründe, warum die Funktion f_1 zu $f_1(x)=x+[x]$; $x\in\mathbb{R}$ auch linkseindeutig, die Funktion f_2 zu $f_2(x)=x-[x]$; $x\in\mathbb{R}$ jedoch nicht linkseindeutig ist!

5. a) Prüfe, welche der in Aufgabe 1 gegebenen Relationen auch Funktionen sind!

b) Prüfe, welche von den in Aufgabe 2b) und 3 gegebenen Funktionen auch linkseindeutig, also auch umkehrbar sind! Gib die betreffenden Umkehrfunktionen an!

c) Ermittle zu den in Aufgabe 3 gegebenen Funktionen f die zugehörigen Umkehrrelationen $\overset{-1}{f}$; bestimme jeweils $D(\overset{-1}{f})$ und $W(\overset{-1}{f})$. Zeichne den Relationsgraphen von $\overset{-1}{f}$ über $D(\overset{-1}{f})$.

d) Welche von den Funktionen in Aufgabe 3 sind

1) surjektiv, 2) injektiv, 3) surjektiv **und** injektiv, also bijektiv?

6. Bilde zu den durch die folgenden Bedingungen gegebenen Funktionen die Umkehrfunktionsterme! Zeichne über geeigneten Intervallen die Graphen zu f und $\overset{-1}{f}$!

a) $f(x)=x^2\cdot\sqrt{x}$, $D(f)=\mathbb{R}^{\geq 0}$ **b)** $f(x)=8x^3$, $D(f)=\mathbb{R}$

c) $f(x)=\frac{4}{x-1}$, $D(f)=\mathbb{R}^{\neq 1}$

d) $f(x)=4x^2-4$, $D(f)=\mathbb{R}^{\geq 1}$

e) $f(x)=\{(x|y)\,|\,y=x-\sqrt{x^2-2} \wedge x\in\mathbb{R}^{\geq\sqrt{2}}\}$

f) $f(x)=\frac{\sqrt{x}}{x-2}$, $D(f)=\mathbb{R}^{>2}$.

7. Von einer Funktion f ist die Umkehrfunktion $\overset{-1}{f}$ gegeben. Ermittle den Term f(x)!

a) $\overset{-1}{f}(x)=-x-2$, $D(\overset{-1}{f})=\mathbb{R}$

b) $\overset{-1}{f}(x)=\frac{4}{7}x$, $D(\overset{-1}{f})=\mathbb{R}$

c) $\overset{-1}{f}(x)=2x-4$, $D(\overset{-1}{f})=\mathbb{R}$

d) $4x+8y=16$, $D(\overset{-1}{f})=\mathbb{R}$

e) $\overset{-1}{f}(x)=\sqrt{x-3}$, $D(\overset{-1}{f})=\mathbb{R}^{\geq 3}$

f) $\overset{-1}{f}(x)=\sqrt{x+2}-1$, $D(\overset{-1}{f})=\mathbb{R}^{\geq -2}$

g) $\overset{-1}{f}(x)=\sqrt[3]{4x^2}$, $D(\overset{-1}{f})=\mathbb{R}^{\geq 0}$

h) $\overset{-1}{f}(x)=\sqrt[3]{\frac{x}{4}+2}$, $D(\overset{-1}{f})=\mathbb{R}$

8. a) Zeige durch einen Beweis, daß die beiden folgenden Aussageformen äquivalent sind (vgl. Formulierung in Satz 1.1)!
Für $x_1, x_2\in D(f)$ gilt: $f(x_1)=f(x_2) \Rightarrow x_1=x_2$ und
für $x_1, x_2\in D(f)$ gilt: $x_1\neq x_2 \Rightarrow f(x_1)\neq f(x_2)$.

b) Beweise Satz 1.1 in ausführlicher Form!

9. Prüfe, ob eine „Abbildung von A nach B" oder eine „Abbildung von A auf B" (Surjektion) vorliegt!

a) $f_1: \mathbb{Q}^{>0}\to\mathbb{R}^{\geq 0};\ x\mapsto\sqrt{x}$

b) $f_2: \mathbb{Q}\to\mathbb{Q};\ x\mapsto x^3$

c) $f_3: \mathbb{R}\to\mathbb{Z};\ x\mapsto[x]$ (Gaußklammer)

d) $f_4: \mathbb{R}\to\mathbb{R};\ x\mapsto x+[x]$

e) $f_5: \left[-\frac{\pi}{2}; \frac{\pi}{2}\right]\to[-1; 1];\ x\mapsto\cos x$

f) $f_6: \left[-\frac{\pi}{2}; \frac{\pi}{2}\right]\to[-1; 1];\ x\mapsto\sin x$

10. Welche von den in Aufgabe 9 gegebenen Abbildungen (Funktionen) sind bijektiv? Beschreibe in diesen Fällen die zugehörigen Umkehrfunktionen als Abbildungen (vgl. Beispiele in Aufgabe 9)! Gib in den anderen Fällen die Umkehrrelationen an, bestimme $D(\overset{-1}{f_k})$ und $W(\overset{-1}{f_k})$, $k\in\{1, 2, \ldots, 5, 6\}$ und zeichne die Relationsgraphen von $\overset{-1}{f_k}$ über $[-4; 4]$!

11. Ändere in den Aufgaben 9a), 9d) und 9e) die Definitionsmengen $D(f_k)$ oder Wertemengen $W(f_k)$ so ab, daß

a) Surjektionen (Abbildungen von A auf B),

b) Bijektionen entstehen!

12. Begründe, warum die folgenden Funktionen keine Umkehrfunktionen besitzen!

a) $f=\{(x|y)\,|\,y=\sin x \wedge x\in[0; 2\pi] \wedge y\in[-1; 1]\}$

b) $f(x)=(x-1)^2$ mit $D(f)=A=\mathbb{R}$ und $W(f)=B\subseteq\mathbb{R}$

c) $f(x)=x^3-x$ mit $D(f)=A=\mathbb{R}$ und $W(f)=B=\mathbb{R}$

d) $f(x)=\tan x$ mit $D(f)=\mathbb{R}\setminus\left\{(2n-1)\cdot\frac{\pi}{2}\,\middle|\,n\in\mathbb{Z}\right\}$ und $W(f)=\mathbb{R}$

e) $f=\{(x|y)\,|\,x^2+y^2=25 \wedge x\in[-5; 5] \wedge y\in[0; 5]\}$

f) $f=\{(x|y)\,|\,y=x-[x] \wedge x, y\in\mathbb{R}\}$.

13. Für welche maximalen Definitionsmengen $D(f)=A$ sind die Umkehrrelationen $\overset{-1}{f}$ der Funktionen in Aufgabe 12 Funktionen?

Gib, soweit wie möglich, für die Umkehrfunktionen $\overset{-1}{f}$ Funktionsgleichungen bzw. Funktionsterme an!

14. a) Vergleiche die Funktion $f=\{(x|y)|x+y=1 \wedge x, y \in \mathbb{R}\}$ mit ihrer zugehörigen Umkehrfunktion! Was stellst du fest? Begründe deine Feststellung!

b) Nenne alle linearen Funktionen, die jeweils mit ihren Umkehrfunktionen übereinstimmen und begründe dein Ergebnis! (Verallgemeinerung von a).) Überprüfe, ob zu den gesuchten linearen Funktionen auch $f=\{(x|y)|x=y \wedge x, y \in \mathbb{R}\}$ gehört!

15. Prüfe, ob die durch die folgenden Bedingungen gegebenen Funktionen gleich ihren Umkehrfunktionen sind!

a) $M=\mathbb{R}^{\neq 0}$; $x \cdot y=1$ **b)** $M=\mathbb{R}^{>0}$; $x^2 \cdot y=1$

c) $f=\{(x|y)|x^2+y^2=25 \wedge x \in [0;5] \wedge y \in [0;5]\}$

d) $f=\{(x|y)|x^2+y^2=25 \wedge x \in [-5;5] \wedge y \in [0;5]\}$

e) $M=[-5;5]$; $x^2+y^2=25$ und $[(x \geq y \wedge y \geq 0)$ oder $(x<0 \wedge y \leq 0)]$

16. a) Untersuche, wie die Graphen solcher Funktionen zur 45°-Achse liegen, die mit ihren Umkehrfunktionen übereinstimmen! Formuliere das Ergebnis allgemein und begründe es!

b) Entwirf selbst über $D(f)=[-6;6]$ Graphen von Funktionen, die gleich ihren zugehörigen Umkehrfunktionen sind!

17. Bestimme bei den folgenden „Verkettungsfunktionen" $f=f_1 \circ f_2$ die Terme $f_1(x)$ und $f_2(x)$ der verketteten Funktionen; ermittle ferner $D(f_1)$, $W(f_1)$ und $D(f_2)$, $W(f_2)$ dazu! Bilde $W(f_1) \cap D(f_2)$ und prüfe nach, ob die Beziehungen $D(f) \subseteq D(f_1)$ und $W(f) \subseteq W(f_2)$ gelten!

a) $f(x)=\sin(x^2)$; $D(f)=\mathbb{R}$ **b)** $f(x)=\sin^2 x \, (=_{Df} (\sin x)^2)$; $D(f)=\mathbb{R}$

c) $f(x)=\sqrt{3x-6}$; $D(f)=\mathbb{R}^{\geq 2}$ **d)** $f(x)=(x-1)^3$; $D(f)=\mathbb{R}$

e) $f(x)=\sqrt{1-|x|}$; $D(f)=[-1;1]$ **f)** $f(x)=\tan\left(x-\frac{\pi}{4}\right)$; $D(f)=]-\frac{1}{4}\pi; \frac{3}{4}\pi[$

g) $f(x)=\frac{1}{\sqrt{x}}$; $D(f)=\mathbb{R}^{>0}$ **h)** $f(x)=\frac{1}{x^2}$; $D(f)=\mathbb{R}^{\neq 0}$

i) $f(x)=\frac{1}{\sqrt{|x|}}$; $D(f)=\mathbb{R}^{\neq 0}$ **j)** $f(x)=\cos\sqrt{x}$; $D(f)=\mathbb{R}^{\geq 0}$

k) $f(x)=\sin\left(\frac{\pi}{2}\cdot[x]\right)$; $D(f)=\mathbb{R}$ **l)** $f(x)=\sqrt[3]{\cos x}$; $D(f)=[-\pi;3\pi]$

18. Bilde zu den in Aufgabe 17 gegebenen Funktionen die „Verkettungsfunktionen" $\varphi=f_2 \circ f_1$ mit Funktionstermen von der Form $\varphi(x)=f_1[f_2(x)]$! Beachte, daß φ dadurch entsteht, daß der Term $f_2(x)$ in die Variable des Terms $f_1(x)$ eingesetzt wird! Ermittle $D(\varphi)$ und $W(\varphi)$; weise $D(\varphi) \subseteq D(f_2)$ und $W(\varphi) \subseteq W(f_1)$ nach und prüfe, ob $W(f_2) \cap D(f_1) \neq \emptyset$ gilt!

19. Verkette die Funktionen f_1 und f_2 der folgenden Paare zu Verkettungsfunktionen!

1) $f=f_1 \circ f_2$ mit $f(x)=f_2[f_1(x)]$
2) $f^*=f_2 \circ f_1$ mit $f^*(x)=f_1[f_2(x)]$

a) $f_1(x)=\operatorname{sign} x$; $f_2(x)=\sqrt{x}$ **b)** $f_1(x)=\frac{1}{x^2}$; $f_2(x)=[x]$

c) $f_1(x)=x+1$; $f_2(x)=\frac{1}{x}-x$ **d)** $f_1(x)=\cos x$; $f_2(x)=\frac{1-x^{-2}}{x^2}$

e) $f_1(x)=\sqrt{x}$; $\quad f_2(x)=\sin^2 x-1$ **f)** $f_1(x)=\operatorname{sign} x$; $f_2(x)=[x]-x$.

Bestimme die maximalen Intervalle, in denen die gegebenen Funktionen und die Verkettungsfunktionen f bzw. f* definiert sind!

20. Bilde die Verkettungsrelationen $R=R_1 \circ R_2$ und $R^*=R_2 \circ R_1$!

a) $R_1=\{(0|2), (5|3), (1|2), (9|3), (5|1)\}$;
$R_2=\{(2|0), (3|7), (5|1), (0|5), (1|3), (1|9), (3|4)\}$

b) $R_1=\{(n|n+1) \mid n \in \mathbb{N}\}$; $R_2=\{(n|n+1) \mid n \in \mathbb{N} \cup \{0\}\}$

c) $R_1=\{(x|y) \mid y^2=x \wedge x, y \in \mathbb{R}\}$; $R_2=\{(x|y) \mid y=x^2 \wedge x, y \in \mathbb{R}\}$

d) $R_1=\{(x|y) \mid x^2+y^2=16 \wedge x, y \in \mathbb{R}\}$; $R_2=\{(x|y) \mid y^2+x^2=16 \wedge x, y \in \mathbb{R}\}$

e) $R_1=\{(x|y) \mid x \in \mathbb{R} \wedge y \in [-1;1] \wedge y=\sin x\}$; $R_2=\{(x|y) \mid x \in [-1;1] \wedge y \in \mathbb{R} \wedge x=\sin y\}$

21. Prüfe, welche von den in Aufgabe 20 betrachteten Verkettungsrelationen $R=R_1 \circ R_2$ bzw. $R^*=R_2 \circ R_1$ Funktionen sind! Ermittle $D(R)$ und $W(R)$!

22. a) Nenne diejenigen Beispiele in Aufgabe 20, die den Satz 1.2 bestätigen!

b) Bestätige die Aussage von Satz 1.2 am Beispiel der in der Aufgabe 20b) genannten Relationen R_1 bzw. R_2!

c) Beweise Satz 1.2 in ausführlicher Form!

II. Umkehrfunktionen stetiger Funktionen

1. Wir wollen uns in diesem Abschnitt mit Funktionen beschäftigen, die über einem Intervall oder über einer anderen lückenlosen Teilmenge von $\mathbb{R}$ **stetig** sind. Dazu definieren wir zunächst:

D 1.5 **Eine Menge M mit $M \subseteq \mathbb{R}$ heißt „zusammenhängend" genau dann, wenn mit $x_1, x_2 \in M$ auch alle Zahlen x, die zwischen x_1 und x_2 liegen, zu M gehören, wenn also gilt:**

$$x_1, x_2 \in M \wedge x_1 < x < x_2 \Rightarrow x \in M.$$

Zusammenhängend sind also (vgl. die Aufgaben 1 und 2):

1) alle offenen, alle halboffenen und alle abgeschlossenen Intervalle;

2) alle sogenannten „Endstücke" von $\mathbb{R}$, das sind Mengen der Form $\mathbb{R}^{\geq a}$, $\mathbb{R}^{>a}$, $\mathbb{R}^{\leq a}$, $\mathbb{R}^{<a}$ (mit $a \in \mathbb{R}$);

3) alle einelementigen Mengen;

4) die leere Menge und

5) die volle Menge $\mathbb{R}$.

2. Im folgenden werden wir von einem wichtigen Satz über stetige Funktionen Gebrauch machen, den wir bereits im Band „Analysis I" kennengelernt haben, dem sogenannten **„Zwischenwertsatz von Bolzano"**:

S 1.3 **Ist eine Funktion f stetig über einem abgeschlossenen Intervall [a; b] und gilt $f(a) \neq f(b)$, so gibt es zu jeder Zahl z zwischen f(a) und f(b) eine Stelle $x_0 \in [a;b]$ mit $f(x_0)=z$.**

Man sagt: eine über einem abgeschlossenen Intervall stetige Funktion nimmt jeden Zwischenwert an (vgl. die Aufgaben 3 und 4). Mit Hilfe des Begriffs der zusammenhängenden Menge können wir diesen Satz etwas anders formulieren.

S 1.3a **Eine zusammenhängende Menge A wird durch eine über A stetige Funktion auf eine zusammenhängende Menge B abgebildet** (Bild 1.6).

Beweis: Es seien $x_1, x_2 \in A$ und $f(x_1) \neq f(x_2)$; dann gibt es zu jeder Zahl z zwischen $f(x_1)$ und $f(x_2)$ nach S 1.3 eine Stelle x zwischen x_1 und x_2 mit $f(x) = z$. Dies bedeutet, daß die Bildmenge von A – die Menge $B = f(A)$ – wiederum zusammenhängend ist, q. e. d.

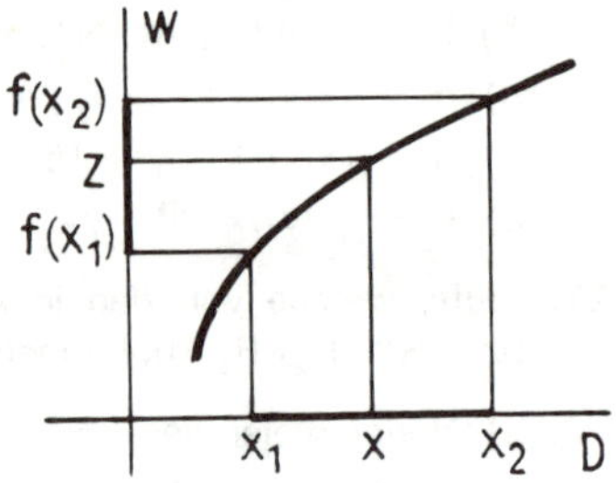

Bild 1.6

3. Wir fragen uns nun, unter welchen Bedingungen eine Funktion f, die über einer zusammenhängenden Menge M **stetig** ist, eine Injektion und somit umkehrbar ist.

Anschaulich ergibt sich aus den Bildern 1.7a und 1.7b unmittelbar, daß eine solche Funktion nur dann umkehrbar ist, wenn sie entweder streng monoton steigend oder streng monoton fallend ist. In der Tat gilt der Satz:

S 1.4 **Eine über einer zusammenhängenden Menge M stetige Funktion f ist injektiv (umkehrbar) genau dann, wenn sie über M streng monoton ist.**

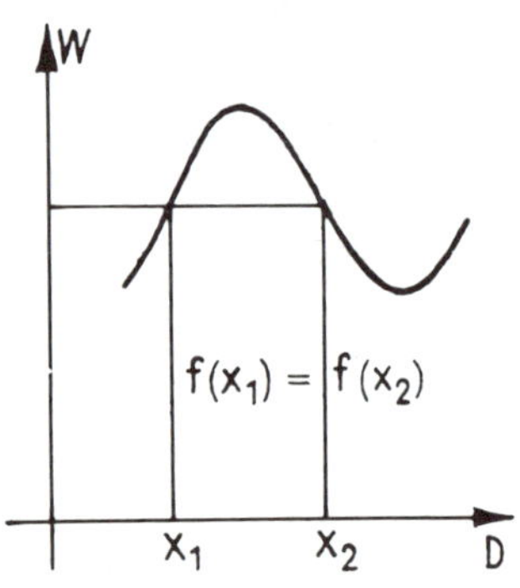

Bild 1.7a

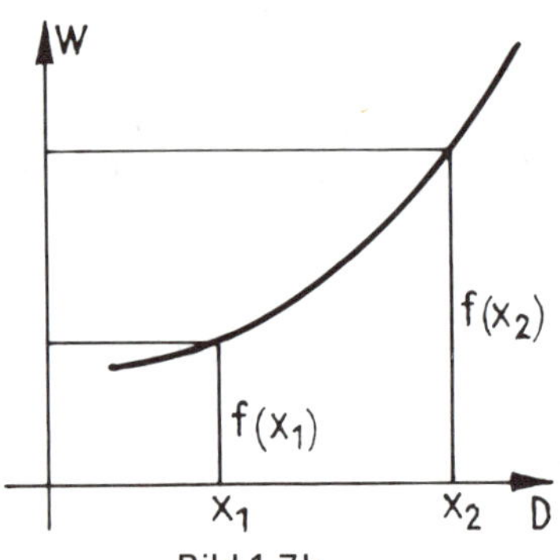

Bild 1.7b

Wir führen den **Beweis** wegen des „genau dann, wenn" in zwei Schritten.

1) Wir setzen voraus, daß f streng monoton ist. Wählt man nun zwei Zahlen $x_1, x_2 \in D(f)$ mit $x_1 < x_2$, so folgt $f(x_1) < f(x_2)$ oder $f(x_1) > f(x_2)$, in jedem Falle also $f(x_1) \neq f(x_2)$; daher ist f nach S 1.1 injektiv und $\overset{-1}{f}$ ist ebenfalls eine Funktion.

2) Wir setzen voraus, daß f injektiv, $\overset{-1}{f}$ also eine Funktion ist. Ist dann f nicht streng monoton, so gibt es drei Zahlen $x_1, x_2, x_3 \in D(f)$ mit $x_1 < x_2 < x_3$ für die z. B. gilt

$$f(x_1) < f(x_2) \quad \text{und} \quad f(x_2) \nless f(x_3).$$

1. Fall:

$f(x_2) = f(x_3)$; dann ist f nicht injektiv.

2. Fall:

$$f(x_2) > f(x_3) \qquad \text{(Bild 1.8)};$$

ist dann z. B. $f(x_1) \geq f(x_3)$, so gibt es wegen der vorausgesetzten Stetigkeit von f nach dem Zwischenwertsatz S 1.3 zu jeder Zahl z zwischen $f(x_1)$ und $f(x_2)$ zwei Stellen ξ_1 und ξ_2 mit

$$x_1 < \xi_1 < x_2, \quad x_2 < \xi_2 < x_3 \quad \text{und} \quad f(\xi_1) = f(\xi_2) = z.$$

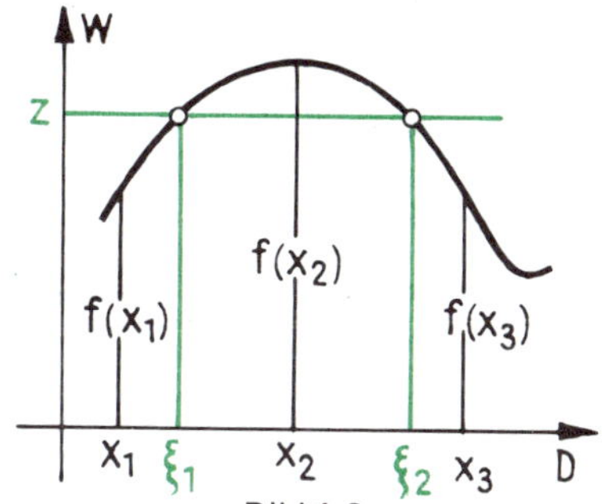

Bild 1.8

Auch dies widerspricht der vorausgesetzten Injektivität von f. Alle anderen möglichen Fälle sind entsprechend zu behandeln (Aufgabe 6).

4. Bild 1.9a zeigt den Graph einer streng monoton steigenden, Bild 1.9b den Graph einer streng monoton fallenden Funktion f, jeweils mit dem Graph der zugehörigen Umkehrfunktion $\overset{-1}{f}$.

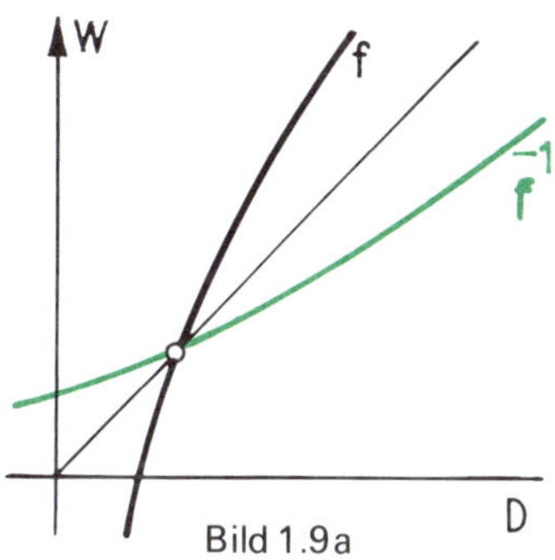

Bild 1.9a

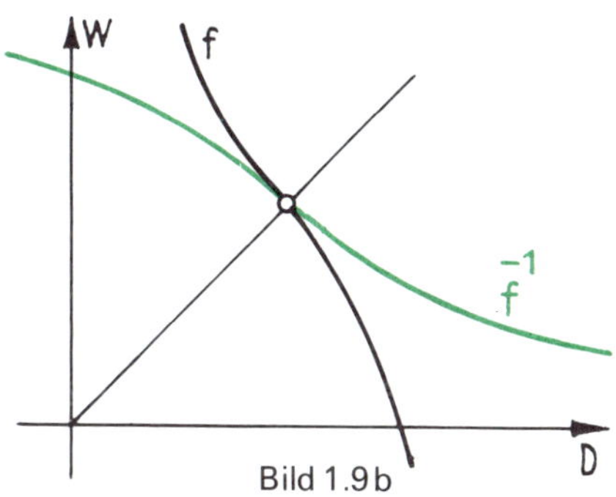

Bild 1.9b

Aus diesen Bildern kann man die Vermutung entnehmen, daß die Umkehrfunktion einer streng monoton steigenden (bzw. fallenden) Funktion wieder streng monoton steigend (bzw. fallend) ist

In der Tat gilt der Satz:

S 1.5 **Die Umkehrfunktion $\overset{-1}{f}$ einer streng monoton steigenden (fallenden) Funktion f ist ebenfalls streng monoton steigend (fallend).**

Wir führen den **Beweis** für den Fall, daß f monoton steigt. Wir behaupten also: $x_1 > x_2 \Rightarrow \overset{-1}{f}(x_1) > \overset{-1}{f}(x_2)$ für $x_1, x_2 \in D(\overset{-1}{f})$. Wir setzen $y_k = \overset{-1}{f}(x_k)$, also $x_k = f(y_k)$ $(k = 1, 2)$ und nehmen – entgegen der Behauptung – an, daß $y_1 \not> y_2$, also $y_1 = y_2 \vee y_1 < y_2$ gilt. Daraus ergibt sich wegen der vorausgesetzten Monotonie von f:

$$f(y_1) = f(y_2) \vee f(y_1) < f(y_2),$$

also

$$x_1 = x_2 \quad \vee \quad x_1 < x_2;$$

beide Möglichkeiten widersprechen der Voraussetzung $x_1 > x_2$, q. e. d.

Der Beweis für den Fall, daß f monoton fällt, ist entsprechend zu führen (Aufgaben 7c und 7d).

5. Wir wollen uns nun mit der Frage beschäftigen, ob — und gegebenenfalls unter welchen Bedingungen — die Umkehrfunktion $\bar{f}^1$ einer stetigen Funktion f ebenfalls stetig ist. Wir setzen dabei voraus, daß D (f) eine zusammenhängende Menge ist. Nach dem Zwischenwertsatz (S 1.3 a) ist dann auch W (f) = D ($\bar{f}^1$) zusammenhängend. Nach S 1.4 und S 1.5 sind dann f und auch $\bar{f}^1$ streng monoton.

Die Funktion f erfüllt also folgende Bedingungen:

1) D ($\bar{f}^1$) = W (f) und W ($\bar{f}^1$) = D (f) sind zusammenhängend, d. h. $\bar{f}^1$ bildet eine zusammenhängend. Menge auf eine zusammenhängende Menge ab.

2) $\bar{f}^1$ ist streng monoton über D ($\bar{f}^1$).

Wir behaupten: dann ist $\bar{f}^1$ auch stetig über D (f). Wir müssen dabei nur noch voraussetzen, daß D ($\bar{f}^1$) weder einelementig noch leer ist, weil eine Funktion über solchen Mengen gar nicht stetig sein kann.

Wir behaupten also die Gültigkeit des Satzes:

S 1.6 **Eine Funktion g, die eine aus mindestens zwei Elementen bestehende zusammenhängende Menge A auf eine zusammenhängede B abbildet und über A streng monoton ist, ist auch stetig über A.**

Beweis: Es liegt nahe, den Beweis indirekt zu führen, also von der Annahme auszugehen, es gebe wenigstens eine Stelle $x_0 \in A$ an der die Funktion **nicht** stetig ist. Bild 1.10 zeigt anschaulich — für den Fall einer monoton steigenden Funktion g und einer Stelle x_0, die im Inneren von A liegt —, daß unter dieser Annahme die Menge B nicht zusammenhängend sein kann. Dies müssen wir beweisen.

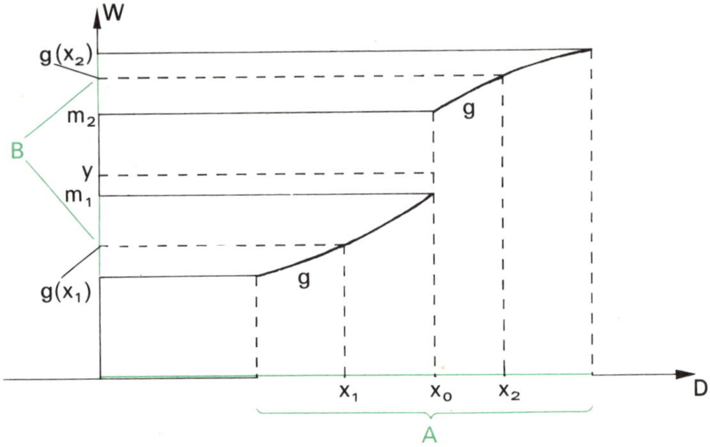

Bild 1.10

Da die zusammenhängende Menge A nach Voraussetzung weder einelementig noch leer ist, muß es zwei Zahlen $x_1, x_2 \in A$ geben mit $x_1 < x_0 < x_2$. Wir wollen zeigen, daß es eine Zahl $y \in [g(x_1); g(x_2)]$ gibt, die nicht zu B gehört, zu der es also **keine** Zahl $x \in A$ gibt mit $g(x) \stackrel{\bullet}{=} y$.

Wir betrachten zu diesem Zwecke:

1) die Menge M_1 aller Funktionswerte zwischen $g(x_1)$ und $g(x_0)$:

$$M_1 = \{g(x) \mid x_1 < x < x_0\} \text{ und}$$

2) die Menge M_2 aller Funktionswerte zwischen $g(x_0)$ und $g(x_2)$:

$$M_2 = \{g(x) \mid x_0 < x < x_2\}.$$

Weil g als streng monoton steigend vorausgesetzt ist, ist die Menge M_1 nach oben beschränkt, denn für alle $x \in M_1$ gilt: $g(x) < g(x_0)$.

Entsprechend ist die Menge M_2 nach unten beschränkt; denn für alle $x \in M_2$ gilt: $g(x) > g(x_0)$. Wir ziehen nun den schon im Band „Analysis I" (S 8.2 I, Seite 63) formulierten Satz heran, nach dem jede nach oben (unten) beschränkte Zahlenfolge M eine kleinste obere (größte untere) Schranke, also eine obere (untere) Grenze besitzt (vgl. S 3.1 II auf Seite 54).

Nach diesem Satz besitzt M_1 eine obere Grenze m_1, und M_2 besitzt eine untere Grenze m_2. Diese beiden Zahlen m_1 und m_2 müssen voneinander verschieden sein, denn wir haben g als streng monoton steigend vorausgesetzt und angenommen, g sei nicht stetig an der Stelle x_0. (Es kann also höchstens eine der beiden Zahlen gleich $g(x_0)$ sein.) Daher gilt:

$$g(x_1) \leq m_1 < m_2 \leq g(x_2) .$$

Dies bedeutet, daß jede Zahl y mit $m_1 < y < m_2$ (z. B. das arithmetische Mittel $y = \frac{m_1 + m_2}{2}$) nicht zu B gehört, daß es also keine Zahl $x \in A$ mit $g(x) = y$ gibt, obwohl y zwischen $g(x_1)$ und $g(x_2)$ liegt. B kann also — entgegen der Voraussetzung — nicht zusammenhängend sein, q.e.d. Die Fälle, daß x_0 Randstelle eines Intervalls ist oder daß g streng monoton fallend ist, sind in Aufgabe 8 zu behandeln.

6. Wir können nun beweisen:

S 1.7 **Ist eine umkehrbare Funktion f über der zusammenhängenden Menge D(f) stetig, so ist auch ihre Umkehrfunktion $\overset{-1}{f}$ stetig über $D(\overset{-1}{f})$.**

Beweis: Da f als umkehrbar vorausgesetzt ist, existiert die Umkehrfunktion $\overset{-1}{f}$. Nach dem Zwischenwertsatz ist mit D(f) auch $W(f) = D(\overset{-1}{f})$ zusammenhängend. Nach S 1.4 ist f als umkehrbare Funktion streng monoton und nach S 1.5 daher auch $\overset{-1}{f}$ streng monoton. Somit erfüllt $\overset{-1}{f}$ die Voraussetzungen von S 1.6 und ist daher stetig über $D(\overset{-1}{f})$, q.e.d.

Übungen und Aufgaben

1. Zeige, daß alle in II, 1 genannten Mengen über $\mathbb{R}$ zusammenhängend sind!

2. Prüfe, ob die folgenden Teilmengen von $\mathbb{R}$ über $\mathbb{R}$ zusammenhängend sind!

a) $\mathbb{N}$, $\mathbb{Q}$, $\mathbb{Z}$, $\mathbb{R} \setminus \mathbb{Q}$, $\mathbb{R} \setminus \{0\}$, $\mathbb{R} \setminus]a; b[$ mit $a < b$

b) $[a; b] \cup [b; c]$, $[a; b[\cup [b; c]$, $[a; b[\cup]b; c]$; $]a; b[\cup [b; c[$

c) $[a; b] \cap [b; c]$, $[a; b[\cap [b; c]$, $[a; b[\cap]b; c]$; $]a; b[\cap [b; c[$

d) $\left\{\frac{1}{n} \middle| n \in \mathbb{N}\right\}$, $\left\{\frac{1}{n} \middle| n \in \mathbb{N}\right\} \cup \mathbb{N}$, $\left\{\frac{1}{n} \middle| n \in \mathbb{N}\right\} \cap \mathbb{N}$, $\left\{\frac{1}{n} \middle| n \in \mathbb{N}\right\} \cap [\frac{1}{2}; 11]$

e) die Wertemengen $W(f_k)$ zu
$f_1(x) = \operatorname{sign} x$, $f_2(x) = [x]$, $f_3(x) = x + [x]$, $f_4(x) = x - [x]$, $f_5(x) = x \cdot \operatorname{sign} x$, $f_6(x) = |x - 1|$, $f_7(x) = \sin x$ mit $D(f) = \mathbb{R}$

3. Bei den folgenden Funktionen f sind **„Zwischenwerte"** $z_k \in \mathbb{R}$ vorgegeben. Ermittle jeweils alle $x_0 \in]a; b[$ bzw. $x_0 \in D(f)$, so daß gilt $f(x_0) = z_k$.

a) $f(x) = x^2$, $D(f) = [-4; 1]$; $z_1 = \frac{9}{4}$, $z_2 = 0{,}25$, $z_3 = 0$, $z_4 = 12\frac{1}{2}$

b) $f(x) = \sin x$, $D(f) = \mathbb{R}$; $z_1 = \frac{1}{2}$, $z_2 = -\frac{1}{2}\sqrt{2}$, $z_3 = \frac{1}{2}\sqrt{2}$, $z_4 = 0{,}65$

c) $f(x) = |x|$, $D(f) = \mathbb{R}$; $z_1 = \frac{21}{5}$, $z_2 = \sqrt{3}$, $z_3 = 2^{10}$, $z_4 = 4\pi$

d) $f(x) = x + [x]$, $D(f) = [-5; 5]$; $z_1 = 6{,}5$, $z_2 = -7{,}5$, $z_3 = \sqrt{2} - 1$, $z_4 = -\sqrt{2}$

e) $f(x) = x - [x]$, $D(f) = [-4; 4]$; $z_1 = \frac{2}{3}$, $z_2 = \frac{1}{n}$, $n \in \mathbb{N}^{>1}$, $z_3 = \pi - 3$, $z_4 = 0{,}99$

f) $f(x) = \frac{1}{x}$, $D(f) = \mathbb{R} \setminus \{0\}$; $z_1 = -\frac{1}{5}$, $z_2 = -2^5$, $z_3 = e^2$, $z_4 = \frac{-1}{\sqrt{3}}$

g) $f(x) = |\cos x|$, $D(f) = [0; \pi]$; $z_1 = 1$, $z_2 = 0{,}15$, $z_3 = \frac{1}{2}\sqrt{3}$, $z_4 = 0{,}71$

h) $f(x) = x^2 - x - 6$, $D(f) = \mathbb{R}$; $z_1 = -4$, $z_2 = 6$, $z_3 = -6$, $z_4 = -4{,}5$

i) $f(x) = x + \operatorname{sign} x$, $D(f) = \mathbb{R}$; $z_1 = 1{,}5$, $z_2 = -2\frac{1}{2}$, $z_3 = 0$, $z_4 = -2$

4. Zeige, daß bei den durch die Graphen in Bild 1.11 dargestellten Funktionen jeder Zwischenwert z zwischen f(a) und f(b) durch die Funktion f angenommen wird, obwohl die Voraussetzungen des Zwischenwertsatzes S 1.3 nicht erfüllt sind!

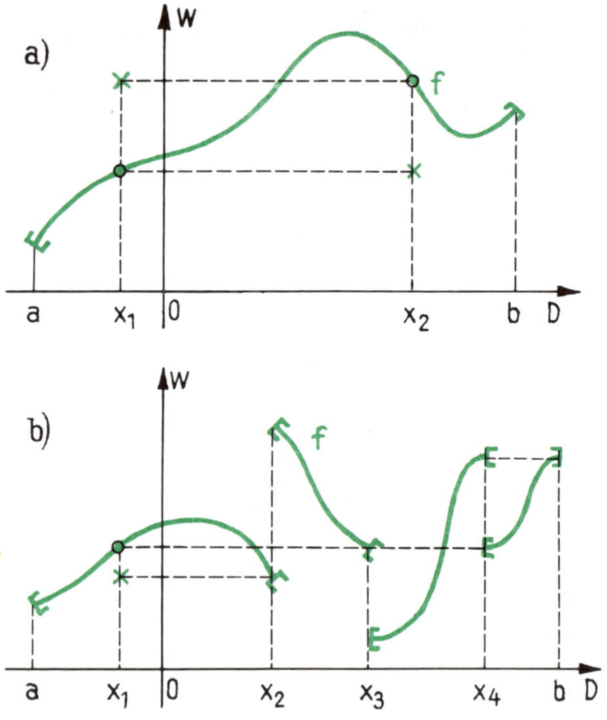

Bild 1.11

5. Formuliere die Aussage von Satz 1.3a für folgende zusammenhängende Mengen $A=D(f)$!

a) $A=[a;b]$ **b)** $A=]a;b[$ **c)** $A=[a;b[$ **d)** $A=\mathbb{R}^{\geq a}$ **e)** $A=\mathbb{R}^{<b}$

Kann $W(f)=B$ bei a), c), d) eine offene Menge sein? Kann umgekehrt $W(f)=B$ bei b) und e) eine abgeschlossene Menge sein? Nenne oder zeichne Beispiele und Gegenbeispiele!

6. a) Beim Beweis von Satz 1.4 wird für 3 Zahlen $x_1, x_2, x_3 \in D(f)$ mit $x_1<x_2<x_3$ der Fall $f(x_1)<f(x_2)$ und $f(x_2)\nless f(x_3)$ angenommen.
Stelle die anderen möglichen Fälle zusammen, zeichne geeignete Beispiele entsprechend Bild 1.7 und führe für die restlichen Fälle den Beweis zu Ende!

b) An welcher Stelle wird im Beweis von Satz 1.4 die vorausgesetzte Stetigkeit von f benutzt?

c) Vergleiche die Aussagen der Sätze 1.4 und 1.6, formuliere sie mittels der Begriffe „notwendige Bedingung" und „hinreichende Bedingung" und fasse sie schließlich zu einem einzigen Satz zusammen!

d) Begründe, warum in Satz 1.4 nicht die einfache Monotonie von f (statt der strengen Monotonie) genügt. Nenne oder zeichne Gegenbeispiele!

7. a) Erläutere Satz 1.5 an skizzierten Graphen von Funktionen f, die

1) über D(f) stetig sind, **2)** in D(f) eine einzige Unstetigkeitsstelle haben, **3)** in D(f) endlich viele $(n>1)$ Sprungstellen besitzen!

b) Erläutere Satz 1.5 an den Graphen zu folgenden Funktionen!

$$f_1(x)=x+[x],\quad D(f_1)=\mathbb{R};\qquad f_2(x)=x+\operatorname{sign} x,\quad D(f_2)=\mathbb{R};$$
$$f_3(x)=x+\tfrac{1}{2}|x|,\quad D(f_3)=\mathbb{R};\qquad f_4(x)=x^2\cdot\operatorname{sign} x,\quad D(f_4)=\mathbb{R};$$
$$f_5(x)=x\cdot[x],\quad D(f_5)=\mathbb{R}^{\geq 1}.$$

c) Führe den Beweis von Satz 1.5 für streng monoton fallende Funktionen!

d) Führe den Beweis von Satz 1.5 für streng monoton fallende Funktionen auf den Fall der streng monoton wachsenden Funktionen zurück; gehe dazu von f zu einer geeigneten Hilfsfunktion g über, für die z. B. $g(x)=-f(x)$ für alle $x\in D(f)$ gilt!

8. a) Untersuche, welche von den in Aufgabe 7b) genannten Funktionen die Aussage des Satzes 1.6 nicht erfüllen, und nenne die Gründe dafür!

b) Erläutere Satz 1.6 an den Graphen der durch die folgenden Bedingungen gegebenen Funktionen!

$$f_1(x)=x\cdot|x|,\quad D(f_1)=\mathbb{R};\qquad f_2(x)=\cot x,\quad D(f_2)=]0;\pi[$$
$$f_3(x)=x\cdot\sin x,\quad D(f_3)=\left[0;\frac{\pi}{2}\right];\qquad f_4(x)=x^3-x^2,\quad D(f_4)=\mathbb{R}^{\leq 0}$$

c) Prüfe, ob bei Satz 1.6 auf die mittlere der drei Voraussetzungen verzichtet werden kann (B zusammenhängend über $\mathbb{R}$). Welche Art von Bedingung liegt demnach vor?

d) Beweise den Satz 1.6 für den Fall der streng monoton fallenden Funktionen!

e) Führe den Beweis für den Satz 1.6 durch Benutzung der Folgenkonvergenz (vgl. Band Analysis I).

Anleitung: Es sei $x_0\in]a;b[$ und (x_n) eine beliebige monoton wachsende Folge, die (von links) gegen x_0 konvergiert. Zu zeigen ist, daß die Folge $(f(x_n))$ gegen $f(x_0)$ konvergiert. Ebenso sind dann eine beliebige gegen x_0 konvergente monoton fallende Folge $(\bar{x}_n)$ und die zugehörige Folge $(f(\bar{x}_n))$ zu betrachten! Schließlich sind die Spezialfälle $x_0=a$ und $x_0=b$ zu behandeln (einseitige Stetigkeit, vgl. Analysis I!).

9. **a)** An welchen Stellen im Beweis von Satz 1.7 werden die einzelnen Voraussetzungen (strenge Monotonie, Stetigkeit von f) benutzt?

b) Beweise den Satz 1.7 durch Ausgang von der Folgenkonvergenz (vgl. Anleitung zur Lösung der Aufgabe 8 e)!)!

Anleitung: Es sei $y_0 \in D(\overset{-1}{f}) = W(f)$ und (y_n) eine beliebige gegen y_0 konvergente Folge. Setze dann $x_n = \overset{-1}{f}(y_n)$ und zeige, daß (x_n) gegen $x_0 = \overset{-1}{f}(y_0)$ konvergiert!

10. Untersuche, warum die durch die Graphen in Bild 1.12 dargestellten Funktionen die Aussage von Satz 1.7 nicht erfüllen!

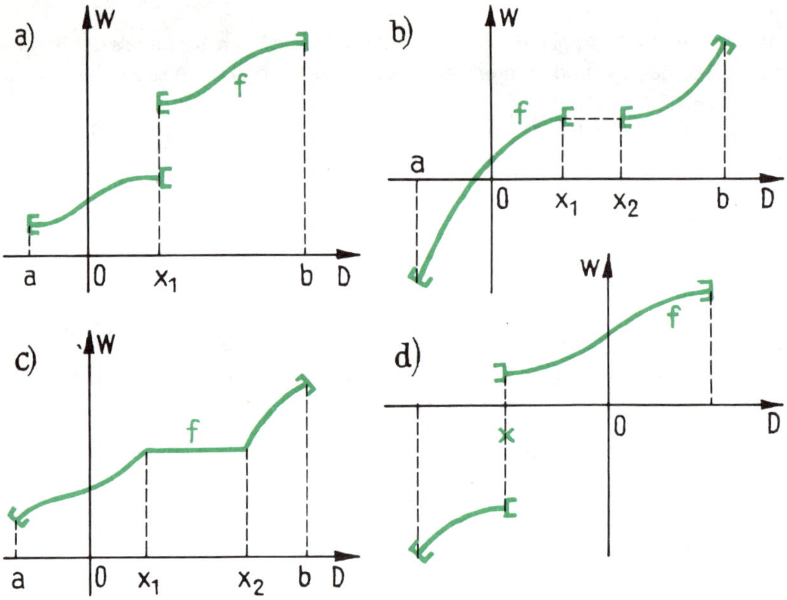

Bild 1.12

11. Prüfe, ob die durch die folgenden Bedingungen gegebenen Funktionen f jeweils stetige Umkehrfunktionen $\overset{-1}{f}$ besitzen! Führe das Ergebnis auf die Sätze 1.5 bis 1.7 zurück und zeichne die Graphen! Ändere gegebenenfalls die Menge $A = D(f)$ ab!

a) $f(x) = -\sin x, \quad D(f) = \left[\frac{\pi}{2}; 3 \cdot \frac{\pi}{2}\right]$ **b)** $f(x) = |\cos x - 1|, \quad D(f) = [0; 2\pi]$

c) $f(x) = x \cdot |x-1|, \quad D(f) = [-4; 5]$ **d)** $f(x) = x + [x+1], \quad D(f) = [-3; 4]$

e) $f(x) = x \cdot [x+1], \quad D(f) = [0; 6]$ **f)** $f(x) = x^3 - x, \quad D(f) = [-3; 3]$

g) $f = \{(x|y) \mid x + y = 1 \wedge x \in [-2; 4] \wedge y \in \mathbb{R}\}$

h) $f = \{(x|y) \mid x^2 + y^2 = 25 \wedge x \in [-5; 5] \wedge y \in [-5; 0]\}$

i) $f = \{(x|y) \mid y = \frac{1}{2}|x| - x \wedge x \in [-4; 4] \wedge y \in \mathbb{R}\}$

12. In den Aufgaben 14, 15 und 16 von I haben wir Funktionen untersucht, die mit ihren Umkehrfunktionen übereinstimmen; unter ihnen ist die Funktion zur 45°-Achse (y=x) die einzige, die nicht streng monoton fällt. Nenne den Grund dafür! (Bild 1.9 a, b)

13. Formuliere das Ergebnis von Aufgabe 12 als allgemeinen Satz über stetige Funktionen, die mit ihren Umkehrfunktionen übereinstimmen! Beweise diesen Satz!

Anleitung: Nach Satz S 1.4 muß die Funktion f unter den gegebenen Voraussetzungen streng monoton sein. Ist f nicht die Funktion mit $f(x)=x$ für alle $x \in D(f)$, so muß es (wenigstens) ein $x_1 \in D(f)$ mit $f(x_1) \neq x_1$, etwa mit $f(x_1)=y_1$ geben. Wegen $\overset{-1}{f}=f$ gilt dann auch $x_1=f(y_1)$. Vergleiche nun die beiden Funktionswerte in den beiden Fällen $x_1<y_1$ und $x_1>y_1$!

III. Umkehrfunktionen differenzierbarer Funktionen

1. Wir wollen in diesem Abschnitt untersuchen, welche Eigenschaften die Umkehrfunktion einer differenzierbaren Funktion hat, insbesondere, ob oder unter welchen Bedingungen auch die Umkehrfunktion wieder differenzierbar ist.

Bild 1.13 zeigt den Graph einer an der Stelle x_0 differenzierbaren Funktion f und den Graph der zugehörigen Umkehrfunktion $\overset{-1}{f}$. Außerdem ist die Tangente t zum Punkt $P(x_0|y_0)$ an den Graph von f und die Tangente t′ zum entsprechenden Punkt $Q(y_0|x_0)$ an den Graph von $\overset{-1}{f}$ eingezeichnet.

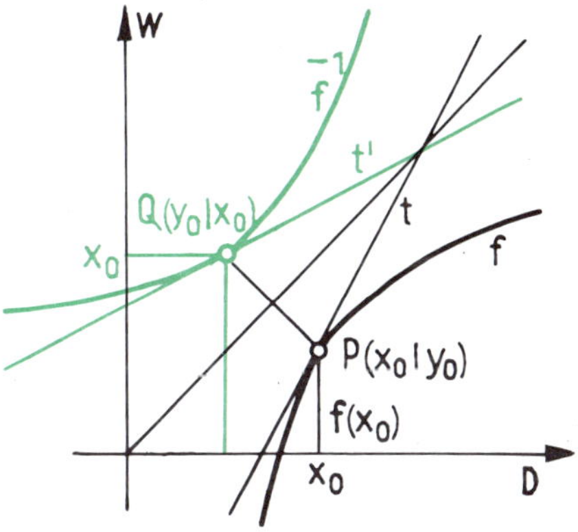

Bild 1.13

Dem Bild kann man die Vermutung entnehmen, daß auch die Tangentenfunktionen von t und t′ wechselseitig Umkehrfunktionen voneinander sind. Gehört zu t die Gleichung

$$y=mx+b,$$

so ist zu vermuten, daß zu t′ die Gleichung

$$x=my+b, \quad \text{also}$$

$$y=\frac{1}{m}x-\frac{b}{m} \qquad (\text{für } m \neq 0)$$

gehört. Dies bedeutet, daß die Steigungen der beiden Graphen in den entsprechenden Punkten zueinander reziprok sind und daß die Funktion $\overset{-1}{f}$ an einer Stelle y_0 differenzierbar ist, wenn f an der entsprechenden Stelle x_0 differenzierbar ist; dabei muß allerdings vorausgesetzt werden, daß $m=f'(x_0) \neq 0$ ist.

2. Was wir uns zunächst nur anschaulich klargemacht haben, wollen wir jetzt beweisen. Es gilt der Satz:

S 1.8 **Ist eine umkehrbare Funktion f stetig über einer zusammenhängenden Menge M und differenzierbar an einer Stelle $x_0 \in M$, so ist die zugehörige Umkehrfunktion $\overset{-1}{f}$ differenzierbar an der Stelle $y_0=f(x_0)$, falls $f'(x_0) \neq 0$ ist; es gilt:**

$$\overset{-1}{f}{}'(y_0)=\frac{1}{f'[\overset{-1}{f}(y_0)]} \quad \text{bzw.} \quad \overset{-1}{f}{}'(x_0)=\frac{1}{f'[\overset{-1}{f}(x_0)]}.$$

Beweis: Bei der Bildung des Differenzenquotienten von $\overset{-1}{f}$ zur Stelle $y_0 = f(x_0)$ setzen wir voraus, daß die benutzten Werte von f und von $\overset{-1}{f}$ sämtlich existieren, d. h. in den betreffenden Definitionsmengen liegen. Wir haben nun die folgenden Zusammenhänge zwischen den Funktionswerten von f und $\overset{-1}{f}$ zu beachten (Bild 1.14):

$$f(x_0) = y_0 \Leftrightarrow \overset{-1}{f}(y_0) = x_0$$

$$f(x_0+h) = y_0+k \Leftrightarrow \overset{-1}{f}(y_0+k) = x_0+h.$$

Also gilt: $\overset{-1}{f}(y_0+k) = \overset{-1}{f}(y_0)+h$.

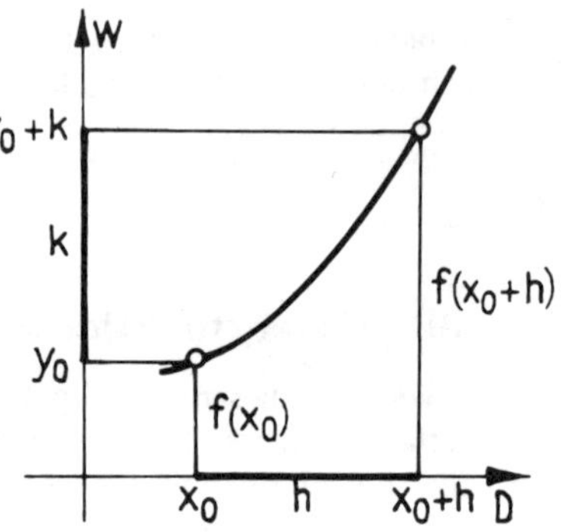

Bild 1.14

Nach den Voraussetzungen unseres Satzes und nach S 1.7 ergibt sich aus der Stetigkeit von f an der Stelle x_0 die Stetigkeit von $\overset{-1}{f}$ an der Stelle y_0. Dies bedeutet (vgl. Bild 1.14), daß aus $k \to 0$ auch $h \to 0$ folgt. Dies können wir auch formal beweisen.

Weil $\overset{-1}{f}$ an der Stelle y_0 stetig ist, gilt $\lim\limits_{k\to 0} \overset{-1}{f}(y_0+k) = \overset{-1}{f}(y_0)$. Daher ergibt sich aus $h = \overset{-1}{f}(y_0+k) - \overset{-1}{f}(y_0)$:

$$\lim_{k\to 0} h = \lim_{k\to 0} [\overset{-1}{f}(y_0+k) - \overset{-1}{f}(y_0)] = \overset{-1}{f}(y_0) - \overset{-1}{f}(y_0) = 0.$$

Wir bilden nun den Differenzenquotienten von $\overset{-1}{f}$ an der Stelle y_0 und benutzen dabei die oben angegebenen Beziehungen:

$$\frac{\overset{-1}{f}(y_0+k) - \overset{-1}{f}(y_0)}{k} = \frac{(x_0+h)-x_0}{(y_0+k)-y_0} = \frac{h}{f(x_0+h)-f(x_0)} = \frac{1}{\dfrac{f(x_0+h)-f(x_0)}{h}}.$$

Daraus folgt:

$$\overset{-1}{f}{}'(y_0) = \lim_{k\to 0} \frac{1}{\dfrac{f(x_0+h)-f(x_0)}{h}} = \frac{1}{\lim\limits_{h\to 0} \dfrac{f(x_0+h)-f(x_0)}{h}} = \frac{1}{f'(x_0)},$$

weil wir vorausgesetzt haben, daß $f'(x_0) \neq 0$ ist.

Mit $x_0 = \overset{-1}{f}(y_0)$ ergibt sich:

$$\overset{-1}{f}{}'(y_0) = \frac{1}{f'[\overset{-1}{f}(y_0)]}.$$

Wir ersetzen nun noch y_0 durch x_0 und erhalten:

$$\boldsymbol{\overset{-1}{f}{}'(x_0) = \frac{1}{f'[\overset{-1}{f}(x_0)]}}, \qquad \text{q. e. d.}$$

Bemerkungen:

1) Man kann – allerdings unter der Voraussetzung, daß $\overset{-1}{f}$ an der Stelle $y_0 = f(x_0)$ differenzierbar ist – die Formel von S 1.8 leicht aus der für alle $x \in D(f)$ geltenden Beziehung

$$\overset{-1}{f}[f(x)] = x \qquad \text{(vgl. S 1.2)}$$

durch Anwendung der Kettenregel herleiten:

$$\overset{-1}{f}{}'[f(x_0)] \cdot f'(x_0) = 1, \quad \text{also} \quad \overset{-1}{f}{}'[y_0] = \frac{1}{f'(x_0)}.$$

Die Ableitung existiert also in der Tat nur dann, wenn $f'(x_0) \neq 0$ ist; mit $x_0 = \overset{-1}{f}(y_0)$ ergibt sich:

$$\overset{-1}{f}{}'(y_0) = \frac{1}{f'[\overset{-1}{f}(y_0)]}.$$

2) Wie $\overset{-1}{f}{}'$ als Verkettungsfunktion dargestellt werden kann, wird in Aufgabe 4 a) behandelt.

3) Eine trigonometrische Deutung von S 1.8 wird in Aufgabe 8 gegeben.

3. Abschließend behandeln wir noch ein

Beispiel: $y = f(x) = x^2 \Leftrightarrow x = \overset{-1}{f}(y) = \sqrt{y}$ (für $x, y \in \mathbb{R}^{\geq 0}$).
Es gilt $f'(x) = 2x \neq 0$ für $x \neq 0$.
Also gilt:

$$\overset{-1}{f}{}'(y) = \frac{1}{2x} = \frac{1}{2\sqrt{y}} \qquad (\text{für } y \in \mathbb{R}^{>0}).$$

Ersetzen wir nun noch y durch x, so erhalten wir:

$$\overset{-1}{f}{}'(x) = (\sqrt{x})' = \frac{1}{2\sqrt{x}} \qquad (\text{für } x \in \mathbb{R}^{>0}).$$

Zu diesem Ergebnis sind wir – auf anderem Wege – auch schon im Band „Analysis I" gekommen.

Übungen und Aufgaben

1. Wende die Kettenregel des Differenzierens auf folgende Beispiele an!

a) $f(x) = \sqrt{1 - x^3}$, $D(f) = \mathbb{R}^{\leq 1}$

b) $f(x) = \sqrt{1 + \sqrt{x}}$, $D(f) = \mathbb{R}^{\geq 0}$

c) $f\colon \mathbb{R} \setminus \{1\} \to \mathbb{R}$; $x \mapsto \left(\frac{2x+1}{x-1}\right)^2$

d) $f = \left\langle x \mapsto \sin(x^3),\ x \in \left[-\frac{\pi}{2}; \pi\right]\right\rangle$

e) $f = \langle x \mapsto \cos(x^2 + x);\ x \in [0; \pi]\rangle$

f) $f = \left\langle x \mapsto \left(\frac{1}{\sqrt{x}} + x\right)^3;\ x \in \mathbb{R}^{>0}\right\rangle$

2. Bilde zu den durch die folgenden Bedingungen gegebenen Funktionen die zugehörigen Umkehrfunktionen! Zeige dann, daß die Umkehrfunktionen an den angegebenen Stellen y_k differenzierbar sind; bilde dazu die Differenzenquotienten und ermittle deren Grenzwerte!

a) $f(x) = x^2$, $D(f) = \mathbb{R}^{\geq 0}$; $y_k \in \{1, 4, \frac{1}{10}\}$

b) $f(x) = \frac{1}{x}$, $D(f) = \mathbb{R}^{<0}$; $y_k \in \{-1, -\frac{3}{2}, -4, -\frac{1}{4}, -\frac{1}{100}\}$

c) $f = \{(x|y) \mid x + y = 3 \wedge x, y \in \mathbb{R}\}$; $y_k \in \{-7, 4, 0\}$

d) $f\colon \mathbb{R}^{\geq 0} \to [0; 1[$; $x \mapsto \frac{x}{x+1}$; $y_k \in \{\frac{1}{4}, \frac{1}{2}, \frac{3}{4}\}$

e) $f = \{(x|y) \mid x^2 + y^2 = 25 \wedge x, y \in [0; 5]\}$; $y_k \in \{2, 3, 4\}$

3. Bilde zu den durch die folgenden Bedingungen gegebenen Funktionen die Umkehrfunktionen und differenziere diese nach der Regel über das Differenzieren von Umkehrfunktionen (Satz S 1.8)! Ermittle auch die Definitionsmengen $D(\overset{-1}{f})$ und $D(\overset{-1}{f}{}')$!

a) $f(x)=mx+n,\ m\neq 0,\ D(f)=\mathbb{R}$

b) $f(x)=ax^2,\ a\neq 0,\ D(f)=\mathbb{R}^{\geq 0}$

c) $f(x)=x^{2n},\ n\in\mathbb{N},\ D(f)=\mathbb{R}^{\geq 0}$

d) $f(x)=x^{2n-1},\ n\in\mathbb{N},\ D(f)=\mathbb{R}$

e) $f(x)=-\sqrt{r^2-x^2},\ r>0,\ D(f)=[0;r]$

f) $f(x)=\sqrt[3]{x^4},\ D(f)=\mathbb{R}^{\leq 0}$

g) $f(x)=\sqrt{9-x^2},\ D(f)=[-3;0]$

h) $f(x)=\dfrac{x-1}{x},\ D(f)=[-1;0[$

i) $f\colon \mathbb{R}^{\geq 0}\to\mathbb{R}^{\geq 1};\ x\mapsto\sqrt{1+x^2}$

j) $f(x)=x^{\frac{1}{n}},\ n\in\mathbb{N},\ x\geq 0$

k) $f(x)=x^{-n},\ n\in\mathbb{N},\ D(f)=\mathbb{R}^{\neq 0}$

l) $f=\left\{(x|y)\,\middle|\,y=\dfrac{x}{x+1}\wedge x\in\mathbb{R}^{\geq 0}\wedge y\in[0;1[\right\}$

4. a) Zeige, daß sich die Regel über das Differenzieren von Umkehrfunktionen (Satz S 1.8) auf folgende Form bringen läßt: $\overset{-1}{f}{}'=\dfrac{1}{\overset{-1}{f}\circ f'}$! Dabei bedeutet $\overset{-1}{f}\circ f'$, daß $\overset{-1}{f}$ mit der Ableifunktion f' verkettet wird (vgl. I, 7).

b) Ermittle die Ableitung der Umkehrfunktion $\overset{-1}{f}$ zu den Funktionen mit den angegegebenen Termen $f(x)$ an den berechenbaren Stellen $y_k=f(x_k)$ dadurch, daß du die Regel über das Differenzieren von Umkehrfunktionen (Satz S 1.8) unmittelbar anwendest!

1) $f(x)=x-x^3,\ D(f)=\left[-\dfrac{1}{\sqrt{3}};\dfrac{1}{\sqrt{3}}\right];\ y_k=f(x_k)$ mit $x_k\in\left\{0,\dfrac{1}{4}\right\}$

2) $\mathbb{R}\to\mathbb{R};\ x\mapsto x^3+x+1;\ y_k=f(x_k)$ mit $x_k\in\{-2,0,1,4\}$

3) $f=\left\{(x|y)\,\middle|\,y=\dfrac{2x}{1+x^2}\wedge x\in\mathbb{R}^{\geq 1}\wedge y\in]0;1]\right\};\ y_k\in\{f(\tfrac{3}{2}),f(3),f(10)\}$

4) $f(x)=\dfrac{1}{x^3}-x-1,\ D(f)=\mathbb{R}^{<0};\ y_k\in\{f(-1),f(-2),f(-3),f(-5),f(-\tfrac{1}{2})\}$

5) $f=\left\{(x|y)\,\middle|\,y=\dfrac{x^2}{2}-\dfrac{1}{x}\wedge x\in\mathbb{R}^{>0}\wedge y\in\mathbb{R}\right\};\ y_k\in\{f(\tfrac{1}{3}),f(1),f(2),f(4)\}.$

5. a) Löse die Aufgaben von 2a) bis 2e) mit Hilfe der Regel über das Differenzieren von Umkehrfunktionen (S 1.8)!

b) Zeige, daß die folgenden trigonometrischen Funktionen f über den angegebenen Intervallen Umkehrfunktionen besitzen! Berechne, ohne diese Umkehrfunktionen durch eigene analytische Ausdrücke zu beschreiben, unmittelbar mittels der Regel in Satz S 1.8 die Ableitung $\overset{-1}{f}{}'$ an den angegebenen Stellen y_k!

1) $f(x)=\sin x,\ D(f)=\left[-\dfrac{\pi}{2};\dfrac{\pi}{2}\right];\ y_k\in\{-\tfrac{1}{2}\sqrt{3},0\}$

2) $f(x)=\cos x,\ D(f)=[0;\pi];\ y_k\in\{-0{,}6,\tfrac{1}{2}\}$

3) $f(x)=\tan x,\ D(f)=\left]-\dfrac{\pi}{2};\dfrac{\pi}{2}\right[;\ y_k\in\{-10,+1\}$

4) $f(x)=\cot x,\ D(f)=]0;\pi[;\ y_k\in\{-1,\sqrt{3}\}$

5) $f(x)=\sin x\cdot\cos x,\ D(f)=[\tfrac{1}{4}\pi;\tfrac{3}{4}\pi],\ y_k\in\{\tfrac{1}{4},0\}$

6. $P(x_0|y_0)$ sei ein Punkt auf dem Graphen von f. Ermittle die Gleichung der Tangenten t zum Punkt $P(x_0|y_0)$ an diesem Graphen! Bestimme ferner die Gleichung der Tangente t' zum entsprechenden Punkt $P'(y_0|x_0)$ an den Graphen der zugehörigen Umkehrfunktion $\overset{-1}{f}$. Zeichne und vergleiche die Tangenten t und t' (siehe Bild 1.13)! Bestimme die jeweiligen Schnittpunkte von t mit t' und erkläre, warum sie alle auf einer Geraden liegen!

a) $f(x)=x^3-4x,\ D(f)=\mathbb{R}^{\geq 1};\ x_0\in\{1, 2\}$

b) $f(x)=x^3+x+1,\ D(f)=\mathbb{R};\ x_0\in\{0, 1\}$

c) $f(x)=\sqrt{25-x^2},\ D(f)=[-5; 0];\ x_0\in\{-3, -4\}$

d) $f=\{(x|y)\,|\,x^2+y^2=9 \wedge x\in[0; 3] \wedge y\in[-3; 0]\};\ x_0\in\{1, 2\}$

e) $f\colon [0; r] \rightarrow [0; r^2];\ x \mapsto r^2-x^2;\ x_0\in\left\{\frac{r}{2}, \frac{3}{4}r\right\}$ mit $r>0$.

7. Verfahre wie in den Aufgaben 6a) bis 6e)

a) bei den in Aufgabe 2 gegebenen Funktionen und den jeweils durch die gegebene Ordinate y_1 bestimmten Punkten $P(x_1|y_1)$;

b) bei den Funktionen aus Aufgabe 4 und den durch die angegebenen Abszissen x_2 bestimmten Punkten $P(x_2|y_2)$;

c) bei den trigonometrischen Funktionen in Aufgabe 5b) und den jeweils durch die angegebene Ordinate y_2 festgelegten Punkten $P(x_2|y_2)$!

8. Deute die in Satz 1.8 formulierte Ableitungsregel trigonometrisch (Bild 1.15)!

Anleitung: Bild 1.15 und die Ergebnisse von Aufgabe 6 zeigen, daß sich die Tangente t zu $P(x_0|y_0)$ an den Graphen von f und die Tangente t' zu $P'(y_0|x_0)$ an den Graphen von $\overset{-1}{f}$ jeweils in einem Punkt auf der 45°-Achse schneiden (Begründung!). Die Tangente t bilde mit der positiven x-Richtung einen Winkel vom Maß α; entsprechend sei α' die Größe des Winkels, den die zugehörige Tangente t' mit der positiven x-Richtung bildet (Bild 1.15). Zeige zunächst, daß sich stets α und α' zu 90° ergänzen, und folgere daraus:

$$\tan\alpha'=\frac{1}{\tan\alpha} \qquad (\tan\alpha \neq 0)!$$

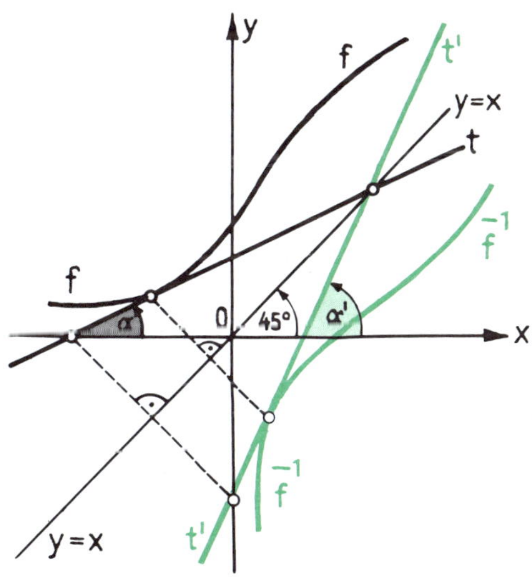

Bild 1.15

9. Formuliere die Verallgemeinerung der Ableitungsregel

$$f(x)=x^n;\quad n\in\mathbb{N} \;\Rightarrow\; f'(x)=n\cdot x^{n-1}$$

auf beliebige rationale Zahlen $q=\frac{m}{n}$ mit $m\in\mathbb{Z}$ und $n\in\mathbb{N}$ (vgl. § 2, I)! Beweise diesen

Satz mit Hilfe der zugehörigen Umkehrfunktion $\overset{-1}{f}$ und der Regel über das Differenzieren der Umkehrfunktion (Satz S 1.8)!
Achte dabei besonders auf $D(f)$ und $D(\overset{-1}{f})$!
Anleitung: Führe den Beweis in drei Schritten; differenziere z. B. zunächst $x^{\frac{1}{n}}$, dann $\left(x^{\frac{1}{n}}\right)^m = x^{\frac{m}{n}}$ für positive m und schließlich für negative m!

10. **a)** Beweise folgenden Satz!

Vor.: Eine über einer zusammenhängenden Menge stetige und streng monotone Funktion f sei an der inneren Stelle x_0 differenzierbar. Ferner existiere auch die Ableitung $\overset{-1}{f}{}'$ der Umkehrfunktion bei $y_0 = f(x_0)$.

Beh.: Dann muß $f'(x_0) \neq 0$ gelten (notwendige Bedingung).

b) Formuliere eine notwendige und hinreichende Bedingung dafür, daß die Umkehrfunktion $\overset{-1}{f}$ einer Funktion f, die über einer zusammenhängenden Menge M stetig und streng monoton ist, über ganz $f(M)$ $\big($für jedes $y_0 \in f(M)\big)$ differenzierbar ist! Begründe diese Bedingung!

11. Untersuche, ob es Funktionen mit Graphen gibt, deren Tangenten t mit den entsprechenden Tangenten t′ an die Graphen der zugehörigen Umkehrfunktionen beständig einen konstanten Winkel bilden!

12. f_1 und f_2 seien differenzierbare und streng monoton wachsende Funktionen; außerdem sei $D(f_2) = W(f_1)$.

a) Zeige, daß die Verkettungsfunktion $f = f_1 \circ f_2$ mit $f(x) = f_2[f_1(x)]$ an jeder inneren Stelle von $D(f)$ ebenfalls differenzierbar und streng monoton steigend ist.

b) Zeige dann, daß sich auch die zugehörige Umkehrfunktion $\overset{-1}{f}$ der Verkettungsfunktion f differenzieren läßt, und drücke diese Ableitung $\overset{-1}{f}{}'$ möglichst durch f_1' und f_2' aus! Welche Einschränkungen sind hierbei zu beachten?

§ 2 Erweiterung der Funktionenlehre

I. Potenz- und Wurzelfunktionen

1. Im Band Analysis I haben wir gezeigt, daß alle ganzen rationalen Funktionen in der vollen Menge $\mathbb{R}$ stetig und differenzierbar sind. Darunter fallen auch die einfachen **„Potenzfunktionen"**, das sind Funktionen, die durch einen Potenzterm der Form

$$f(x) = x^n \qquad \text{mit } n \in \mathbb{N}$$

gegeben sind.
Bisher haben wir uns aber noch nicht systematisch mit Potenzfunktionen zu Termen der Form

$$f(x) = x^r \qquad \text{mit } r \in \mathbb{Q} \qquad (\text{bzw. } r \in \mathbb{R})$$

und auch noch nicht mit etwaigen Umkehrfunktionen von Potenzfunktionen beschäftigt. Dies gelingt jetzt in einfacher Weise mit Hilfe der in § 1 bewiesenen Sätze.

2. Schon im Abschnitt III von § 1 haben wir gezeigt, daß die Funktion f zu $f(x) = \sqrt{x} = x^{\frac{1}{2}}$ (mit $x \in \mathbb{R}^{\geq 0}$) die Umkehrfunktion zur Funktion g mit $g(x) = x^2$ (mit $x \in \mathbb{R}^{\geq 0}$) ist, daß sie für alle $x \in \mathbb{R}^{>0}$ differenzierbar (und also auch stetig) ist und daß gilt:

$$(\sqrt{x})' = (x^{\frac{1}{2}})' = \tfrac{1}{2} x^{-\frac{1}{2}} = \frac{1}{2\sqrt{x}} \qquad (\text{für } x \in \mathbb{R}^{>0}).$$

Entsprechend können wir bei Funktionen f mit

$$f(x) = x^n \qquad (n \in \mathbb{N};\; x \in \mathbb{R}^{\geq 0})$$

vorgehen. Es gilt

$$y = f(x) = x^n \Leftrightarrow x = \overset{-1}{f}(y) = y^{\frac{1}{n}} \qquad (x, y \in \mathbb{R}^{>0}).$$

Aus $f'(x) = n\,x^{n-1}$ ergibt sich für $x > 0$:

$$\overset{-1}{f}{}'(y) = \frac{1}{n\,x^{n-1}} = \frac{1}{n} \cdot \frac{1}{y^{\frac{n-1}{n}}} = \frac{1}{n} \cdot y^{\frac{-n+1}{n}} = \frac{1}{n} \cdot y^{\frac{1}{n}-1}.$$

Ersetzen wir y durch x, so erhalten wir:

S 2.1 **Für alle $x \in \mathbb{R}^{>0}$, $n \in \mathbb{N}$ gilt: $(\sqrt[n]{x})' = \left(x^{\frac{1}{n}}\right)' = \frac{1}{n} x^{\frac{1}{n}-1}$.**

Damit ist gezeigt, daß die Differentiationsregel $(x^n)' = n\,x^{n-1}$ auch gilt, wenn man n durch $\frac{1}{n}$ ersetzt.

3. Wir können diese Regel nunmehr auch bis auf beliebige rationale Exponenten erweitern. Für $f(x) = x^{\frac{m}{n}} = (x^m)^{\frac{1}{n}}$ mit $m \in \mathbb{Z}$, $n \in \mathbb{N}$ und $x \in \mathbb{R}^{>0}$ gilt nach der Kettenregel:

$$f'(x) = \frac{1}{n} (x^m)^{\frac{1}{n}-1} \cdot m\,x^{m-1} = \frac{m}{n} x^{\frac{m}{n}-m+m-1} = \frac{m}{n} x^{\frac{m}{n}-1}.$$

Also gilt der Satz:

S 2.2 **Für alle $x \in \mathbb{R}^{>0}$, $m \in \mathbb{Z}$, $n \in \mathbb{N}$ gilt:**

$$(\sqrt[n]{x^m})' = \left(x^{\frac{m}{n}}\right)' = \frac{m}{n} x^{\frac{m}{n}-1}.$$

Für $m > n$ ist auch $x = 0$ zugelassen.

4. Nach den beiden Hauptsätzen der Infinitesimalrechnung (vgl. Band Analysis I) ergibt sich aus S 2.2, daß die Integrationsregel

$$\int_a^b x^m \, dx = \left.\frac{x^{m+1}}{m+1}\right|_a^b \qquad (a < b)$$

auch für alle $m \in \mathbb{Q}$ mit Ausnahme von $m = -1$ gilt.

<u>**Beispiel:**</u> $\displaystyle\int_1^8 \sqrt[3]{x^2}\, dx = \int_1^8 x^{\frac{2}{3}}\, dx = \frac{3}{5} x^{\frac{5}{3}}\Big|_1^8$

$$= \tfrac{3}{5}(8^{\frac{5}{3}} - 1^{\frac{5}{3}}) = \tfrac{3}{5}(2^5 - 1) = \tfrac{93}{5}.$$

In vielen Fällen ist dabei das Verfahren der Substitution anzuwenden.

<u>**Beispiel:**</u> $\displaystyle\int_0^1 \frac{x^2}{\sqrt{2-x^3}}\, dx.$

Wir setzen $z = \psi(x) = 2 - x^3$ mit $\psi(0) = 2$ und $\psi(1) = 1$.
Wir differenzieren: $dz = \psi'(x)\, dx = -3x^2\, dx \Rightarrow x^2\, dx = -\frac{1}{3}\, dz$.
Also gilt:

$$\int_0^1 \frac{x^2}{\sqrt{2-x^3}}\, dx = -\frac{1}{3}\int_2^1 \frac{dz}{\sqrt{z}} = \frac{1}{3}\int_1^2 z^{-\frac{1}{2}}\, dz = \frac{1}{3}\cdot 2 \cdot z^{\frac{1}{2}}\Big|_1^2 = \frac{2}{3}(\sqrt{2} - 1).$$

5. Auf Potenzfunktionen zu Potenztermen mit irrationalen Exponenten werden wir in § 4, IV zu sprechen kommen.

Übungen und Aufgaben

1. Zeige durch Anwendung von Sätzen aus § 1, daß zu den durch die folgenden Terme gegebenen Funktionen f Umkehrfunktionen $\overset{-1}{f}$ existieren und daß diese differenzierbar sind! Bilde die Ableitungsfunktionen $(\overset{-1}{f})'$!
   a) $f(x) = x^3$, $x \in \mathbb{R}^{\neq 0}$; $f(x) = x^5$, $x \in \mathbb{R}^{\neq 0}$; allgemein: $f(x) = x^{2n-1}$, $n \in \mathbb{N}$, $x \in \mathbb{R}^{\neq 0}$
   b) $f(x) = x^4$, $x \in \mathbb{R}^{>0}$; $f(x) = x^6$, $x \in \mathbb{R}^{>0}$; allgemein: $f(x) = x^{2n}$, $n \in \mathbb{N}$, $x \in \mathbb{R}^{>0}$
   c) $f(x) = x^2$, $x \in \mathbb{R}^{<0}$; $f(x) = x^8$, $x \in \mathbb{R}^{<0}$; allgemein: $f(x) = x^{2n}$, $n \in \mathbb{N}$, $x \in \mathbb{R}^{<0}$
   d) $f(x) = c \cdot x^{2n-1}$, $c \in \mathbb{R}^{\neq 0}$, $n \in \mathbb{N}$, $x \in \mathbb{R}^{\neq 0}$
   e) $f(x) = a \cdot x^{2n}$, $a \in \mathbb{R}^{\neq 0}$, $n \in \mathbb{N}$, $x \in \mathbb{R}^{>0}$ (oder $x \in \mathbb{R}^{<0}$).

2. **a)** Begründe ausführlich, warum bei der Herleitung der Sätze S 2.1, S 2.2 der Satz S 1.8 und die Kettenregel angewandt werden dürfen!

b) Untersuche, für welche $m\in\mathbb{Z}$ und $n\in\mathbb{N}$ der Satz 2.2 auch für $x\in\mathbb{R}^{<0}$ gültig ist!

c) Nenne fünf Beispiele für Potenzfunktionen mit rationalem Exponenten, die über ganz $\mathbb{R}^{\neq 0}$ differenzierbar sind!

d) Formuliere allgemein, welche Potenzfunktionen mit rationalem Exponenten (vgl. Satz 2.2) über ganz $\mathbb{R}^{\neq 0}$ differenzierbar sind, und begründe dein Ergebnis allgemein!

e) Begründe, warum in Satz 2.2 nur für $m>n$ auch $x=0$ zugelassen werden kann!

3. Bilde die Ableitungen! Bestimme selbst D(f) und D(f′)!

a) $f(x)=\sqrt{x}+x+x\cdot\sqrt{x}$

b) $f(x)=\sqrt[3]{x^2}-\sqrt{x^3}$

c) $f(x)=x^2\cdot\left(\frac{1}{\sqrt{x}}-\sqrt{x}\right)$

d) $f(x)=(\sqrt[3]{x}-\sqrt[3]{x^4})\cdot\left(\frac{1}{\sqrt[3]{x}}+\frac{1}{\sqrt[3]{x^4}}\right)$

e) $f(x)=\sqrt[3]{x}\cdot\sin x$

f) $f(x)=(1-\sin^2 x)^{\frac{1}{2}}$

g) $f(x)=x^{\frac{1}{2}}\cdot\sin x+x(\cos x)^{\frac{1}{2}}-x^{\frac{3}{2}}$

h) $f(x)=\sqrt[3]{1-x^2}$

i) $f(x)=(\tan^2 x)^{\frac{1}{3}}$

j) $f(x)=\frac{\sqrt{x}}{\sqrt{1-x}}$

k) $f(x)=\left(\frac{1}{\sqrt{x}}-\sqrt{x}\right)\cdot\left(\frac{1}{\sqrt{x}}+\sqrt{x}\right)$

4. Bestimme zu f eine Stammfunktion (vgl. Analysis I)!

a) $f(x)=-\frac{1}{\sqrt{x}}$; $x\in\mathbb{R}^{>0}$

b) $f(x)=\frac{1}{\sqrt[3]{x^2}}$; $x\in\mathbb{R}^{<0}$

c) $f(x)=\sqrt{3x}$; $x\in\mathbb{R}^{>0}$

d) $f(x)=\frac{1}{\sqrt[3]{x}}-\sqrt[3]{x}$; $x\in\mathbb{R}^{\neq 0}$

e) $f(x)=\frac{1}{\sqrt{x-1}}+\sqrt{x-1}$; $x\in\mathbb{R}^{>1}$

f) $f(x)=2x\cdot\sqrt{1-x^2}$; $x\in[-1;1]$

g) $f\colon \mathbb{R}^{>0}\to\mathbb{R};\ x\mapsto\frac{3}{2\cdot\sqrt[3]{x}}-\frac{4}{\sqrt{x}}+x^{-2}$

h) $f\colon \mathbb{R}^{\geqq 3}\to\mathbb{R};\ x\mapsto\frac{x^2-2}{\sqrt[5]{x^3-6x}}$

i) $f\colon\ ]3;4]\to\mathbb{R};\ x\mapsto\frac{4x-6}{\sqrt[4]{3x^2-9x}}+6x\cdot\sqrt[3]{16-x^2}$

5. Berechne die folgenden bestimmten Integrale (vgl. Analysis I)!

a) $\int\limits_0^2 x^2\cdot\sqrt[3]{x^3+4}\,dx$

b) $\int\limits_{-2}^2\frac{1}{\sqrt[3]{(x+4)^2}}\,dx$

c) $\int\limits_1^4(x^2+2x)\sqrt{x}\,dx$

d) $\int\limits_1^3\frac{4x}{\sqrt[3]{4x^2-3}}\,dx$

e) $\int\limits_{-1}^2(\sqrt[3]{x+2})^{-1}\,dx$

f) $\int\limits_0^{\sqrt{\frac{-B}{A}}} x\cdot\sqrt[5]{A\cdot x^2+B}\,dx,\ A>0,\ B\leq 0$

6. Berechne die Flächenmaßzahlen und die Maßzahlen der Rotationsvolumina bei Rotation um die x-Achse zwischen $x=a$ und $x=b$!

a) $f(x)=\sqrt{x}$; $a=0,\ b=4$

b) $f(x)=\sqrt[3]{x}$; $a=-9,\ b=9$

c) $f(x)=\frac{1}{\sqrt[3]{x}}$; $a=-8,\ b=-1$

d) $f(x)=\sqrt{x}-\frac{1}{\sqrt[3]{x^2}}$; $a=1,\ b=8$

e) $f(x)=x\cdot\sqrt{4x^2+1}$; $a=\sqrt{2},\ b=\sqrt{5}$

f) $f(x)=4x\cdot(4-x^2)^{-\frac{1}{2}}$; $a=-1,\ b=1$

7. Berechne

a) die Flächenmaßzahl des Kreises und **b)** die Volumenmaßzahl der Kugel

(vgl. Analysis I)!

Anleitung: Bei a) genügt Beschränkung auf den Viertelkreis ($f(x)=\sqrt{r^2-x^2}$; $x\in[0;r]$). Empfohlen wird die Substitution:

$$\frac{x}{r}=\cos\varphi,\quad x\in[0;r]\Rightarrow\varphi\in\left[0;\frac{\pi}{2}\right].$$

Zu b): Das Kugelvolumen entsteht durch Rotation des Halbkreises zu $f(x)=\sqrt{r^2-x^2}$; $x\in[-r;r]$ um die x-Achse.

8. Skizziere die Graphen der Funktionen zu den folgenden Termen!

a) $f(x)=x-\sqrt{x}$ **b)** $f(x)=\sqrt[3]{x^2}-x^2$ **c)** $f(x)=\sqrt{x-1}-(x-3)$

d) $f(x)=\sqrt{x}:(x-1)$ **e)** $f(x)=\sqrt{x\cdot\operatorname{sign}x}$ **f)** $f(x)=\sqrt{x\cdot\operatorname{sign}x}-x$

g) $f(x)=\sqrt{|x|}-\sqrt[4]{|x|}$ **h)** $f(x)=x^2-\sqrt{|x|}$ **i)** $f(x)=\sqrt{|\sin x|}$

j) $f(x)=\sqrt{x}\cdot\cos x$

Ermittle, soweit das möglich ist, auch die Maßzahl der zwischen Graph, x-Achse und Nullstellen eingeschlossenen Fläche und die Maßzahl des dazugehörigen Rotationsvolumens!

9. Berechne die ersten beiden Ableitungen! Beachte $D(f')$ und $D(f'')$!

a) $f(x)=\sqrt{x}$ **b)** $f(x)=x\sqrt{x}$ **c)** $f(x)=\sqrt[3]{x^2}$

d) $f(x)=a\cdot\sqrt[4]{x^2}$ **e)** $f(x)=\sqrt{x}-\dfrac{x}{\sqrt{x}}$ **f)** $f(x)=\sqrt[3]{\dfrac{1}{x}}\cdot x^3$

g) $f(x)=\sqrt{a-x}$ **h)** $f(x)=\sqrt[3]{x^2-1}$ **i)** $f(x)=x^3-\sqrt[3]{x}$

j) $f(x)=\dfrac{b}{a}\sqrt{a^2-x^2}$ **k)** $f(x)=\sqrt{x(x-1)}$ **l)** $f(x)=\sqrt{x+a}-\sqrt{x-a}$

m) $f(x)=\sqrt{(x+a)^2-(x-a)^2}$ **n)** $f(x)=\dfrac{a}{b}\sqrt[n]{\dfrac{c}{x^2}}$; $n\in\mathbb{N}$, $c\in\mathbb{R}^{>0}$

10. Der Graph der durch den folgenden Term gegebenen Funktion f verlaufe durch den Punkt $P(x_0|y_0)$. Ermittle zunächst die Gleichung der Tangente t in $P(x_0|y_0)$ an den Graphen zu f! Bestimme dann die Gleichung der Senkrechten (Normalen) zu t, die ebenfalls durch $P(x_0|y_0)$ führt!

a) $f(x)=x^{-\frac{1}{2}}$; $x_0=2$ **b)** $f(x)=-x\sqrt{x}$; $x_0=1$ **c)** $f(x)=\sqrt{-x}$; $x_0=-2$

d) $f(x)=\sqrt[3]{x^2}$; $x_0=-2\sqrt{2}$ **e)** $f(x)=-\sqrt{x^3}$; $y_0=-8$

f) $f(x)=2\sqrt[3]{x}-2$; $y_0=-1$ **g)** $f(x)=-\sqrt{-x}$; $y_0=-3$

h) $f(x)=3+x\sqrt[3]{-8x}$; $x_0=8$ **i)** $f(x)=\dfrac{1}{\sqrt{x}}$; $y_0=25$

j) $f(x)=\dfrac{x}{\sqrt{x+1}}$; $x_0=1$ **k)** $f(x)=\dfrac{\sqrt{x+1}}{\sqrt{3x-1}}$; $x_0=\frac{1}{2}$

l) $f(x)=\sqrt{25-x^2}$; $y_0=4$ **m)** $f(x)=\sqrt{x^2-4}$; $y_0=\sqrt{5}$

n) $f(x)=-\frac{5}{4}\sqrt{16-x^2}$; $x_0=3$ **o)** $f(x)=\frac{3}{5}\sqrt{5^2-x^2}$; $y_0=2{,}4$

II. Sogenannte „algebraische Funktionen"

1. Die Gleichung der Funktion f zu $f(x)=x^{\frac{m}{n}}$ kann man auch in der Form $y^n-x^m=0$ schreiben. Allgemein nennt man eine Gleichung der Form

$$f_n(x)\cdot y^n+f_{n-1}(x)\cdot y^{n-1}+\cdots+f_1(x)\cdot y+f_0(x)=0$$

mit Polynomen $f_k(x)$ eine **„algebraische Gleichung in x und y"**. Durch solche Gleichungen sind im allgemeinen über der Menge $\mathbb{R}$ Relationen gegeben, die **keine** Funktionen sind. Erst durch **geeignete Zusatzbedingungen** kann es gelingen, eine solche Relation so einzuschränken, daß eine Funktion entsteht. So wird z. B. durch die Gleichung

$$y^n-x^m=0$$

eine Funktion festgelegt, wenn man sich für $n\in\mathbb{N}$, $m\in\mathbb{Z}$ auf $x, y\in\mathbb{R}^{>0}$ beschränkt; vgl. die Aufgaben 1 bis 3!

Die so gegebenen Funktionen nannte man früher, weil sie durch algebraische Gleichungen festgelegt werden, **„algebraische Funktionen"**, eine Bezeichnung, die aber aus verschiedenen Gründen problematisch ist.

2. Es ist uns hier nicht möglich, die durch algebraische Gleichungen in zwei Variablen (mit geeigneten Zusatzbedingungen) gegebenen Funktionen systematisch zu behandeln. Der Grund dafür liegt u. a. darin, daß es keinesfalls immer möglich ist, für solche Funktionen einen Funktionsterm anzugeben, der nur mit Hilfe der elementaren Rechenoperationen und mit Hilfe des Radizierens gebildet ist.

So kann z. B. eine algebraische Gleichung, die in y vom 5. Grad ist, im allgemeinen nicht nach y aufgelöst werden.

Beispiel: $y^5-2x^2y+1=0$.

3. Wir beschränken uns daher auf die Behandlung einiger **Beispiele**, bei denen die Funktion durch einen einfachen Funktionsterm gegeben ist; vgl. die Aufgaben 6 und 7!

Beispiele:

1) $\mathbf{f(x)=\sqrt{1-x^2}}$. Es ist $D(f)=[-1;1]$ und $W(f)=[0;1]$.

Für die Ableitung ergibt sich nach der Kettenregel:

$$f'(x)=\frac{-2x}{2\sqrt{1-x^2}}=\frac{-x}{\sqrt{1-x^2}}\quad (\text{für } x\in]-1;1[).$$

Beachte, daß bei f' die Randwerte 1 und −1 ausgeschlossen sind.

Das Bild von f ist die obere Hälfte des Einheitskreises um den Nullpunkt (Bild 2.1)

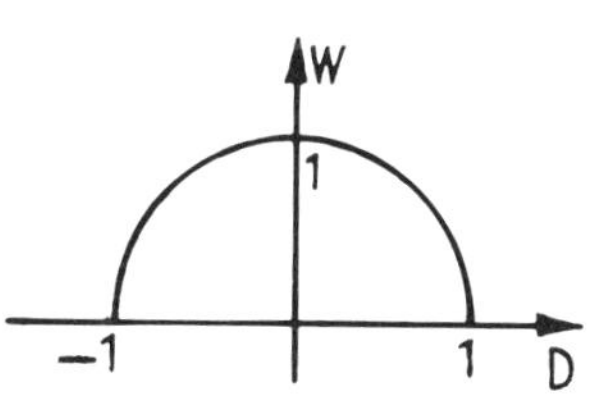

Bild 2.1

2) $\mathbf{y^2-x^3-x^2=0 \wedge y\geq 0}$.

Auch bei diesem Beispiel läßt sich ein Funktionsterm angeben, nämlich:

$$f(x)=\sqrt{x^3+x^2}=\begin{cases} x\cdot\sqrt{x+1} & \text{für } x\geq 0\\ -x\cdot\sqrt{x+1} & \text{für } -1\leq x<0.\end{cases}$$

Es ist $D(f)=\mathbb{R}^{\geq -1}$ und $W(f)=\mathbb{R}^{\geq 0}$.

Nullstellen besitzt die Funktion bei 0 und bei -1. Für die **Ableitung** ergibt sich:

$$f'(x)=\frac{3x^2+2x}{2\cdot\sqrt{x^3+x^2}}=\frac{x(3x+2)}{2\cdot\sqrt{x^3+x^2}}=\begin{cases}\dfrac{3x+2}{2\cdot\sqrt{x+1}}=f'_r(x) & \text{für } x>0\\[2ex] -\dfrac{3x+2}{2\cdot\sqrt{x+1}}=f'_l(x) & \text{für } -1<x<0\end{cases}$$

An der Stelle 0 ist die Funktion **nicht** differenzierbar; es existieren aber die rechtsseitige und die linksseitige Ableitung:

$$f'_r(0)=\lim_{x\to 0}\frac{3x+2}{2\sqrt{x+1}}=1 \quad\text{und}\quad f'_l(0)=\lim_{x\to 0}\left(-\frac{3x+2}{2\sqrt{x+1}}\right)=-1.$$

Die notwendige Bedingung für **Extremstellen** lautet:

$$f'(x)=0 \Rightarrow 3x+2=0 \Rightarrow x=-\tfrac{2}{3}.$$

$$f(-\tfrac{2}{3})=\tfrac{2}{3}\cdot\sqrt{-\tfrac{2}{3}+1}=\tfrac{2}{3}\cdot\sqrt{\tfrac{1}{3}}\approx 0{,}385.$$

Für $-1<x<0$ berechnen wir die **2. Ableitung**:

$$f''_l(x)=-\frac{1}{2}\cdot\frac{3\cdot\sqrt{x+1}-(3x+2)\cdot\dfrac{1}{2\sqrt{x+1}}}{x+1}=-\frac{1}{2}\cdot\frac{6(x+1)-(3x+2)}{2\cdot(x+1)\cdot\sqrt{x+1}}$$

$$=-\frac{1}{4}\cdot\frac{3x+4}{(x+1)\cdot\sqrt{x+1}} \qquad (\text{für } -1<x<0)$$

Also gilt:

$$f''_l\left(-\frac{2}{3}\right)=-\frac{1}{4}\cdot\frac{-2+4}{\frac{1}{3}\cdot\sqrt{\frac{1}{3}}}=-\frac{1}{2}\cdot 3\cdot\sqrt{3}<0;$$

daher hat die Funktion an der Stelle $-\frac{2}{3}$ ein Maximum. Da $f'_r(x)$ sich von $f'_l(x)$ nur durch das Vorzeichen unterscheidet, ergibt sich entsprechend:

$$f''_r(x)=\frac{1}{4}\cdot\frac{3x+4}{(x+1)\sqrt{x+1}} \qquad (\text{für } x>0).$$

Die notwendige Bedingung für **Wendestellen** lautet:

$$f''(x)=0.$$

Daraus ergibt sich: $\quad 3x+4=0 \Leftrightarrow x=-\frac{4}{3}.$

Wegen $-\frac{4}{3}\notin D(f)$ besitzt die Funktion keine Wendestelle.

Der Graph der Funktion ist in Bild 2.2 dargestellt.

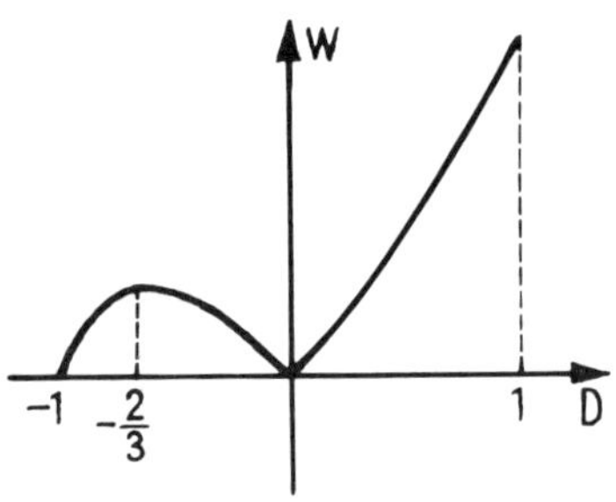

Bild 2.2

Bemerkung: Man kann die algebraische Gleichung

$$y^2-x^3-x^2=0$$

auch durch andere Zusatzbedingungen zu einer Funktionsgleichung machen, z. B.

$$y^2-x^3-x^2=0 \wedge (x\geq 0 \rightarrow y\geq 0) \wedge (x<0 \rightarrow y<0).$$

In diesem Fall lautet der Funktionsterm:

$$f(x)=x\sqrt{x+1} \qquad \text{für alle } x\in\mathbb{R}^{\geq -1}.$$

Übungen und Aufgaben

1. Begründe ausführlich!

a) Durch die Gleichungen $y^2-x^2=0$, $y^2-x^3=0$, $y^3-x^2=0$, allgemein durch $y^n-x^m=0$ mit $n, m \in \mathbb{N}$ wird je eine Funktion festgelegt, wenn x und y auf $\mathbb{R}^{\geq 0}$ beschränkt werden.

b) $y^2-x^{-1}=0$, $y-x^{-2}=0$, $y^2-x^{-2}=0$, $y^3-x^{-2}=0$, allgemein $y^n-x^{-m}=0$ mit $n \in \mathbb{N}$ und $m \in \mathbb{N} \cup \{0\}$ legen je eine Funktion fest, wenn x und y auf $\mathbb{R}^{>0}$ beschränkt bleiben.

2. Nenne Beispiele für Gleichungen der Form $y^n-x^m=0$ mit $n \in \mathbb{N}$ und $m \in \mathbb{Z}$, die über ganz $\mathbb{R}$ Funktionen f mit $y=f(x)$ festlegen!

3. a) Welchen Bedingungen müssen die Zahlen m und n (mit $m \in \mathbb{Z}$, $n \in \mathbb{N}$) genügen, damit Gleichungen der Form $y^n-x^m=0$ Funktionen f mit $y=f(x)$ festlegen, die über $\mathbb{R}^{<0}$ definiert sind?

b) Nenne vier Beispiele und begründe deine Vermutung!

4. Untersuche, ob und unter welchen Bedingungen die in Aufgabe 1 gewonnenen sogenannten „algebraischen Funktionen f" Umkehrfunktionen $\overset{-1}{f}$ besitzen! Ermittle $D(\overset{-1}{f})$ und vergleiche mit $D(f)$!

5. Zeichne von den in Aufgabe 1 a) und 1 b) gewonnenen speziellen Funktionen die Graphen über [0; 6] bzw.]0; 6] und dazu, soweit wie möglich, Graphen der zugehörigen Umkehrfunktionen!

6. Durch die folgenden Gleichungen können jeweils zwei stetige Funktionen f_1, f_2 mit $y=f_1(x)$ und $y=f_2(x)$ festgelegt werden. Dazu ist y auf geeignete Teilmengen von $\mathbb{R}$ zu beschränken. Ermittle die beiden Funktionen f_1 und f_2, bestimme ihre Definitions- und Wertemengen und zeichne die Graphen über den angegebenen Intervallen!

a) $x^2+y^2=16$; $[-4; 4]$ **b)** $x^2-y^2=0$; $[-6; 6]$ **c)** $x^2-y^2=4$; $[-6; 6]$
d) $x^2+y^2=r^2$; $[-r; r]$ **e)** $x^2-y^2=a^2$; $[-2a; 2a]$ **f)** $y^2-x^3=0$; $[0; 5]$
g) $y^2-x\cdot(x^2-9)=0$; $[-5; 5]$ **h)** $y^2-x^2\cdot(4-x)=0$; $[-4; 4]$ **i)** $y^2-x^3=1$; $[-1; 5]$
j) $y^2+4x^2=16$; $[-2; 2]$ **k)** $\frac{x^2}{16}+\frac{y^2}{9}=1$; $[-4; 4]$
l) $9y^2-16x^2=144$; $[-8; 8]$

7. Diskutiere die folgenden algebraischen Gleichungen in x und y! Schränke entweder durch Zusatzbedingungen die durch diese Gleichungen gegebenen Relationen so ein, daß Funktionen entstehen, oder suche nach dem in Aufgabe 6 beschriebenen Verfahren zwei geeignete Funktionen f_1 und f_2! Wähle Definitions- und Wertemengen zweckmäßig und zeichne die Graphen zu den Funktionen in Intervallen, die die besonders interessierenden Punkte (z. B. Nullstellen, Schnittpunkte mit der y-Achse, Extremstellen, Doppelpunkte, Schleifen, Spitzen) umfassen!

a) $y^2-(x-1)^2\cdot(4-x)=0$ **b)** $y^2-x^2\cdot(3-x)=0$ **c)** $y^2=x\cdot(16-x^2)$
d) $x^4\cdot(16-x^2)-y^2=0$ **e)** $y^2=(x+4)^2\cdot(1-x)$ **f)** $x^2-y^2\cdot(y+2)=0$
g) $y^2-(2-x)^2\cdot x=0$ **h)** $(y-2)^2-(x-1)^3=0$

III. Das Verfahren des „impliziten Differenzierens"

1. Im vorigen Abschnitt haben wir gesehen, daß Funktionen durch Gleichungen in zwei Variablen gegeben sein können, durch Gleichungen der Form

$$F(x|y)=0.$$

Eventuell müssen geeignete Zusatzbedingungen hinzugefügt werden, um eine eindeutige Zuordnung zu erzielen; vgl. die Aufgaben 1 und 3!
Man spricht bei einer Gleichung dieser Art von einer **„impliziten Darstellung"** einer Funktion.
Manchmal ist es möglich, für solche Funktionen auch eine **„explizite Darstellung"** der Funktionsgleichung mit Hilfe eines elementaren Terms $f(x)$ anzugeben.

Beispiel: $x^2+y^2-4=0 \wedge y\geq 0 \Leftrightarrow y=\sqrt{4-x^2}$; also ist $f(x)=\sqrt{4-x^2}$.

Manchmal gelingt eine solche Auflösung der Gleichung nach y aber auch nicht.

Beispiel: $y^5-2x^2y+1=0$.

Dennoch kann man einzelne Zahlenpaare ermitteln, die der Gleichung genügen, also zur Relation R gehören.
Beispiele:
1) Für $x = 0$ ergibt sich: $y^5 + 1 = 0$ mit der Lösung $y = -1$; es gilt also: $(0|-1) \in R$.
2) Für $x = 1$ ergibt sich: $y^5 - 2y + 1 = 0$ mit der Lösung $y = 1$; es gilt also: $(1|1) \in R$.
Beachte, daß die fraglichen Gleichungen auch noch andere Lösungen haben können, daß man also erst durch geeignete Zusatzbedingungen eine Funktion f erhält.
2. Es erhebt sich die Frage, ob man bei einer in impliziter Form $F(x, y) = 0$ gegebenen differenzierbaren Funktion f die Ableitung aus der impliziten Gleichung ermitteln kann.
Zur Beantwortung dieser Frage erinnern wir uns daran, daß bei einer Funktion f jeder Zahl $x\in D(f)$ eindeutig eine Zahl $y\in W(f)$ zugeordnet wird, und daß man diese Zahl mit „$f(x)$" bezeichnet. Es ist zu beachten, daß das Zeichen „$f(x)$" auch dann einen Sinn hat, wenn man — wie bei dem letzten Beispiel — keinen elementaren Rechenausdruck für alle $x\in D(f)$ angeben kann.
Beispiel: Der Gleichung $y^5 - 2x^2y + 1 = 0$ genügen die Zahlenpaare $(0|-1)$ und $1(1|1)$; andere Lösungen der Gleichung für $x = 0$ bzw. $x = 1$ schließen wir, um von einer Funktion sprechen zu können, aus; dann gilt: $f(0) = -1$ und $f(1) = 1$.
Allgemein gilt bei **jeder** Funktion f:

$$y=f(x) \Leftrightarrow_{Df} (x|y)\in f.$$

Daher können wir uns in jedem Fall bei einer impliziten Funktionsgleichung der Form

$$F(x,y)=0$$

y durch $f(x)$ ersetzt denken; man erhält dann eine Gleichung, nämlich

$$F(x, f(x))=0,$$

die letztlich nur von x abhängt.
Wir können diese Gleichung als Gleichung einer Funktion ϕ ansehen mit

$$\phi(x)=F(x, f(x))=0,$$

die also für alle x den Wert 0 annimmt.

Wenn die Funktion ϕ an einer Stelle x differenzierbar ist, gilt daher auch

$$\phi'(x)=0.$$

Bei der Berechnung dieser Ableitung aus der Gleichung $F(x, y)=0$ hat man überall da, wo y auftritt, die **Kettenregel** anzuwenden. Dabei tritt dann der zu bestimmende Ableitungsterm $f'(x)$ als Faktor auf; vgl. die Aufgaben 1 und 2!

Beispiele:

1) $x^2+y^2-4=0 \Rightarrow 2x+2y \cdot f'(x)=0 \Rightarrow f'(x)=-\frac{x}{y}$ (für $y \neq 0$).

Wir können bei diesem Beispiel durch Auflösen der Gleichung nach y die Probe machen. Es gilt:

$$x^2+y^2-4=0 \wedge y \geq 0 \Rightarrow y=\sqrt{4-x^2}=f(x) \Rightarrow f'(x)=\frac{-2x}{2\sqrt{4-x^2}}=-\frac{x}{y} \quad (\text{für } |x|<2).$$

2) $y^5-2x^2y+1=0 \wedge y=f(x) \Rightarrow 5y^4 \cdot f'(x)-2x^2 \cdot f'(x)-4xy=0$

$$\Rightarrow f'(x) \cdot [5y^4-2x^2]=4xy$$

$$\Rightarrow f'(x)=\frac{4xy}{5y^4-2x^2} \quad (\text{für } 5y^4 \neq 2x^2).$$

Es gilt also z. B. wegen $f(0)=-1$ und $f(1)=1$:

$$f'(0)=0 \quad \text{und} \quad f'(1)=\frac{4}{5-2}=\frac{4}{3}.$$

3. Auf eine allgemeine Begründung dieses Verfahrens des **„impliziten Differenzierens"** müssen wir hier verzichten. Wir machen aber darauf aufmerksam, daß das Verfahren nur anwendbar ist, wenn durch die Gleichung $F(x, y)=0$ eine an der betrachteten Stelle x differenzierbare Funktion f festgelegt ist, und wenn der nach der formalen Anwendung des Verfahrens auftretende Faktor von $f'(x)$ von Null verschieden ist. Beispiele enthalten die Aufgaben 4 und 5.

Aufgaben und Übungen

1. Durch die folgenden Gleichungen und die hinzugefügten Bedingungen sind Funktionen f festgelegt; ermittle ihre Funktionsgleichungen $y=f(x)$!
Differenziere die Funktionen 1.) durch Anwendung der **Kettenregel** auf die Funktionsgleichungen, 2.) durch **implizites Differenzieren** der gegebenen Relationsgleichung!
Untersuche ferner, ob die Funktionen auch an den Randpunkten der gegebenen Intervalle linksseitig bzw. rechtsseitig differenzierbar sind!

a) $x^2=25-y^2;\ x \in [-5; 0];\ y \in [-5; 0]$ **b)** $x^3-2y^2=0;\ x \in \mathbb{R}^{\geq 0};\ y \leq 0$

c) $y^2-x^2 \cdot (8-x)=0;\ x \in [-8; 8];\ y \geq 0$ **d)** $16y^2+9x^2=144;\ x \in [-4; 4];\ y \in [-3; 0]$

e) $\frac{x^2}{16}-\frac{y^2}{36}=1;\ x \in \mathbb{R} \setminus]-4; 4[;\ y \in \mathbb{R}^{\geq 0}$ **f)** $y^3-x^2 \cdot (x+1)=0;\ x \in \mathbb{R};\ y \in \mathbb{R}$

2. Bilde die Ableitungsfunktionen zu den in Aufgabe II, 6 gewonnenen Funktionen f_1 und f_2
   a) durch Differenzieren dieser Funktionen nach der **Kettenregel**,
   b) durch **implizites Differenzieren** der gegebenen Relationsgleichungen!

3. Durch die folgenden Relationsgleichungen und die hinzugefügten Bedingungen sind Funktionen f festgelegt. Ferner sind Punkte $P_k(x_k|y_k)$ gegeben.
   Ermittle, ohne die Funktionsgleichungen $y=f(x)$ zu bestimmen, die Gleichungen derjenigen Tangenten an die Graphen zu f, die durch die gegebenen Punkte P_k führen!
   a) $y^2-8x=0 \wedge x\geq 0 \wedge y\geq 0$; $P_1(3|6)$, $P_2(-1|-5)$, $P_3(0|4)$
   b) $x^2-y^2=36 \wedge x\in \mathbb{R}\setminus]-6;6[\wedge y\leq 0$; $P_1(8|-8)$, $P_2(6|3)$, $P_3(4|0)$
   c) $x^2+y^2=36 \wedge x\in[-6;6] \wedge y\leq 0$; $P_1(-8|1)$, $P_2(7|-4)$, $P_3(4|-6)$
   d) $y^2-x^3=0 \wedge x\geq 0 \wedge y\leq 0$; $P_1(-5|0)$, $P_2(-3|3)$, $P_3(1|4)$

4. In den Graphen zu den durch folgende Gleichungen gegebenen Relationen kommen **„Spitzen"** vor (vgl. Bild 2.2: $x=0$). Ermittle diese Stellen und skizziere den Verlauf der Graphen in einer geeigneten Umgebung der jeweiligen Spitze!

a) $y^3-4x^2=0$	b) $y^3-(x^2-1)^2=0$	c) $y^3=x\cdot(x-3)^2$
d) $y^3-x^2\cdot(x+4)=0$	e) $(y-x^{\frac{2}{3}})^2-x^3=0$	f) $y^2-8x^3=0$

5. Die Graphen der durch die folgenden Gleichungen gegebenen Relationen verlaufen z. T. in geschlossenen Kurven, z. T. verlaufen sie in Schleifen mit Doppelpunkten. Diskutiere die Relationen und zeichne ihre Graphen über geeigneten Intervallen!

a) $y^2=(5-x)\cdot x^2$	b) $y^2=(x-3)\cdot 4x^2$	c) $(3-y)\cdot y^2=x^2$
d) $y^2=x^4\cdot(9-x^2)$	e) $y^2=2x\cdot(x^2-9)$	f) $y^2=x^2\cdot(36-x^2)$

6. a) Den Graphen der Funktion f zu $f(x)=\sqrt{x^2-1}$ lasse man zwischen $x=-6$ und $x=6$ um die x-Achse rotieren. Dabei entsteht ein Rotationskörper (Hyperboloid), der aus zwei symmetrischen Schalen zusammengesetzt ist. Berechne die Maßzahl seines Volumens! Beachte beim Festlegen der Integrationsgrenzen die Gestalt des Rotationskörpers!
   b) Berechne entsprechend die Volumenmaßzahlen der Rotationskörper, die bei Rotation der in Aufgabe II, 6a), b), d), f) beschriebenen Graphen um die x-Achse entstehen!
   c) Die Graphen der in Aufgabe 5 gegebenen Relationen lasse man zwischen den Nullstellen um die x-Achse rotieren. Dadurch entstehen Rotationskörper. Berechne ihre Volumenmaßzahlen! (Wähle bei 5c als rechte Interpretationsgrenze $b = 5$!)

7. In einen Kreis vom Radius r ist einzuzeichnen
   a) ein Rechteck mit größter Flächenmaßzahl,
   b) ein Rechteck mit größtem Umfang,
   c) ein gleichschenkliges Dreieck mit größter Flächenmaßzahl,
   d) ein gleichschenkliges Dreieck mit größtem Umfang.
   Berechne die Bestimmungsstücke der genannten Rechtecke bzw. Dreiecke!

8. In eine Kugel vom Radius r ist einzubeschreiben
   a) ein Quader von quadratischer Grundfläche mit größter Volumenmaßzahl,
   b) ein Zylinder mit größter Oberflächenmaßzahl,
   c) ein Zylinder mit größter Volumenmaßzahl,
   d) ein Kreiskegel mit größter Volumenmaßzahl.
   Berechne die Bestimmungsstücke dieser Körper! Entartungsfälle sind auszuschließen.

IV. Die Umkehrfunktionen der trigonometrischen Funktionen

1. Bild 2.3 zeigt den Graph der Sinusfunktion:

$$\sin: \mathbb{R} \to [-1;\, 1]; \quad x \mapsto \sin x.$$

Aus der Periodizität dieser Funktion

$$\sin(x+2n\pi) = \sin x \qquad (\text{für alle } x \in \mathbb{R},\ \text{alle } n \in \mathbb{Z})$$

ergibt sich unmittelbar, daß die Relation $\overset{-1}{\sin}$ keine Funktion ist.

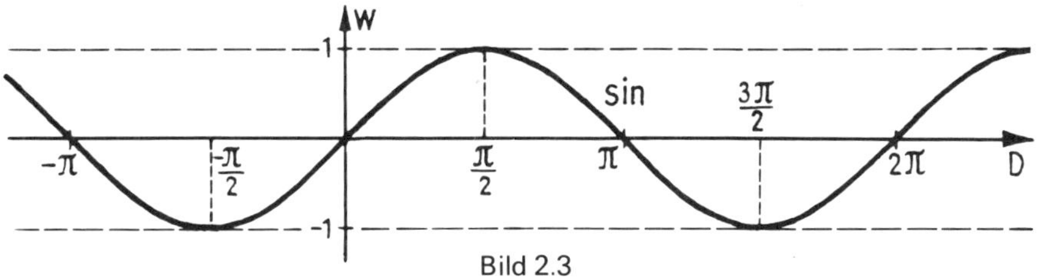

Bild 2.3

Wir können die Sinusfunktion aber so einschränken, daß die eingeschränkte Funktion umkehrbar wird. Dazu brauchen wir nur ein Intervall zu suchen, in dem die Sinusfunktion streng monoton, z. B. streng monoton steigend ist; das ist im Intervall $\left[-\frac{\pi}{2};\, \frac{\pi}{2}\right]$ der Fall. Die dazugehörige Umkehrfunktion wird **„arcus**[1]) **sin"** genannt, abgekürzt **„arc sin"**.
„arc sin y" bezeichnet nach der Definition der Sinusfunktion am Einheitskreis (vgl. Band 7) also den **Bogen**, dessen Sinus y ist; denn es gilt:

$$y = f(x) = \sin x \Leftrightarrow x = \overset{-1}{f}(y) = \operatorname{arc\,sin} y \qquad \left(\text{für } x \in \left[-\frac{\pi}{2};\, \frac{\pi}{2}\right];\ y \in [-1;\, 1]\right)$$

Bild 2.4 zeigt den Graph der Funktion arc sin.
Einige ausgezeichnete Werte der Funktion arc sin sind in der folgenden Tabelle aufgeführt:

x	-1	$-\frac{1}{2}\sqrt{3}$	$-\frac{1}{2}\sqrt{2}$	$-\frac{1}{2}$	0	$\frac{1}{2}$	$\frac{1}{2}\sqrt{2}$	$\frac{1}{2}\sqrt{3}$	1
arc sin x	$-\frac{\pi}{2}$	$-\frac{\pi}{3}$	$-\frac{\pi}{4}$	$-\frac{\pi}{6}$	0	$\frac{\pi}{6}$	$\frac{\pi}{4}$	$\frac{\pi}{3}$	$\frac{\pi}{2}$

Begründe dies im einzelnen (Aufgabe 2a)!

2. Wir berechnen nun die Ableitung der Funktion arc sin. Aus

$$y = f(x) = \sin x \quad \text{und} \quad x = \overset{-1}{f}(y) = \operatorname{arc\,sin} y$$

ergibt sich:

$$f'(x) = \cos x = \sqrt{1-\sin^2 x} = \sqrt{1-y^2}.$$

Es ist $f'(x) \neq 0$ für alle y mit $y \in]-1;\, 1[$, also $|y| < 1$. Mithin gilt:

$$\overset{-1}{f}{}'(y) = \frac{1}{\sqrt{1-y^2}} \qquad \text{für } y \in]-1;\, 1[.$$

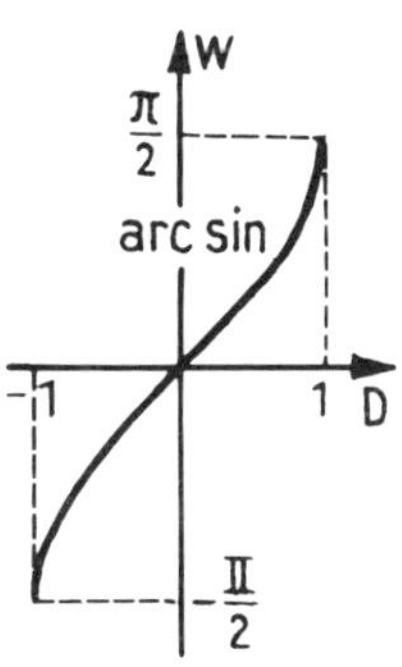

Bild 2.4

[1]) arcus (lat.), der Bogen.

Ersetzen wir noch y durch x, so erhalten wir

S 2.3 **Für alle $x \in]-1;1[$ gilt: $(\arcsin x)' = \frac{1}{\sqrt{1-x^2}}$.**

3. In analoger Weise können wir auch die Cosinusfunktion:

$$\cos\colon \mathbb{R} \to [-1;1]; \quad x \mapsto \cos x \qquad \text{(Bild 2.5)}$$

behandeln. Wegen

$$\cos(x+2n\pi) = \cos x \qquad (\text{für alle } x \in \mathbb{R},\ \text{alle } n \in \mathbb{Z})$$

ist diese Funktion nicht umkehrbar. Im Intervall $[0;\pi]$ ist sie streng monoton fallend; wir schränken sie daher auf dieses Intervall ein. Die zugehörige Umkehrfunktion wird **„arcus cosinus"** genannt, abgekürzt **„arc cos"**.

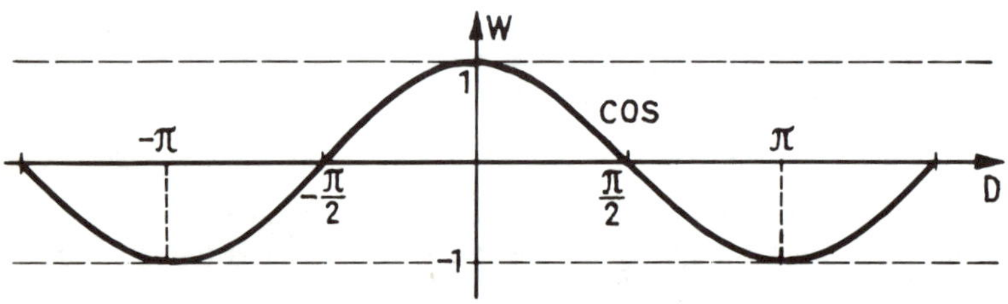

Bild 2.5

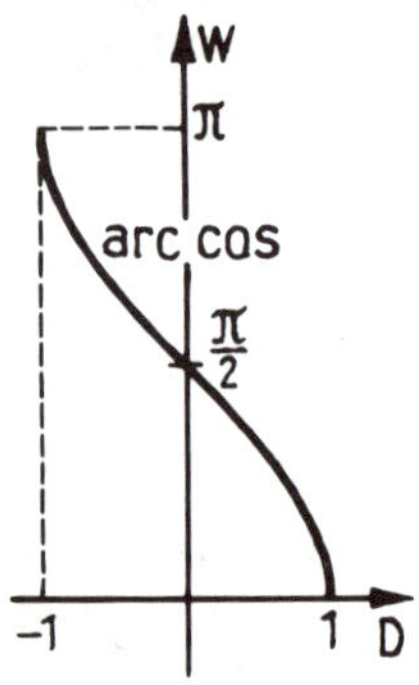

Bild 2.6

„arc cos y" bezeichnet nach der Definition der Cosinusfunktion am Einheitskreis (vgl. Band 7) also den **Bogen,** dessen Cosinus y ist; denn es gilt:

$$y = f(x) = \cos x \Leftrightarrow x = \overset{-1}{f}(y) = \arccos y \qquad (\text{für } x \in [0;\pi];\ y \in [-1;1]).$$

Bild 2.6 zeigt den Graph der Funktion arc cos.

Einige ausgezeichnete Werte der Funktion arc cos sind in der folgenden Tabelle aufgeführt.

x	-1	$-\frac{1}{2}\sqrt{3}$	$-\frac{1}{2}\sqrt{2}$	$-\frac{1}{2}$	0	$\frac{1}{2}$	$\frac{1}{2}\sqrt{2}$	$\frac{1}{2}\sqrt{3}$	1
arc cos x	π	$\frac{5\pi}{6}$	$\frac{3\pi}{4}$	$\frac{2\pi}{3}$	$\frac{\pi}{2}$	$\frac{\pi}{3}$	$\frac{\pi}{4}$	$\frac{\pi}{6}$	0

Begründe dies im einzelnen (Aufgabe 2a)!

4. Wir berechnen nun die Ableitung der Funktion arc cos. Aus

$$y = f(x) = \cos x \Leftrightarrow x = \overset{-1}{f}(y) = \arccos y$$

ergibt sich: $f'(x) = -\sin x = -\sqrt{1-\cos^2 x} = -\sqrt{1-y^2} \neq 0$ für $|y| < 1$.

Daraus folgt:

$$\overset{-1}{f}{}'(y) = -\frac{1}{\sqrt{1-y^2}} \qquad \text{für } y \in]-1;1[.$$

Ersetzen wir noch y durch x, so erhalten wir:

S 2.4 **Für alle $x \in]-1;1[$ gilt: $(\text{arc}\cos x)' = -\dfrac{1}{\sqrt{1-x^2}}$.**

5. Analog behandeln wir auch die Tangensfunktion (Bild 2.7). Wegen

$$\tan(x+n\pi) = \tan x \qquad (\text{für alle } x \in \mathbb{R}, \text{ alle } n \in \mathbb{Z})$$

schränken wir diese Funktion auf das Intervall $\left]-\frac{\pi}{2}; \frac{\pi}{2}\right[$ ein, in dem sie streng monoton steigt. Man nennt die zugehörige Umkehrfunktion **„arcus tangens"**, abgekürzt **„arc tan"**.

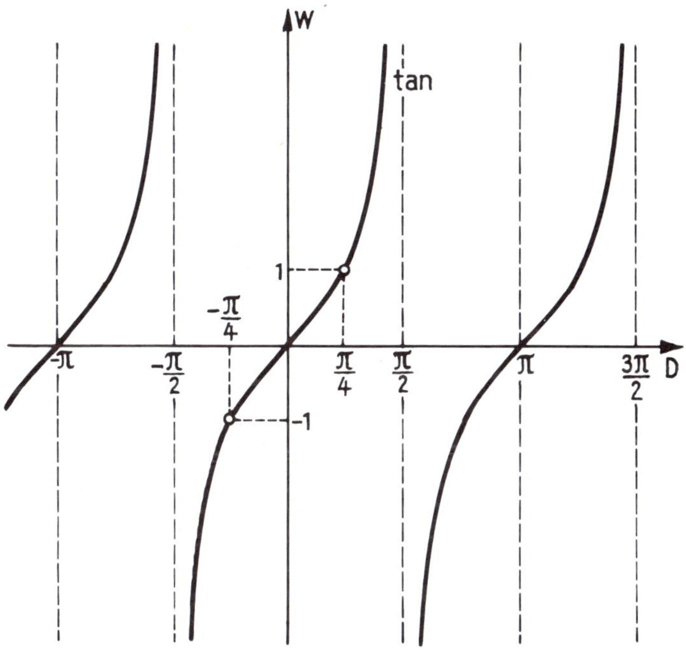

Bild 2.7

Bild 2.8 zeigt den Graph dieser Funktion.
Es ist also:

$$y = f(x) = \tan x$$

$$\Leftrightarrow x = \overset{-1}{f}(y) = \text{arc}\tan y$$

$$\left(\text{für } x \in \left]-\frac{\pi}{2}; \frac{\pi}{2}\right[; y \in \mathbb{R}\right).$$

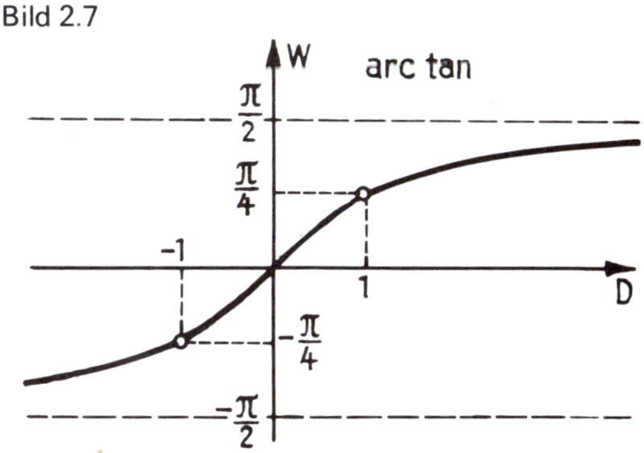

Bild 2.8

Wir berechnen die zugehörige Ableitung:

$$f'(x) = 1 + \tan^2 x = 1 + y^2 \neq 0 \qquad \text{für alle } y \in \mathbb{R}$$

$$\Rightarrow \overset{-1}{f}{}'(y) = \frac{1}{1+y^2} \qquad \text{für alle } y \in \mathbb{R}.$$

Ersetzen wir noch y durch x, so erhalten wir:

S 2.5 **Für alle $x \in \mathbb{R}$ gilt: $(\text{arc}\tan x)' = \dfrac{1}{1+x^2}$.**

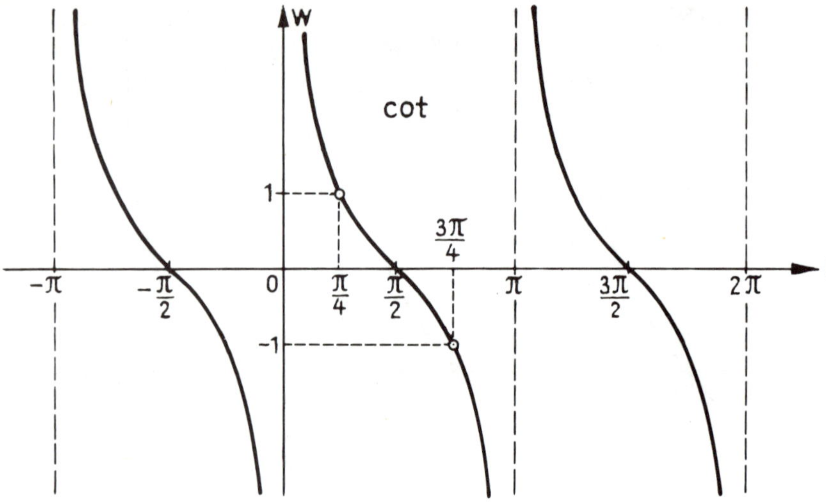

Bild 2.9

6. Die Cotangensfunktion (Bild 2.9) schränken wir entsprechend auf das Intervall $[0; \pi]$ ein, in dem sie streng monoton fällt. Man nennt die zugehörige Umkehrfunktion **„arcus cotangens"**, abgekürzt **„arc cot"**. Bild 2.10 zeigt den Graph dieser Funktion. Es gilt also:

$$y = f(x) = \cot x$$

$$\Leftrightarrow x = \overset{-1}{f}(y) = \text{arc}\cot y$$

(für $x \in]0; \pi[$; $y \in \mathbb{R}$).

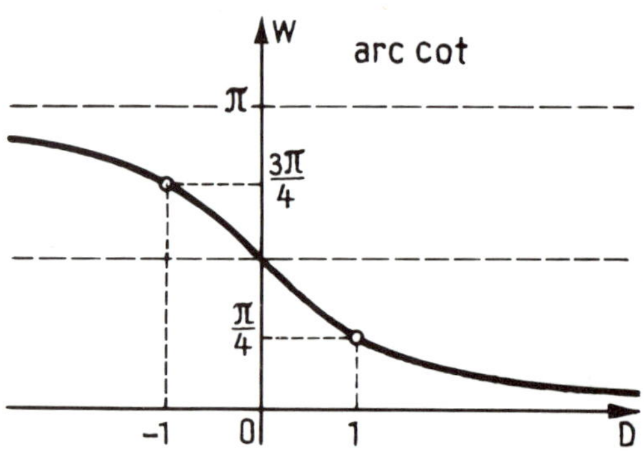

Bild 2.10

Wir berechnen die zugehörige Ableitung:

$$f'(x) = -(1 + \cot^2 x) = -(1 + y^2) \neq 0 \qquad \text{für alle } y \in \mathbb{R}$$

$$\Rightarrow \overset{-1}{f}{}'(y) = -\frac{1}{1+y^2} \qquad \text{für alle } y \in \mathbb{R}.$$

Ersetzen wir nun wieder y durch x, so erhalten wir:

S 2.6 **Für alle $x \in \mathbb{R}$ gilt: $(\operatorname{arc\,cot} x)' = -\frac{1}{1+x^2}$.**

7. Aus den in diesem Abschnitt hergeleiteten Formeln gewinnen wir nach den Hauptsätzen der Infinitesimalrechnung neue Formeln zur Berechnung von bestimmten Integralen. Aus S 2.3 ergibt sich die Formel (vgl. Aufgabe 11):

$$\int_a^b \frac{dx}{\sqrt{1-x^2}} = \operatorname{arc\,sin} x \Big|_a^b \qquad (\text{für } a, b \in]-1; 1[)$$

und aus S 2.5 die Formel:

$$\int_a^b \frac{dx}{1+x^2} = \operatorname{arc\,tan} x \Big|_a^b \qquad (\text{für } a, b \in \mathbb{R}).$$

Begründe, warum es nicht notwendig ist, auch noch Integrationsformeln zu den Sätzen S 2.4 und S 2.6 anzugeben (Aufgabe 10)!

Beispiele:

1) $\int_0^{\frac{1}{2}} \frac{dx}{\sqrt{1-x^2}} = \operatorname{arc\,sin} x \Big|_0^{\frac{1}{2}} = \frac{\pi}{6} - 0 = \frac{\pi}{6}$ 2) $\int_0^1 \frac{dx}{1+x^2} = \operatorname{arc\,tan} x \Big|_0^1 = \frac{\pi}{4} - 0 = \frac{\pi}{4}$

Häufig ist bei solchen Integralen das Substitutionsverfahren anzuwenden.

Beispiele:

1) $\int \frac{dx}{2x^2-8x+18} = J$

Um den Nenner auf die Form $1+t^2$ bringen zu können, müssen wir zunächst den Faktor 2 ausklammern:

$$2x^2-8x+18 = 2(x^2-4x+9) = 2[(x-2)^2+5]$$
$$= 10 \cdot \left[\frac{(x-2)^2}{5}+1\right] = 10 \cdot \left[\left(\frac{x-2}{\sqrt{5}}\right)^2+1\right].$$

Wir substituieren: $t = \frac{x-2}{\sqrt{5}} \Rightarrow dt = \frac{dx}{\sqrt{5}} \Rightarrow dx = \sqrt{5} \cdot dt.$

Also gilt:

$$J = \int \frac{dx}{2x^2-8x+18} = \frac{1}{10} \int \frac{dx}{\left[\left(\frac{x-2}{5}\right)^2+1\right]} = \frac{\sqrt{5}}{10} \cdot \int \frac{dt}{t^2+1} = \frac{\sqrt{5}}{10} \cdot \operatorname{arc\,tan} t + c$$
$$= \frac{\sqrt{5}}{10} \cdot \left[\operatorname{arc\,tan}\left(\frac{x-2}{\sqrt{5}}\right)\right] + c.$$

2) $\int_2^3 \frac{(x-2)\,dx}{\sqrt{6x-x^2-8}} = J.$

Wir bringen den Radikanden des Nenners auf die Form $1-t^2$:

$$-x^2+6x-8 = -(x^2-6x+8) = 1-(x-3)^2.$$

Wir substituieren: $t=\psi(x)=x-3 \Rightarrow dt=dx$ und $x-2=t+1$.
Für die Grenzen gilt: $\psi(2)=-1$ und $\psi(3)=0$.

Damit erhalten wir: $$J=\int_{-1}^{0}\frac{(1+t)\,dt}{\sqrt{1-t^2}}=\underbrace{\int_{-1}^{0}\frac{dt}{\sqrt{1-t^2}}}_{J_1}+\underbrace{\int_{-1}^{0}\frac{t\,dt}{\sqrt{1-t^2}}}_{J_2}.$$

Wir behandeln die beiden Teilintegrale getrennt weiter:

$$J_1=\int_{-1}^{0}\frac{dt}{\sqrt{1-t^2}}=\arcsin t\Big|_{-1}^{0}=\arcsin 0-\arcsin(-1)=0-\left(-\frac{\pi}{2}\right)=\frac{\pi}{2}.$$

Zur Berechnung von J_2 substituieren wir nochmals:

$$z=\varphi(t)=1-t^2 \Rightarrow dz=-2t\,dt \Rightarrow t\,dt=-\tfrac{1}{2}dz.$$

Für die Grenzen gilt: $\varphi(-1)=0$ und $\varphi(0)=1$.

Somit ergibt sich:

$$J_2=\int_{-1}^{0}\frac{t\,dt}{\sqrt{1-t^2}}=-\frac{1}{2}\int_{0}^{1}\frac{dz}{\sqrt{z}}=-\frac{1}{2}\int_{0}^{1}z^{-\frac{1}{2}}\,dz=-\frac{1}{2}\cdot 2\cdot\sqrt{z}\Big|_{0}^{1}=-1.$$

Insgesamt erhalten wir also: $\displaystyle\int_{2}^{3}\frac{(x-2)\,dx}{\sqrt{6x-x^2-8}}=\frac{\pi}{2}-1$. (Vgl. auch Aufgabe 13, S. 51)

Übungen und Aufgaben

1. Begründe durch Zurückführung auf die Sätze in § 1 ausführlich, daß die folgenden Funktionen (über den angegebenen Definitionsintervallen) differenzierbare Umkehrfunktionen besitzen!

a) $f\colon \left]-\frac{\pi}{2};\frac{\pi}{2}\right[\to \left]-1;1\right[;\ x\mapsto \sin x$

b) $f\colon \left]0;\pi\right[\to \left]-1;1\right[;\ x\mapsto \cos x$

c) $f\colon \left]-\frac{\pi}{2};\frac{\pi}{2}\right[\to \mathbb{R};\ x\mapsto \tan x$

d) $f\colon \left]0;\pi\right[\to \mathbb{R};\ x\mapsto \cot x$

2. a) Begründe im einzelnen die in IV.1 und in IV.3 angegebenen Tabellen mit besonderen Werten der Funktionen arc sin bzw. arc cos! Vergleiche mit entsprechend aufgebauten Tabellen von sin und cos!

b) Vervollständige die folgenden Tabellen und begründe dein Ergebnis!

x	$-\sqrt{3}$	-1	$-\frac{\sqrt{3}}{3}$	0	$\frac{\sqrt{3}}{3}$	1	$\sqrt{3}$
arc tan x	$-\frac{\pi}{3}$						$\frac{\pi}{3}$

x	$\sqrt{3}$	1	$\frac{\sqrt{3}}{3}$	0	$-\frac{\sqrt{3}}{3}$	-1	$-\sqrt{3}$
arc cot x	$\frac{\pi}{6}$						$\frac{5}{6}\pi$

3. a) Berechne die Ableitungen der Funktionen arc sin, arc cos, arc tan und arc cot an denjenigen Stellen, die in der Tabelle von Aufgabe 2 angegeben sind und im Inneren der Intervalle liegen! Füge den Tabellen eine dritte Zeile zu und trage in diese die Werte der Ableitungen ein!

b) Begründe ausführlich, warum arc sin bei $x=-\frac{\pi}{2}$ und bei $x=\frac{\pi}{2}$, arc cos bei $x=0$ und bei $x=\pi$ nicht differenzierbar sind (vgl. Aufgabe 1 a) und 1 b))! Beschränke dich dabei nicht nur auf eine Diskussion der Formeln, welche in den Sätzen 2.3 und 2.4 angegeben sind!

4. Differenziere die folgenden Funktionen und bestimme jeweils auch $D(\overset{-1}{f}{}')$, die Definitionsmenge der Ableitung der Umkehrfunktion!

a) $f(x)=\operatorname{arc}\sin 3x$ **b)** $f(x)=\operatorname{arc}\cos 2x$ **c)** $f(x)=\operatorname{arc}\tan\frac{x}{2}$

d) $f(x)=x\cdot\operatorname{arc}\cot x$ **e)** $f(x)=\operatorname{arc}\sin(x^2)$ **f)** $f(x)=\operatorname{arc}\tan(x^2+x)$

g) $f(x)=\operatorname{arc}\cos\sqrt{x}$ **h)** $f(x)=\operatorname{arc}\sin\frac{1}{1-x^2}$ **i)** $f(x)=\operatorname{arc}\tan(1-x^2)$

j) $f(x)=\operatorname{arc}\sin x+\operatorname{arc}\cos x$ **k)** $f(x)=\operatorname{arc}\tan x+\operatorname{arc}\cot x$

5. Beweise die folgenden Sätze!

a) Für alle $x\in[-1;1]$ gilt: $\operatorname{arc}\sin x+\operatorname{arc}\cos x=c$.

b) Für alle $x\in\mathbb{R}$ gilt: $\operatorname{arc}\tan x+\operatorname{arc}\cot x=c$.

Anleitung: Gehe von dem Ergebnis der Aufgaben 4j) bzw. 4k) aus und zeige dann, daß die Summenfunktionen über den gesamten Definitionsmengen konstante Funktionen sind! Ermittle schließlich die Konstanten!

6. Prüfe, ob auch die folgenden Summenfunktionen konstante Funktionen sind!

a) $\operatorname{arc}\sin x+\operatorname{arc}\sqrt{1-\sin^2 x}$ **b)** $\operatorname{arc}\tan x+\operatorname{arc}\cot\frac{1}{x}$

c) $\operatorname{arc}\cot x+\operatorname{arc}\frac{1}{\cot x}$ **d)** $\operatorname{arc}\cos x+\operatorname{arc}\cos(1-x^2)$

e) $-\operatorname{arc}\cos x+\operatorname{arc}\sqrt{1-\sin^2 x}$ **f)** $-\operatorname{arc}\tan x+\operatorname{arc}\frac{1}{\cot x}$

7. Sind die folgenden Aussagen wahr?

a) $\operatorname{arc}\sin\frac{1}{2}-\operatorname{arc}\cos\frac{1}{2}=0$ **b)** $\operatorname{arc}\cos(-\frac{1}{2})-\operatorname{arc}\sin\frac{1}{2}=\frac{\pi}{2}$

c) $\operatorname{arc}\tan\frac{\sqrt{3}}{3}+\operatorname{arc}\cot(-\sqrt{3})=\pi$ **d)** $\operatorname{arc}\cot 1-\operatorname{arc}\sin\frac{1}{2}\sqrt{2}=c$

e) $\operatorname{arc}\sin(\frac{1}{2}\sqrt{3})-\operatorname{arc}\cot\left(-\frac{\sqrt{3}}{3}\right)+\operatorname{arc}\cos(-1)+\operatorname{arc}\sin 1=\frac{\pi}{2}$

f) $\operatorname{arc}\tan\sqrt{3}-\operatorname{arc}\cot(-\sqrt{3})-\operatorname{arc}\sin(-\frac{1}{2}\sqrt{3})+\operatorname{arc}\cos\frac{1}{2}\sqrt{3}=0$

8. a) Beweise die beiden Sätze in Aufgabe 5 durch Ausgang von den beiden aus der Trigonometrie bekannten Komplementbeziehungen:

$$\sin x=\cos\left(\frac{\pi}{2}-x\right)\quad \text{für } x\in\left[-\frac{\pi}{2};\frac{\pi}{2}\right],$$

$$\tan x=\cot\left(\frac{\pi}{2}-x\right)\quad \text{für } x\in\left]-\frac{\pi}{2};\frac{\pi}{2}\right[.$$

b) Aus $\arcsin x + \arccos x = \frac{\pi}{2}$ (für $x \in [-1;1]$) und $(\arcsin x)' = \frac{1}{\sqrt{1-x^2}}$ läßt sich folgern, daß auch $\arccos x$ über $]-1;1[$ differenzierbar ist. Bilde auf diesem Wege die Ableitung von arc cos!

c) Ebenso folgt aus $\arctan x + \operatorname{arc\,cot} x = \frac{\pi}{2}$ (für $x \in \mathbb{R}$) und $(\arctan x)' = \frac{1}{1+x^2}$, daß arc cot über ganz $\mathbb{R}$ differenzierbar ist. Bilde auf diese Weise die Ableitung von arc cot!

9. Ermittle die Mengen aller Stammfuntionen zu den durch die folgenden Terme gegebenen Funktionen!

a) $\frac{1}{\sqrt{1-x^2}}$ **b)** $\frac{-1}{\sqrt{1-x^2}}$ **c)** $\frac{1}{1+x^2}$ **d)** $\frac{-1}{1+x^2}$

10. a) Da $\int \frac{-1}{\sqrt{1-x^2}}\,dx = (-1)\cdot\int \frac{1}{\sqrt{1-x^2}}\,dx$ gilt, kann das unbestimmte Integral $\int \frac{-1}{\sqrt{1-x^2}}\,dx$ auf zweifache Weise angegeben werden. Zeige, daß die beiden Lösungen übereinstimmen!

b) Entsprechend kann das unbestimmte Integral $\int \frac{-1}{1+x^2}\,dx$ auf zweifache Weise angegeben werden. Zeige, daß die Lösungen übereinstimmen!

11. Begründe aus den Hauptsätzen der Integralrechnung ausführlich (vgl. IV, 7)!

a) Für alle $a, b \in]-1;1[$ gilt: $\int\limits_a^b \frac{1}{\sqrt{1-x^2}}\,dx = \arcsin x \Big|_a^b$

b) Für alle $a, b \in]-1;1[$ gilt: $\int\limits_a^b \frac{-1}{\sqrt{1-x^2}}\,dx = \arccos x \Big|_a^b$

c) Für alle $a, b \in \mathbb{R}$ gilt: $\int\limits_a^b \frac{1}{1+x^2}\,dx = \arctan x \Big|_a^b$

d) Für alle $a, b \in \mathbb{R}$ gilt: $\int\limits_a^b \frac{-1}{1+x^2}\,dx = \operatorname{arc\,cot} x \Big|_a^b$

12. Berechne durch Integration!

a) $\int\limits_{-\frac{1}{2}}^{\frac{1}{2}\sqrt{3}} \frac{dx}{\sqrt{1-x^2}}$ **b)** $\int\limits_{-1}^{-\frac{1}{\sqrt{3}}} \frac{1}{1+x^2}\,dx$ **c)** $\int\limits_{-\sqrt{3}}^{\sqrt{3}} \frac{-1}{1+x^2}\,dx$

d) $\int\limits_{-\frac{1}{2}\sqrt{2}}^{0} \frac{-4}{\sqrt{1-x^2}}\,dx$ **e)** $\int\limits_{0}^{\frac{1}{2}} \frac{1-2x}{\sqrt{1-x^2}}\,dx$ **f)** $\int\limits_{-1}^{1} \frac{5+x}{1+x^2}\,dx$

g) $\int\limits_{-\frac{1}{2}\sqrt{3}}^{\frac{1}{2}} \frac{6x-3}{\sqrt{1-x^2}}\,dx$ **h)** $\int\limits_{-1}^{\frac{\sqrt{3}}{3}} \frac{1}{1+x^2}\,dx - \int\limits_{-\sqrt{3}}^{\sqrt{3}} \frac{5-4x}{1+x^2}\,dx + \int\limits_{-\frac{1}{2}}^{\frac{1}{2}\sqrt{2}} \frac{4-3x}{\sqrt{1-x^2}}\,dx$

i) $\int\limits_{-\frac{1}{2}\sqrt{2}}^{\frac{1}{2}\sqrt{2}} \frac{1-x^2}{\sqrt{1-x^2}}\,dx$ **j)** $\int\limits_{-1}^{\sqrt{3}} \frac{2+x^2}{1+x^2}\,dx$ **k)** $\int\limits_{-\frac{1}{3}\sqrt{3}}^{\frac{1}{3}\sqrt{3}} \frac{x^2-x+4}{x^2+1}\,dx$

13. Für $a_0, b_0 \in]-1; 1[$ existiert nach IV, 7 (vgl. Aufgabe 11, a)) das Integral $\int\limits_{a_0}^{b_0} \frac{1}{\sqrt{1-x^2}} dx$.

a) Zeige durch Grenzbetrachtung, daß $\lim\limits_{a \to -1} \int\limits_{a}^{b_0} \frac{1}{\sqrt{1-x^2}} dx$ existiert!

b) Zeige ebenso, daß $\lim\limits_{b \to 1} \int\limits_{a_0}^{b} \frac{1}{\sqrt{1-x^2}} dx$ existiert!

c) Ermittle die beiden Grenzwerte und fasse die Ergebnisse von a) und b) zu einer Aussage über das Integral $\int\limits_{-1}^{1} \frac{1}{\sqrt{1-x^2}} dx$ zusammen!

d) Prüfe nun, ob auch das Integral $\int\limits_{-1}^{1} \frac{-1}{\sqrt{1-x^2}} dx$ existiert!

14. Im Lehrtext wurden die Definitionsmengen D(sin), D(cos), D(tan) und D(cot) so eingeschränkt, daß die genannten Funktionen dort streng monoton sind und daher Umkehrfunktionen existieren. Prüfe, ob die trigonometrischen Funktionen auch über den folgenden Intervallen jeweils streng monoton und daher umkehrbar sind!

a) sin; $\left[\frac{\pi}{2}; \frac{3\pi}{2}\right]$ **b)** cos; $\left[-\frac{\pi}{2}; \frac{\pi}{2}\right]$ **c)** tan; $\left]-\frac{3\pi}{2}; \frac{\pi}{2}\right[$

d) cot; $]\pi; 2\pi[$ **e)** cos; $[-\pi; 0]$ **f)** cot; $[-\pi; 0]$

g) sin; $\left[7 \cdot \frac{\pi}{2}; 9 \cdot \frac{\pi}{2}\right]$ **h)** cos; $[-4\pi; -3\pi]$

i) tan; $\left]-13 \cdot \frac{\pi}{2}; -11 \cdot \frac{\pi}{2}\right[$ **j)** cot; $]8\pi; 9\pi[$

15. Zeige, daß die trigonometrischen Funktionen jeweils über den angegebenen Intervallen streng monoton sind! Ermittle auch, ob sie dort streng monoton steigen oder streng monoton fallen und formuliere die Ergebnisse möglichst allgemein!

a) sin; $\left[(2m-1)\frac{\pi}{2}; (2m+1)\frac{\pi}{2}\right]$, $m \in \mathbb{Z}$ **b)** cos; $[(m-1)\cdot\pi; m\cdot\pi]$, $m \in \mathbb{Z}$

c) tan; $\left](2m-1)\frac{\pi}{2}; (2m+1)\frac{\pi}{2}\right[$, $m \in \mathbb{Z}$ **d)** cot; $](m-1)\cdot\pi; m\cdot\pi[$, $m \in \mathbb{Z}$

16. Nach den Sätzen in § 1 und den Ergebnissen von Aufgabe 15 existieren für die trigonometrischen Funktionen über den angegebenen Intervallen Umkehrfunktionen. Wir führen dafür folgende leicht einprägsame Schreibweise ein ($m \in \mathbb{Z}$):

$$f(x) = \sin x, \quad \left[(2m-1)\cdot\frac{\pi}{2}; (2m+1)\cdot\frac{\pi}{2}\right] \rightarrow \overset{-1}{f}(x) =_{Df} \underset{m}{\operatorname{arc}} \sin x$$

$$f(x) = \cos x, \quad [(m-1)\cdot\pi; m\cdot\pi] \rightarrow \overset{-1}{f}(x) =_{Df} \underset{m}{\operatorname{arc}} \cos x$$

$$f(x) = \tan x, \quad \left](2m-1)\cdot\frac{\pi}{2}; (2m+1)\cdot\frac{\pi}{2}\right[\rightarrow \overset{-1}{f}(x) =_{Df} \underset{m}{\operatorname{arc}} \tan x$$

$$f(x) = \cot x, \quad](m-1)\cdot\pi; m\cdot\pi[\rightarrow \overset{-1}{f}(x) =_{Df} \underset{m}{\operatorname{arc}} \cot x$$

Zur Unterscheidung nennen wir die im Lehrtext angegebenen Intervalle **„Hauptbereiche"** und die Elemente der Hauptbereiche **„Hauptwerte"** der betreffenden Funktionen.

Zeige, daß sich die Funktionswerte der Funktionen $\underset{m}{\text{arc}}\sin x$, $\underset{m}{\text{arc}}\cos x$, $\underset{m}{\text{arc}}\tan x$ und $\underset{m}{\text{arc}}\cot x$ auf entsprechende Funktionswerte aus den Hauptbereichen zurückführen lassen!

a) Für $x \in [-1; 1]$ und für $m \in \mathbb{Z}$ gilt:

$$\mathbf{k=2m:} \quad \underset{k}{\text{arc}}\sin x = \text{arc}\sin x + k \cdot \pi$$

$$\mathbf{k=2m-1:} \quad \underset{k}{\text{arc}}\sin x = -\text{arc}\sin x + k \cdot \pi$$

b) Für $x \in [-1; 1]$ und für $m \in \mathbb{Z}$ gilt:

$$\mathbf{k=2m:} \quad \underset{k}{\text{arc}}\cos x = -\text{arc}\cos x + k \cdot \pi$$

$$\mathbf{k=2m-1:} \quad \underset{k}{\text{arc}}\cos x = \text{arc}\cos x + (k-1) \cdot \pi$$

c) Für $x \in \mathbb{R}$ und für $m \in \mathbb{Z}$ gilt: $\underset{m}{\text{arc}}\tan x = \text{arc}\tan x + m \cdot \pi$

d) Für $x \in \mathbb{R}$ und für $m \in \mathbb{Z}$ gilt: $\underset{m}{\text{arc}}\cot x = \text{arc}\cot x + (m-1) \cdot \pi$

§ 3 Ergänzungen zur Integralrechnung

I. Zur Definition des bestimmten Integrals

1. Im Band Analysis I haben wir den Begriff des **„bestimmten Integrals"** einer über einem Intervall [a; b] beschränkten Funktion f mit Hilfe der Obersummen s_n und der Untersummen S_n definiert. Wir wiederholen:

D 3.1 **Eine endliche Zahlenfolge (x_k) heißt eine „Zerlegung des Intervalls [a; b]" genau dann, wenn gilt: $a = x_0 < x_1 < x_2 < \cdots < x_{n-1} < x_n = b$.**

Wir bezeichnen eine solche Zerlegung mit „Z" und die Längen der Teilintervalle $A_k = [x_{k-1}; x_k]$ mit „h_k": $h_k = x_k - x_{k-1}$ (für k = 1, 2, …, n) (Bild 3.1).

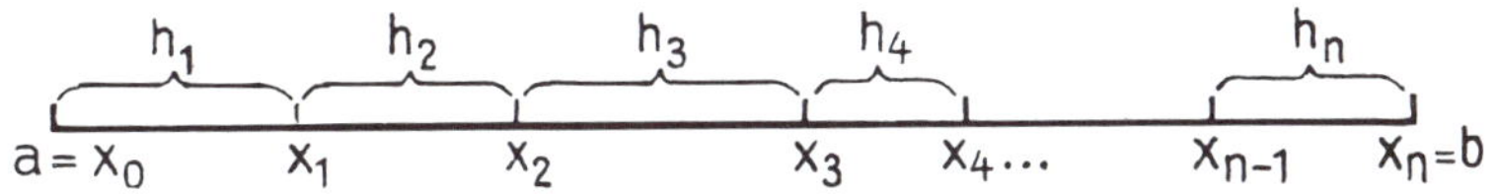

Bild 3.1

D 3.2 **Ist eine Funktion f über einem Intervall [a; b] beschränkt, ist Z eine Zerlegung des Intervalls und bezeichnet m_k die untere Grenze, M_k die obere Grenze aller Funktionswerte von f im Intervall $A_k = [x_{k-1}; x_k]$, so heißt**

$s_n = \sum_{k=1}^{n} m_k \cdot h_k$	$S_n = \sum_{k=1}^{n} M_k \cdot h_k$
eine „Untersumme"	**eine „Obersumme"**

der Funktion f im Intervall [a; b] (Bild 3.2).

2. Wir haben im Band „Analysis I" eine Funktion f **„integrierbar über [a; b]"** genannt genau dann, wenn – unabhängig von der gewählten ausgezeichneten Zerlegungsfolge – gilt: $\lim_{n\to\infty} s_n = \lim_{n\to\infty} S_n$.

Diesen gemeinsamen Grenzwert von Unter- und Obersummenfolge haben wir **„bestimmtes Integral"** genannt und mit „$\int_a^b f(x)\,dx$" bezeichnet.

Diese Definition ist nur sinnvoll, wenn man zeigen kann, daß dieser gemeinsame Grenzwert unabhängig ist von der gerade gewählten ausgezeichneten Zerlegungsfolge. Wir

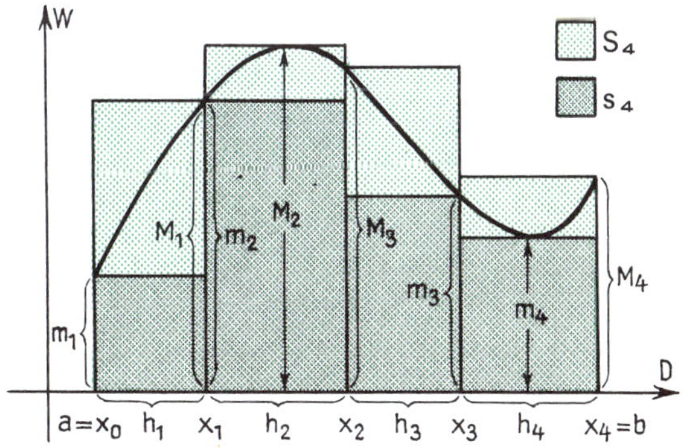

$$s_4 = m_1 h_1 + m_2 h_2 + m_3 h_3 + m_4 h_4$$
$$S_4 = M_1 h_1 + M_2 h_2 + M_3 h_3 + M_4 h_4$$

Bild 3.2

haben auf den – etwas schwierigen – Beweis für diesen Satz im Band „Analysis I" verzichtet. Insofern enthält der Aufbau der Integralrechnung in diesem Band eine Lücke.

3. Um diese Lücke zu schließen, wollen wir die Definition des Integralbegriffs hier ein wenig modifizieren, und zwar so, daß der fragliche Satz nicht mehr benötigt wird. Wir greifen dabei auf den folgenden Satz zurück (vgl. Analysis I):

S 3.1

Jede nach oben	Jede nach unten
beschränkte Zahlenmenge M besitzt eine	
kleinste obere Schranke;	**größte untere Schranke;**
diese heißt auch die	
„obere Grenze von M"	**„untere Grenze von M"**
und wird bezeichnet mit:	
„sup M", **gelesen „supremum von M".**	**„inf M",** **gelesen „infimum von M".**

Beachte: Die Zahlen sup M bzw. inf M brauchen **nicht** Elemente von M zu sein.
Gilt $\sup M \in M$, so auch $\sup M = \max M$; gilt $\inf M \in M$, so auch $\inf M = \min M$.

4. Wir können nun leicht zeigen:

S 3.2 **Die Menge aller Untersummen**

$$U = \left\{ s_n \,\middle|\, s_n = \sum_{k=1}^{n} m_k \cdot h_k \right\}$$

ist nach oben beschränkt; die Menge aller Obersummen

$$O = \left\{ S_n \,\middle|\, S_n = \sum_{k=1}^{n} M_k \cdot h_k \right\}$$

ist nach unten beschränkt.

Beweis: Da die Funktion f über [a; b] beschränkt ist, besitzt die Menge B aller Funktionswerte über [a; b], also die Menge $B = f([a; b])$ eine obere und eine untere Grenze; es sei

$$m = \inf B \quad \text{und} \quad M = \sup B .$$

Dann gilt für alle k: $m_k \leq M$ und $M_k \geq m$ und daher:

1) $s_n = \sum_{k=1}^{n} m_k \cdot h_k \leq M \cdot \sum_{k=1}^{n} h_k = M \cdot (b-a)$ und

2) $S_n = \sum_{k=1}^{n} M_k \cdot h_k \geq m \cdot \sum_{k=1}^{n} h_k = m \cdot (b-a)$ (Bild 3.3).

Die Zahl $M(b-a)$ ist also eine obere Schranke der Menge U aller s_n und die Zahl $m(b-a)$ ist eine untere Schranke der Menge O aller S_n, q. e. d.

Beachte, daß der Beweis völlig unabhängig davon ist, welche Zerlegung des Intervalls gewählt wird; denn stets gilt: $m_k \leq M$ und $M_k \geq m$.

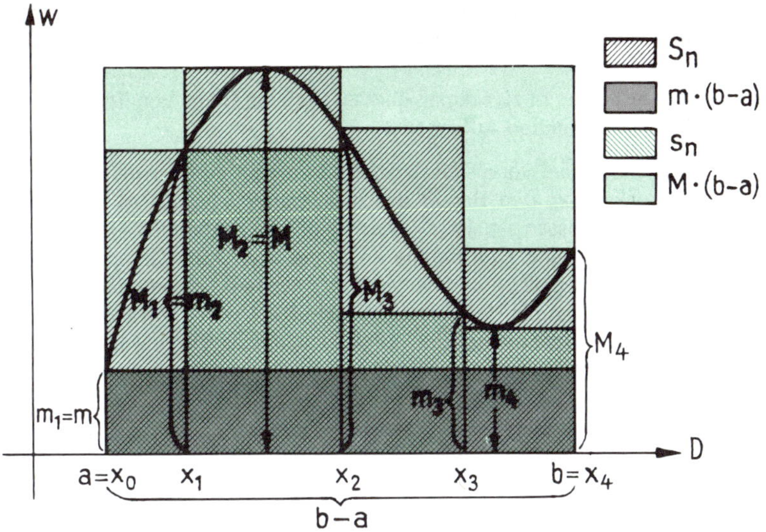

Bild 3.3

5. Nach Satz S 3.1 gibt es also eine Zahl sup U und eine Zahl inf O. Wir definieren:

D 3.3 **1) Die obere Grenze aller Untersummen, also die Zahl**

$$\sup U = \sup\left\{s_n \,\middle|\, s_n = \sum_{k=1}^{n} m_k \cdot h_k\right\}$$

heißt das „Unterintegral der Funktion f über [a; b]" und wird mit „$\underline{\int_a^b} f(x)\,dx$" bezeichnet.

2) Die untere Grenze aller Obersummen, also die Zahl

$$\inf O = \inf\left\{S_n \,\middle|\, S_n = \sum_{k=1}^{n} M_k \cdot h_k\right\}$$

heißt das „Oberintegral der Funktion f über [a; b]" und wird mit „$\overline{\int_a^b} f(x)\,dx$" bezeichnet.

3) Gilt $\underline{\int_a^b} f(x)\,dx = \overline{\int_a^b} f(x)\,dx$, so heißt diese Zahl das „Integral der Funktion f über [a; b]" und wird mit „$\int_a^b f(x)\,dx$" bezeichnet. In diesem Fall heißt die Funktion f „integrierbar über [a; b]".

5. Wir haben nun zu zeigen, daß dieser neue Integralbegriff mit dem alten aus dem Band „Analysis I" gleichwertig ist. Dies können wir dadurch tun, daß wir die Sätze, die wir im Band Analysis I zu bestimmten Integralen hergeleitet haben, auch für den neuen Integralbegriff beweisen. Wir führen dies für die wichtigsten Integralsätze im folgenden durch.

S 3.3 **Ist eine Funktion f über einem Intervall [a ; b] monoton (steigend oder fallend), so ist sie über [a ; b] auch integrierbar.**

Der Beweis für diesen Satz wird zweckmäßigerweise in eine Reihe von Teilschritten zerlegt; Hinweise hierzu finden sich in den Aufgaben 4 – 7.

6. In der Definition D 3.3 wird vorausgesetzt, daß für das zugrunde liegende Intervall [a; b] gilt: $a<b$. Es ist zweckmäßig, den Begriff des bestimmten Integrals so zu erweitern, daß auch $a=b$ und $a>b$ zugelassen ist. Ist $a=b$, so liegt ein „entartetes" Intervall [a; a] mit der Länge Null vor. Unter- und Obersumme im Sinne von D 3.2 lassen sich daher nicht bilden. Man kann den Integralbegriff aber formal erweitern, indem man entartete Teilintervalle der Länge $h=0$ benutzt. Dann haben auch alle Unter- und Obersummen, damit auch das Unter- und das Oberintegral und folglich auch das Integral den Wert Null. Wir definieren (vgl. Aufgabe 14):

D 3.4 **Ist eine Funktion f an einer Stelle a definiert, so gilt:**

$$\int_a^a f(x)\,dx = 0.$$

Gilt $a>b$, so liegt es nahe, die Definition für das Integral über [a; b] auf die für das Integral über [b; a] zurückzuführen. Wir bezeichnen zu diesem Zweck die zu [b; a] gehörenden Größen wie bisher, die zu [a; b] gehörenden Größen mit einem Strich (z. B. h'_k, s'_n, S'_n, U', O').

Bild 3.4

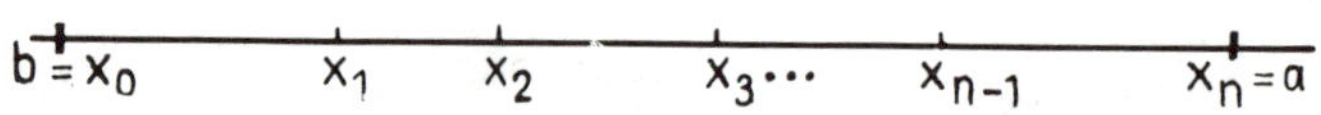

Wir führen nun eine Zerlegung des Intervalls [a; b] von „rechts nach links" durch, benutzen also – anders ausgedrückt – die zum Intervall [b; a] gehörende Zerlegung Z′ mit

$$b=x_0<x_1<\dots<x_{n-1}<x_n=a \quad \text{bzw.} \quad a=x_n>x_{n-1}>\dots>x_1>x_0=b. \quad \text{(Bild 3.4)}.$$

Für die zugehörigen „Intervall-Längen" h'_k gilt dann:

$$h'_k = x_{k-1}-x_k = -(x_k-x_{k-1}) = -h_k<0.$$

Für die Näherungssummen ergibt sich daraus:

$$\sum_{k=1}^{n} m_k \cdot h'_k = -\sum_{k=1}^{n} m_k \cdot h_k = -s_n \quad \text{und} \quad \sum_{k=1}^{n} M_k \cdot h'_k = -\sum_{k=1}^{n} M_k \cdot h_k = -S_n;$$

der Vorzeichenwechsel hat zur Folge, daß aus den Untersummen Obersummen werden und umgekehrt; es gilt:

$$S'_n = \sum_{k=1}^{n} m_k \cdot h'_k = -s_n \quad \text{und} \quad s'_n = \sum_{k=1}^{n} M_k \cdot h'_k = -S_n.$$

Daraus folgt:

$$\inf O' = -\sup U \quad \text{und} \quad \sup U' = -\inf O.$$

Es liegt daher nahe, zu definieren:

D 3.5 **1)** $\int_a^b f(x)\,dx = -\int_b^a f(x)\,dx$ **2)** $\int_a^b f(x)\,dx = -\int_b^a f(x)\,dx$ **3)** $\int_a^b f(x)\,dx = -\int_b^a f(x)\,dx$

Beachte: Es wird jeweils vorausgesetzt, daß die rechts stehenden Integrale existieren (vgl. Aufgabe 11)!

Bemerkung: Läßt man in D 3.5 auch a=b zu, so läßt sich D 3.4 auf D 3.5 zurückführen.

7. Der folgende Satz bezieht sich auf Integrale über benachbarte Intervalle.

S 3.4

1) Ist eine Funktion f über [a; b] und über [b; c] integrierbar, so ist sie auch über [a; c] integrierbar, und es gilt:

$$\int_a^c f(x)\,dx = \int_a^b f(x)\,dx + \int_b^c f(x)\,dx.$$

2) Ist eine Funktion f über [a; c] und über [b; c] integrierbar, so ist sie auch über [a; b] integrierbar, und es gilt:

$$\int_a^b f(x)\,dx = \int_a^c f(x)\,dx - \int_b^c f(x)\,dx.$$

Wir führen den **Beweis** zu **1)** für die Unterintegrale und für den Fall $a<b<c$ (vgl. Aufgabe 12). Wir betrachten eine Zerlegung Z′ des Intervalles [a; b] mit

$$a = x_0 < x_1 < x_2 < \cdots < x_m = b$$

und eine Zerlegung Z″ des Intervalls [b; c] mit

$$b = x_m < x_{m+1} < \cdots < x_n = c \qquad \text{(Bild 3.5)}.$$

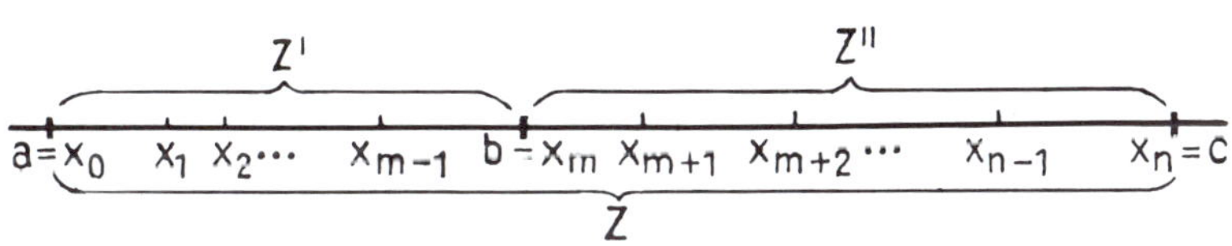

Bild 3.5

Die zugehörigen Untersummen seien:

$$s'_m = \sum_{k=1}^{m} m_k \cdot h_k \quad \text{und} \quad s''_p = \sum_{k=m+1}^{n} m_k \cdot h_k \quad \text{mit } p = n - m.$$

Mit $U' = \{s'_m \mid m \in \mathbb{N}\}$ und $U'' = \{s''_p \mid p \in \mathbb{N}\}$ gilt daher:

$$\underline{\int_a^b} f(x)\,dx = \sup U' \quad \text{und} \quad \underline{\int_b^c} f(x)\,dx = \sup U''.$$

Wir können die beiden Zerlegungen Z′ und Z″ nun zu einer Zerlegung Z des Gesamtintervalls [a; c] zusammenfassen (Bild 3.5); dann gilt für die zugehörigen Untersummen

$$s_n = \sum_{k=1}^{n} m_k \cdot h_k = \sum_{k=1}^{m} m_k \cdot h_k + \sum_{k=m+1}^{n} m_k \cdot h_k = s'_m + s''_p.$$

Wegen $s'_m \leq \sup U'$ (für alle $m \in \mathbb{N}$) und $s''_p \leq \sup U''$ (für alle $p \in \mathbb{N}$) folgt daraus, daß auch die Menge $U = \{s_n \mid n \in \mathbb{N}\}$ nach oben beschränkt ist, also eine obere Grenze besitzt und daß für diese gilt:

$$\sup U \leq \sup U' + \sup U''.$$

Wir können sogar zeigen, daß in dieser Beziehung das Gleichheitszeichen gelten muß:

$$\sup U = \sup U' + \sup U''.$$

Gäbe es nämlich eine Zahl $r \in \mathbb{R}$ mit

$$\sup U < r < \sup U' + \sup U'',$$

so könnte man diese Zahl r zerlegen in $r = r' + r''$ mit $r' < \sup U'$ und $r'' < \sup U''$ (Bild 3.6).

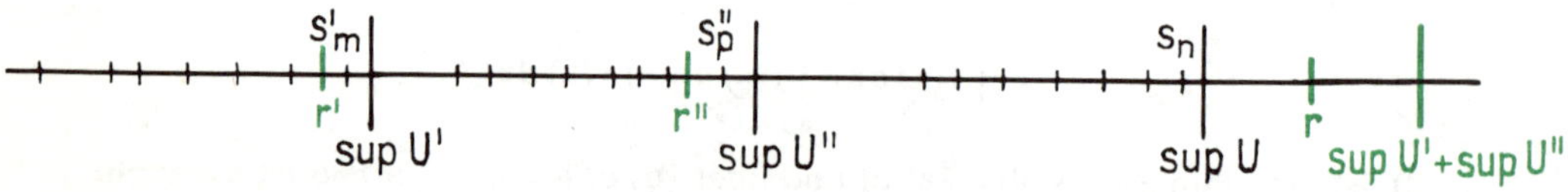

Bild 3.6

Die Zahlen r' und r'' wären dann **keine** oberen Schranken von U' bzw. U'', d.h. es müßte Untersummen s'_m bzw s''_p geben mit

$$r' < s'_m \quad \text{und} \quad r'' < s''_p.$$

Es müßte also gelten:

$$\sup U < r = r' + r'' < s'_m + s''_p = s_n;$$

dies würde der Definition der oberen Grenze ($\sup U$) als kleinster oberer Schranke aller s_n widersprechen.
Mithin gilt tatsächlich

$$\sup U = \sup U' + \sup U'',$$

d.h.

$$\underline{\int_a^c} f(x)\,dx = \underline{\int_a^b} f(x)\,dx + \underline{\int_b^c} f(x)\,dx.$$

In genau analoger Weise kann man auch für die Oberintegrale zeigen:

$$\overline{\int_a^c} f(x)\,dx = \overline{\int_a^b} f(x)\,dx + \overline{\int_b^c} f(x)\,dx \qquad \text{(Aufgabe 12b)}.$$

Da die Funktion f als integrierbar über $[a; b]$ und über $[b; c]$ vorausgesetzt ist, stimmen die Unter- und Oberintegrale über die Teilintervalle, also auch über das gesamte Intervall überein; und es gilt:

$$\int_a^c f(x)\,dx = \int_a^b f(x)\,dx + \int_b^c f(x)\,dx, \quad \text{q.e.d.}$$

Die Beweise für die anderen Fälle sollen in Aufgabe 12a), b) und für Satz **2)** in Aufgabe 21a) geführt werden. Verallgemeinerungen werden in den Aufgaben 17 und 21b) behandelt.

8. Die beiden folgenden Sätze beziehen sich auf die **Linearität** des Integralbegriffs.

S 3.5 **Ist eine Funktion f integrierbar über [a; b], so gilt für alle $c \in \mathbb{R}$:**

$$\int_a^b [c \cdot f(x)]\,dx = c \cdot \int_a^b f(x)\,dx.$$

Wir führen den **Beweis** für den Fall $c>0$; der Fall $c \leq 0$ ist in Aufgabe 13 zu behandeln. Wir bezeichnen die Größen zur Funktion φ mit $\varphi(x)=c \cdot f(x)$ mit einem Strich. Dann gilt:

$$s'_n = \sum_{k=1}^{n} (c \cdot m_k) \cdot h_k = \sum_{k=1}^{n} c \cdot (m_k \cdot h_k) = c \cdot \sum_{k=1}^{n} m_k \cdot h_k = c \cdot s_n$$

und

$$S'_n = \sum_{k=1}^{n} (c \cdot M_k) \cdot h_k = \sum_{k=1}^{n} c \cdot (M_k \cdot h_k) = c \cdot \sum_{k=1}^{n} M_k \cdot h_k = c \cdot S_n.$$

(Rechnen mit dem Summenzeichen!)
Daraus ergibt sich

$$\sup U' = c \cdot \sup U \quad \text{und} \quad \inf O' = c \cdot \inf O,$$

also auch:

$$\underline{\int_a^b} [c \cdot f(x)]\, dx = c \cdot \underline{\int_a^b} f(x)\, dx \quad \text{und} \quad \overline{\int_a^b} [c \cdot f(x)]\, dx = c \cdot \overline{\int_a^b} f(x)\, dx$$

und mithin auch:

$$\int_a^b [c \cdot f(x)]\, dx = c \cdot \int_a^b f(x)\, dx, \quad \text{q.e.d.}$$

Beim Beweis für den Fall $c<0$ (Aufgabe 13) ist zu beachten, daß durch die Multiplikation mit einer negativen Zahl die Unter- zu Obersummen werden und umgekehrt.

S 3.6 **Sind zwei Funktionen f_1 und f_2 integrierbar über $[a; b]$, so ist auch die Funktion f mit $f(x)=f_1(x)+f_2(x)$ über $[a; b]$ integrierbar, und es gilt:**

$$\int_a^b f(x)\, dx = \int_a^b [f_1(x)+f_2(x)]\, dx = \int_a^b f_1(x)\, dx + \int_a^b f_2(x)\, dx.$$

Beweis: Wir bezeichnen die zu denselben Zerlegungen gehörenden Zahlen zur Funktion f_1 mit **einem** Strich (m'_k, M'_k, s'_n, S'_n, U', O'), zur Funktion f_2 mit **zwei** Strichen (m''_k, M''_k, s''_n, S''_n, U'', O''), zur Funktion $f=f_1+f_2$ **ohne** Strich (m_k, M_k, s_n, S_n, U, O).
Dann gilt für alle k:

$$m'_k + m''_k \leq m_k \quad \text{und} \quad M'_k + M''_k \geq M_k.$$

(Begründe dies etwa am Beispiel: $f_1(x)=x$ und $f_2(x)=1-x$ für das Intervall $[0; 1]$! Aufgabe 22.)
Daher gilt auch:

$$s'_n + s''_n \leq s_n \quad \text{und} \quad S'_n + S''_n \geq S_n$$

und:

$$\sup U' + \sup U'' \leq \sup U \quad \text{und} \quad \inf O' + \inf O'' \geq \inf O.$$

Wegen $s_n \leq S_n$ gilt auch $\sup U \leq \inf O$.
Wir erhalten also die Ungleichungskette

(1) $$\sup U' + \sup U'' \leq \sup U \leq \inf O \leq \inf O' + \inf O''.$$

Nach Voraussetzung ist aber

$$\sup U' = \inf O' \quad \text{und} \quad \sup U'' = \inf O''$$

also:

(2) $$\sup U' + \sup U'' = \inf O' + \inf O''.$$

Aus (2) ergibt sich, daß in (1) an allen Stellen das Gleichheitszeichen gilt; das aber bedeutet nach D 3.3:

$$\int_a^b [f_1(x)+f_2(x)]\,dx = \int_a^b f_1(x)\,dx + \int_a^b f_2(x)\,dx, \quad \text{q.e.d.}$$

Satz S 3.6 läßt sich auch auf endlich viele integrierbare Summandfunktionen verallgemeinern (Aufgabe 19).

Übungen und Aufgaben

1. Wähle vier verschiedene Zerlegungen Z des angegebenen Intervalles [a; b] und berechne zu Z jeweils Untersumme s_n und Obersumme S_n der gegebenen Funktion f im Intervall [a; b]! Erläutere den Gedankengang durch Skizzen!

a) $f(x)=C,\ C\in\mathbb{R},\ a=-6,\ b=4$

b) $f(x)=\operatorname{sign} x,\quad a=0,\quad b=8$

c) $f(x)=\begin{cases}1 & \text{für } x\in[3;4]\cap\mathbb{Q}\\ \frac{1}{2} & \text{für } x\in[3;4]\cap(\mathbb{R}\setminus\mathbb{Q})\end{cases}$

d) $f(x)=\operatorname{sign} x,\quad a=-5,\ b=5$

e) $f(x)=[x],\ a=-3,\ b=4$

f) $f(x)=\operatorname{sign}^2 x,\ a=-5,\ b=5$

2. a) Untersuche, welche von den in Aufgabe 1 genannten Funktionen über den genannten Intervallen integrierbar sind! Berechne in diesen Fällen das bestimmte Integral

$$\int_a^b f(x)\,dx!$$

b) Nenne bei den nichtintegrierbaren Funktionen aus Aufgabe 1 den Grund, weshalb sie über [a; b] nicht integrierbar sind!

3. Bei den durch die folgenden Terme gegebenen Funktionen f lassen sich über den gegebenen Intervallen entweder die Obersummen oder die Untersummen nicht bilden. Stelle jeweils fest, woran das liegt!

a) $f(x)=\frac{1}{x},\ ]a;b]=]0;4]$

b) $f(x)=\frac{1}{x-1},\ [a;b[=[-4;1[$

c) $f(x)=\frac{1}{x^2-1},\ ]a;b[=]-1;1[$

d) $f(x)=\frac{1}{4-x^2},\ ]a;b]=]2;5]$

Hinweis: Wie beim abgeschlossenen Intervall [a; b] verstehen wir auch bei den Intervallen]a; b], [a; b[und]a; b[unter einer Zerlegung Z des Intervalles jede endliche Zahlenfolge (x_k), die der Bedingung

$$x_0=a<x_1<x_2<\cdots<x_{n-1}<x_n=b \quad \text{genügt.}$$

Daß die angegebenen Intervalle nicht abgeschlossen sind, kann demnach nicht der entscheidende Grund für die Nichtbildbarkeit von Obersummen oder Untersummen sein!

4. Durch die Graphen in Bild 3.7 sind Funktionen dargestellt, die über ganz [a; b] definiert und beschränkt sind. Wähle über [a; b] jeweils zwei Zerlegungen; ggfs. sei bei einer Zerlegung die Sprungstelle selbst Eckpunkt eines Teilintervalles.

a) Skizziere den Verlauf des Graphen nach und zeichne über Z Rechteckraster (vgl. Bild 3.3), deren Flächeninhalte durch die Untersummen s_n und die Obersummen S_n gemessen werden!

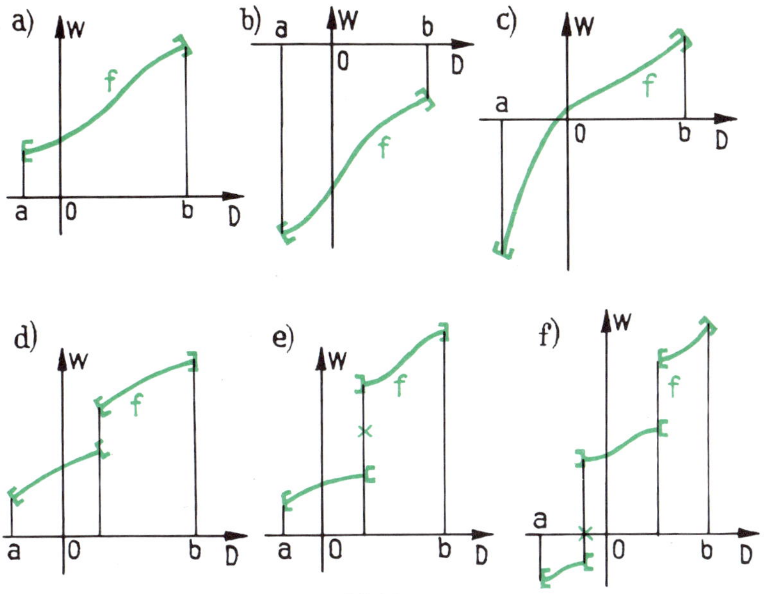

Bild 3.7

b) Schraffiere diejenigen Rechtecke in der Figur, deren Maßzahlsummen durch die Differenz $(S_n - s_n)$ angegeben werden! Verschiebe diese schraffierten Rechtecke, wie Bild 3.8 zeigt, in ein Diagramm rechts neben dem jeweiligen Graphen! Als Breite dieses Diagramms wird $\max(h_k) = \max(x_k - x_{k-1})$ $(k = 1, 2, \dots, n)$ gewählt.

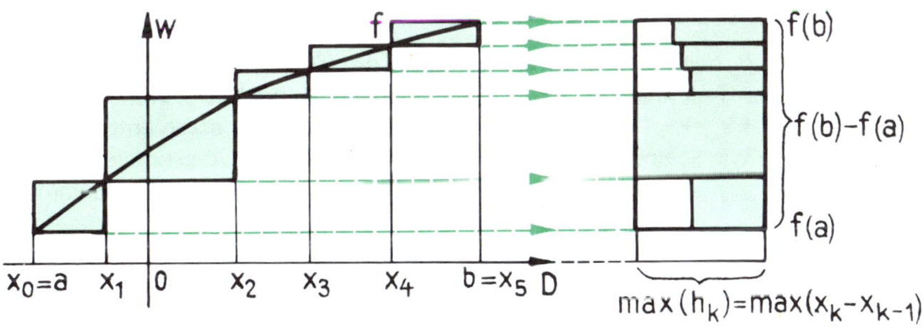

Bild 3.8

c) Begründe nun, warum alle graphisch dargestellten Funktionen über dem Intervall [a; b] integrierbar sind!

5. Beweise für über [a; b] beschränkte Funktionen f folgende Sätze! (Vgl. Aufgabe 8!)

a) Für alle Zerlegungen Z von [a; b] gilt:

$$s_n \leq \sup U \leq \inf O \leq S_n$$

bzw.
$$s_n \leq \underline{\int_a^b} f(x)\,dx \leq \overline{\int_a^b} f(x)\,dx \leq S_n .$$

b) Für alle Zerlegungen Z von [a; b] gilt:

$$0 \leq \inf O - \sup U \leq S_n - s_n$$

bzw.
$$0 \leq \overline{\int_a^b} f(x)\,dx - \underline{\int_a^b} f(x)\,dx \leq S_n - s_n\,.$$

c) Die für sämtliche Zerlegungen Z von [a; b] gebildete Menge $\{S_n - s_n \mid n \in \mathbb{N}\}$ ist auch nach unten beschränkt, und es gilt:

$$0 \leq \inf O - \sup O \leq \inf\{S_n - s_n \mid n \in \mathbb{N}\}\,.$$

d) Wenn $\inf\{S_n - s_n \mid n \in \mathbb{N}\} = 0$ gilt, ist f über [a; b] integrierbar.

6. Zeige bei den in Aufgabe 1 gegebenen Funktionen und bei den in den Bildern 3.7 dargestellten Funktionen, daß sie die Bedingung

$$\inf\{S_n - s_n \mid n \in \mathbb{N}\} = 0 \quad \text{erfüllen!}$$

Schließe daraus mit Hilfe des Satzes in Aufgabe 5d), daß die Funktionen über [a; b] integrierbar sind!

7. Formuliere die Aussage von Aufgabe 5d) als eine hinreichende Bedingung dafür, daß eine über [a; b] beschränkte Funktion f dort integrierbar ist! Wende sie zum Beweis der folgenden Sätze an (Satz 3.3)!
(**Beachte**: f kann auch Sprungstellen haben, vgl. Aufgabe 10!)

a) Satz: Jede über einem Intervall [a; b] monoton steigende Funktion ist über [a; b] integrierbar.

b) Satz: Jede über einem Intervall [a; b] monoton fallende Funktion ist über [a; b] integrierbar.

c) Satz: Jede über einem Intervall [a; b] stückweise monotone Funktion (vgl. Analysis I) ist über [a; b] integrierbar.

8. Eine Zerlegung Z′ heißt eine **Weiterzerlegung der Zerlegung Z von** [a; b] genau dann, wenn alle Teilpunkte x_k von Z und wenigstens noch ein weiterer Teilpunkt $x' \in]a; b[$ mit $x' \neq x_k$; $k = 1, 2, \ldots, n$ in Z′ enthalten sind. Um besser unterscheiden zu können, nennen wir S_Z und s_Z die der Zerlegung Z zugehörige Obersumme bzw. Untersumme und $S_{Z'}$ und $s_{Z'}$ die der Weiterzerlegung Z′ von Z zugehörige Obersumme bzw. Untersumme.
Sind Z_1 und Z_2 irgendzwei Zerlegungen des Intervalles [a; b], so gibt es auch eine Zerlegung Z^* von [a; b], die alle Teilpunkte von Z_1 und Z_2 enthält. Offensichtlich ist diese Zerlegung Z^* sowohl eine Weiterzerlegung von Z_1 als auch eine Weiterzerlegung von Z_2.
Wie Unter- und Obersummen von Zerlegung und Weiterzerlegung zusammenhängen, sagen die folgenden Sätze aus. Erläutere die Sätze an geeigneten Skizzen und beweise sie in ausführlicher Form!

a) Satz: Für jede Zerlegung Z und jede Weiterzerlegung Z′ von Z gilt:

$$s_Z \leq s_{Z'} \leq S_{Z'} \leq S_Z \quad \text{(damit äquivalent ist: } 0 \leq S_{Z'} - s_{Z'} \leq S_Z - s_Z\text{)}.$$

b) Satz: Sind Z_1 und Z_2 irgendzwei Zerlegungen von [a; b], so gilt für die Zerlegung Z^*, die alle Teilpunkte von Z_1 und von Z_2 enthält:

$$\left.\begin{matrix} s_{Z_1} \\ s_{Z_2} \end{matrix}\right\} \leq s_{Z^*} \leq S_{Z^*} \leq \left\{\begin{matrix} S_{Z_1} \\ S_{Z_2}. \end{matrix}\right.$$

c) Für je zwei Zerlegungen Z_1 und Z_2 von [a; b] gilt:

$$s_{Z_1} \leq S_{Z_2} \quad \text{und} \quad s_{Z_2} \leq S_{Z_1},$$

in Worten: **Jede Untersumme von f über [a; b] ist kleiner oder gleich jeder Obersumme von f über [a; b].**

Beachte: Nach dem Ergebnis von c) ist jede Obersumme S_Z eine obere Schranke für die Menge U aller Untersummen. Entsprechend ist jede Untersumme s_Z eine untere Schranke der Menge O aller Obersummen.

9. Beweise mit den Ergebnissen von Aufgabe 8 die Umkehrung des Satzes in Aufgabe 5d):

Ist f über [a; b] integrierbar, so gilt: $\inf\{S_n - s_n \mid n \in \mathbb{N}\} = 0$.

Fasse dann die beiden Sätze zu einer notwendigen und hinreichenden Bedingung zusammen dafür, daß eine über [a; b] beschränkte Funktion über [a; b] integrierbar ist! Man nennt diese Bedingung auch ein **„Integrierbarkeitskriterium"**.

Anleitung: Zu zeigen ist: $0 \leq \inf\{S_n - s_n \mid n \in \mathbb{N}\} \leq \inf O - \sup U$. Weise dazu für beliebiges $\varepsilon \in \mathbb{R}^{>0}$ eine Zerlegung Z_1 von [a; b] mit der Eigenschaft $S_{Z_1} < \inf O + \frac{\varepsilon}{2}$ nach!

Weise ferner eine Zerlegung Z_2 von [a; b] mit der Eigenschaft $s_{Z_2} > \sup U - \frac{\varepsilon}{2}$ nach!

Bilde dann für die gemeinsame Weiterzerlegung Z^* von Z_1 und Z_2 die Differenz $(S_{Z^*} - s_{Z^*})$ und schließe hieraus auf die untere Grenze $\inf\{S_n - s_n \mid n \in \mathbb{N}\}$!

10. Nach Satz 3.3 ist jede über einem Intervall [a; b] monotone (steigende oder fallende) Funktion über [a; b] integrierbar. Beim Beweis dieses Satzes (vgl. Aufgabe 7) brauchte nicht vorausgesetzt zu werden, daß f über dem Intervall stetig ist. Wir können daher vermuten, daß Sprünge von endlicher Höhe bei einer über [a; b] monotonen Funktion die Integrierbarkeit nicht ausschließen (vgl. Bilder 3.7, d, e, f).

Untersuche, ob eine über einem Intervall [a; b] monotone Funktion f über [a; b] integrierbar sein kann, wenn sie

a) endlich viele Sprungstellen von jeweils endlicher Höhe,

b) abzählbar viele solcher Sprungstellen,

c) überabzählbar viele solcher Sprungstellen

besitzt! Bestätige deine Vermutung an Beispielen und begründe sie! **Hinweis:** Eine unendliche Menge M heißt **„abzählbar"** genau dann, wenn es eine bijektive Abbildung von M auf $\mathbb{N}$ gibt.

11. Motiviere die Definition D 3.5

a) am Beispiel der Funktion zu $f(x) = c$, $c \in \mathbb{R}$, $[a; b] = [-3; 4]$,

b) für eine über [a; b] monoton steigende Funktion,

c) allgemein für eine über [a; b] integrierbare Funktion!

12. Führe den Beweis für Satz S 3.4 (Teil 1)) in ausführlicher Form

a) für die Unterintegrale in den Fällen $a < c < b$ und $b < a < c$;

b) für die Oberintegrale in den Fällen $a < b < c$ und $a < c < b$!

c) Für welche weiteren Fälle müßte der Beweis noch geführt werden?

13. Beweise Satz S 3.5 in ausführlicher Form für die beiden Fälle:

a) $c = 0$ **b)** $c < 0$!

Beachte: Bei $c<0$ wird jede Untersumme $s_n(f)=\sum_{k=1}^{n} m_k \cdot h_k$ durch den Faktor c in eine Obersumme $S_n(c \cdot f)=\sum_{k=1}^{n} (c \cdot m_k) \cdot h_k$ und jede Obersumme $S_n(f)=\sum_{k=1}^{n} M_k \cdot h_k$ in eine Untersumme $s_n(c \cdot f)=\sum_{k=1}^{n} (c \cdot M_k) \cdot h_k$ übergeführt! Es gilt daher für Untersummen und Obersummen der Funktion $c \cdot f$ über $[a; b]$:

$$s_n(c \cdot f)=c \cdot S_n(f) \quad \text{und} \quad S_n(c \cdot f)=c \cdot s_n(f).$$

14. **a)** Prüfe, ob die folgende Aussage ein Satz oder eine Definition ist! Für jede Funktion f und für jedes $a \in \mathbb{R}$ gilt: $\int_a^a f(x)\,dx=0$.

b) Läßt sich die Beziehung $\int_a^a f(x)\,dx=0$ aus den Sätzen 3.3, 3.4 und 3.5 beweisen oder nur motivieren?

15. Beweise in ausführlicher Form folgende Sätze!

a) Ist f über $[a; b]$ integrierbar und ist für alle $x \in [a; b]$: $f(x) \geq 0$, so gilt: $\int_a^b f(x)\,dx \geq 0$.

b) Es sei f über $[a; b]$ integrierbar und für alle $x \in [a; b]$ gelte: $f(x) \geq 0$; ferner existieren ein Teilintervall $(a_1 < b_1)$ $[a_1; b_1] \subseteq [a; b]$ und eine Zahl $m_0 > 0$, so daß für alle $x \in [a_1; b_1]$ gilt $f(x) \geq m_0$. Dann gilt: $\int_a^b f(x)\,dx \geq m_0 \cdot (b_1 - a_1) > 0$.

16. Formuliere entsprechend Aufgabe 15 Sätze mit $f(x) \leq 0$ für $x \in [a; b]$!
Beweise sie **a)** durch Zurückführung auf die Sätze in Aufgabe 15,
b) unmittelbar aus Aussagen über Unter- und Obersummen!

17. Verallgemeinere Satz S 3.4 (Teil 1)) auf je endlich viele $(n>2)$ Intervalle $[a_1; a_2]$; $[a_2; a_3]; \ldots; [a_{n-1}; a_n]$ und beweise diese Verallgemeinerung durch vollständige Induktion!

18. Führe die Integrierbarkeit der folgenden **„Treppenfunktionen"** auf diejenige von $f(x)=c$ für beliebige Intervalle $[a; b]$ und Satz 3.4 (Teil 1)) bzw. seine Verallgemeinerung (Aufgabe 17) zurück! Berechne auch die Integrale!

a) $f(x)=[x]$; $[-5; 5]$ **b)** $f(x)=[x]+2$; $[-6; 4]$
c) $f(x)=[x-1]^2$; $[-4; 6]$ **d)** $f(x)=3 \cdot [x]-1$; $[-3; 5]$
e) $f(x)=c \cdot [x-m]+n$; $[a; b]$ mit $c \in \mathbb{R}$, $m, n, a, b \in \mathbb{Z}$

19. Verallgemeinere Satz 3.6 auf je endlich viele $(n>2)$ Summandenfunktionen $f_1, f_2, \ldots, f_n$ und beweise diese Verallgemeinerung durch vollständige Induktion!

20. Zeige, daß folgende Funktionen f über den angegebenen Intervallen $[a; b]$ integrierbar sind und berechne die Integrale!

a) $f(x)=[x]+[x-2]$; $a=-1$, $b=1$ **b)** $f(x)=2 \cdot [x-\frac{1}{2}]$; $a=-\frac{5}{2}$, $b=\frac{7}{2}$
c) $f(x)=[x+2]^2-2[x-1]^2$; $a=-2$, $b=3$
d) $f(x)=[x]+2 \cdot [x-2]-[x+2]$; $a=-1$, $b=8$
e) $f(x)=\sum_{k=1}^{n} [x+k]$; $a=0$, $b=1$ **f)** $f(x)=\sum_{k=1}^{n} k \cdot [x]$; $a=-1$, $b=1$.

21. **a)** Beweise die folgende Beziehung

$$\int_a^b f(x)\,dx = \int_a^c f(x)\,dx - \int_b^c f(x)\,dx \qquad \text{(Satz S 3.4, 2))}$$

unter der Voraussetzung, daß f über allen genannten Intervallen integrierbar ist für folgende Fälle: **1)** $a<b<c$ **2)** $c<a<b$ **3)** $c<b<a$!

b) Verallgemeinere Satz S 3.4, 2) auf endlich viele ($n>2$) Intervalle und beweise durch vollständige Induktion!

$$\int_{a_1}^{a_2} f(x)\,dx = \int_{a_1}^{a_n} f(x)\,dx - \int_{a_{n-1}}^{a_n} f(x)\,dx - \int_{a_{n-2}}^{a_{n-1}} f(x)\,dx - \cdots - \int_{a_2}^{a_3} f(x)\,dx.$$

22. Im Beweis von Satz 3.6 werden folgende Beziehungen benutzt:

$$m_k' + m_k'' \leq m_k \quad \text{und} \quad M_k' + M_k'' \geq M_k.$$

Begründe die Gültigkeit dieser Beziehungen

a) am Beispiel $f_1(x)=x$, $f_2(x)=1-x$ für das Intervall $[0; 1]$;

b) allgemein für beliebige Funktionen f_1 und f_2!

Begründe insbesondere, warum die Zeichen „≤" bzw. „≥" im allgemeinen nicht durch das Gleichheitszeichen ersetzt werden dürfen!

II. Die Integrierbarkeit stetiger Funktionen

1. Im Band „Analysis I" haben wir einen wichtigen Satz der Integralrechnung nicht beweisen können, den Satz nämlich, daß jede über einem Intervall $[a; b]$ stetige Funktion f über $[a; b]$ auch integrierbar ist.
Mit den uns jetzt zur Verfügung stehenden Mitteln ist der **Beweis** verhältnismäßig leicht zu erbringen.

2. Wir beweisen zunächst den Hilfssatz:

S 3.7 **1) Ist eine Funktion f stetig über [a; b], so existiert das Unterintegral**

$$\underline{\int_a^b} f(x)\,dx.$$

2) Ist $m=\min f(x)$ und $M=\max f(x)$ (für alle $x \in [a; b]$), so gilt:

$$m \cdot (b-a) \leq \underline{\int_a^b} f(x)\,dx \leq M \cdot (b-a).$$

Beweis: Bei einer beliebigen Zerlegung gilt für alle k:

$$m \leq m_k \leq M$$

und daher

$$m(b-a) = m \cdot \sum_{k=1}^{n} h_k \leq \sum_{k=1}^{n} m_k \cdot h_k \leq M \cdot \sum_{k=1}^{n} h_k = M \cdot (b-a) \qquad \text{(Bild 3.9).}$$

Daraus folgen bereits beide Behauptungen: jede Untersumme ist nach oben beschränkt; also existiert das Unterintegral

$$\underline{\int_a^b} f(x)\,dx.$$

Aus der Abschätzung für die Untersummen folgt überdies unmittelbar die Gültigkeit der Ungleichung von **2)**, q.e.d.
Genau entsprechend gilt der Satz

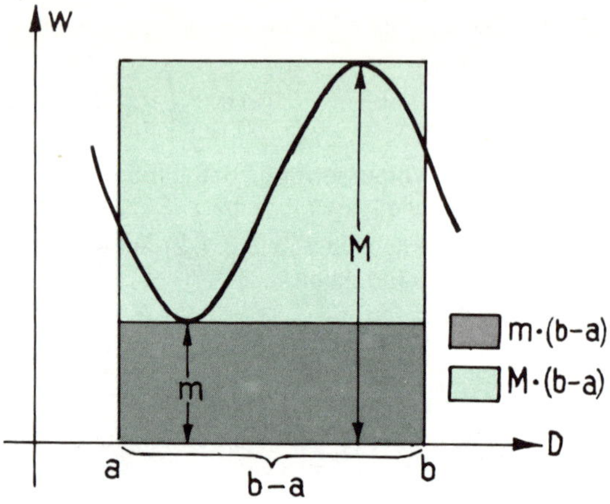

Bild 3.9

S 3.8 **1) Ist eine Funktion f stetig über [a; b], so existiert das Oberintegral**

$$\overline{\int_a^b} f(x)\,dx.$$

2) Ist m = min f(x) und M = max f(x) (für alle x ∈ [a; b]), so gilt:

$$m \cdot (b-a) \leq \overline{\int_a^b} f(x)\,dx \leq M \cdot (b-a).$$

Der Beweis soll in Aufgabe 2 erbracht werden.

3. Wir beweisen nun einen weiteren Hilfssatz

S 3.9 **Ist eine Funktion f stetig über [a; b], so gilt**

1) $\lim\limits_{b \to a} \underline{\int_a^b} f(x)\,dx = 0$ **und** **2)** $\lim\limits_{b \to a} \overline{\int_a^b} f(x)\,dx = 0.$

Beweis: Ist f stetig über [a; b], so gilt mit den Bezeichnungen der Sätze S 3.7 und S 3.8:

$$\lim_{b \to a} m = f(a) \quad \text{und} \quad \lim_{b \to a} M = f(a),$$

also

$$\lim_{b \to a} [m \cdot (b-a)] = 0 \quad \text{und} \quad \lim_{b \to a} [M \cdot (b-a)] = 0.$$

Wegen

$$m \cdot (b-a) \leq \underline{\int_a^b} f(x)\,dx \leq M \cdot (b-a) \qquad (\text{S } 3.7, 2)$$

und

$$m \cdot (b-a) \leq \overline{\int_a^b} f(x)\,dx \leq M \cdot (b-a) \qquad (\text{S } 3.8, 2)$$

folgt daraus unmittelbar die Behauptung.

4. Nun können wir den **1. Hauptsatz** für die Unter- und für die Oberintegrale stetiger Funktionen beweisen:

> **S 3.10** **Ist eine Funktion f stetig über [a; b], so gilt:**
>
> **1)** $\left(\underline{\int_a^x} f(t)\,dt\right)' = f(x)$ **und** **2)** $\left(\overline{\int_a^x} f(t)\,dt\right)' = f(x)$.

Beweis: Zu 1). Wir berechnen zur Funktion Φ mit $\Phi(x) = \underline{\int_a^x} f(t)\,dt$ den Differenzenquotienten:

$$\frac{\Phi(x+h)-\Phi(x)}{h} = \frac{1}{h}\left[\underline{\int_a^{x+h}} f(t)\,dt - \underline{\int_a^{x}} f(t)\,dt\right] = \frac{1}{h}\cdot \underline{\int_x^{x+h}} f(t)\,dt \qquad \text{(nach S 3.4).}$$

Nach S 3.7, 2 gilt:

$$m\cdot h \leq \underline{\int_x^{x+h}} f(t)\,dt \leq M\cdot h$$

also für $h>0$:

$$m \leq \frac{1}{h}\cdot \underline{\int_x^{x+h}} f(t)\,dt \leq M.$$

Da die Funktion f als stetig vorausgesetzt ist, gilt:

$$\lim_{h\to 0} m = \lim_{h\to 0} M = f(x)$$

und daraus folgt, daß $\Phi_r'(x)$ existiert und daß gilt:

$$\Phi_r'(x) = \lim_{h\to 0}\frac{\Phi(x+h)-\Phi(x)}{h} = \lim_{h\to 0}\left[\frac{1}{h}\left(\underline{\int_x^{x+h}} f(t)\,dt\right)\right] = f(x), \qquad \text{q.e.d.}$$

Der Beweis für $h<0$ und zu **2)** ist entsprechend zu führen (Aufgabe 7a und b)

5. Wir können nun beweisen:

> **S 3.11** **Jede über einem Intervall [a; b] stetige Funktion f ist über [a; b] auch integrierbar.**

Beweis: Nach S 3.10 sind die Funktionen Φ und Ψ mit $\Phi(x) = \underline{\int_a^x} f(t)\,dt$ und $\Psi(x) = \overline{\int_a^x} f(t)\,dt$ beide Stammfunktionen zur Funktion f; denn es gilt:

$$\Phi'(x) = \Psi'(x) = f(x).$$

Sie können sich daher nach einem im Band „Analysis I" bewiesenen Satz höchstens durch eine additive Konstante unterscheiden: es gilt für alle $x \in [a; b]$:

$$\underline{\int_a^x} f(t)\,dt = \overline{\int_a^x} f(t)\,dt + c$$

mit einer Zahl $c \in \mathbb{R}$. Wegen

$$\lim_{x\to a} \underline{\int_a^x} f(t)\,dt = \lim_{x\to a} \overline{\int_a^x} f(t)\,dt = 0$$

(nach S 3.9) gilt aber $c=0$, also für alle $x \in [a; b]$:

$$\underline{\int_a^x} f(t)\,dt = \overline{\int_a^x} f(t)\,dt = \int_a^x f(t)\,dt, \quad \text{q.e.d.}$$

6. Aus den vorstehenden Überlegungen ergibt sich unmittelbar auch die Gültigkeit der beiden Hauptsätze der Infinitesimalrechnung (vgl. Band Analysis I; Aufgabe 9).

Übungen und Aufgaben

1. Wende die Sätze S 3.7 und S 3.8 auf die folgenden stetigen Funktionen an! Ermittle über den angegebenen Intervallen $m = \min f(x)$ und $M = \max f(x)$ und deute die Aussage von Satz 3.7, 2) und 3.8, 2) graphisch!

a) $f(x) = \sin x,\ a=0,\ b=\pi$
b) $f(x) = \cos x,\ a=\frac{\pi}{2},\ b=\frac{3\pi}{2}$
c) $f(x) = |x|,\ a=-2,\ b=3$
d) $f(x) = -\sqrt{x},\ a=0,\ b=9$
e) $f(x) = 2 \cdot \sin x,\ a=-\frac{\pi}{2},\ b=\frac{3\pi}{2}$
f) $f(x) = \frac{1}{1+x^2},\ a=-2,\ b=4$
g) $f(x) = x^2 - x + 1,\ a=-1,\ b=2$
h) $f(x) = x \cdot |x|,\ a=-4,\ b=3$
i) $f(x) = \frac{1}{\sqrt{1-x^2}},\ a=-\frac{1}{2},\ b=\frac{1}{2}$
j) $f(x) = e^x,\ a=-4,\ b=4$
k) $f(x) = \ln x,\ a=\frac{1}{e},\ b=e$
l) $f(x) = \frac{\ln x}{x},\ a=1,\ b=e^2$
m) $f(x) = \sqrt{25 - x^2},\ a=0,\ b=4$
n) $f(x) = \sqrt{x^2 - (\frac{3}{2})^2},\ a=\frac{5}{2},\ b=\frac{9}{2}$

2. Führe für Satz S 3.8 den Beweis in ausführlicher Form!

3. Die Beziehungen

$$m \cdot (b-a) \le \underline{\int_a^b} f(x)\,dx \le M \cdot (b-a) \quad \text{und} \quad m \cdot (b-a) \le \overline{\int_a^b} f(x)\,dx \le M \cdot (b-a)$$

gelten nicht nur für Funktionen f, die über $[a; b]$ stetig sind; es genügt, daß f über $[a; b]$ beschränkt ist. Allerdings sind dann m und M allgemeiner definiert (vgl. § 3, I, 4):

$$m = \inf B \quad \text{und} \quad M = \sup B \quad \text{mit } B = f([a; b]).$$

a) Formuliere diese Verallgemeinerungen der Sätze S 3.7 und S 3.8 und beweise sie in ausführlicher Form!

b) Beweise die in den Aufgaben I, 15 und I, 16 formulierten Sätze mit Hilfe dieser Verallgemeinerungen von Satz 3.7, 2) und von Satz 3.8, 2)!

4. Beweise folgende **Mittelwertsätze der Integralrechnung**! Dabei bezeichnet B die Bildmenge des Intervalls $[a; b]$; es ist also $B = f([a; b])$.

a) Ist f über $[a; b]$ beschränkt, so existiert genau eine reelle Zahl $\bar{\mu}$ mit folgenden Eigenschaften:

$$\inf B \le \bar{\mu} \le \sup B \quad \text{und} \quad \overline{\int_a^b} f(x)\,dx = \bar{\mu} \cdot (b-a).$$

b) Ist f über $[a; b]$ beschränkt, so existiert genau eine reelle Zahl $\overline{\mu}$ mit folgenden beiden Eigenschaften:

$$\inf B \leq \overline{\mu} \leq \sup B \quad \text{und} \quad \underline{\int}_a^b f(x)\,dx = \overline{\mu} \cdot (b-a).$$

Beachte: Da jede über $[a; b]$ stetige Funktion f über $[a; b]$ auch beschränkt ist, gelten die beiden Sätze insbesondere auch für stetige Funktionen!

c) Ist $f(x)$ über $[a; b]$ stetig, so existieren wenigstens je ein $\underline{x} \in [a; b]$ und $\overline{x} \in [a; b]$ mit folgenden Eigenschaften:

$$\underline{\int}_a^b f(x)\,dx = f(\underline{x}) \cdot (b-a) \quad \text{und} \quad \overline{\int}_a^b f(x)\,dx = f(\overline{x}) \cdot (b-a).$$

Prüfe, ob $f(\underline{x})$, $f(\overline{x})$ bzw. $\underline{x}$ und $\overline{x}$ eindeutig bestimmt sein müssen!

d) Wende die beiden Mittelwertsätze (4a) und 4b)) auf folgende Beispiele an und bestimme jeweils $\underline{\mu}$ und $\overline{\mu}$!

1) $f(x) = \begin{cases} 1 & \text{für } x \in [-1; 1] \setminus \mathbb{Q} \\ x^2 & \text{für } x \in [-1; 1] \cap \mathbb{Q} \end{cases}$ **2)** $f(x) = \begin{cases} x^3 & \text{für } x \in [0; 1] \setminus \mathbb{Q} \\ x^2 & \text{für } x \in [0; 1] \cap \mathbb{Q} \end{cases}$

3) $f(x) = \begin{cases} x & \text{für } x \in [a; b] \cap \mathbb{Q} \\ \frac{1}{2}x & \text{für } x \in [a; b] \setminus \mathbb{Q} \end{cases}$ **4)** $f(x) = \begin{cases} x^2 & \text{für } x \in [0; b] \cap \mathbb{Q} \\ -x & \text{für } x \in [0; b] \setminus \mathbb{Q} \end{cases}$

5. Untersuche, unter welchen Bedingungen für die in Aufgabe 4a) und 4b) bestimmten reellen Zahlen $\underline{\mu}$ und $\overline{\mu}$ gilt:

a) $\underline{\mu} < \overline{\mu}$, **b)** $\underline{\mu} = \overline{\mu}$ **c)** $\underline{\mu} > \overline{\mu}$!

Leite daraus eine notwendige und hinreichende Bedingung für die Integrierbarkeit von f über $[a; b]$ her!

6. Beweise

a) unmittelbar, analog zum Beweis von Satz 3.9,

b) durch Zurückführung auf Satz S 3.9 und die Definition D 3.5:

Ist f über $[a; b]$ stetig, so gilt für $x \in [a; b]$:

$$\lim_{x \to b} \underline{\int}_x^b f(x)\,dx = 0 \quad \text{und} \quad \lim_{x \to b} \overline{\int}_x^b f(x)\,dx = 0!$$

7. a) Führe im Beweis von Satz S 3.10, Teil 1) die Betrachtung für $h<0$ und den Grenzübergang $\lim\limits_{\substack{h \to 0 \\ h<0}} \frac{\Phi(x+h) - \Phi(x)}{h}$ durch!

b) Beweise Satz S 3.10, Teil 2) in ausführlicher Form!

c) Beweise beide Teile von Satz S 3.10 mit Hilfe des Mittelwertsatzes für stetige Funktionen (Aufgabe 4, c))!

8. Kläre, an welchen Stellen in den Beweisen von Satz S 3.10 und von Satz S 3.11 die vorausgesetzte Stetigkeit von f über $[a; b]$ benutzt bzw. benötigt wird.

b) Begründe ausführlich, warum sich die beiden Stammfunktionen Φ und Ψ zur Funktion f höchstens durch eine additive Konstante unterscheiden können!

9. a) Formuliere den 1. Hauptsatz der Integralrechnung (vgl. Analysis I) und beweise ihn unmittelbar mit Hilfe der Sätze S 3.10 und S 3.11!

b) Formuliere die Aussage des zweiten Hauptsatzes der Integralrechnung (vgl. Analysis I) für die beiden Integralfunktionen Φ und Ψ mit

$$\Phi(x)=\int_a^x f(t)\,dt \quad \text{und} \quad \Psi(x)=\overline{\int_a^x} f(t)\,dt.$$

Wie viele solcher Integralfunktionen und wie viele Stammfunktionen hat eine über [a; b] stetige Funktion f?

10. Beweise die folgenden Sätze (vgl. Aufgabe 4, a) und 4, b))!
Ist f über [a; b] beschränkt, so sind die beiden Funktionen Φ und Ψ zu

$$\Phi(x)=\int_a^x f(t)\,dt \quad \text{und} \quad \Psi(x)=\overline{\int_a^x} f(t)\,dt \quad \text{über ganz } [a;b] \text{ stetig!}$$

Beachte: Eine Integralfunktion F muß nicht eine Stammfunktion zur Funktion f sein. Warum nicht?

11. Führe die Integrierbarkeit der durch die folgenden Terme gegebenen Funktionen **1)** auf ihre stückweise Monotonie (Satz S 3.3), **2)** auf ihre Stetigkeit über den angegebenen Intervallen zurück! Berechne auch die bestimmten Integrale!

a) $f(x)=x\cdot\sin x,\ [-\pi;\pi]$
b) $f(x)=x^3-x,\ [-3;4]$
c) $f(x)=\sqrt{x}-x,\ [0;6]$
d) $f(x)=\sin x+\cos x,\ [-2\pi;3\pi]$
e) $f(x)=\sqrt{x}+\cos x,\ [0;3\pi]$
f) $f(x)=\sqrt{25-x^2},\ [-5;5]$
g) $f(x)=(x^2+1)\cdot\operatorname{sign}^2 x,\ [-4;3]$
h) $f(x)=\sqrt[3]{x}-\sqrt{2x},\ [0;8]$
i) $f(x)=x+\dfrac{1}{\sqrt{1-x^2}},\ [-\tfrac{1}{2}\sqrt{3};\tfrac{1}{2}]$
j) $f(x)=(-x)\cdot\dfrac{1}{1+x^2},\ [-3;3]$
k) $f(x)=x^2+\cos x,\ [-\pi;2\pi]$
l) $f(x)=x^2\cdot\sin x-x\cdot\cos x,\ [-3\pi;3\pi]$

Hinweis zu 11. f): Substitution: $\dfrac{x}{5}=\cos\varphi$ (vgl. Aufgabe § 2, I, 7.).

12. Berechne bei den Aufgaben 11, a); 11, b); 11, e); 11, g); 11, h); 11, i) und 11, j) auch die Flächenmaßzahlen!

III. Der 2. Mittelwertsatz der Integralrechnung

1. Im Band „Analysis I" haben wir bereits den **„ersten Mittelwertsatz der Integralrechnung"** bewiesen. Er besagt, daß es bei einer über einem Intervall [a; b] stetigen Funktion f stets wenigstens eine Stelle $x_0\in[a;b]$ gibt, so daß gilt:

$$\int_a^b f(x)\,dx=f(x_0)\cdot(b-a).$$

Eine ähnliche Aussage macht auch der **„zweite Mittelwertsatz der Integralrechnung"**. Dieser bezieht sich auf den Fall, daß der Integrand als Produkt, also in der Form $f(x) \cdot g(x)$ darstellbar ist.

S 3.12 **Sind zwei Funktionen f und g integrierbar über einem Intervall [a; b] und gilt für alle $x \in [a;b]$ entweder $g(x) \geq 0$ oder $g(x) \leq 0$, ist ferner m die untere und M die obere Grenze aller Funktionswerte von f in [a; b], so gibt es stets eine Zahl $\mu \in \mathbb{R}$ mit $m \leq \mu \leq M$, so daß gilt:**

$$\int_a^b f(x) \cdot g(x)\,dx = \mu \cdot \int_a^b g(x)\,dx.$$

Ist f sogar stetig über [a; b], so gibt es stets wenigstens eine Zahl $x_0 \in [a;b]$ mit $\mu = f(x_0)$, also

$$\int_a^b f(x) \cdot g(x)\,dx = f(x_0) \cdot \int_a^b g(x)\,dx.$$

2. Wir führen den **Beweis** für den Fall, daß für alle $x \in [a;b]$ gilt $g(x) \geq 0$. Dann gilt nach Voraussetzung für alle $x \in [a;b]$:

$$m \cdot g(x) \leq f(x) \cdot g(x) \leq M \cdot g(x),$$

also auch:

$$m \cdot \int_a^b g(x)\,dx \leq \int_a^b f(x) \cdot g(x)\,dx \leq M \cdot \int_a^b g(x)\,dx.$$

Mithin gibt es eine Zahl $\mu \in \mathbb{R}$ mit $m \leq \mu \leq M$ und

$$\int_a^b f(x) \cdot g(x)\,dx = \mu \cdot \int_a^b g(x)\,dx.$$

Ist f sogar stetig über [a; b], so gibt es nach dem Satz über das Maximum und das Minimum einer Funktion (vgl. Band „Analysis I") wenigstens zwei Zahlen $x_1, x_2 \in [a;b]$ mit $f(x_1) = m$ und $f(x_2) = M$.
Nach dem Zwischenwertsatz gibt es dann überdies wenigstens eine Zahl x_0 mit $x_0 \in [x_1; x_2]$, also auch $x_0 \in [a;b]$, und $\mu = f(x_0)$,

$$\text{also:} \quad \int_a^b f(x) \cdot g(x)\,dx = f(x_0) \cdot \int_a^b g(x)\,dx, \quad \text{q.e.d.}$$

Bemerkung: Da die Zahl x_0 im Intervall [a; b] liegt, ist sie mit Hilfe einer Zahl θ mit $0 \leq \theta \leq 1$ darstellbar in der Form

$$x_0 = a + \theta \cdot (b-a).$$

Die Formel des Satzes lautet dann:

$$\int_a^b f(x) \cdot g(x)\,dx = f[a + \theta(b-a)] \cdot \int_a^b g(x)\,dx \quad \text{mit} \quad 0 \leq \theta \leq 1.$$

3. Der Beweis für den Fall, daß für alle $x \in [a;b]$ gilt $g(x) \leq 0$, ist entsprechend zu führen (Aufgabe 1).

Übungen und Aufgaben

1. Beweise den 2. Mittelwertsatz der Integralrechnung für den Fall, daß für alle $x \in [a; b]$ gilt $g(x) \leq 0$!

2. Wende den 2. Mittelwertsatz der Integralrechnung auf die folgenden Integrale an!

a) $\int_0^{\pi} x \cdot \sin x \, dx$ **b)** $\int_0^{\frac{\pi}{2}} x \cdot \cos x \, dx$ **c)** $\int_0^{1} (x^2-1) \, dx$ **d)** $\int_0^{\frac{\pi}{2}} \sin x \cdot \cos x \, dx$

e) $\int_0^{\pi} x^2 \sin x \, dx$ **f)** $\int_0^{4} x \cdot \sqrt{x} \, dx$ **g)** $\int_0^{3} (x^3-x^2) \, dx$ **h)** $\int_0^{\pi} x \sin^2 x \, dx$

3. Ermittle bei den Beispielen **a)** und **b)** von Aufgabe 2 die Stelle $x_0 \in [a; b]$, so daß gilt:

$$f(x_0) \cdot \int_a^b g(x)\,dx = \int_a^b f(x) \cdot g(x)\,dx!$$

Erläutere, was der 2. Mittelwertsatz der Integralrechnung geometrisch bedeutet!

4. Was sagt der 2. Mittelwertsatz der Integralrechnung aus, wenn für alle $x \in [a; b]$ gilt:

a) $f(x) = c_1$, $c_1 \in \mathbb{R}$ **b)** $g(x) = c_2$, $c_2 \in \mathbb{R}$ **c)** $f(x) = c_1$ und $g(x) = c_2$?

5. Beim 2. Mittelwertsatz S 3.12 wird vorausgesetzt, daß die beteiligten Funktionen f und g über $[a; b]$ integrierbar sind. Wird außer $g(x) \geq 0$ oder $g(x) \leq 0$ nur die Beschränktheit von f und g über $[a; b]$ vorausgesetzt, so können nur Aussagen über

$$\underline{\int_a^b} f(x) \cdot g(x)\,dx \quad \text{und} \quad \overline{\int_a^b} f(x) \cdot g(x)\,dx$$

gemacht werden.

Vergleiche dazu die Aufgaben II, 3; II, 4 und II, 5!

a) Formuliere selbst solche Verallgemeinerungen des 2. Mittelwertsatzes der Integralrechnung und beweise sie!

b) Wende das Ergebnis von a) auf folgendes Beispiel an:

$$g(x) = x^2 \quad \text{und} \quad f(x) = \begin{cases} x & \text{für alle } x \in [0; 2] \cap \mathbb{Q} \\ \dfrac{x}{2} & \text{für alle } x \in [0; 2] \setminus \mathbb{Q}! \end{cases}$$

6. Beweise folgenden Satz:

f sei über $[a; b]$ stetig, g habe über $[a; b]$ eine stetige Ableitung und sei monoton (steigend bzw. fallend). Dann existiert wenigstens ein $x_0 \in [a; b]$, so daß gilt:

$$\int_a^b f(x) \cdot g(x)\,dx = g(a) \int_a^{x_0} f(x)\,dx + g(b) \int_{x_0}^b f(x)\,dx.$$

7. Wende den Satz von Aufgabe 6 auf folgende Beispiele an!

a) $f(x) = \sin x$, $g(x) = x$, $[a; b] = [0; \pi]$ **b)** $f(x) = x$, $g(x) = \sqrt{x}$, $[a; b] = [\frac{1}{2}; 4]$

IV. Uneigentliche Integrale

1. Nach unseren bisherigen Überlegungen sind bestimmte Integrale nur für endliche Intervalle der Form [a; b] mit a, b ∈ ℝ definiert.
In manchen Fällen ist es jedoch möglich, durch Grenzwertbildung den Begriff des bestimmten Integrals auch auf „unendliche Intervalle" auszudehnen. Man spricht dann von **„uneigentlichen Integralen 1. Art"**.

Beispiel:

Es gilt: **1)** $\int\limits_1^2 \frac{dx}{x^2} = -\frac{1}{x}\Big|_1^2 = -\frac{1}{2} + 1 = \frac{1}{2}$

2) $\int\limits_1^3 \frac{dx}{x^2} = -\frac{1}{x}\Big|_1^3 = -\frac{1}{3} + 1 = \frac{2}{3}$

3) $\int\limits_1^4 \frac{dx}{x^2} = -\frac{1}{x}\Big|_1^4 = -\frac{1}{4} + 1 = \frac{3}{4}$

. . . .

und allgemein: $\int\limits_1^n \frac{dx}{x^2} = -\frac{1}{x}\Big|_1^n = -\frac{1}{n} + 1 = \frac{n-1}{n}$ (Bild 3.10).

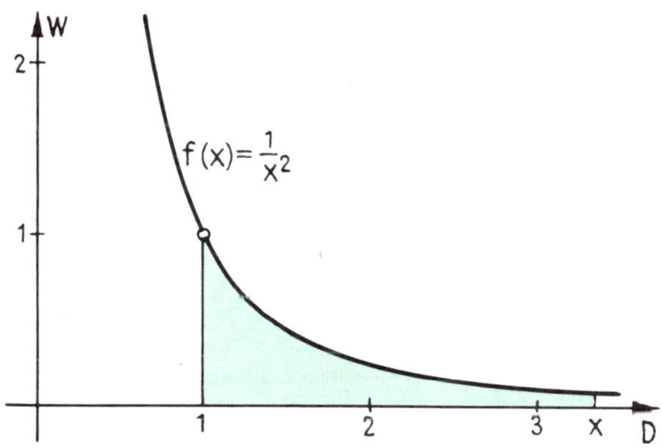

Bild 3.10

Durch den Term $F_n = \int\limits_1^n \frac{dx}{x^2} = 1 - \frac{1}{n}$ ist also eine Zahlenfolge (F_n) festgelegt, deren Grenzwert man für $n \to \infty$ leicht berechnen kann. Es gilt:

$$\lim_{n\to\infty} F_n = \lim_{n\to\infty} \int\limits_1^n \frac{dx}{x^2} = \lim_{n\to\infty} \left(1 - \frac{1}{n}\right) = 1.$$

Läßt man als obere Integralgrenzen nicht nur natürliche, sondern beliebige positive reelle Zahlen zu, so gilt entsprechend

$$F(x)=\int_1^x \frac{dt}{t^2}=-\frac{1}{t}\bigg|_1^x=1-\frac{1}{x}$$

und somit

$$\lim_{x\to\infty} F(x)=\lim_{x\to\infty}\int_1^x \frac{dt}{t^2}=\lim_{x\to\infty}\left(1-\frac{1}{x}\right)=1.$$

Für diesen Grenzwert führt man die folgende Kurzschreibweise ein:

$$\lim_{x\to\infty}\int_1^x \frac{dt}{t^2}=_{\mathrm{Df}}\int_1^\infty \frac{dt}{t^2}.$$

Allgemein können wir definieren, falls der Grenzwert existiert:

D 3.6

$$\int_a^\infty \mathbf{f(t)\,dt}=_{\mathrm{Df}}\lim_{x\to\infty}\int_a^x \mathbf{f(t)\,dt}.$$

Beachte, daß das Zeichen $\int_a^\infty f(t)\,dt$ nur dann einen Sinn hat, wenn der Grenzwert (als eigentlicher oder wenigstens als uneigentlicher Grenzwert) existiert!

Bemerkung: Hat ein uneigentliches Integral einen endlichen Wert, so kann diese Zahl der betreffenden Fläche als Flächenmaßzahl zugeordnet werden. Auf diese Weise läßt sich der Begriff des Flächeninhaltes in den betreffenden Fällen auch auf Flächen ausdehnen, die sich ins Unendliche erstrecken.

2. Wir behandeln noch ein zweites

Beispiel:

$$\int_1^\infty \frac{dt}{\sqrt{t}(1+t)}=\lim_{x\to\infty}\int_1^x \frac{dt}{\sqrt{t}(1+t)}.$$

Wir substituieren: $z=\sqrt{t} \Rightarrow t=z^2 \Rightarrow dt=2z\,dz$.
Damit ergibt sich:

$$\int_1^x \frac{dt}{\sqrt{t}(1+t)}=\int_1^{\sqrt{x}} \frac{2z\,dz}{z\cdot(1+z^2)}=2\cdot\int_1^{\sqrt{x}} \frac{dz}{1+z^2}=2\cdot\arctan z\bigg|_1^{\sqrt{x}}=2\cdot(\arctan\sqrt{x}-\arctan 1)$$

und ferner:

$$\lim_{x\to\infty}\int_1^x \frac{dt}{\sqrt{t}(1+t)}=2\cdot\lim_{x\to\infty}(\arctan\sqrt{x}-\arctan 1)=2\cdot\left(\frac{\pi}{2}-\frac{\pi}{4}\right)=2\cdot\frac{\pi}{4}=\frac{\pi}{2}.$$

Also gilt:

$$\int_1^\infty \frac{dt}{\sqrt{t}(1+t)}=\frac{\pi}{2}.$$

3. Nach unseren bisherigen Überlegungen ist eine Funktion f über einem Intervall [a; b] nur dann integrierbar, wenn sie im gesamten Intervall – einschließlich der Grenzen – beschränkt ist. Wenn man diesen Umstand nicht beachtet, kann man zu schwerwiegenden Fehlern kommen.

Beispiel: Die Funktion f zu $f(x)=\frac{1}{x^2}$ hat an der Stelle 0 eine Unendlichkeitsstelle (Bild 3.11). Würde man trotzdem versuchen, diese Funktion zwischen den Grenzen −1 und 1 nach dem Hauptsatz der Infinitesimalrechnung zu integrieren, so erhielte man:

$$-\frac{1}{x}\Big|_{-1}^{1}=-1-1=-2,$$

ein offensichtlich völlig unsinniges Ergebnis.

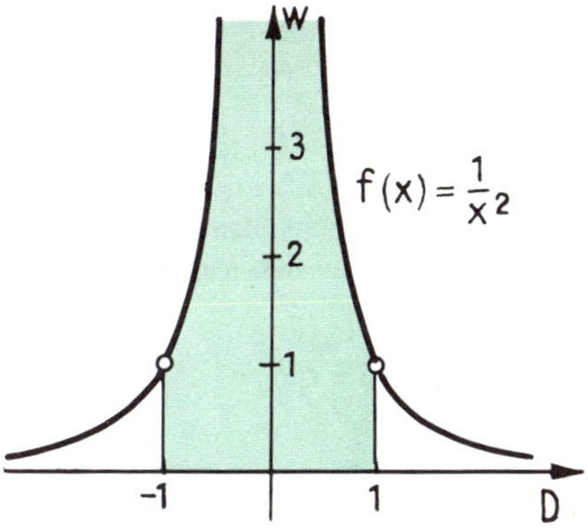

Bild 3.11

4. Trotzdem ist für Funktionen, die an einer **Randstelle** (oder sogar an beiden Randstellen) des Integrationsintervalls unbeschränkt sind, eine weitere Verallgemeinerung des Begriffs des bestimmten Integrals in manchen Fällen möglich, und zwar ebenfalls durch Grenzwertbildung. Man spricht in diesem Fall von **„uneigentlichen Integralen 2. Art"**.

Beispiel: Die Funktion f mit $f(x)=\frac{1}{\sqrt{x}}$ ist an der Stelle 0 nicht erklärt; sie besitzt dort eine „Unendlichkeitsstelle" (Bild 3.12). Ein bestimmtes Integral der Form $\int_a^b \frac{dx}{\sqrt{x}}$ ist also zunächst nur definiert für a, b>0.

So gilt z.B. für alle $x \in \mathbb{R}^{>0}$ (Bild 3.12):

$$F(x)=\int_x^1 \frac{dt}{\sqrt{t}}=\int_x^1 t^{-\frac{1}{2}}\,dt=2t^{\frac{1}{2}}\Big|_x^1$$
$$=2-2\sqrt{x}.$$

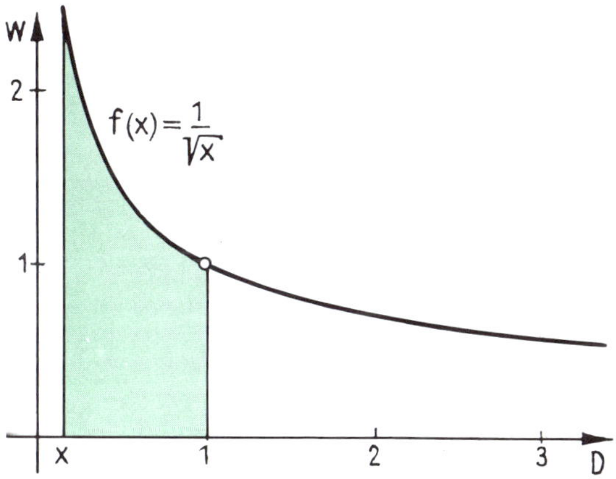

Bild 3.12

Wir können nun den rechtsseitigen Grenzwert mit der Bedingung $x \to 0$ bilden:

$$\text{r-}\lim_{x\to 0} F(x)=\text{r-}\lim_{x\to 0}\int_x^1 \frac{dt}{\sqrt{t}}=\text{r-}\lim_{x\to 0}(2-2\sqrt{x})=2.$$

Man schreibt statt dessen kürzer:

$$\int_0^1 \frac{dt}{\sqrt{t}}=2.$$

Bemerkung: Wir können diese Zahl auch in diesem Fall der betreffenden Fläche (Bild 3.12) als Flächenmaßzahl zuordnen; auch hierin liegt eine Erweiterung des Begriffs des Flächeninhaltes auf gewisse Flächen, die sich ins Unendliche erstrecken.

5. Weist eine Funktion im Innern eines Intervalls eine Unendlichkeitsstelle auf, so kann man mit einer additiven Zerlegung zum Ziel kommen.

Beispiel: Das Integral $\int\limits_{-1}^{1} \frac{dx}{\sqrt[3]{x^2}}$ ist zunächst nicht definiert, weil die Integrandfunktion an der Stelle 0 eine Unendlichkeitsstelle besitzt. Wir „zerschneiden" daher das Intervall an dieser Stelle und berechnen den folgenden Grenzwert:

$$\text{r-}\lim_{\varepsilon\to 0}\left[\int\limits_{-1}^{-\varepsilon}\frac{dx}{\sqrt[3]{x^2}}+\int\limits_{\varepsilon}^{1}\frac{dx}{\sqrt[3]{x^2}}\right]=\text{r-}\lim_{\varepsilon\to 0}\left[\int\limits_{-1}^{-\varepsilon}x^{-\frac{2}{3}}\,dx+\int\limits_{\varepsilon}^{1}x^{-\frac{2}{3}}\,dx\right]$$

$$=\text{r-}\lim_{\varepsilon\to 0}[3\cdot\sqrt[3]{-\varepsilon}-3\cdot\sqrt[3]{-1}+3\cdot\sqrt[3]{1}-3\cdot\sqrt[3]{\varepsilon}]=3+3=6.$$

Wir hätten statt dessen auch folgendermaßen rechnen können:

$$l\text{-}\lim_{\varepsilon\to 0}\int\limits_{-1}^{\varepsilon}\frac{dx}{\sqrt[3]{x^2}}+\text{r-}\lim_{\varepsilon\to 0}\int\limits_{\varepsilon}^{1}\frac{dx}{\sqrt[3]{x^2}}=l\text{-}\lim_{\varepsilon\to 0}[3\cdot\sqrt[3]{\varepsilon}-3\cdot\sqrt[3]{-1}]+\text{r-}\lim_{\varepsilon\to 0}[3\cdot\sqrt[3]{1}-3\cdot\sqrt[3]{\varepsilon}]=3+3=6.$$

Da die Grenzwerte existieren, können wir die folgende Kurzschreibweise anwenden:

$$\int\limits_{-1}^{1}\frac{dx}{\sqrt[3]{x^2}}=6.$$

6. Wir behandeln abschließend ein Beispiel, welches gleichzeitig ein uneigentliches Integral 1. Art und ein solches 2. Art darstellt.

Beispiel: $\int\limits_{0}^{\infty}\frac{dx}{\sqrt{x}(1+x)}=\lim\limits_{b\to\infty}\left[\lim\limits_{a\to 0}\int\limits_{a}^{b}\frac{dx}{\sqrt{x}(1+x)}\right].$

Mit der Substitution $z=\sqrt{x}\Rightarrow x=z^2\Rightarrow dx=2z\,dz$ erhält man:

$$\int\limits_{a}^{b}\frac{dx}{\sqrt{x}(1+x)}=\int\limits_{\sqrt{a}}^{\sqrt{b}}\frac{2z\,dz}{z(1+z^2)}=2\cdot\int\limits_{\sqrt{a}}^{\sqrt{b}}\frac{dz}{1+z^2}=2\cdot(\arctan\sqrt{b}-\arctan\sqrt{a})$$

und somit:

$$\lim_{b\to\infty}\left[\lim_{a\to 0}\int\limits_{a}^{b}\frac{dx}{\sqrt{x}(1+x)}\right]=2\cdot\lim_{b\to\infty}\left[\lim_{a\to 0}(\arctan\sqrt{b}-\arctan\sqrt{a})\right]=2\cdot\left(\frac{\pi}{2}-0\right)=\pi.$$

Es gilt also:

$$\int\limits_{0}^{\infty}\frac{dx}{\sqrt{x}(1+x)}=\pi.$$

Beachte, daß die beiden Grenzwertbildungen für $b\to\infty$ und für $a\to 0$ unabhängig voneinander sind, so daß es auf deren Reihenfolge nicht ankommt!

Übungen und Aufgaben

1. Berechne die folgenden Grenzwerte!

a) $\lim\limits_{x\to\infty}\int_1^x \frac{dt}{t^3}$ **b)** $\lim\limits_{x\to\infty}\int_4^x \frac{dt}{\sqrt{t^3}}$ **c)** $\lim\limits_{x\to\infty}\int_8^x \frac{dt}{\sqrt[3]{t^4}}$

d) $\lim\limits_{x\to-\infty}\int_x^{-1} \frac{dt}{t^2}$ **e)** $\lim\limits_{x\to-\infty}\int_x^{-\sqrt{8}} \frac{dt}{\sqrt[3]{t^5}}$ **f)** $\lim\limits_{x\to-\infty}\int_x^{-1} \frac{dt}{t^4}$

2. Berechne die folgenden uneigentlichen Integrale 1. Art!

a) $\int_1^\infty \frac{dx}{(\sqrt{x})^3}$ **b)** $\int_3^\infty \frac{dx}{(\sqrt{1+x})^3}$ **c)** $\int_2^\infty \frac{dx}{x^3}$ **d)** $\int_1^\infty \frac{dx}{3x^4}$

e) $\int_1^\infty \frac{dx}{\sqrt{x^5}}$ **f)** $\int_{\frac{2}{3}}^\infty \frac{3\,dx}{(3x-1)^3}$ **g)** $\int_1^\infty \frac{1+x}{x^3}\,dx$ **h)** $\int_1^\infty \frac{2+\sqrt{x}}{x^3}\,dx$

i) $\int_0^\infty \frac{dx}{1+x^2}$ **k)** $\int_{-\infty}^{-1} \frac{dx}{\sqrt[3]{x^5}}$ **l)** $\int_{-\infty}^{0} \frac{dx}{1+x^2}$ **m)** $\int_{-\infty}^{\infty} \frac{dx}{1+x^2}$

n) $\int_0^\infty \frac{dx}{a+bx^2}\ (a, b>0)$ **o)** $\int_{-\infty}^0 \frac{dx}{a+bx^2}\ (a, b>0)$ **p)** $\int_{-\infty}^{-1} \frac{dx}{\sqrt[2]{|x|^3}}$

3. Für welche Werte von α existieren die folgenden uneigentlichen Integrale?

a) $\int_1^\infty \frac{dx}{x^\alpha}$ **b)** $\int_2^\infty \frac{dx}{x^\alpha}$ **c)** $\int_1^\infty x^\alpha\,dx$ **d)** $\int_a^\infty x^\alpha\,dx\ (a>0)$

4. Beweise: Gilt $f(x)\geq g(x)\geq 0$ für alle x mit $x\geq a$, ist die Funktion g integrierbar über jedem Intervall $[a; b]$ mit $b>a$ und existiert das Integral $\int_a^\infty f(x)\,dx$, dann existiert auch das Integral $\int_a^\infty g(x)\,dx$!

5. Berechne die folgenden Grenzwerte!

a) $\lim\limits_{x\to 0}\int_x^1 \frac{dt}{\sqrt[3]{t^2}}$ **b)** $\text{r-}\lim\limits_{x\to 0}\int_x^1 \frac{dt}{\sqrt[4]{t}}$ **c)** $\lim\limits_{x\to 1}\int_x^2 \frac{dt}{\sqrt[5]{t-1}}$ **d)** $\text{r-}\lim\limits_{x\to a}\int_x^{a+1} \frac{dt}{(t-a)^{\frac{3}{4}}}$

6. Berechne die folgenden uneigentlichen Integrale 2. Art!

a) $\int_0^1 \frac{dx}{\sqrt{1-x}}$ **b)** $\int_{-\frac{1}{2}}^4 \frac{dx}{\sqrt{2x+1}}$ **c)** $\int_0^1 \frac{dx}{\sqrt{1-x^2}}$ **d)** $\int_{-1}^0 \frac{dx}{\sqrt{1-x^2}}$ **e)** $\int_0^8 x^{-\frac{2}{3}}\,dx$

f) $\int_{-1}^1 \frac{dx}{\sqrt{|x|}}$ **g)** $\int_{-1}^0 x^{-\frac{2}{3}}\,dx$ **h)** $\int_0^4 x^{-\frac{3}{4}}\,dx$ **i)** $\int_{-1}^1 \frac{dx}{\sqrt{1-x^2}}$

7. Für welche Werte von α existieren die folgenden uneigentlichen Integrale?

a) $\int_0^1 \frac{dx}{x^\alpha}$ **b)** $\int_0^1 x^\alpha\,dx$ **c)** $\int_0^4 \frac{1+x^{3\alpha}}{x^\alpha}\,dx$

8. Berechne die Maßzahl der Fläche zwischen der positiven D-Achse und den Graphen zu $f(x)=x^3$ und $g(x)=x^{-2}$!

9. Berechne für die Funktion zu $f(x)=x^{-\frac{1}{3}}$ auf **a)** $[0; 64]$ **b)** $[-8,0]$

1) die Maßzahl der Fläche zwischen dem Funktionsgraph und dem angegebenen Intervall der D-Achse und

2) die Maßzahl des Volumens des Rotationskörpers, der bei Drehung dieser Fläche um die D-Achse entsteht!

10. Beweise: Wenn für alle x mit $a \leq x < b$ gilt: $0 \leq g(x) \leq f(x)$, wenn die Funktion g über jedem Intervall $[a; c]$ mit $c < b$ integrierbar ist und wenn das Integral $\int_a^b f(x)\,dx$ existiert, dann existiert auch das Integral $\int_a^b g(x)\,dx$!

§ 4 Exponential- und Logarithmusfunktionen

I. Definition und Eigenschaften einer Funktion L

1. Schon auf der Mittelstufe haben wir uns mit den Exponentialfunktionen und ihren Umkehrfunktionen, den Logarithmusfunktionen, beschäftigt.
Exponentialfunktionen sind Funktionen, die für alle $x \in \mathbb{R}$ durch Potenzterme der Form

$$f(x) = a^x \qquad \text{mit } a \in \mathbb{R}^{>0}$$

gegeben sind.
Bevor wir diese Funktionen näher untersuchen konnten, mußten wir den Potenzbegriff, der zunächst nur für natürliche Zahlen im Exponenten definiert war, schrittweise auf ganze, dann auf rationale und schließlich auf reelle Zahlen im Exponenten erweitern. Dieser Erweiterungsprozeß ist ein verwickelter und langwieriger Weg; wir konnten den letzten Schritt – die Erweiterung auf beliebige reelle Exponenten – in Band 6 nur an Beispielen andeuten, aber nicht exakt durchführen.
Um diese Lücke zu schließen, schlagen wir hier einen anderen Weg ein. Wir setzen hier nur voraus, daß Potenzen der Form a^x für alle $a \in \mathbb{R}^{>0}$ und für alle $x \in \mathbb{Q}$ definiert sind. Eine exakte Definition des Potenzbegriffes für beliebige reelle – also auch für irrationale – Exponenten wird sich im Laufe unserer Erörterungen dann ergeben.

2. Wir gehen aus von Integralen, die einen Potenzterm als Integranden haben. Im Band Analysis I haben wir gezeigt, daß für alle $n \in \mathbb{Z}$ mit $n \neq -1$ und für alle $x \in \mathbb{R}$ gilt:

$$\int_1^x t^n \, dt = \frac{x^{n+1} - 1}{n+1}$$

Dagegen ist uns für den Fall $n = -1$, also zur Funktion f mit $f(x) = x^{-1} = \frac{1}{x}$ keine Stammfunktion bekannt; d.h. wir können das Integral

$$\int_a^x \frac{dt}{t} \qquad (\text{z.B. für } a, x \in \mathbb{R}^{>0})$$

bisher weder unmittelbar nach dem Hauptsatz der Infinitesimalrechnung noch nach einem anderen behandelten Integrationsverfahren berechnen.
Da die Funktion f mit $f(x) = \frac{1}{x}$ aber für alle $x \in \mathbb{R}^{\neq 0}$ **stetig** ist, ist sie auch über jedem Intervall, das die Zahl 0 nicht enthält, **integrierbar.** Setzen wir z.B. $a = 1$, so existiert eine Funktion L mit

D 4.1

$$\mathbf{L(x) =_{Df} \int_1^x \frac{dt}{t} \qquad (für\ alle\ x \in \mathbb{R}^{>0}).}$$

Anschaulich wird ein Funktionswert L(x) für eine Zahl $x \in \mathbb{R}^{>1}$ durch den Flächeninhalt des Normalbereiches unter der Kurve zu $y=\frac{1}{x}$ dargestellt (Bild 4.1).

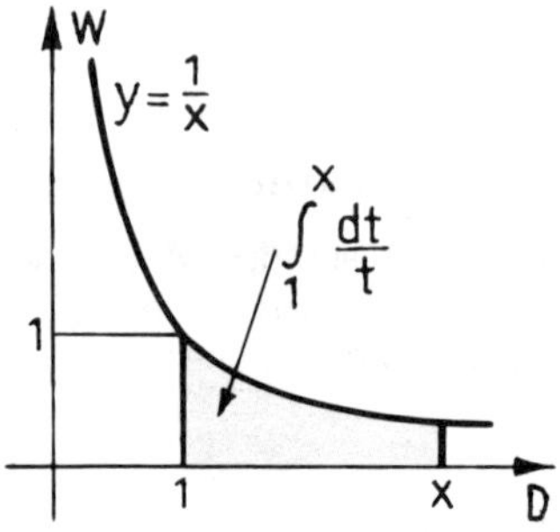

Bild 4.1

3. Aus der Definitionsgleichung lassen sich unmittelbar eine Reihe von Eigenschaften der Funktion L ablesen.

1) Da die Funktion f mit $f(x)=\frac{1}{x}$ bei $x=0$ eine Unendlichkeitsstelle hat, die nicht im Integrationsintervall liegen darf, andererseits f aber für alle $x \in \mathbb{R}^{>0}$ stetig ist, gilt:

$$\mathbf{D(L)=\mathbb{R}^{>0}}.$$

2) Aus $\int_1^1 \frac{dt}{t}=0$ folgt unmittelbar: $\mathbf{L(1)=0}$.

3) Wegen $\frac{1}{x}>0$ für $x>0$ ist die Funktion L streng monoton steigend; es gilt:

$$\mathbf{x_1>x_2>0 \Rightarrow L(x_1)>L(x_2)}.$$

4) Daraus ergibt sich wegen $L(1)=0$ unmittelbar:

$$\mathbf{x>1 \Rightarrow L(x)>0} \quad \text{und} \quad \mathbf{x<1 \Rightarrow L(x)<0}.$$

5) Nach dem Hauptsatz der Infinitesimalrechnung ergibt sich unmittelbar:

$$\mathbf{L'(x)=\left(\int_1^x \frac{dt}{t}\right)'=\frac{1}{x}} \qquad \textbf{für alle } \mathbf{x \in \mathbb{R}^{>0}}.$$

Die Funktion L ist also für alle $x \in \mathbb{R}^{>0}$ **differenzierbar** und mithin auch **stetig**.

6) Die Gesamtheit aller Stammfunktionen zur Funktion f mit $f(x)=\frac{1}{x}$ ist darstellbar durch:

$$\Phi(x)=L(x)+c=\int_1^x \frac{dt}{t}+c \qquad (\text{mit } c \in \mathbb{R}).$$

4. Eine grundlegende Eigenschaft der Funktion L ergibt sich, wenn wir die Ableitung einer Funktion φ mit

$$\varphi(x)=L(k \cdot x) \qquad \text{mit } k, x>0$$

bilden. Nach der Kettenregel ergibt sich nämlich:

$$\varphi'(x)=k \cdot \frac{1}{kx}=\frac{1}{x}.$$

Die Ableitungen von L(x) und $L(k \cdot x)$ sind also identisch; dann aber können sie sich nach einem in Analysis I bewiesenen Satz sämtliche Funktionswerte nur durch eine bestimmte Zahl $c \in \mathbb{R}$ unterscheiden; es gilt also:

$$L(k \cdot x)=L(x)+c \qquad (\text{mit } c \in \mathbb{R}).$$

Um c zu bestimmen, setzen wir $x=1$ ein:

$$L(k)=L(1)+c=c;$$

also gilt: $c = L(k)$ und mithin:

$$L(k \cdot x) = L(x) + L(k) \qquad (\text{für } k, x > 0).$$

Ersetzen wir noch x durch a und k durch b, so erhalten wir den Satz

S 4.1 **Für alle a, b $\in \mathbb{R}^{>0}$ gilt: $L(a \cdot b) = L(a) + L(b)$.**

Diese Gleichung heißt die **„Funktionalgleichung"** der Funktion L. Diese Gleichung ist uns schon in der Unterstufe (bzw. in der Mittelstufe) im Zusammenhang mit dem Rechenstab und mit den Logarithmen begegnet. Hier wird zum ersten Mal deutlich, daß unsere Überlegungen etwas mit den Logarithmen zu tun haben könnten.
Unmittelbar herleitbar aus der Funktionalgleichung sind die Sätze:

S 4.2 **Für alle x $\in \mathbb{R}^{>0}$ gilt: $L\left(\frac{1}{x}\right) = -L(x)$.**

S 4.3 **Für alle a, b $\in \mathbb{R}^{>0}$ gilt: $L\left(\frac{a}{b}\right) = L(a) - L(b)$.**

Die Beweise sollen in Aufgabe 6 geführt werden.

5. Eine weitere Eigenschaft erhalten wir, wenn wir die Ableitung der Funktion ψ mit

$$\psi(x) = L(x^r) \qquad \text{mit } r \in \mathbb{Q},\ x \in \mathbb{R}^{>0}$$

bilden.

Beachte, daß r für eine **rationale** Zahl steht, und daß wir den Potenzbegriff für rationale Zahlen im Exponenten in Band 6 definiert haben!
Es gilt nach der Kettenregel:

$$\psi'(x) = \frac{1}{x^r} \cdot r \cdot x^{r-1} = r \cdot \frac{1}{x} \qquad (\text{für } x \in \mathbb{R}^{>0}, r \in \mathbb{Q}).$$

Es ergibt sich also: $\psi'(x) = r \cdot L'(x)$; daraus erhält man durch Integration:

$$\psi(x) = L(x^r) = r \cdot L(x) + c \qquad (\text{mit } c \in \mathbb{R}).$$

Zur Ermittlung der Zahl c setzen wir wiederum $x = 1$ ein und erhalten:

$$L(1) = r \cdot l\,(1) + c,$$

wegen $L(1) = 0$ also $c = 0$.

Es gilt also der Satz

S 4.4 **Für alle x $\in \mathbb{R}^{>0}$ und für alle r $\in \mathbb{Q}$ gilt: $L(x^r) = r \cdot L(x)$.**

Auch hier finden wir also eine uns von den Logarithmen vertraute Eigenschaft wieder.

6. Um die Wertemenge der Funktion L zu ermitteln, brauchen wir wegen der strengen Monotonie der Funktion nur die Grenzwerte

$$\lim_{x \to \infty} L(x) \qquad \text{und} \qquad \lim_{x \to 0} L(x)$$

zu berechnen. Dazu betrachten wir z. B. die Funktionswerte zu Potenzen der Zahl 2 und der Zahl $\frac{1}{2}$. Es gilt:

$$L(2^n) = n \cdot L(2) \quad \text{und} \quad L(2^{-n}) = -n \cdot L(2).$$

Daraus ergibt sich wegen der Monotonie von L:

$$\lim_{x \to \infty} L(x) = \infty \quad \text{und} \quad \lim_{x \to 0} L(x) = -\infty.$$

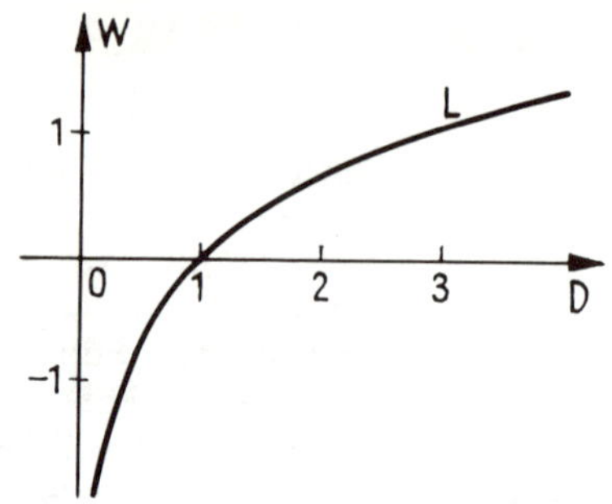

Bild 4.2

Es gilt also:

S 4.5 **Die Funktion L hat die Wertemenge $W(L) = \mathbb{R}$.**

Aus den bisherigen Informationen über die Funktion L können wir bereits entnehmen, daß der Funktionsgraph ungefähr so aussehen muß, wie es im Bild 4.2 dargestellt ist (Aufgabe 11).

Übungen und Aufgaben

1. a) Veranschauliche in Skizzen nach Bild 4.1 die Funktionswerte $L(x_k)$ der Integralfunktion $L(x) = {}_{Df}\int_1^x \frac{1}{t}\,dt$, $x \in \mathbb{R}^{>0}$ für die folgenden Werte $x_k \in \mathbb{R}^{>0}$; schraffiere die entsprechenden Flächen!

$x_1 = 2$, $x_2 = \frac{1}{5}$, $x_3 = 5$, $x_4 = 2{,}5$, $x_5 = \frac{1}{2}$, $x_6 = \frac{5}{6}$, $x_7 = 8$.

b) Begründe, warum $L(x)$ für die x-Werte x_2, x_5 und x_6 negativ und für x_1, x_3, x_4 und x_7 positiv ist!

c) Prüfe für Paare aus der Menge $\{x_1, x_2, \ldots, x_7\}$ nach, ob die Integralfunktion L streng monoton steigt.

2. a) Begründe ausführlich, daß die Integralfunktion L zu $L(x) = \int_1^x \frac{1}{t}\,dt$ über ganz $\mathbb{R}^{>0}$ streng monoton steigt (z. B. mit Hilfe von Satz S 3.7, vgl. auch Aufgabe § 3, II, 3)!

b) Begründe durch Abschätzung des Integralwertes, daß $L(x)$ für alle $x > 1$ positiv ist!

Anleitung: Für über $[a; b]$ integrierbare Funktionen f gilt (vgl. Sätze S 3.7 und Verallgemeinerung in Aufgabe § 3, II, 3):

$$m \cdot (b - a) \leq \int_a^b f(x)\,dx \leq M \cdot (b - a).$$

Dabei bedeuten $m = \inf B$ und $M = \sup B$ mit $B = f([a; b])$. Wende diese Beziehung auf die Integralfunktion L an!

c) Begründe durch Abschätzen des Integralwertes, daß $L(x)$ für alle $x \in]0; 1[$ negativ ist!

Anleitung: Verfahre wie bei b) oder beachte die Integrationsrichtung!

3. a) Kontrolliere im einzelnen, ob die Integralfunktion L die Voraussetzungen des ersten Hauptsatzes der Infinitesimalrechnung (vgl. Analysis I) erfüllt, und begründe Differenzierbarkeit und Stetigkeit von L für alle $x \in \mathbb{R}^{>0}$!

b) Nenne fünf Beispiele für Stammfunktionen zu $f(x)=\frac{1}{x}$! Bilde aus je zwei von ihnen die Differenzen und deren Ableitungen. Prüfe, ob sich das Ergebnis verallgemeinern läßt!

c) Begründe ausführlich, daß $\{L(x)+c \mid c \in \mathbb{R}\}=\left\{\int_1^x \frac{1}{t}\,dt+c \mid c \in \mathbb{R}\right\}$ die Menge aller Stammfunktionen zur Funktion f mit $f(x)=\frac{1}{x}$ über $\mathbb{R}^{>0}$ angibt!

4. Beweise die Funktionalgleichung $L(a \cdot b)=L(a)+L(b)$ (für alle $a, b \in \mathbb{R}^{>0}$) durch Integration!

Anleitung: Zu beweisen ist, daß für alle $a, b \in \mathbb{R}^{>0}$ gilt:

$$\int_1^{a \cdot b} \frac{1}{t}\,dt=\int_1^a \frac{1}{t}\,dt+\int_1^b \frac{1}{t}\,dt \quad \text{(Integralform v. Satz S 4.1)}$$

Nach den Integrationssätzen gilt (vgl. Satz S 3.4!) zunächst:

$$\int_1^{a \cdot b} \frac{1}{t}\,dt=\int_1^a \frac{1}{t}\,dt+\int_a^{a \cdot b} \frac{1}{t}\,dt.$$

Wende nun auf $\int_a^{a \cdot b} \frac{1}{t}\,dt$ die Substitution $\frac{t}{a}=u$ an!

5. a) Beweise: Für alle $a, b \in \mathbb{R}^{>0}$ gilt: $\int_a^{a \cdot b} \frac{1}{t}\,dt=\int_1^b \frac{1}{t}\,dt$ (vgl. Anleitung zur Aufgabe 4!)!

b) Veranschauliche die in a) bewiesene Beziehung durch Flächenbetrachtungen nach Bild 4.1 für die folgenden Paare $a_k, b_k \in \mathbb{R}^{>0}$: $a_1=2, b_1=3$; $a_2=1{,}5, b_2=4$; $a_3=\frac{1}{4}, b_3=3$; $a_4=\frac{1}{2}, b_4=4$! Hebe die verglichenen Flächen durch Schraffur hervor!

6. a) Beweise in ausführlicher Form aus der Funktionalgleichung in Satz S 4.1:

Für alle $b \in \mathbb{R}^{>0}$ gilt: $L\left(\frac{1}{b}\right)=(-1) \cdot L(b)$ (Satz S 4.2).

Für alle $a, b \in \mathbb{R}^{>0}$ gilt: $L\left(\frac{a}{b}\right)=L(a)-L(b)$ (Satz S 4.3).

b) Deute die Aussagen der Sätze S 4.2 und S 4.3 durch Flächenbetrachtungen nach Bild 4.1 für folgende $a_k, b_k \in \mathbb{R}^{>0}$:

$a_1=4,\ b_1=2;\quad a_2=3,\ b_2=6;\quad a_3=10,\ b_3=2{,}5;\quad a_4=1{,}5,\ b_4=6!$

7. a) Die Integralform von Satz S 4.3 lautet:

Für alle $b \in \mathbb{R}^{>0}$ gilt: $\int_1^{\frac{1}{b}} \frac{1}{t}\,dt=-\int_1^b \frac{1}{t}\,dt.$

Beweise den Satz durch unmittelbaren Vergleich der Integrale, z. B. durch eine geeignete Substitution!

b) Formuliere für Satz S 4.2 eine Integralform (vgl. Aufgabe 4)) und beweise sie unmittelbar durch Vergleich der Integrale!

8. Bestätige Satz S 4.4 **1)** aus den Funktionalgleichungen (Sätze S 4.1 bis S 4.3), **2)** aus den Integralformen dieser Sätze (vgl. Aufgaben 4 und 7) für folgende rationalen Zahlen r_k!

a) $r_1=2$; $r_2=3$; $r_3=5$; $r_4=6$; $r_n=n$, $n\in\mathbb{N}$ (durch vollständige Induktion)
b) $r_1=-1$; $r_2=-2$; $r_3=-3$; $r_4=-5$; $r_n=-n$, $n\in\mathbb{N}$ (durch Rückführung auf a))
c) $r_1=\frac{1}{2}$; $r_2=\frac{1}{3}$; $r_3=\frac{1}{5}$; $r_4=\frac{1}{6}$; $r_n=\frac{1}{n}$, $n\in\mathbb{N}$ (durch Rückführung auf a))
d) $r_1=\frac{3}{2}$; $r_2=\frac{2}{3}$; $r_3=\frac{6}{5}$; $r_4=-\frac{1}{2}$; $r_5=-\frac{2}{3}$; $r_6=-\frac{3}{2}$; $r_7=-\frac{6}{5}$
e) $r=\frac{m}{n}$, $m\in\mathbb{Z}$, $n\in\mathbb{N}$ (durch Rückführung auf a) bzw. c))

9. Wiederhole die Grenzbetrachtungen zu $\lim\limits_{x\to\infty} L(x)=\infty$ und $\lim\limits_{x\to 0} L(x)=-\infty$ für folgende spezielle Potenzfolgen!

a) $x_n=3^n$ bzw. $\bar{x}_n=3^{-n}$ **b)** $x_n=10^n$ bzw. $\bar{x}_n=10^{-n}$
c) $x_n=m_0^{3n}$ bzw. $\bar{x}_n=m_0^{-3n}$, $m_0\in\mathbb{N}^{>1}$ **d)** $x_n=a^n$ bzw. $\bar{x}_n=a^{-n}$, $a\in\mathbb{R}^{>1}$
e) $x_n=b^{-n}$ bzw. $\bar{x}_n=b^n$, $b\in\,]0;1[$

10. a) Begründe in ausführlicher Form, warum aus der Monotonie von L über $\mathbb{R}^{>0}$ und aus $\lim\limits_{n\to\infty} L(2^n)=\infty$ bzw. $\lim\limits_{n\to\infty} L(2^{-n})=-\infty$ allgemein folgt: $\lim\limits_{x\to\infty} L(x)=\infty$ und $\lim\limits_{x\to 0} L(x)=-\infty$!
b) Durch welche Eigenschaft von L ist gesichert, daß L(x) jede reelle Zahl genau einmal annimmt, wenn x die ganze Menge $\mathbb{R}$ durchläuft (vgl. Satz S 4.5)?

11. Zeichne den Graph der Funktion f zu $f(x)=\frac{1}{x}$, $D(f)=\mathbb{R}^{>0}$ auf Millimeterpapier. Dann umschließen für jedes $x_0\in\mathbb{R}^{>0}$ der Graph, die x-Achse und die beiden Geraden zu $x=1$ und $x=x_0$ ein Flächenstück mit der Maßzahl $|L(x_0)|$. Beachte, daß für $x_0>1$: $L(x_0)=|L(x_0)|$ und für $0<x_0<1$: $L(x_0)=-|L(x_0)|$ gilt!
Zähle nun die Anzahl der Quadratmillimeter aus, die zu dem genannten Flächenstück gehören, und bestimme dadurch Näherungswerte von L(x) für $x\in\mathbb{R}^{>0}$!

a) Vervollständige auf diese Weise die folgende Tabelle und zeichne danach den Graph der Funktion zu L(x) im Intervall]0; 10]!

x	$\frac{1}{10}$	$\frac{1}{5}$	$\frac{1}{3}$	$\frac{1}{2}$	$\frac{2}{3}$	$\frac{3}{4}$	1	$\frac{4}{3}$	$\frac{3}{2}$	2	3	5	10
L(x)							0						

b) Kontrolliere, inwieweit durch die erhaltenen Näherungswerte die Aussagen der Sätze 4.1 und 4.3 bestätigt werden! Wie hätte man die Herstellung der Tabelle in a) vereinfachen können?

12. (Mathematischer Aufsatz)

Durch das Integral $\int\limits_1^x \frac{1}{t}\,dt$ wird für alle $x\in\mathbb{R}^{>0}$ eine Funktion definiert, genannt Integralfunktion zu L(x). Untersuche ihre Eigenschaften und stelle diese zusammenhängend dar!

13. (Themen für mathematische Aufsätze)

a) Definiere für alle $x\in\mathbb{R}^{<0}$ die Integralfunktion L^- zu $L^-(x)=\int\limits_{-1}^{x}\frac{1}{t}\,dt$ $(x\in\mathbb{R}^{<0})$ und untersuche ausführlich ihre Eigenschaften!

b) Beweise: Für alle $x \in \mathbb{R}^{<0}$ gilt: $L^-(x) = L(-x) = L(|x|)$, d.h. für alle $x \in \mathbb{R}^{<0}$ gilt:
$\int_{-1}^{x} \frac{1}{t}\,dt = \int_{1}^{-x} \frac{1}{t}\,dt = \int_{1}^{|x|} \frac{1}{t}\,dt.$

c) Benutze die Beziehung $L^-(x) = L(-x)$ (für alle $x \in \mathbb{R}^{<0}$), um die Eigenschaften der Funktion zu $L(x)$, $x \in \mathbb{R}^{>0}$ auf entsprechende Eigenschaften der Funktion zu $L^-(x)$, $x \in \mathbb{R}^{<0}$ zu übertragen!

d) Beweise in ausführlicher Form:

Für alle $x \in \mathbb{R}^{\neq 0}$ ist die Funktion zu $L(|x|)$ eine Stammfunktion zur Funktion $f(x) = \frac{1}{x}$, $x \in \mathbb{R}^{\neq 0}$!

Ermittle auch die Menge aller Stammfunktionen zur Funktion $f(x) = \frac{1}{x}$ für $x \in \mathbb{R}^{\neq 0}$!

14. Differenziere die Funktion zu f(x) zweimal!

a) $f(x) = L(x) \cdot x$ **b)** $f(x) = 3x^2 \cdot L(x)$ **c)** $f(x) = L(x^2)$

d) $f(x) = [L(x)]^2$ **e)** $f(x) = L\left(\frac{1}{x}\right)$ **f)** $f(x) = \sqrt{L(x)}$

g) $f(x) = \frac{1}{L(x)}$ **h)** $f(x) = \frac{1}{x} \cdot L(x)$ **i)** $f(x) = L(x) \cdot \sin x$

j) $f(x) = L(x^2+1)$ **k)** $f(x) = x + L(x)$ **l)** $f(x) = x^2 - x \cdot L(x)$

15. Diskutiere die durch die folgenden Terme gegebenen Funktionen f!

a) $f(x) = x \cdot L(x);\ x \in \mathbb{R}^{>0}$ **b)** $f(x) = L(|x|);\ x \in \mathbb{R}^{\neq 0}$ **c)** $f(x) = \frac{L(x)}{x};\ x \in \mathbb{R}^{>0}$

d) $f(x) = |L(x)|;\ x \in \mathbb{R}^{>0}$ **e)** $f(x) = x^2 + L(x);\ x \in \mathbb{R}^{>0}$ **f)** $f(x) = x + L(|x|);\ x \in \mathbb{R}^{\neq 0}$

g) $f(x) = x - 1 - L(x);\ x \in \mathbb{R}^{>0}$ **h)** $f(x) = x^2 - 1 - L(x);\ x \in \mathbb{R}^{>0}$

16. Zeige, daß das Integral $\int_a^b L(x)\,dx$ für alle $a, b \in \mathbb{R}^{>0}$ existiert und berechne es durch partielle Integration $\left(\int_a^b L(x)\,dx = \int_a^b 1 \cdot L(x)\,dx\right)$!

17. Berechne die folgenden Integrale (durch Substitution bzw. partielle Integration)!

a) $\int_1^3 x \cdot L(x)\,dx$ **b)** $\int_2^4 \frac{1}{x \cdot L(x)}\,dx$ **c)** $\int_1^{\frac{1}{3}} \frac{1}{x} \cdot L(x)\,dx$ **d)** $\int_0^2 \frac{1}{x+1}\,dx$

e) $\int_{-1}^{-a} L^-(x)\,dx,\ a>0$ **f)** $\int_{-\frac{1}{2}}^{0} \frac{x}{x^2-1}\,dx$ **g)** $\int_1^4 x^2 \cdot L(x)\,dx$ **h)** $\int_{\frac{1}{2}}^{3} (x^2 + L(x))\,dx$

18. Beweise die Gültigkeit der folgenden Ungleichungen!

a) $L(x+1) \leq x$ für $x \geq 0$ **b)** $L(x+1) \leq \sqrt{x}$ für $x \geq 0$ **c)** $L(x+1) \geq \frac{x}{\frac{x}{2}+1}$ für $x \geq 0$.

d) $(x-1) \cdot \frac{1}{x} \leq L(x) \leq (x-1) \cdot 1$ für $x>0$ **e)** $\frac{x}{x+1} \leq L(x+1) \leq x$ für $x \geq 0$

II. Die Umkehrfunktion E zur Funktion L

1. Im I. Abschnitt haben wir gezeigt, daß die Funktion L über $\mathbb{R}^{>0}$ **stetig und streng monoton steigend** ist.
Daraus ergibt sich unmittelbar nach den Sätzen S 1.4, S 1.5 und S 1.7 die Gültigkeit des Satzes

S 4.6

1) Die Funktion L: $\mathbb{R}^{>0} \to \mathbb{R};\ \left(x \mapsto L(x) = \int_1^x \frac{dt}{t}\right)$

ist umkehrbar und besitzt somit eine Umkehrfunktion

$$\overset{-1}{L} = E:\quad \mathbb{R} \to \mathbb{R}^{>0};\ \left(x \mapsto E(x)\right).$$

2) Die Funktion E ist stetig und streng monoton steigend über $\mathbb{R}$.

3) Es gilt: $x<0 \Rightarrow E(x)<1$; $E(0)=1$ und $x>0 \Rightarrow E(x)>1$.

Begründe dies im einzelnen (Aufgabe 2)!
Der Graph der Funktion E ergibt sich aus dem der Funktion L durch Spiegelung an der Geraden zu $y=x$ (Bild 4.3).

2. Weil L und E wechselseitig Umkehrfunktionen voneinander sind, gilt nach S 1.2:

S 4.7

1) Für alle $x \in \mathbb{R}^{>0}$ gilt: $E[L(x)]=x$;

2) für alle $x \in \mathbb{R}$ gilt: $L[E(x)]=x$.

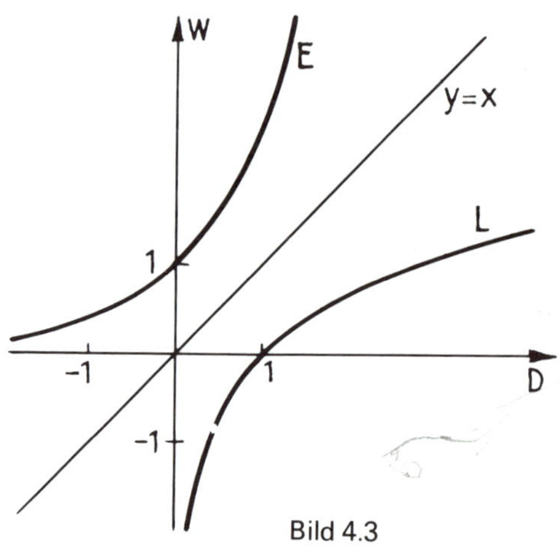

Bild 4.3

3. Nach S 1.8 können wir die Ableitung der Funktion E berechnen.

Wegen

$$y = L(x) \Leftrightarrow x = \overset{-1}{L}(y)$$

und wegen

$$E(y) \neq 0 \quad (\text{für alle } y \in \mathbb{R})$$

gilt:

$$E'(y) = \overset{-1}{L}{}'(y) = \frac{1}{\frac{1}{E(y)}} = E(y).$$

Mithin gilt der Satz

S 4.8 **Für alle $x \in \mathbb{R}$ gilt: $E'(x) = E(x)$. Die Funktion E ist also für alle $x \in \mathbb{R}$ differenzierbar.**

Daraus ergibt sich weiter unmittelbar für alle $x \in \mathbb{R}$:

$$E(x) = E'(x) = E''(x) = E'''(x) = \cdots = E^{(n)}(x) = \cdots \qquad (\text{für alle } n \in \mathbb{N}).$$

Die Funktion E hat also die bemerkenswerte Eigenschaft, daß sie mit ihren sämtlichen Ableitungen übereinstimmt.

4. Aus der **Funktionalgleichung** für L können wir eine **Funktionalgleichung** für E herleiten. Es gilt:

S 4.9 **Für alle $x_1, x_2 \in \mathbb{R}$ gilt: $E(x_1) \cdot E(x_2) = E(x_1 + x_2)$.**

Beweis: Es gilt nach S 4.1:

$$\begin{aligned} L[E(x_1) \cdot E(x_2)] &= L[E(x_1)] + L[E(x_2)] \\ &= \quad x_1 \quad + \quad x_2 && \text{(nach S 4.7, 2)} \\ &= L[E(x_1 + x_2)] && \text{(nach S 4.7, 2)}. \end{aligned}$$

Gehen wir nun wieder zur Umkehrfunktion über, so ergibt sich:

$$E(x_1) \cdot E(x_2) = E(x_1 + x_2), \quad \text{q.e.d.}$$

Ermittle die letzte Gleichung auch rechnerisch aus der vorhergehenden (Aufgabe 7)!

Übungen und Aufgaben

1. Zeichne aus dem Graphen der Funktion L zu $L(x)$, $x \in \mathbb{R}^{>0}$ den Graphen zur Umkehrfunktion $\overset{-1}{L} =_{Df} E\colon\ \mathbb{R} \to \mathbb{R}^{>0};\ x \mapsto E(x)$!

2. Beweise im einzelnen über die Umkehrfunktion $\overset{-1}{L} =_{Df} E$!

a) E ist für alle $x \in \mathbb{R}$ stetig.

b) E ist für alle $x \in \mathbb{R}$ differenzierbar; es gilt: $E'(x) = E(x)$.

c) E ist über ganz $\mathbb{R}$ streng monoton steigend.

d) Es gilt: $x < 0 \Rightarrow E(x) < 1$; $E(0) = 1$ und $x > 0 \Rightarrow E(x) > 1$.

3. Differenziere zweimal für alle $x \in \mathbb{R}$!

a) $f(x) = [E(x)]^2$ **b)** $f(x) = E(x) \cdot E''(x)$ **c)** $f(x) = x^2 + E(x)$

d) $f(x) = x^2 \cdot E'(x)$ **e)** $f(x) = E(-x)$ **f)** $f(x) = x^3 \cdot E(-x)$

g) $f(x) = E(x^2)$ **h)** $f(x) = E(x) \cdot \sin x$ **i)** $f(x) = E\left(\frac{1}{x}\right),\ x \neq 0$

j) $f(x) = E(-x) \cdot E(x)$ **k)** $f(x) = \frac{1}{E(x)}$ **l)** $f(x) = E(-x) \cdot \cos x$

4. Diskutiere folgende Funktionen f über $\mathbb{R}$!

a) $f(x)=x\cdot E(x)$ **b)** $f(x)=E(x)\cdot|x|$ **c)** $f(x)=\frac{E(x)+E(-x)}{2}$ (Kettenlinie)

d) $f(x)=E(x)\cdot\sin x$ **e)** $f(x)=|x|\cdot E(|x|)$ **f)** $f(x)=(x^2-3x-2)\cdot E(x)$

5. Berechne die folgenden Integrale (u. a. durch Substitution oder durch partielle Integration)!

a) $\int_0^1 E(x)\,dx$ **b)** $\int_{-1}^0 E(-x)\,dx$ **c)** $\int_{-1}^1 E(x)\cdot E(-x)\,dx$

d) $\int_0^4 E(3x)\,dx$ **e)** $\int_0^\pi E(x)\cdot\sin x\,dx$ **f)** $\int_{-\frac{\pi}{2}}^{\frac{\pi}{2}} E(-x)\cdot\cos x\,dx$

g) $\int_1^2 E(L(x))\cdot\frac{1}{x}\,dx$ **h)** $\int_0^\pi \cos x\cdot E(\sin x)\,dx$ **i)** $\int_{-\pi}^{2\pi} (x\cdot E(x)+\sin x)\,dx$

j) $\int_{-3}^1 x\cdot E(x^2)\,dx$ **k)** $\int_1^4 (x^2+2x+4)\cdot E(x)\,dx$ **l)** $\int_{-1}^1 \frac{1}{1+x^2}E(\arctan x)\,dx$

6. Bestätige die Funktionalgleichung $E(x_1)\cdot E(x_2)=E(x_1+x_2)$ für folgende Paare x_1, x_2 durch Umformung!

a) $x_1=-4,\ x_2=1$ **b)** $x_1=1,\ x_2=2$ **c)** $x_1=-10,\ x_2=5$

d) $x_1=\frac{1}{2},\ x_2=\frac{3}{2}$ **e)** $x_1=L(2),\ x_2=L(3)$ **f)** $x_1=L(\frac{1}{2}),\ x_2=L(8)$

g) $x_1=\sin\frac{\pi}{4},\ x_2=1$ **h)** $x_1=\frac{1}{10},\ x_2=10$ **i)** $x_1=-L(5),\ x_2=L(10)$

j) $x_1=\sqrt{5},\ x_2=\sqrt{6}$ **k)** $x_1=\pi,\ x_2=4\pi$ **l)** $x_1=0,\ x_2=L(1)$

7. Zeige durch Umrechnen, daß die beiden folgenden Funktionalgleichungen äquivalent sind!
$L(x_1\cdot x_2)=L(x_1)+L(x_2)$ für $x_1, x_2\in\mathbb{R}^{>0}$ und $E(x_1+x_2)=E(x_1)\cdot E(x_2)$ für $x_1, x_2\in\mathbb{R}$

III. Die Eulersche Zahl e. Natürliche Exponential- und natürliche Logarithmusfunktion

1. Namentlich die in S 4.9 ausgedrückte Eigenschaft der Funktion E legt die Vermutung nahe, daß der Term E(x) ein Potenzterm sein könnte; denn für Potenzen gilt ja auch:

$$a^{x_1}\cdot a^{x_2}=a^{x_1+x_2}.$$

Um dies zu zeigen, definieren wir eine neue Zahl, die sogenannte **„Eulersche Zahl" e:**

D 4.2 **Unter der „Eulerschen[1]) Zahl e" versteht man die Zahl, die gegeben ist durch die Bedingung: $e=E(1)$ bzw. $L(e)=1$.**

[1]) Leonhard Euler, dtsch. Mathematiker (1707–1783).

Da die Funktion E für alle $x \in \mathbb{R}$ definiert ist, ist die Existenz der Zahl e gesichert; wir sind aber noch nicht in der Lage, die Zahl e in Dezimaldarstellung – etwa durch einen dezimalen Näherungswert – anzugeben.
Zeige die Gleichwertigkeit der Bedingungen $e = E(1)$ und $L(e) = 1$ (Aufgabe 2, a))!

2. Nun formulieren wir unsere Vermutung im folgenden Satz:

S 4.10 **Für alle $x \in \mathbb{Q}$ gilt: $E(x) = e^x$.**

Beachte, daß wir hier für x nur **rationale** Zahlen zulassen; der Potenzbegriff ist für irrationale Exponenten ja noch nicht exakt definiert!

Beweis: Wir zeigen, daß für alle $x \in \mathbb{Q}$ gilt: $L[E(x)] = L(e^x)$.

1) Nach S 4.7, 2) gilt: $L[E(x)] = x$ für alle $x \in \mathbb{R}$, also auch für alle $x \in \mathbb{Q}$.

2) Nach S 4.4 gilt: $L(e^x) = x \cdot L(e) = x$ wegen $L(e) = 1$ für alle $x \in \mathbb{Q}$.

Durch Anwendung der Funktion E auf die Gleichung $L[E(x)] = L(e^x)$ ergibt sich die Behauptung $E(x) = e^x$ für alle $x \in \mathbb{Q}$. Zeige dies auch rechnerisch (Aufgabe 3)!

3. Da die Gleichung $E(x) = e^x$ nur für alle **rationalen** Werte von x gilt, sind die Terme $E(x)$ und e^x nur in $\mathbb{Q}$, **nicht aber in $\mathbb{R}$ äquivalent.** Während $E(x)$ für alle $x \in \mathbb{R}$ definiert ist, ist e^x bisher nur für alle $x \in \mathbb{Q}$ definiert. Diese Unsymmetrie läßt sich leicht beheben durch die Definition:

D 4.3 **Für alle $x \in \mathbb{R}$ gilt: $e^x =_{Df} E(x)$.**

Beachte:

1) Nur für irrationale Zahlen für x wird in D 4.3 etwas Neues definiert!

2) Die Definition D 4.3 ist sinnvoll nicht zuletzt, weil wir schon wissen, daß die Funktion E stetig (und sogar differenzierbar) über $\mathbb{R}$ ist.

3) Mit D 4.3 sind für die Basis e auch Potenzen mit irrationalen Exponenten definiert. Im Anschluß hieran stellt sich natürlich die Frage, ob wir den Term a^x auch für beliebige $a \in \mathbb{R}^{>0}$, $x \in \mathbb{R}$ definieren können. Wir kommen auf diese Frage im IV. Abschnitt zurück!

Wegen ihrer großen Bedeutung innerhalb der Mathematik und auch für außermathematische Anwendungen gibt man der Funktion E einen besonderen Namen:

D 4.4 **Die Funktion $E: \mathbb{R} \to \mathbb{R}^{>0}$; $x \mapsto e^x$ heißt „natürliche Exponentialfunktion" oder kurz „e-Funktion".**

4. Aus den bisherigen Überlegungen ergeben sich die wichtigsten Eigenschaften der e-Funktion. Wir fassen sie zusammen im Satz:

S 4.11 **1) Die natürliche Exponentialfunktion ist stetig und differenzierbar über $\mathbb{R}$; für alle $x \in \mathbb{R}$ gilt: $(e^x)' = e^x$** (S 4.8).

2) Die natürliche Exponentialfunktion ist streng monoton steigend über $\mathbb{R}$; es gilt: $x_1 > x_2 \Rightarrow e^{x_1} > e^{x_2}$ (S 4.6).

3) Es gilt: $x < 0 \Rightarrow e^x < 1$; $e^0 = 1$ und $x > 0 \Rightarrow e^x > 1$ (S 4.6).

4) Für alle $x_1, x_2 \in \mathbb{R}$ gilt: $e^{x_1} \cdot e^{x_2} = e^{x_1 + x_2}$ (S 4.9).

Diese Eigenschaften werden im einzelnen in Aufgabe 3, b) untersucht.

5. Schon in Band 6 haben wir erörtert, daß die **Umkehrfunktion** zu einer Exponentialfunktion eine **Logarithmusfunktion** ist. Mithin ist die Funktion L – wie wir auf Grund von S 4.1 und S 4.4 bereits vermutet haben – tatsächlich eine Logarithmusfunktion. Man nennt sie die **„natürliche Logarithmusfunktion"** und bezeichnet sie meist mit **„ln"** („**l**ogarithmus **n**aturalis"). Mit dieser neuen Bezeichnung können wir sagen:

S 4.12 **Die Umkehrfunktion zur natürlichen Exponentialfunktion ist die „natürliche Logarithmusfunktion"**

$$\mathbf{ln}: \mathbb{R}^{>0} \to \mathbb{R}: \quad x \mapsto \ln x.$$

Dabei ist: $\ln x =_{Df} \int_1^x \frac{dt}{t}$ **für alle** $x \in \mathbb{R}^{>0}$.

Es gilt für $x \in \mathbb{R}^{>0}$ **und** $y \in \mathbb{R}$:

$$y = \ln x \Leftrightarrow x = e^y.$$

6. Wir übertragen nun die in diesem Paragraphen gewonnenen Ergebnisse in die neue Schreibweise und fassen sie zusammen im Satz:

S 4.13

1) **Für alle** $x, y \in \mathbb{R}^{>0}$ **gilt:** $\ln(x \cdot y) = \ln x + \ln y$ (S 4.1).
2) **Für alle** $x, y \in \mathbb{R}^{>0}$ **gilt:** $\ln \frac{x}{y} = \ln x - \ln y$ (S 4.2).
3) **Für alle** $x \in \mathbb{R}^{>0}$ **gilt:** $\ln \frac{1}{x} = -\ln x$ (S 4.3).
4) **Für alle** $x \in \mathbb{R}^{>0}$ **gilt:** $e^{\ln x} = x$ (S 4.7, 1).
5) **Für alle** $x \in \mathbb{R}$ **gilt:** $\ln(e^x) = x$ (S 4.7, 2).
6) $x_1 > x_2 > 0 \Rightarrow \ln x_1 > \ln x_2$.
7) $x > 1 \Rightarrow \ln x > 0$; $x < 1 \Rightarrow \ln x < 0$; $\ln 1 = 0$.
8) **Für alle** $x \in \mathbb{R}^{>0}$ **gilt:** $(\ln x)' = \frac{1}{x}$. (D 4.1).

Mit diesen Eigenschaften der Funktion ln befaßt sich im einzelnen Aufgabe 5.

Beachte, daß wir den Satz S 4.4 noch nicht aufgeführt haben, weil dieser – bisher – nur für $r \in \mathbb{Q}$ gilt! Diese Lücke wird durch den Satz S 4.14 geschlossen.

Übungen und Aufgaben

1. In Aufgabe I, 11 haben wir einige Werte der Funktion L durch Auszählen der Quadratmillimeter zwischen dem Graph der Funktion zu $f(x) = \frac{1}{x}$, der x-Achse und den Geraden $x = 1$ und $x = x_0$ angenähert bestimmt.
Zeichne auf Millimeterpapier im vergrößerten Maßstab (1 LE = 5 cm) den Graphen der Funktion zu $f(x) = \frac{1}{x}$ zwischen $x = 1$ und $x = 3$! Bestimme durch Auszählen diejenige reelle Zahl x, für die $L(x) = 1$ ist! Diese Zahl ist nach D 4.2 ein Näherungswert für die **„Eulersche Zahl e"**.

2. a) Beweise, daß die beiden folgenden Bedingungen äquivalent sind!

$$L(e)=1 \quad \text{und} \quad E(1)=e$$

b) Ermittle eine Annäherung der „Eulerschen Zahl e" aus dem Graphen der Funktion E (vgl. Aufgabe II, 1)!

3. a) Beweise durch Rechnung Satz S 4.10: Für alle $x \in \mathbb{Q}$ gilt: $E(x)=e^x$.

Anleitung: Für eine beliebige rationale Zahl $x=\frac{m}{n}$, $m \in \mathbb{Z}$, $n \in \mathbb{N}$ gilt zunächst nach Satz S 4.7, 2): $L\left(E\left(\frac{m}{n}\right)\right)=\frac{m}{n}$.

Wandle nach den Potenzgesetzen und nach den Sätzen S 4.4 bzw. S 4.2 und S 4.3 $L(e^{\frac{m}{n}})$ so um, daß die Festsetzung $L(e)=1$ benutzt werden kann! Wende dann auf $z=E\left(\frac{m}{n}\right)=e^{\frac{m}{n}}$ Satz S 4.7, 1): $E(L(z))=z$ an!

b) (Aufsatzthema): Erörtere in einer zusammenhängenden Darstellung die Eigenschaften der e-Funktion (S 4.11) und begründe sie im einzelnen!

4. a) Wiederhole die Überlegungen, die zur Definition der Funktion $E\colon \mathbb{R} \to \mathbb{R}^{>0}$; $x \mapsto e^x$ geführt haben, und definiere entsprechend über ganz $\mathbb{R}$ die Funktion f zu $f(x)=e^{-x}$!

b) Prüfe, ob die Funktion zu $f(x)=e^{-x}$ ebenfalls über $\mathbb{R}$ stetig und differenzierbar ist, ob sie monoton ist und ob sie für alle $x_1, x_2 \in \mathbb{R}$ die Funktionalgleichung $e^{-x_1} \cdot e^{-x_2}=e^{-(x_1+x_2)}$ erfüllt!

5. (Aufsatzthema): Begründe die in S 4.13 zusammengefaßten Eigenschaften der natürlichen Logarithmusfunktion im einzelnen und stelle sie zusammenhängend dar!

6. a) Durch $f(x)=\ln(-x)$ ist eine Funktion f über $\mathbb{R}^{<0}$ definiert (vgl. Aufgabe I, 13, a, b!). Beschreibe die Eigenschaften dieser Funktion!

b) Durch $f(x)=\ln|x|$ ist eine Funktion f über $\mathbb{R}^{\neq 0}$ definiert. Stelle die Eigenschaften dieser Funktion in einem Satz analog zu S 4.13 zusammen und begründe diese Eigenschaften im einzelnen!

7. Bilde $f'(x)$ und $f''(x)$ (vgl. Aufgabe I, 14)!

a) $f(x)=x^2 \cdot \ln x$ **b)** $f(x)=4x^2 \cdot \ln^2 x$ **c)** $f(x)=\ln(x^2)$ **d)** $f(x)=\ln\frac{1}{x^2}$

e) $f(x)=\sqrt[3]{\ln x}$ **f)** $f(x)=\frac{1}{\ln^2 x}$ **g)** $f(x)=\frac{1}{x^2} \cdot \ln(x^2)$ **h)** $f(x)=\cos x \cdot \ln x$

i) $f(x)=\ln\sqrt{x+1}$ **j)** $f(x)=x^2-\frac{\ln x}{x}$ **k)** $f(x)=\frac{\ln x-1}{\ln x+1}$ **l)** $f(x)=\tan(\ln x)$

8. a) Übertrage die Aufgaben in I, 15 auf die ln-Schreibweise und formuliere entsprechend auch die Ergebnisse!

b) Leite aus den Ergebnissen von Aufgabe I, 18 entsprechende Aussagen über $\ln x$ her; ergänze sie durch Aussagen über $\ln|x|$ für $x \in \mathbb{R}^{\neq 0}$ und beweise diese!

9. Übertrage die Aufgaben II, 3, 4, 5 und deren Ergebnisse in die Potenzschreibweise (e^x)!

10. Bilde $f_k'(x)$, $f_k''(x)$, $f_k'''(x)$ und $D(f_k')$, $D(f_k'')$, $D(f_k''')$!

a) $f_1(x)=e^x \cdot \sin x$ **b)** $f_2(x)=e^{|x|} \cdot \ln|x|$ **c)** $f_3(x)=f_1(x)+f_2(x)$

d) $f_4(x)=e^{-2x}$ **e)** $f_5(x)=(x^2-1)\,e^{3x}$ **f)** $f_6(x)=f_4(x) \cdot f_5(x)$

g) $f_7(x)=f_5(x) : f_4(x)$ **h)** $f_8(x)=e^{1-x^2}$ **i)** $f_9(x)=f_4(x) \cdot f_8(x)$

11. **a)** Bilde zu $f(x)=e^x$ die Ableitungen: $f'(x)$, $f''(x)$, $f'''(x)$, $f^{(4)}(x)$! Wie oft ist die Exponentialfunktion zur Basis e differenzierbar?

b) Bilde zu $f(x)=e^{c\cdot x}$, $c\in\mathbb{R}$ die Ableitungen 1. bis 4. Ordnung! Ist die Funktion zu $f(x)=e^{c\cdot x}$ ebenfalls beliebig oft differenzierbar?

c) Ist dir außer der Exponentialfunktion zur Basis e eine andere Funktion bekannt, die über $\mathbb{R}$ oder über einem Intervall mit ihrer Ableitung übereinstimmt?
Zeige, daß die Funktion zu $f(x)=e^x$ unter den Exponentialfunktionen mit dem Term $f(x)=e^{c\cdot x}$ die einzige ist, die über ganz $\mathbb{R}$ mit ihrer Ableitung übereinstimmt!

d) Prüfe, ob sich die Funktion zu $f(x)=0$, $D(f)=\mathbb{R}$ als eine Exponentialfunktion darstellen läßt! Formuliere das Ergebnis von c) entsprechend!

12. Differenziere bis zur Ableitung 3. Ordnung!

a) $f(x)=e^{-x}$ **b)** $f(x)=(e^3)^x$ **c)** $f(x)=2e^{2x}$ **d)** $f(x)=e^{\frac{x}{3}+1}$

e) $f(x)=3e^{-3x}$ **f)** $f(x)=\frac{1}{e^{x-1}}$ **g)** $f(x)=e^{x^2}$

h) $f(x)=e^{c\cdot x}$, $c\in\mathbb{R}$ **i)** $f(x)=e^{\frac{p}{q}\cdot x}$, $\frac{p}{q}\in\mathbb{Q}$ **j)** $f(x)=e^x+e^{-x}$

k) $f(x)=x^3\cdot e^x$ **l)** $f(x)=(x^2+x)\,e^{-x}$ **m)** $f(x)=\ln(x^2-1)$

n) $f(x)=x^n\cdot e^{nx}$, $n\in\mathbb{N}$ **o)** $f(x)=e^{2x}-e^{-2x}$ **p)** $f(x)=e^{x\cdot\ln x}$

13. Bilde die 1. Ableitung!

a) $f(x)=e^{-x}\cdot\sin x$ **b)** $f(x)=e^{\frac{1}{x}}$, $x\neq 0$ **c)** $f(x)=\sin(e^x)$

d) $f(x)=(x\cdot e^x)^2-e^x$ **e)** $f(x)=e^{\frac{1}{1-x^2}}$; $|x|<1$ **f)** $f(x)=\frac{e^{nx}+e^{-nx}}{2n}$, $n\in\mathbb{N}$

g) $f(x)=\frac{e^x}{x}$; $x\neq 0$ **h)** $f(x)=e^x\cdot\sin^2 x$ **i)** $f(x)=e^{\frac{x^2-1}{x}}$; $x\neq 0$

14. Berechne Extremstellen und Wendestellen der durch die folgenden Terme gegebenen Funktionen und zeichne ihre Graphen über dem Intervall $[-6; 6]$!
(Gauß-Verteilungsfunktionen)!

a) $f(x)=e^{-x^2}$ **b)** $f(x)=4\cdot e^{-\frac{x^2}{2}}$ **c)** $f(x)=10\cdot e^{-(2x)^2}$

15. Die Graphen der durch die folgenden Terme gegebenen Funktionen entstehen durch Superposition (punktweises Addieren) der Graphen von Exponentialfunktionen. Skizziere die Graphen der Einzelfunktionen und daraus ihre Superpositionen!

a) $f(x)=\frac{1}{2}(e^x+e^{-x})$; $x\in[-3; 3]$ („Kettenlinie") **b)** $f(x)=3e^x-e^{-x}$; $x\in[-5; 5]$

c) $f(x)=e^x+\sin x$; $x\in[-3\pi; 3\pi]$ **d)** $f(x)=e^{2x}+e^{-2x}+\cos x$; $x\in[-3\pi; 3\pi]$

16. Berechne die Stellen x, an denen die Graphen zu folgenden Funktionen vom Nullpunkt $O(0|0)$ den kleinsten Abstand haben!

a) $f(x)=e^x$ **b)** $f(x)=e^{-2x}$ **c)** $f(x)=\frac{1}{2}(e^x+e^{-x})$ **d)** $f(x)=e^{x+1}$

17. Diskutiere die durch folgende Terme gegebenen Funktionen!

a) $f(x)=x^2\cdot e^x$ **b)** $f(x)=x\cdot e^{-x^2}$ **c)** $f(x)=(x^2-1)\,e^{2x}$

d) $f(x)=\frac{1}{2}\cdot(e^x-e^{-x})$ **e)** $f(x)=e^x\cdot\cos x$ **f)** $f(x)=e^{\frac{1-x}{x^2}}$

g) $f(x)=e^{-3x}-2e^{\frac{x}{3}}$ **h)** $f(x)=e^{-x}\cdot\sin x$ **i)** $f(x)=x^2\cdot e^x-x^2\cdot e^{-x}$

j) $f(x)=e^{\sqrt{x}}$ **k)** $f(x)=e^x\cdot(\sin x+\cos x)$ **l)** $f(x)=e^{2x}-e^{-x}$

18. Untersuche die Funktion zu $f(x)=x \cdot \ln x$, $x \in \mathbb{R}^{>0}$ auf Extrema und Wendepunkte! Berechne die Steigung der Graphen bei $x=1$ und bestimme die Gleichung einer Tangente an den Graphen, die der Geraden zu $y=3x-7$ parallel läuft!

19. Auf den Graphen der Funktionen zu $f_1(x)=x^2$ und $f_2(x)=\ln x$ ist je ein Punkt so festzulegen, daß die Verbindungsstrecke der beiden Punkte jeweils auf den Tangenten an die Graphen senkrecht steht.

IV. Erweiterung des Potenzbegriffs

1. Wir kommen nun auf das Problem zurück, den Potenzbegriff auf beliebige reelle (insbesondere also irrationale) Zahlen im Exponenten zu erweitern.
Nach S 4.13, 4 können wir jede Zahl $a \in \mathbb{R}^{>0}$ als Potenz zur Basis e ausdrücken; denn es gilt für alle $a \in \mathbb{R}^{>0}$:

$$a=e^{\ln a}.$$

Mithin gilt für alle $x \in \mathbb{Q}$: $a^x=(e^{\ln a})^x$.
Andererseits gilt nach S 4.13, 4 auch: $a^x=e^{\ln(a^x)}$ und nach S 4.4 für alle $x \in \mathbb{Q}$: $\ln(a^x)=x \cdot \ln a$.
Daraus ergibt sich für alle $a \in \mathbb{R}^{>0}$, $x \in \mathbb{Q}$:

$$a^x=(e^{\ln a})^x=e^{\ln(a^x)}=e^{x \cdot \ln a}.$$

Dieser Sachverhalt legt die folgende Definition nahe:

D 4.5 **Für alle $a \in \mathbb{R}^{>0}$ und für alle $x \in \mathbb{R}$ gilt: $a^x=e^{x \cdot \ln a}$.**

Beachte, daß damit der Potenzbegriff tatsächlich für alle $a \in \mathbb{R}^{>0}$ und für alle $x \in \mathbb{R}$ definiert ist; denn zu jeder Zahl $a \in \mathbb{R}^{>0}$ existiert eindeutig die Zahl $\ln a$, also für beliebige $x \in \mathbb{R}$ auch die Zahl $x \cdot \ln a$ und mithin nach D 4.3 auch die Zahl $e^{x \cdot \ln a}$!

2. Wir können nun leicht die von der Mittelstufe her bekannten Potenzgesetze beweisen.

S 4.14 **Für alle $a \in \mathbb{R}^{>0}$ und für alle $x \in \mathbb{R}$ gilt: $\ln(a^x)=x \cdot \ln a$.**

Beachte: es handelt sich um eine Verallgemeinerung von S 4.4!
Beweis: $a^x=e^{x \cdot \ln a} \Rightarrow \ln a^x=\ln(e^{x \ln a})=x \cdot \ln a$ (nach S 4.13, 5), q.e.d.

S 4.15 **Für alle $a \in \mathbb{R}^{>0}$ und für alle $x, y \in \mathbb{R}$ gilt: $a^x \cdot a^y=a^{x+y}$.**

Beweis:
$$\begin{aligned} \ln(a^x \cdot a^y) &= \ln(a^x)+\ln(a^y) && \text{(nach S 4.13, 1)}\\ &= x \cdot \ln a + y \cdot \ln a && \text{(nach S 4.14)}\\ &= (x+y) \cdot \ln a &&\\ &= \ln(a^{x+y}) && \text{(nach S 4.14)}\end{aligned}$$
$\Rightarrow a^x \cdot a^y=a^{x+y}$, q.e.d.

S 4.16 **Für alle $a \in \mathbb{R}^{>0}$ und für alle $x, y \in \mathbb{R}$ gilt: $\dfrac{a^x}{a^y}=a^{x-y}$.**

(Beweis in Aufgabe 4).

S 4.17 **Für alle $a \in \mathbb{R}^{>0}$ und für alle $x, y \in \mathbb{R}$ gilt: $(a^x)^y = a^{xy}$.**

Beweis: $\ln[(a^x)^y] = y \ln(a^x) = (y \cdot x) \ln a = (x \cdot y) \ln a = \ln(a^{x \cdot y})$

$\Rightarrow (a^x)^y = a^{x \cdot y}$, q.e.d.

Bemerkung: Insbesondere gilt auch: $a^x = e^{x \ln a} = (e^{\ln a})^x$.
Weitere Folgerungen behandeln die Aufgaben 7b) und c).

S 4.18 **Für alle $a, b \in \mathbb{R}^{>0}$ und für alle $x \in \mathbb{R}$ gilt: $a^x \cdot b^x = (a \cdot b)^x$.**

Beweis: $\ln(a^x \cdot b^x) = \ln(a^x) + \ln(b^x)$ (nach S 4.13, 1)
$= x \ln a + x \ln b$ (nach S 4.14)
$= x(\ln a + \ln b)$
$= x \cdot \ln(a \cdot b)$ (nach S 4.13, 1)
$= \ln(a \cdot b)^x$ (nach S 4.14)
$\Rightarrow a^x \cdot b^x = (a \cdot b)^x$, q.e.d.

S 4.19 **Für alle $a, b \in \mathbb{R}^{>0}$ und für alle $x \in \mathbb{R}$ gilt: $\dfrac{a^x}{b^x} = \left(\dfrac{a}{b}\right)^x$.**

Beweis in Aufgabe 5.

S 4.20 **Für alle $a \in \mathbb{R}^{>0}$ und für alle $x \in \mathbb{R}$ gilt: $a^{-x} = \dfrac{1}{a^x}$.**

Beweis in Aufgabe 6.

3. Um die Monotoniegesetze für Potenzen beweisen zu können, zeigen wir zunächst:

S 4.21 **1) $a > 1 \wedge x > 0 \Rightarrow a^x > 1$** **2) $a > 1 \wedge x < 0 \Rightarrow a^x < 1$**
3) $0 < a < 1 \wedge x > 0 \Rightarrow a^x < 1$ **4) $0 < a < 1 \wedge x < 0 \Rightarrow a^x > 1$**

Beweis: Nach S 4.13, 7 gilt:

$$a > 1 \Rightarrow \ln a > 0 \quad \text{und} \quad a < 1 \Rightarrow \ln a < 0.$$

Daher gilt in den Fällen
1) und **4)**: $x \cdot \ln a > 0$ und somit $e^{x \cdot \ln a} = a^x > 1$ (S 4.11, 3);
2) und **3)**: $x \cdot \ln a < 0$ und somit $e^{x \cdot \ln a} = a^x < 1$ (S 4.11, 3), q.e.d.

S 4.22 **1. Monotoniegesetz für Potenzen**
[1] $a > b > 0 \wedge x > 0 \Rightarrow a^x > b^x$ ($a, b \in \mathbb{R}$) **[2] $a > b > 0 \wedge x < 0 \Rightarrow a^x < b^x$ ($a, b \in \mathbb{R}$)**

Beweis:
Zu [1]: Es gilt $a^x - b^x = \left(\dfrac{a}{b}\right)^x \cdot b^x - b^x = \left[\left(\dfrac{a}{b}\right)^x - 1\right] \cdot b^x$. Nun gilt: $a > b \Rightarrow \dfrac{a}{b} > 1 \Rightarrow \left(\dfrac{a}{b}\right)^x > 1$ (nach S 21.1). Also gilt: $\left(\dfrac{a}{b}\right)^x - 1 > 0$ und $b^x > 0$ und mithin $a^x - b^x > 0$, also $a^x > b^x$, q.e.d.
Eine Verallgemeinerung von S 4.22 behandelt Aufgabe 10.

Zu [2] : Wegen $x<0$ gilt in diesem $\left(\frac{a}{b}\right)^x < 1$, also $\left(\frac{a}{b}\right)^x - 1 < 0$; daraus ergibt sich $a^x - b^x < 0$, also $a^x < b^x$, q.e.d.

S 4.23

2. Monotoniegesetz für Potenzen

[1] $\mathbf{a>1 \wedge x_1>x_2 \Rightarrow a^{x_1}>a^{x_2}}$ [2] $\mathbf{0<a<1 \wedge x_1>x_2 \Rightarrow a^{x_1}<a^{x_2}}$

Beweis:

Zu [1] : $a>1 \Rightarrow \ln a>0$ (S 4.13, 7)

$a>1 \wedge x_1>x_2 \Rightarrow x_1 \cdot \ln a > x_2 \cdot \ln a$

$\Rightarrow e^{x_1 \cdot \ln a} > e^{x_2 \cdot \ln a}$ (S 4.11, 2)

$\Rightarrow a^{x_1} > a^{x_2}$ (D 4.5), q.e.d.

Zu [2] : $a<1 \Rightarrow \ln a<0$ (S 4.13, 7)

$a<1 \wedge x_1>x_2 \Rightarrow x_1 \cdot \ln a < x_2 \cdot \ln a$

$\Rightarrow e^{x_1 \cdot \ln a} < e^{x_2 \cdot \ln a}$ (S 4.11, 2)

$\Rightarrow a^{x_1} < a^{x_2}$ (D 4.5), q.e.d.

Bemerkung: Dieses 2. Monotoniegesetz besagt, daß alle Exponentialfunktionen streng monoton sind, und zwar

1) für $a>1$ streng monoton steigend und

2) für $0<a<1$ streng monoton fallend.

Bild 4.4 zeigt die Exponentialfunktionen zu

4^x und $(\frac{1}{4})^x$, 3^x und $(\frac{1}{3})^x$,
2^x und $(\frac{1}{2})^x$, $(\frac{5}{4})^x$ und $(\frac{4}{5})^x$.

Man erkennt, daß die Graphen jeweils durch Spiegelung an der W-Achse aufeinander abgebildet werden. Dieser Sachverhalt folgt aus der Allgemeingültigkeit der Beziehung

$\left(\frac{1}{a}\right)^x = \frac{1}{a^x} = a^{-x}$ (S 4.19 und S 4.20).

Eine Verallgemeinerung von S 4.23 behandelt Aufgabe 12.

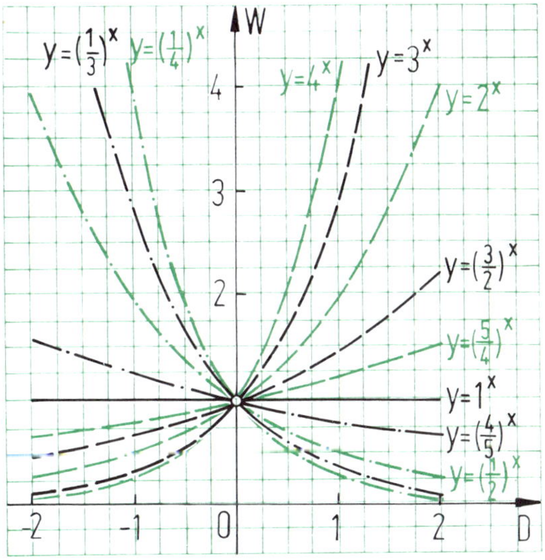

Bild 4.4

4. Schließlich ist jede Exponentialfunktion auch stetig und sogar differenzierbar über $\mathbb{R}$; es gilt der Satz

S 4.24

Jede Exponentialfunktion f mit $f(x)=a^x$ und $a \in \mathbb{R}^{>0}$ ist stetig und sogar differenzierbar über $\mathbb{R}$; es gilt für alle $x \in \mathbb{R}$: $(a^x)' = \ln a \cdot a^x$.

Beweis: Nach der Kettenregel gilt für alle $x \in \mathbb{R}$:

$$(a^x)' = (e^{x \cdot \ln a})' = \ln a \cdot e^{x \ln a} = \ln a \cdot a^x;$$

f ist daher differenzierbar und erst recht stetig über $\mathbb{R}$, q.e.d.

5. Mit Definition D 4.5 sind nunmehr auch Potenzterme der Form x^α mit $x \in \mathbb{R}^{>0}$ und $\alpha \in \mathbb{R}$ definiert. Wir können daher jetzt auch Funktionen f mit

$$f(x) = x^\alpha$$

für eine beliebige Zahl $\alpha \in \mathbb{R}$ betrachten. Für diese Funktionen gilt der Satz

S 4.25 **Jede Potenzfunktion f mit $f(x) = x^\alpha$ und $\alpha \in \mathbb{R}$ ist stetig und differenzierbar über $\mathbb{R}^{>0}$; es gilt für alle $x \in \mathbb{R}^{>0}$:**

$$(x^\alpha)' = \alpha \cdot x^{\alpha - 1}.$$

Beweis: Für alle $x \in \mathbb{R}^{>0}$ und alle $\alpha \in \mathbb{R}$ gilt nach der Kettenregel:

$$f(x) = x^\alpha = (e^{\ln x})^\alpha = e^{\alpha \cdot \ln x} \Rightarrow f'(x) = \frac{\alpha}{x} \cdot e^{\alpha \cdot \ln x} = \frac{\alpha}{x} \cdot x^\alpha = \alpha \cdot x^{\alpha - 1}.$$

Damit ist gezeigt, daß die im Band Analysis I zunächst nur für $n \in \mathbb{N}$ bzw. für $n \in \mathbb{Z}$ hergeleitete Regel

$$f(x) = x^n \Rightarrow f'(x) = n \cdot x^{n-1}$$

auch für beliebige reelle Zahlen im Exponenten gültig ist. f ist daher für jedes $\alpha \in \mathbb{R}$ differenzierbar und somit erst recht stetig über $\mathbb{R}^{>0}$, q.e.d.

Übungen und Aufgaben

1. Bilde den Potenzterm a^x nach D 4.5 für folgende Paare a, x mit $a \in \mathbb{R}^{>0}$ und $x \in \mathbb{R}$!

a) $a = 2,\ x = 3$ **b)** $a = 10,\ x = 2$ **c)** $a = 2,\ x = -4$ **d)** $a = \frac{1}{5},\ x = 3$

e) $a = \frac{1}{5},\ x = -2$ **f)** $a = 1,\ x = 10^2$ **g)** $a = \frac{1}{10},\ x = -\frac{1}{2}$ **h)** $a = e,\ x = \frac{1}{3}$

2. Bestätige Satz S 4.14 für folgende Paare $a \in \mathbb{R}^{>0}$, $x \in \mathbb{R}$!

a) $a = 2,\ x_1 = 3,\ x_2 = \frac{1}{2},\ x_3 = -4$ **b)** $a = e^2,\ x_1 = 1,\ x_2 = 3,\ x_3 = -2$

c) $a = 10,\ x_1 = 3,\ x_2 = -3,\ x_3 = \frac{1}{2}$ **d)** $a = \frac{1}{e},\ x_1 = 2,\ x_2 = -\frac{1}{2},\ x_3 = -1.$

3. Bestätige Satz S 4.15 für folgende Zahlentripel $a \in \mathbb{R}^{>0}$, $x_k \in \mathbb{R}$, $y_k \in \mathbb{R}$!

a) $a = 2;\ x_1 = 4,\ y_1 = 6;\ x_2 = -\frac{1}{2},\ y_2 = 8;\ x_3 = \frac{1}{4},\ y_3 = 2$

b) $a = 10;\ x_1 = -1,\ y_1 = 2;\ x_2 = 4,\ y_2 = -5;\ x_3 = \frac{1}{4},\ y_3 = \frac{3}{4}$

c) $a = e^3;\ x_1 = -2,\ y_1 = 3;\ x_2 = 4,\ y_2 = -3;\ x_3 = \frac{3}{2},\ y_3 = -\frac{1}{2}.$

4. a) Beweise Satz S 4.16:
Für alle $a \in \mathbb{R}^{>0}$ und für alle $x, y \in \mathbb{R}$ gilt: $\frac{a^x}{a^y} = a^{x-y}$.

b) Bestätige S 4.16 an den folgenden Zahlenbeispielen!

$$a = 3,\ x = 4,\ y = 3; \quad a = e^2,\ x = 2,\ y = -4; \quad a = 10,\ x = \frac{5}{2},\ y = \frac{3}{2}.$$

5. a) Beweise Satz S 4.19:

Für alle $a, b \in \mathbb{R}^{>0}$ und für alle $x \in \mathbb{R}$ gilt: $\frac{a^x}{b^x} = \left(\frac{a}{b}\right)^x$.

b) Bestätige Satz S 4.19 an den folgenden Zahlenbeispielen!

$a=8,\ b=4,\ x=3;\quad a=10,\ b=2,\ x=\frac{1}{2};\quad a=1,\ b=\frac{1}{e},\ x=3.$

6. a) Beweise Satz S 4.20:

Für alle $a \in \mathbb{R}^{>0}$ und für alle $x \in \mathbb{R}$ gilt: $\frac{1}{a^x} = a^{-x}$.

b) Bestätige Satz S 4.20 an den folgenden Zahlenbeispielen!

$a=3,\ x=4;\quad a=\frac{1}{10},\ x=5;\quad a=\frac{1}{e},\ x=-4;\quad a=\frac{1}{10},\ x=\frac{1}{2}.$

7. a) Bestätige Satz S 4.17 an den folgenden Zahlenbeispielen:

$a=4,\ x=2,\ y=3;\quad a=10,\ x=4,\ y=\frac{1}{2};\quad a=\frac{1}{100},\ x=\frac{1}{2},\ y=4.$

b) Beweise: Für alle $a \in \mathbb{R}^{>0}$ und für alle $x, y \in \mathbb{R}$ gilt: $(a^{-x})^y = \frac{1}{a^{x \cdot y}}$.

c) Beweise: Für alle $a \in \mathbb{R}^{>0}$ und für alle $x, y \in \mathbb{R}$ gilt: $\left(\frac{1}{a^x}\right)^{-y} = a^{x \cdot y}$.

8. Erläutere Satz 4.21 an den folgenden Zahlenbeispielen!

a) $a=2,\ x=3$ und $a=4,\ x=\frac{1}{2}$

b) $a=3,\ x=-1$ und $a=10,\ x=-\frac{1}{2}$

c) $a=\frac{1}{3},\ x=5$ und $a=\frac{1}{10},\ x=\frac{1}{3}$

d) $a=0{,}1,\ x=-2$ und $a=\frac{1}{4},\ x=-3$

9. Bestätige die Gültigkeit des 1. Monotoniegesetzes (Satz S 4.22) an den folgenden Zahlenbeispielen!

a) $a=3,\ b=2,\ x=4$

b) $a=2,\ b=\frac{1}{2},\ x=-1$

c) $a=1,\ b=\frac{4}{5},\ x=2$

d) $a=\frac{3}{2},\ b=\frac{5}{4},\ x=-2$

e) $a=4,\ b=\frac{1}{4},\ x=-\frac{1}{2}$

f) $a=0{,}4,\ b=\frac{1}{3},\ x=\frac{5}{2}$

10. Formuliere die Aussagen von Satz S 4.22 für $a \geq b > 0$ und $x > 0$ bzw. $x < 0$ und beweise diese Erweiterung von Satz S 4.22!

11. Bestätige die Gültigkeit des 2. Monotoniegesetzes (S 4.23) an den folgenden Zahlenbeispielen!

a) $a=4,\ x_1=2,\ x_2=-3;\quad a=10,\ x_1=\frac{1}{2},\ x_2=-\frac{1}{2};\quad a=e^2,\ x_1=5,\ x_2=\frac{1}{2}$

b) $a=\frac{1}{2},\ x_1=3,\ x_2=-1;\quad a=\frac{1}{10},\ x_1=0,\ x_2=-2;\quad a=\frac{1}{\sqrt{2}},\ x_1=4,\ x_2=-2$

12. Formuliere die Aussagen von Satz S 4.23 für **1)** $a \geq 1 \wedge x_1 \geq x_2$ und **2)** $0 < a \leq 1 \wedge x_1 \geq x_2$! Beweise diese Erweiterung des Satzes!

13. Differenziere bis zur Ableitung zweiter Ordnung!

a) $f(x) = a^{-x}$

b) $f(x) = c \cdot a^{-bx}$

c) $f(x) = a^{\frac{1}{x}}$

d) $f(x) = x^2 \cdot a^{-x}$

e) $f(x) = \left(\frac{a}{4}\right)^{x+2}$

f) $f(x) = 7^x \cdot 3^x$

g) $f(x) = 4^{-\frac{x}{x+1}}$

h) $f(x) = 2^x \cdot \sin x$

14. Integriere! (Bei e), h), i), j) und k) sei $a \in \mathbb{R}^{>0}$, $a \neq 1$)

a) $\int_0^1 2^x\,dx$ **b)** $\int_{-2}^3 2^x \cdot 3^{x+1}\,dx$ **c)** $\int_0^{2\pi} 10^x \cdot \sin x\,dx$ **d)** $\int_{-5}^5 5^{3x-1}\,dx$

e) $\int_1^{2a} x \cdot a^x\,dx$ **f)** $\int_{\frac{1}{10}}^{100} (x^2+x) \cdot 10^x\,dx$ **g)** $\int_{\frac{1}{3}}^{9} (3x+\ln x)\,dx$ **h)** $\int_0^{a^2} (\sqrt{a})^x\,dx$

i) $\int_1^4 \frac{1}{\sqrt{x}} a^{\sqrt{x}}\,dx$ **j)** $\int_{-a\cdot\pi}^{a\cdot\pi} \cos x \cdot a^{\sin x}\,dx$ **k)** $\int_1^{\sqrt{2}} x \cdot a^{x^2}\,dx$ **l)** $\int_{-1}^1 (\frac{1}{4})^{x+2}\,dx$

15. Zu untersuchen sind die Exponentialfunktionen mit dem Term $f(x)=c \cdot a^x$, $a \in \mathbb{R}^{>0}$, $c \in \mathbb{R}$. Ermittle, für welche $a \in \mathbb{R}^{>0}$ und für welche $c \in \mathbb{R}$

a) die Funktionen f streng monoton steigend sind,

b) die Funktionen f streng monoton fallend sind!

Formuliere das Ergebnis als allgemeinen Satz und beweise ihn!

16. Vergleiche die durch die folgenden Funktionsterme gegebenen Paare von Funktionen f_1 und f_2 in bezug auf Monotonie und Symmetrie! Zeichne auch die Funktionsgraphen im Intervall $[-4; 4]$!

a) $f_1(x)=3^x$; $f_2(x)=-3^x$ **b)** $f_1(x)=4^x$; $f_2(x)=(\frac{1}{4})^x$

c) $f_1(x)=2^x$; $f_2(x)=2^{-x}$ **d)** $f_1(x)=3^{|x|}$; $f_2(x)=3^{-|x|}$

e) $f_1(x)=|-3|^x$; $f_2(x)=|-\frac{1}{3}|^x$ **f)** $f_1(x)=2^{-|x|}$; $f_2(x)=-2^{|x|}$

g) $f_1(x)=-|-3|^{-x}$; $f_2(x)=-|-\frac{1}{3}|^x$ **h)** $f_1(x)=2^{2x}$; $f_2(x)=(\frac{1}{2})^{\frac{x}{2}}$

17. Ermittle die Lösungsmengen folgender Potenzgleichungen und Potenzungleichungen in $V[x]=\mathbb{R}$ bzw. $V[x, y]=\mathbb{R} \times \mathbb{R}$!

a) $3^x=3^7$ **b)** $4^x=2^{10}$ **c)** $a^x<a^4$; $a>0$ **d)** $a^{x+3}=a^{10}$

e) $2^{\frac{3}{x}} \leq 2^3$ **f)** $4^{2x}>2^6$ **g)** $5^x \leq 1$ **h)** $\sqrt[3]{a}=a^x$; $a>0$

i) $25^{2x}<5^4$ **j)** $2^x \cdot 3^x=6^3$ **k)** $\frac{4^x}{3^x} \geq \frac{16}{9}$ **l)** $5^x \cdot 5^y \leq 625$

18. Nenne zu den gegebenen Funktionen f die zugehörigen Umkehrfunktionen $\overset{-1}{f}$ (vgl. Band 6)! Zeichne die Graphen von f und $\overset{-1}{f}$ jeweils im gleichen Koordinatensystem und vergleiche sie in bezug auf Monotonie und Symmetrie!

a) $f(x)=2^x$; $x \in [-4; 4]$ **b)** $f(x)=(\frac{1}{2})^x$; $x \in [-3; 4]$ **c)** $f(x)=10^x$; $x \in [-5; 2]$

d) $f(x)=(\frac{1}{10})^x$; $x \in [-2; 5]$ **e)** $f(x)=(\frac{3}{2})^x$; $x \in [-4; 4]$ **f)** $f(x)=(\frac{2}{3})^x$; $x \in [-4; 4]$

19. Begründe ausführlich!

a) Für alle $a \in \mathbb{R}^{>0}$ haben die Graphen der Exponentialfunktionen zu $f_1(x)=a^x$ und zu $f_2(x)=\left(\frac{1}{a}\right)^x$ die W-Achse (y-Achse) zur Symmetrieachse.

b) Jede Exponentialfunktion zu $f(x)=a^x$, $D(f)=\mathbb{R}$ mit $a>1$ bzw. $0<a<1$ ist umkehrbar. Alle Umkehrfunktionen sind streng monoton.

20. Bilde die beiden ersten Ableitungen! (vgl. S 4.25!)

a) $f(x)=x^\pi$ **b)** $f(x)=3 \cdot x^{\sqrt{2}}-x^{\frac{\pi}{2}}$ **c)** $f(x)=x^3+3^x$

d) $f(x)=a^{-x}-x^{a},\ a>0$ **e)** $f(x)=x^{\pi}\cdot\sin x$

f) $f(x)=x^{\sin\frac{\pi}{4}}-\sin\frac{\pi}{4}\cdot x$ **g)** $f(x)=x^{\arccos(-1)}$

21. Berechne die folgenden Integrale! (vgl. Satz 4.25!)

a) $\int\limits_1^4 x^{\sqrt{\frac{1}{3}}}\,dx$ **b)** $\int\limits_1^8 x^{\sqrt{2}}\,dx$ **c)** $\int\limits_1^1 x^{\pi}\,dx$ **d)** $\int\limits_{\frac{\pi}{2}}^{\pi} (x^{-\pi}-\sin x)\,dx$ **e)** $\int\limits_1^2 (2^{x}-x^{2}+x^{-\sqrt{2}})\,dx$

V. Logarithmusfunktionen zu einer Basis $a\in\mathbb{R}^{>0}$

1. Es ist nun nicht mehr schwer, die schon aus Band 6 bekannten **Logarithmen** für beliebige Basen $a\in\mathbb{R}^{>0}$ mit $a\neq 1$ zu definieren. Wir setzen im folgenden für die Basis a stets $a\neq 1$ voraus.

D 4.6 **Für $a, x\in\mathbb{R}^{>0}$ und für $y\in\mathbb{R}$ gilt: $y=\log_a x \Leftrightarrow x=a^{y}$.**

Aus dieser Definition kann man mit Hilfe der entsprechenden Potenzgesetze – wie in Band 6 gezeigt – die folgenden **Logarithmen-Gesetze** herleiten.

S 4.26
1) **Für alle $a, x, y\in\mathbb{R}^{>0}$ gilt: $\log_a(x\cdot y)=\log_a x+\log_a y$.**
2) **Für alle $a, x, y\in\mathbb{R}^{>0}$ gilt: $\log_a\left(\frac{x}{y}\right)=\log_a x-\log_a y$.**
3) **Für alle $a, b, x\in\mathbb{R}^{>0}$ gilt: $\log_a(b^{x})=x\cdot\log_a b$.**

Beweise dies im einzelnen (Aufgabe 2)!

2. Nach S 4.23 sind alle Exponentialfunktionen

$$f\colon \mathbb{R}\to\mathbb{R}^{>0};\ x\mapsto a^{x} \qquad (\text{mit } a\neq 1)$$

streng monoton, und zwar steigend für $a>1$, fallend für $0<a<1$. Nach S 4.24 sind diese Funktionen auch **stetig** über $\mathbb{R}^{>0}$. Daher ist jede solche Funktion nach den Sätzen von §1 **umkehrbar**. Die Umkehrfunktionen der Exponentialfunktionen heißen **„Logarithmusfunktionen"**. Bild 4.5 zeigt die Graphen der Logarithmusfunktionen zu den Basen 2, 3, 5, 10, $\frac{1}{10}$ und $\frac{1}{2}$.

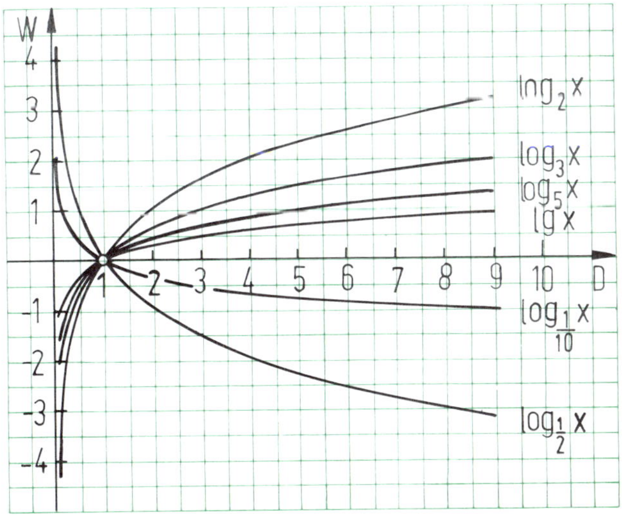

Bild 4.5

Es gilt also der Satz:

S 4.27 **Jede Exponentialfunktion f mit $f(x)=a^x$ und $a \in \mathbb{R}^{>0}$ ist umkehrbar; die zugehörige Umkehrfunktion ist die Logarithmusfunktion**

$$\overset{-1}{f} = \log_a:\quad \mathbb{R}^{>0} \to \mathbb{R}\,;\ x \mapsto \log_a x\,.$$

Ferner gilt:

S 4.28 **Für jedes $a \in \mathbb{R}^{>0}$ ist die Funktion $\log_a$ stetig und für $a \neq 1$ streng monoton über $\mathbb{R}$; es gilt:**

1 $a>1 \wedge x_1>x_2>0 \Rightarrow \log_a x_1 > \log_a x_2\,;$

2 $0<a<1 \wedge x_1>x_2>0 \Rightarrow \log_a x_1 < \log_a x_2\,.$

Beweise dies im einzelnen (Aufgabe 3b))!

3. Jede Logarithmusfunktion ist auch differenzierbar über $\mathbb{R}^{>0}$. Es gilt:

S 4.29 **Jede Logarithmusfunktion ist differenzierbar über $\mathbb{R}^{>0}$; für alle $a, x \in \mathbb{R}^{>0}$ gilt:**

$$(\log_a x)' = \frac{1}{\ln a} \cdot \frac{1}{x}\,.$$

Beweis: Es gilt: $x=f(y)=a^y \Leftrightarrow y=\overset{-1}{f}(x)=\log_a x$.
Daraus folgt wegen $f'(y)=\ln a \cdot a^y$ (für alle $y \in \mathbb{R}$):

$$(\log_a x)' = \overset{-1}{f}{}'(x) = \frac{1}{\ln a \cdot a^y} = \frac{1}{\ln a} \cdot \frac{1}{x} \qquad (\text{für alle } x \in \mathbb{R}^{>0}), \quad \text{q.e.d.}$$

4. Bisher haben wir noch nicht erörtert, wie man bei einer vorgegebenen Basis $a \in \mathbb{R}^{>0}$ den Logarithmus einer Zahl $x \in \mathbb{R}^{>0}$ in Dezimaldarstellung ermitteln kann. Da es sich bei den meisten Logarithmen um irrationale Zahlen handelt, wird man sich in den meisten Fällen mit rationalen Näherungswerten begnügen müssen.
Mit den uns bisher zur Verfügung stehenden Mitteln ist eine Berechnung von Näherungswerten für Logarithmen nur sehr mühsam möglich; wir werden erst in § 13, I ein brauchbares Verfahren kennenlernen. An dieser Stelle wollen wir nur erörtern, wie man z.B. Näherungswerte für natürliche Logarithmen ermitteln kann, wenn eine Tafel der dekadischen Logarithmen zur Verfügung steht.

Es gilt: $y=e^x \Leftrightarrow x=\ln y$.

Durch Logarithmieren der ersten Gleichung erhält man:

$$\lg y = x \cdot \lg e = \ln y \cdot \lg e;$$

also gilt:

$$\ln y = \frac{1}{\lg e} \cdot \lg y\,.$$

Aus der Gleichung $y=10^x$ kann man mit Hilfe der entsprechenden Überlegung die Beziehung

$$\ln y = \ln 10 \cdot \lg y$$

herleiten. Beide Beziehungen besagen, daß das System der natürlichen Logarithmen **pro-**

portional zum System der dekadischen Logarithmen ist. (Entsprechendes gilt übrigens für beliebige Logarithmensysteme; Aufgabe 6.)
Der Proportionalitätsfaktor, der sogenannte „Modul" ist eine irrationale Zahl, für die gilt:

$$\ln 10 = \frac{1}{\lg e} \approx 2{,}3025851\,.$$

Für den Kehrwert dieser Zahl gilt:

$$\lg e = \frac{1}{\ln 10} \approx 0{,}4342945\,.$$

Beachte: Man kann mit Hilfe des Faktors 2,3 einen dekadischen Logarithmus in einen natürlichen Logarithmus umrechnen und dabei eine Genauigkeit von **drei** geltenden Stellen erreichen, weil die dritte geltende Stelle des Moduls zufällig mit der Ziffer 0 besetzt ist!

Beispiel: $\lg 5 \approx 0{,}6990$; $\ln 5 \approx 0{,}699 \cdot 2{,}3 \approx 1{,}61$

5. Häufig enthalten Tafelwerke auch Tabellen mit den natürlichen Logarithmen von **Primzahlen.** Wie man damit den natürlichen Logarithmus einer beliebigen positiven Zahl bestimmen kann, zeigen die

Beispiele:

1) $$\begin{aligned}\ln 50 &= \ln(2\cdot 5^2) = \ln 2 + 2\cdot \ln 5\\ &\approx 0{,}69315 + 2\cdot 1{,}60944\\ &\approx 4{,}0120\end{aligned}$$

2) $$\begin{aligned}\ln 7{,}2 &= \ln\frac{72}{10} = \ln\frac{36}{5} = \ln\frac{2^2\cdot 3^2}{5}\\ &= 2\cdot\ln 2 + 2\cdot\ln 3 - \ln 5\\ &\approx 2\cdot(0{,}69315 + 1{,}09861) - 1{,}60944\\ &\approx 2\cdot 1{,}79176 - 1{,}60944\\ &\approx 3{,}58352 - 1{,}60944\\ &\approx 1{,}9741\end{aligned}$$

Weitere Beispiele enthält Aufgabe 7.

6. Unter 4. haben wir gezeigt, daß das System der natürlichen Logarithmen proportional zum System der dekadischen Logarithmen ist. Dieser Sachverhalt gilt allgemein für beliebige Logarithmensysteme:

S 4.30 **Für alle a, b, x $\in \mathbb{R}^{>0}$ mit $a \neq 1$ gilt:**

$$\log_a x = \frac{1}{\log_b a}\cdot \log_b x \quad \text{und} \quad \log_a x = \log_a b \cdot \log_b x$$

und mithin auch $\log_a b = \dfrac{1}{\log_b a}$.

Beweise dies wie unter 4. (Aufgabe 4)!

Übungen und Aufgaben

1. Bestätige die Äquivalenz der beiden Gleichungen $y = \log_a x$ und $x = a^y$ für alle $a \in \mathbb{R}^{>0}$, $x \in \mathbb{R}^{>0}$ und $y \in \mathbb{R}$ an folgenden Zahlenbespielen!

a) $a=2,\ x=1024$ **b)** $a=10,\ y=4$ **c)** $x=243,\ y=5$ **d)** $a=1,\ x=10$
e) $a=\frac{1}{2},\ x=\frac{1}{16}$ **f)** $a=\frac{1}{3},\ y=-4$ **g)** $a=\frac{1}{10},\ x=10^4$ **h)** $a=5,\ x=\sqrt{5}$

2. a) Beweise die in Satz S 4.26 genannten Eigenschaften der Funktion f: $\mathbb{R}^{>0} \to \mathbb{R}$; $x \mapsto \log_a x$ (für $a \in \mathbb{R}^{>0}$) im einzelnen!

b) Bestätige die in Satz S 4.26 genannten Eigenschaften der Logarithmusfunktionen an folgenden Zahlenbeispielen für $a \in \mathbb{R}$, $x_k, y_k \in \mathbb{R}^{>0}$!

$a=2$; $x_1=4$, $y_1=8$; $x_2=\frac{1}{16}$, $y_2=4$; $x_3=\sqrt{8}$, $y_3=\sqrt{2}$

$a=10$; $x_1=100$, $y_1=10$; $x_2=\frac{1}{10}$, $y_2=10^3$; $x_3=\sqrt{10}$, $y_3=\sqrt{1000}$

$a=\frac{1}{e}$; $x_1=\frac{1}{e^2}$, $y_1=e^3$; $x_2=e^4$, $y_2=e^{\frac{1}{2}}$; $x_3=\sqrt{e}$, $y_3=\frac{1}{\sqrt{e}}$

3. a) Bestätige die Monotonie der Logarithmusfunktionen (Satz S 4.28) an folgenden Zahlenbeispielen:

$a=2$; $x_1=5$, $x_2=3$; $x_1=\frac{3}{4}$, $x_2=\frac{1}{6}$

$a=\frac{1}{3}$, $x_1=2$, $x_2=\frac{1}{2}$; $x_1=9$, $x_2=8$

$a=e^2$, $x_1=1$, $x_2=\frac{1}{3}$; $x_1=11$, $x_2=3$

b) Beweise Satz S 4.28 im einzelnen!

4. a) Beweise Satz S 4.30 (vgl. auch Aufgaben 5 und 6)!

b) Berechne mit Hilfe der Beziehung in Satz S 4.30 aus dekadischen Logarithmen $\lg x$ (Tafel) die Logarithmen $\log_a x$ der folgenden Zahlen x_k zu den angegebenen Basen $a \in \mathbb{R}^{>0}$!

$a=2$: $x_1=4$, $x_2=8$, $x_3=16$, $x_4=32$, $x_5=\frac{1}{4}$ $x_6=\frac{1}{32}$, $x_7=7$

$a=e$: $x_1=e^2$, $x_2=e^3$, $x_3=\frac{1}{e}$, $x_4=\frac{1}{e^3}$, $x_5=8$, $x_6=100$, $x_7=\sqrt{e}$

$a=\frac{1}{3}$: $x_1=\frac{1}{9}$, $x_2=\frac{1}{\sqrt{3}}$, $x_3=81$, $x_4=\frac{3}{\sqrt{18}}$, $x_5=30$, $x_6=\frac{1}{243}$, $x_7=3\sqrt{3}$

$a=100$: $x_1=10^4$, $x_2=1000$, $x_3=0{,}1$, $x_4=2$, $x_5=\frac{1}{40}$, $x_6=50$, $x_7=\sqrt{10}$

5. Berechne mit Hilfe der in 4. hergeleiteten Beziehung $\ln y = \ln 10 \cdot \lg y$ aus den dekadischen Logarithmen (Tafel) die natürlichen Logarithmen der folgenden Zahlen!

a) $x=50$; $x=10$; $x=0{,}5$; $x=42{,}5$; $x=0{,}1$; $x=0{,}0425$

b) $x=2e$; $x=e^2$; $x=\frac{1}{e}$; $x=0{,}001$; $x=430{,}5$; $x=2{,}5 \cdot 10^4$

6. a) Beweise allgemein, daß die Logarithmen $\log_a x$ zu irgendeiner Basis $a \in \mathbb{R}^{>0}$ proportional zu den dekadischen Logarithmen $\lg x$ sind! Ermittle den Proportionalitätsfaktor!

b) Berechne mit Hilfe der in a) ermittelten Beziehung aus den dekadischen Logarithmen $\lg x$ (Tafel) die Logarithmen $\log_a x$ der folgenden Zahlen x_k zu den jeweils angegebenen Basen a_k!

$x_1=16$, $a_1=2$; $x_2=\frac{1}{3}$, $a_2=5$; $x_3=400$, $a_3=25$;

$x_4=2^{10}$, $a_4=8$; $x_5=10^4$, $a_5=\frac{3}{2}$; $x_6=\frac{1}{10^6}$, $a_6=100$.

c) Bilde die folgenden Logarithmen unmittelbar und berechne sie außerdem nach dem in a) und b) benutzten Verfahren!

$\log_2 512$; $\log_7 \frac{1}{49}$; $\log_{\frac{1}{5}} 3125$; $\log_3 243$; $\log_8 \frac{1}{512}$;

$\log_{\frac{1}{10}} 10^{12}$; $\log_5 \sqrt{5}$; $\log_8 2$; $\log_{100} 0{,}1$; $\log_{\frac{1}{100}} 10^8$.

Vergleiche die Ergebnisse und begründe ihren Unterschied!

7. Bestimme mit Hilfe der natürlichen Logarithmen $\ln p$ von Primzahlen p (Tafel) die natürlichen Logarithmen der folgenden positiven Zahlen (vgl. Lehrtext 5).

a) 35; 180; $\frac{1}{14}$ **b)** 5,5; 120; 560 **c)** 0,2; 28; 300
d) 0,03; $\frac{1}{56}$; 42 **e)** $0,\overline{6}$; 256; 10,24 **f)** $\frac{1}{250}$; 4,8; 245

8. a) Begründe im einzelnen, daß jede Logarithmusfunktion (Basis beliebig aus $\mathbb{R}^{>0}$) über $\mathbb{R}^{>0}$ differenzierbar ist und für die Ableitung gilt (Satz S 4.29):

$$(\log_a x)' = \frac{1}{\ln a} \cdot \frac{1}{x}; \qquad (a, x \in \mathbb{R}^{>0},\ a \neq 1)\,!$$

b) Differenziere:

$$f(x) = \log_a(x^2); \quad f(x) = \log_a^2 x; \quad f(x) = \frac{1}{\log_a x}; \quad f(x) = x^2 \cdot \log_a x\,!$$

c) Wiederhole den Gedankengang zur Differenzierbarkeit von $f(x) = \log_a x$ (Satz S 4.29) für die folgenden speziellen Basen $a > 0$!

1) $a=2$ **2)** $a=\frac{1}{2}$ **3)** $a=10$ **4)** $a=0{,}1$ **5)** $a=2e$

9. Berechne die Ableitungen der durch die folgenden Terme gegebenen Funktionen an den gegebenen Stellen!

a) $f(x) = \ln x$; $x_1 = \frac{1}{e}$, $x_2 = e^2$, $x_3 = \frac{10}{e^2}$, $x_4 = 5{,}5$, $x_5 = 20$

b) $f(x) = \lg x$; $x_1 = 0$, $x_2 = 1$, $x_3 = 10$, $x_4 = \frac{1}{100}$, $x_5 = e^2$

c) $f(x) = \log_2 x$; $x_1 = 0$, $x_2 = 2$, $x_3 = 4$, $x_4 = \frac{1}{128}$, $x_5 = 32$

d) $f(x) = \log_{\frac{1}{4}} x$; $x_1 = 0$, $x_2 = \frac{1}{4}$, $x_3 = 16$, $x_4 = \frac{1}{64}$, $x_5 = 256$

10. Bilde die Ableitungen bis zur 3. Ordnung!

a) $f(x) = \ln x$ **b)** $f(x) = \lg x$ **c)** $f(x) = x \cdot \ln x$ **d)** $f(x) = \ln \frac{1}{x}$

e) $f(x) = \ln(1-x)$ **f)** $f(x) = e^x \cdot \ln x$ **g)** $f(x) = \ln x + x$ **h)** $f(x) = \log_2 \frac{1}{x}$

11. Differenziere und bestimme die Definitionsmenge von f'!

a) $f(x) = 2^{\ln x}$ **b)** $f(x) = 2^{(2x)}$ **c)** $f(x) = x^x = (e^{\ln x})^x$

d) $f(x) = \frac{1}{x} \cdot \ln x$ **e)** $f(x) = \ln \frac{1}{x^2}$ **f)** $f(x) = \log_2 x \cdot \log_3 x$

g) $f(x) = \log_a \frac{x}{a}$ **h)** $f(x) = x^2 \cdot \ln^2 x$ **i)** $f(x) = x^{\frac{1}{x}} = (e^{\ln x})^{\frac{1}{x}}$

12. Für $a, b \in \mathbb{R}^{>0}$ gilt: $\ln \frac{a}{b} = \ln a - \ln b$ und $\ln(a \cdot b) = \ln a + \ln b$. Differenziere, wenn möglich, auf zwei verschiedene Weisen!

a) $f(x) = \ln \frac{1+x}{x}$ **b)** $f(x) = x \cdot \ln \frac{x^2-1}{x}$ **c)** $f(x) = \ln(e^x \cdot \cos x)$

d) $f(x) = \log_3 \left(\frac{x}{1-2x}\right)$ **e)** $f(x) = \log_2 \frac{2}{\sqrt{1+x^2}}$ **f)** $f(x) = \ln \frac{a}{a^2+x}$

g) $f(x) = \ln \sqrt[3]{9-x^2}$ **h)** $f(x) = \ln \sqrt{\frac{x+1}{x-1}}$ **i)** $f(x) = \ln \frac{1}{x \cdot \sqrt{1-x}}$

j) $f(x)=\log_a \frac{x^3-x}{x-1}$ k) $f(x)=\log_2 \frac{1-\frac{x}{2}}{4-x^2}$ l) $f(x)=\log_\pi \frac{\sin x}{\cos x}$

m) $f(x)=\frac{e^x}{a^x}$ n) $f(x)=\log_4 x+\log_4 \frac{1}{x}$ o) $f(x)=\lg \frac{2}{x^2+2}$

13. Differenziere mit Hilfe der Kettenregel und ermittle $D(f')$!

a) $f(x)=\ln \sin x$ b) $f(x)=\ln \cos x$ c) $f(x)=\ln \tan x$ d) $f(x)=\ln \cot x$

e) $f(x)=\ln \tan^2 x$ f) $f(x)=\ln \sin \pi x$ g) $f(x)=\ln \sqrt{x}$ h) $f(x)=\ln \cos \sqrt{x}$

i) $f(x)=\log_4 \cos(e^x-x)$ j) $f(x)=x^2 \cdot e^{\ln \sqrt{1-x^2}}+\ln(1-x^2)$

k) $f(x)=\ln(\ln x)$ l) $f(x)=\ln \frac{1-x}{1+x}-\ln \frac{1+x}{1-x}$

m) $f(x)=\ln(x-\sqrt{x}+x^2)$ n) $f(x)=\ln \left[\frac{1+x}{1-x} \cdot \frac{\frac{1}{x}-1}{\frac{1}{x}+1}\right]$

14. Differenziere die Terme $e^{\ln x}$ und $\ln e^x$ nach der Kettenregel und beweise auf diese Weise die beiden Beziehungen:

$$e^{\ln x}=x \text{ für } x\in \mathbb{R}^{>0} \quad \text{und} \quad \ln e^x=x \text{ für } x\in \mathbb{R}!$$

15. a) Zeichne das Spiegelbild des Graphen der Funktion zu $f(x)=\ln x$ bezüglich der W-Achse als Symmetrieachse!

Zeige, daß ihm der Funktionsterm $\varphi(x)=\ln(-x)=\ln|x|$, $D(\varphi)=\mathbb{R}^{<0}$ zugeordnet werden kann!

b) Differenziere und bestimme jeweils $D(f)$ und $D(f')$!

1) $f(x)=\ln|x|$ 2) $f(x)=\ln|x-1|$ 3) $f(x)=\ln \frac{1}{|x|}$ 4) $f(x)=\ln|\sin x|$

c) Beschreibe den Verlauf der in b) genannten Funktionen und zeichne ihre Graphen über dem Intervall $[-e^3; e^3]$!

16. a) Nach Satz S 4.29 ist die Ableitung einer Logarithmusfunktion über ganz $\mathbb{R}^{>0}$ entweder überall positiv oder überall negativ. Kläre, für welche Basen a das eine oder das andere eintrifft!

b) Erweitere die Aussage von Satz S 4.29 auf die Funktion zu $f(x)=\ln|x|$, $D(f)=\mathbb{R}^{\neq 0}$ und kläre durch Diskussion von f′, wo f streng monoton wächst und wo f streng monoton fällt!

c) Erweitere entsprechend die Funktion zu $f(x)=\log_a x$ auf $\mathbb{R}^{\neq 0}$, bilde ihre Ableitung und diskutiere für die beiden Fälle $0<a<1$ und $a>1$, wo f streng monoton wächst und wo f streng monoton fällt!

17. Diskutiere die durch folgende Terme gegebenen Funktionen!

a) $f(x)=\frac{\ln x}{x}$; $x\in \mathbb{R}^{>0}$ b) $f(x)=x \cdot \ln x$; $x\in \mathbb{R}^{>0}$ c) $f(x)=(\ln x)^2$; $x\in \mathbb{R}^{>0}$

d) $f(x)=x^2 \cdot \ln x$; $x\in \mathbb{R}^{>0}$ e) $f(x)=x^2-\ln x$; $x\in \mathbb{R}^{>0}$ f) $f(x)=\ln x+\frac{1}{x}$; $x\in \mathbb{R}^{>0}$

18. Berechne die Stellen, an denen der Graph den kürzesten Abstand vom Nullpunkt hat!

a) $f(x)=\ln x$ b) $f(x)=\ln|x|$ c) $f(x)=\ln|x-1|$

Uneigentliche Integrale

19. Berechne die folgenden Grenzwerte!

a) $\lim\limits_{x\to\infty}\int_0^x e^{-2t}\,dt$ **b)** $\lim\limits_{x\to\infty}\int_1^x e^{-4t}\,dt$ **c)** $\lim\limits_{x\to-\infty}\int_x^0 e^{t}\,dt$

d) $\lim\limits_{x\to-\infty}\int_x^0 e^{3t}\,dt$ **e)** $\lim\limits_{x\to\infty}\int_0^x t\,e^{-t}\,dt$ **f)** $\lim\limits_{x\to 0}\int_x^1 \ln t\,dt$

20. Berechne die folgenden uneigentlichen Integrale 1. Art!

a) $\int_0^\infty e^{-x}\,dx$ **b)** $\int_0^\infty x\,e^{-x}\,dx$ **c)** $\int_0^\infty e^{-x}\cos x\,dx$

d) $\int_0^\infty x\,e^{-x^2}\,dx$ **e)** $\int_0^\infty x^2\,e^{-x}\,dx$ **f)** $\int_2^\infty \frac{dx}{x(\ln x)^2}$

g) $\int_0^\infty e^{-x}\cdot\sin x\,dx$ **h)** $\int_{-\infty}^{\frac{\pi}{2}} e^{x}\cdot\cos x\,dx$ **i)** $\int_0^\infty e^{-x}(\sin x+\cos x)\,dx$

21. Untersuche, für welche Werte von α die folgenden uneigentlichen Integrale existieren! Berechne die Integrale!

a) $\int_0^\infty e^{-\alpha x}\,dx$ **b)** $\int_{-\infty}^1 e^{\alpha x}\,dx$ **c)** $\int_1^\infty \frac{dx}{e^{\alpha x}}$

d) $\int_0^\infty x\cdot e^{\alpha x^2}\,dx$ **e)** $\int_2^\infty \frac{dx}{x\cdot(\ln x)^\alpha}$ **f)** $\int_3^\infty \frac{dx}{x(\ln x)^\alpha}$

22. Berechne die folgenden uneigentlichen Integrale 2. Art!

a) $\int_0^2 \ln x\,dx$ **b)** $\int_0^1 \frac{1}{x^2}\,e^{-\frac{1}{x}}\,dx$

23. **a)** Berechne die folgenden uneigentlichen Integrale!

1) $\int_0^\infty e^{-t}\,dt$ **2)** $\int_0^\infty t\,e^{-t}\,dt$ **3)** $\int_0^\infty t^2\,e^{-t}\,dt$ **4)** $\int_0^\infty t^3\,e^{-t}\,dt$

Welche Gesetzmäßigkeiten erkennst du?

b) Es sei $\Gamma(n)=\int_0^\infty t^{n-1}\cdot e^{-t}\,dt$.

Beweise die Gültigkeit der Rekursionsformel: $\Gamma(n+1)=n\cdot\Gamma(n)$ (für alle $n\in\mathbb{N}$)!

c) Zeige, daß für alle $n\in\mathbb{N}$ gilt: $\Gamma(n+1)=\int_0^\infty t^n\,e^{-t}\,dt=n!$ (Es handelt sich um die sogenannte „Gammafunktion".)

24. Berechne

1) die Maßzahl der Fläche zwischen dem Funktionsgraph und dem angegebenen Bereich der D-Achse und

2) die Maßzahl des Rotationskörpers, der bei Drehung dieser Fläche um die D-Achse entsteht!

a) $f(x)=e^x$; $\mathbb{R}^{\leq 0}$ b) $f(x)=3e^{-x}$; $\mathbb{R}^{\geq -2}$

c) $f(x)=\ln x$; $]0;1]$ d) $f(x)=\ln|x|$; $[-e;e]\setminus\{0\}$

25. Berechne die Inhaltsmaßzahl des Körpers, der bei Rotation des Funktionsgraph um die W-Achse entsteht!

a) $f(x)=\ln x$; $x\in]0;e^2]$ b) $f(x)=x-\ln x$; $x\in]0;e]$

26. a) Diskutiere die Funktion f zu $f(x)=(x^2-2x)\,e^x$!

b) Berechne die Maßzahl des Normalbereiches (vgl. Analysis I) zwischen den Nullstellen von f!

c) Vergleiche mit der Flächenmaßzahl der Fläche zu $\mathbb{R}^{\leq 0}$!

d) Vergleiche auch die Maßzahlen der zugehörigen Rotationskörper!

27. a) Diskutiere die Funktion f zu $f(x)=x^2\,e^{-x}$!

b) Berechne die zugehörige Flächenmaßzahl für $\mathbb{R}^{\geq -4}$!

c) Vergleiche die Flächenmaßzahlen für die Bereiche $[0;x_{max}]$ und $[x_{max};\infty[$!

d) Bestimme die Zahl $\bar{x}\in\mathbb{R}^{\geq 0}$ so, daß die Fläche zu $\int_0^\infty x^2\,e^{-x}\,dx$ halbiert wird!

28. a) Diskutiere die Funktion f zu $f(x)=x\cdot e^{-x^2}$!

b) Berechne die zugehörige Flächenmaßzahl für $\mathbb{R}^{\geq -1}$!

c) Vergleiche die Flächenmaßzahlen für die Bereiche $[0;x_{max}]$ und $[x_{max};\infty[$!

d) Bestimme die Zahl $\bar{x}\in\mathbb{R}^{\geq 0}$ so, daß die Fläche zu $\int_0^\infty x\,e^{-x^2}\,dx$ gedrittelt wird!

29. a) Diskutiere die Funktion f zu $f(x)=4\cdot\sqrt{\frac{e}{2}}\cdot|x|\cdot e^{-x^2}$!

b) Berechne die zugehörige Flächenmaßzahl für $\mathbb{R}^{\leq 0}$!

30. a) Berechne die Flächenmaßzahlen der Normalbereiche zu $f(x)=\frac{1}{x}$ für Intervalle der Form $[1;b]$ mit $b>1$!

b) Berechne die Maßzahl des Rotationskörpers bei Rotation dieser Fläche um die D-Achse!

c) Berechne für beide Fälle die Grenzwerte mit der Bedingung $b\to\infty$. Erkläre die unterschiedlichen Ergebnisse!

Bemerkung: Das in dieser Aufgabe behandelte Drehhyperboloid war in der Geschichte der Mathematik das erste Beispiel eines Drehkörpers, der trotz unendlicher Erstreckung eine endliche Volummaßzahl besitzt (solidum hyperbolicum acutum, Toricelli, 1608–1647).

VI. Grenzwertformel für die Zahl e

1. Unsere bisherigen Überlegungen weisen noch eine Lücke auf: wir wissen zwar, daß die Eulersche Zahl e existiert; aber wir wissen noch nichts über eine dezimale Darstellung dieser Zahl.

Zur Klärung dieser Frage betrachten wir Bild 4.6. Es sei $x>1$. Dann gilt nach D 4.1 und S 4.12:

$$\ln x=\int_1^x \frac{dt}{t}.$$

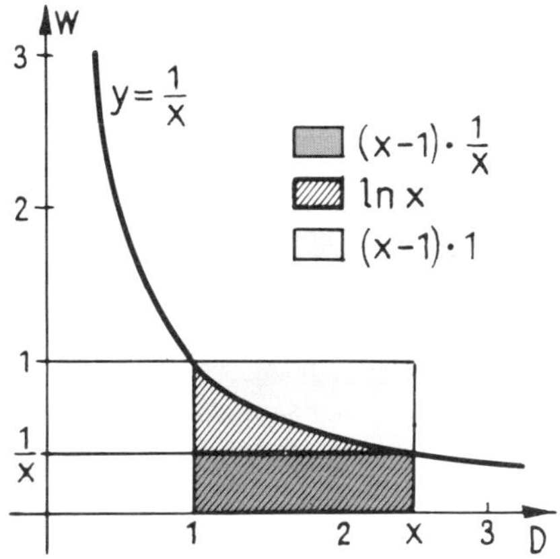

Bild 4.6

Der Darstellung von Bild 4.6 können wir die folgende Abschätzung entnehmen:

$$(x-1)\cdot\frac{1}{x}\leq \ln x\leq (x-1)\cdot 1.$$

Begründe dies auch aus den Eigenschaften der Funktion ln (Aufgabe 1).

2. Wegen $x>1$ können wir die Zahl x in der Form

$$x=1+\frac{a}{n}=\frac{n+a}{n} \quad \text{mit } n\in\mathbb{N},\ a\in\mathbb{R}^{>0}$$

darstellen. Dann ergibt sich für alle $n\in\mathbb{N}$:

$$\frac{a}{n}\cdot\frac{n}{n+a}\leq \ln\left(1+\frac{a}{n}\right)\leq\frac{a}{n}.$$

Durch Multiplikation mit n erhalten wir daraus für alle $n\in\mathbb{N}$:

$$a\cdot\frac{n}{n+a}\leq n\cdot\ln\left(1+\frac{a}{n}\right)=\ln\left(1+\frac{a}{n}\right)^n\leq a.$$

Nach Satz S 4.11,2 (Monotonie der e-Funktion) ergibt sich daraus:

$$e^{\frac{a\cdot n}{n+a}}\leq e^{\ln\left(1+\frac{a}{n}\right)^n}\leq e^a,$$

also

$$e^{\frac{a\cdot n}{n+a}}\leq\left(1+\frac{a}{n}\right)^n\leq e^a.$$

Wegen der Stetigkeit der Exponentialfunktion folgt aus

$$\lim_{n\to\infty}\left(\frac{a\cdot n}{n+a}\right)=a \quad \text{auch:} \quad \lim_{n\to\infty} e^{\frac{a\cdot n}{n+a}}=e^a.$$

Mithin ergibt sich die Gültigkeit des Satzes

S 4.31 **Für die Eulersche Zahl e und für alle $a \in \mathbb{R}^{>0}$ gilt:**

$$\lim_{n\to\infty}\left(1+\frac{a}{n}\right)^n = e^a,$$

für a=1 also:

$$\lim_{n\to\infty}\left(1+\frac{1}{n}\right)^n = e.$$

Bemerkung: Weitere Untersuchungen zu diesem Grenzwert enthalten die Aufgaben 2, 3 und 4.

3. Einige Werte der Zahlenfolge $\left(1+\frac{1}{n}\right)^n$ sind in den Aufgaben 5a) und 9 zu berechnen. Da diese Folge nur sehr „langsam" konvergiert (vgl. Aufgabe 6b und c), ist zur Berechnung eines Näherungswertes für die Zahl e wenig geeignet. Wir werden in § 12 eine günstigere Möglichkeit zur Berechnung eines Näherungswertes besprechen (vgl. Aufgabe 9).
Wir teilen an dieser Stelle nur mit, daß die Zahl e eine **irrationale** Zahl mit dem folgenden Näherungswert ist:

$$e \approx 2{,}718\,281\,828\,459.$$

Übungen und Aufgaben

1. Nach Bild 4.6 gilt für alle $x>1$: $(x-1)\cdot\frac{1}{x} \leq \ln x \leq (x-1)\cdot 1$.

a) Begründe diese Ungleichung dadurch, daß du für das Integral $\int_1^x \frac{1}{t}\,dt$ eine geeignete Untersumme und eine geeignete Obersumme angibst!

b) Skizziere ähnlich wie in Bild 4.4 den Fall $0<x<1$! Begründe aus der Zeichnung und durch Einschachtelung des Integrals $\int_1^x \frac{1}{t}\,dt$ zwischen Untersumme und Obersumme, daß auch für alle $x \in]0;1[$ gilt: $(x-1)\cdot\frac{1}{x} \leq \ln x \leq (x-1)\cdot 1$! (Beachte die Integrationsrichtung!)

c) Prüfe, für welche $x \in \mathbb{R}^{>0}$ gilt: $(x-1)\cdot\frac{1}{x} = \ln x = (x-1)\cdot 1$!

d) Formuliere das Ergebnis der Aufgabenteile a) bis c) schärfer, indem du die Aussagen $(x-1)\cdot\frac{1}{x} < \ln x < (x-1)\cdot 1$ und $(x-1)\cdot\frac{1}{x} = \ln x = (x-1)\cdot 1$ unterscheidest!

2. a) Bilde die Folgen $(x_n)=\left(\frac{a \cdot n}{n+a}\right)$, $n \in \mathbb{N}$ für folgende $a \in \mathbb{R}^{>0}$: $a=1$, $a=2$, $a=\frac{1}{2}$, $a=5$, $a=\frac{1}{10}$, $a=\frac{7}{2}$ und prüfe sie auf Monotonie und Konvergenz!

b) Untersuche, ob die Folge $(x_n)=\left(\frac{a \cdot n}{n+a}\right)$, $n \in \mathbb{N}$ für alle $a \in \mathbb{R}^{>0}$ monoton ist und begründe ihre Konvergenz gegen den Grenzwert $\lim\limits_{n \to \infty} \frac{a \cdot n}{n+a}=a$.

c) Begründe den Grenzwert $\lim\limits_{n \to \infty} e^{\frac{a \cdot n}{n+a}}=e^a$ für alle $a \in \mathbb{R}^{>0}$ ausführlich!

3. Für $x>1$ wird im Lehrtext (2.) angesetzt: $x=1+\frac{a}{n}$ mit $n \in \mathbb{N}$ und $a \in \mathbb{R}^{>0}$; daraus wird dann hergeleitet: $\lim\limits_{n \to \infty}\left(1+\frac{a}{n}\right)^n=e^a$, $a \in \mathbb{R}^{>0}$. Prüfe, ob der gleiche Grenzwert e^a für $a \in \mathbb{R}^{>0}$ auch durch die folgenden Ansätze für $x>1$ gewonnen werden kann!

a) $x=1+\frac{a}{2n}$, $n \in \mathbb{N}$, $a \in \mathbb{R}^{>0}$

b) $x=1+\frac{a}{n^2}$, $n \in \mathbb{N}$, $a \in \mathbb{R}^{>0}$

c) $x=1+\frac{a}{\sqrt{n}}$, $n \in \mathbb{N}$, $a \in \mathbb{R}^{>0}$

d) $x=1+n \cdot a$, $n \in \mathbb{N}$, $a \in \mathbb{R}^{>0}$

4. Setze für $x \in]0; 1[$ an: $x=1-\frac{a}{n}$, $n \in \mathbb{N}$, $a \in \mathbb{R}^{>0}$!

a) Untersuche, ob sich die Betrachtungen des Lehrtextes auf diese Weise auf den Fall $x \in]0; 1[$ erweitern lassen!

b) Ermittle ggfs. die Grenzwerte $\lim\limits_{n \to \infty}\left(1-\frac{a}{n}\right)^n$ und $\lim\limits_{n \to \infty}\left(1-\frac{1}{n}\right)^n$!

c) Führe den Grenzwert $\lim\limits_{n \to \infty}\left(1-\frac{1}{n}\right)^n$ auf den Grenzwert $\lim\limits_{n \to \infty}\left(1+\frac{1}{n}\right)^n=e$ zurück!

Anleitung: Für alle $n \in \mathbb{N}^{>1}$ gilt: $1-\frac{1}{n}=\frac{n-1}{n}=\frac{1}{1+\frac{1}{n-1}}$.

5. a) Bilde die ersten acht Glieder der Folge $(x_n)=\left(\left(1+\frac{1}{n}\right)^n\right)$, $n \in \mathbb{N}$ und ordne sie der Größe nach!

b) Zeige, daß die Folge $(x_n)=\left(\left(1+\frac{1}{n}\right)^n\right)$, $n \in \mathbb{N}$ streng monoton wächst.

Anleitung: Beweise: $\operatorname{sign}(x_n-x_{n-1})=1$!

c) Zeige durch Vergleich der Folge (x_n) mit der Folge $(y_n)=\left(\left(1+\frac{1}{n}\right)^{n+1}\right)$, $n \in \mathbb{N}$ daß die Folge (x_n) nach oben beschränkt ist!

Anleitung: Zeige zunächst, daß für alle $n \in \mathbb{N}$, $x_n<y_n$ gilt! Beweise dann ähnlich wie bei b), daß die Folge (y_n) streng monoton fällt (zeige z. B.: $\operatorname{sign}(y_{n-1}-y_n)=1$)!

d) Begründe aus den Ergebnissen von b) und c), daß die Folgen $(x_n)=\left(\left(1+\frac{1}{n}\right)^n\right)$, $n \in \mathbb{N}$ und $(y_n)=\left(\left(1+\frac{1}{n}\right)^{n+1}\right)$, $n \in \mathbb{N}$ beide gegen die kleinste obere Schranke $\sup\{x_n \mid n \in \mathbb{N}\}$ konvergieren!

e) Begründe aus den Ergebnissen von b) und c), daß die Folgen $(x_n) = \left(\left(1+\frac{1}{n}\right)^n\right)$, $n \in \mathbb{N}$ und $(y_n) = \left(\left(1+\frac{1}{n}\right)^{n+1}\right)$, $n \in \mathbb{N}$ beide gegen denselben Grenzwert konvergieren!

Anleitung: Betrachte außer (x_n) und (y_n) die Folge $(y_n - x_n)$, $n \in \mathbb{N}$ und zeige, daß sie eine Nullfolge bildet (Grenzwert 0).

6. a) Zeige formal, daß durch die beiden Folgen $(x_n) = \left(\left(1+\frac{1}{n}\right)^n\right)$, $n \in \mathbb{N}$ und $(y_n) = \left(\left(1+\frac{1}{n}\right)^{n+1}\right)$, $n \in \mathbb{N}$ eine **Intervallschachtelung** (vgl. Band 6) gegeben wird!

Anleitung: Weise nach (vgl. Aufgaben 5, b), c), e))!

1) (x_n) ist monoton steigend;
2) (y_n) ist monoton fallend;
3) für alle $n \in \mathbb{N}$ gilt: $x_n < y_n$;
4) $(y_n - x_n)$ ist eine Nullfolge.

b) Bilde aus den jeweils ersten acht Gliedern der Folgen (x_n) und (y_n) den Anfang einer Intervallschachtelung! Ermittle ein Intervall, das in den acht gewonnenen Intervallen liegt!
Wieviel Dezimalstellen von e können auf diese Weise festgelegt werden? Vergleiche mit dem Näherungswert

$$e \approx 2{,}718\,281\,823\,459,$$

der im Lehrtext angegeben ist (VI, 3)!

c) Bilde aus den Ergebnissen von Aufgabe 6 b) den Anfang einer „dezimalen Intervallschachtelung" (vgl. Band 6, § 9, I)!

d) Zeige formal, daß durch die Intervallschachtelung $([x_n; y_n])$, $n \in \mathbb{N}$ höchstens eine reelle Zahl konstruiert werden kann.

e) Erörtere am Beispiel der Intervallschachtelung $([x_n; y_n])$, $n \in \mathbb{N}$ ausführlich Existenz und Eindeutigkeit der sogenannten „inneren Zahl"!

7. a) Zeige, daß durch die Teilfolgen (x_{2n}) von $(x_n) = \left(\left(1+\frac{1}{n}\right)^n\right)$ und (y_{2n-1}) von $(y_n) = \left(\left(1+\frac{1}{n}\right)^{n+1}\right)$ eine Intervallschachtelung $([x_{2n}; y_{2n-1}])$ gebildet wird, die zur Intervallschachtelung $([x_n; y_n])$ äquivalent ist!

b) Bilde aus anderen Teilfolgen von (x_n) und (y_n) weitere äquivalente Intervallschachtelungen und begründe deinen Ansatz!

c) Bilde aus den bisher erhaltenen Intervallschachtelungen für die Eulersche Zahl e äquivalente Intervallschachtelungen dadurch, daß du auf den einzelnen Dezimalstellen die Ziffernzahlen z. B. um 1 verringerst bzw. vergrößerst!

d) Gegeben seien die Folgen (x_n^*) zu $x_n^* = \left(1+\frac{1}{n}\right)^n - \frac{1}{2^n}$ und (y_n^*) zu $y_n^* = \left(1+\frac{1}{n}\right)^{n+1} + \frac{1}{2^n}$.
Prüfe, ob $([x_n^*; y_n^*])$ eine Intervallschachtelung bildet und ob diese zu $([x_n; y_n])$ äquivalent ist!
Bilde selbst weitere zu $([x_n; y_n])$ äquivalente Intervallschachtelungen!

e) Erläutere an den in 5.a) bis 5.d) gewonnenen Beispielen, daß jeder reellen Zahl eineindeutig eine Klasse von zueinander äquivalenten Intervallschachtelungen (Äquivalenzklasse) zugeordnet werden kann (vgl. Band 6, § 9, III)!
Formuliere diesen Sachverhalt als Satz über Existenz und Eindeutigkeit der Eulerschen Zahl e!

8. a) Beweise: Mit $x_n=\left(1+\frac{1}{n}\right)^n$, $n\in\mathbb{N}$ und $y_n=\left(1+\frac{1}{n}\right)^{n+1}$, $n\in\mathbb{N}$ bilden auch

$([x_n^2; y_n^2])$, $([\sqrt{x_n}; \sqrt{y_n}])$, $([-y_n; -x_n])$, $\left(\left[\frac{1}{y_n}; \frac{1}{x_n}\right]\right)$ Intervallschachtelungen in $\mathbb{R}$!

Nenne die auf diese Weise festgelegten reellen Zahlen und begründe dies!

b) Bilde Intervallschachtelungen, durch die folgende reelle Zahlen festgelegt werden!

1) $\sqrt[3]{e}$, e^3, $4e$, $-3e^2$, $\sqrt{2}\,e$ **2)** e^{-1}; $\frac{4}{e^2}$, $-\frac{2}{\sqrt{e}}$, $e-\frac{1}{e}$

3) $e^{\frac{1}{3}}-\frac{1}{e}$; $e^{\frac{p}{q}}$, $p\in\mathbb{Z}$, $q\in\mathbb{N}$; $\frac{4e^3}{3\sqrt{e}}$; $e^{\sqrt{2}}$ **4)** $e(e^3-\sqrt{e})$; e^2-e+1

9. a) Beweise durch vollständige Induktion: Für alle $x\in\mathbb{R}^{\geq 0}$ und für alle $n\in\mathbb{N}$ gilt:

$$e^x\geq 1+\frac{x}{1!}+\frac{x^2}{2!}+\frac{x^3}{3!}+\cdots+\frac{x^n}{n!}.$$

Anleitung: Zeige, daß die Funktionen f_n für alle $x\in\mathbb{R}^{\geq 0}$ monoton steigen und jeweils $f_n(0)=0$ gilt! Dabei gilt:

$$f_n(x)=e^x-\left(1+\frac{x}{1!}+\frac{x^2}{2!}+\frac{x^3}{3!}+\cdots+\frac{x^n}{n!}\right).$$

b) Setze $x=1$ ein und ermittle auf diese Weise Näherungswerte der Eulerschen Zahl e!

10. Stelle die folgenden reellen Zahlen nach den Ergebnissen von Aufgabe 8 als Äquivalenzklassen von Intervallschachtelungen dar!

a) e **b)** $-e$ **c)** e^2 **d)** $\sqrt{e}$ **e)** $\frac{1}{e}$ **f)** e^a, $a>0$ **g)** e^{-a}, $a>0$

§ 5 Die Integration gebrochener rationaler Funktionen

I. Neue Grundintegrale

1. Durch Anwendung der Hauptsätze der Infinitesimalrechnung gewinnt man aus den Differentiationsregeln zu den Exponential- und den Logarithmusfunktionen neue **Grundintegrale.**
Aus S 4.11, 1 folgt unmittelbar die Gültigkeit der Formel:

S 5.1

$$\int_a^b e^x\,dx = e^x\Big|_a^b = e^b - e^a \qquad \text{(für } a, b \in \mathbb{R}\text{)}.$$

Entsprechend ergibt sich aus S 4.24:

S 5.2

$$\int_b^c a^x\,dx = \frac{1}{\ln a}\cdot a^x\Big|_b^c = \frac{1}{\ln a}(a^b - a^c) \qquad \text{(für } a \in \mathbb{R}^{>0}, a \neq 1;\ b, c \in \mathbb{R}\text{)}.$$

2. Die Anwendung des Hauptsatzes auf die Formel von S 4.13, 8 führt zunächst auf:

$$\int_a^b \frac{dx}{x} = \ln x\Big|_a^b \qquad \text{(für } a, b \in \mathbb{R}^{>0}\text{)}.$$

Hier fällt jedoch auf, daß die Integralfunktion f zu $f(x) = \frac{1}{x}$ für alle $x \in \mathbb{R}^{\neq 0}$, die zugehörige Stammfunktion F zu $F(x) = \ln x$ jedoch nur für $x \in \mathbb{R}^{>0}$ definiert ist.
Nun gilt für alle $x \in \mathbb{R}^{<0}$ nach der Kettenregel:

$$[\ln(-x)]' = \frac{1}{-x}\cdot(-1) = \frac{1}{x}.$$

Mithin gilt auch:

$$\int_a^b \frac{dx}{x} = \ln(-x)\Big|_a^b \qquad \text{(für } a, b \in \mathbb{R}^{<0}\text{)} \qquad \text{(vgl. § 4, I, Aufgabe 13!)}.$$

Wir fassen die beiden Formeln zusammen zu:

S 5.3

$$\int_a^b \frac{dx}{x} = \ln|x|\Big|_a^b = \ln|b| - \ln|a| \qquad \text{(für } a, b \in \mathbb{R}^{\neq 0} \text{ mit } a\cdot b > 0\text{)}.$$

3. Durch dieses neue Grundintegral wird die Menge der Funktionen, für die man nach dem Hauptsatz eine Stammfunktion ermitteln kann, erheblich erweitert. Wir behandeln zwei **Beispiele** nach dem Substitutionsverfahren.

1) $\int_a^b \tan x\,dx = \int_a^b \frac{\sin x}{\cos x}\,dx.$

Wir substituieren: $z=\psi(x)=\cos x$ mit $\psi(a)=\cos a$ und $\psi(b)=\cos b$.
Wir differenzieren: $dz=\psi'(x)\,dx=-\sin x\,dx$.

Also gilt:

$$\int_a^b \tan x\,dx=-\int_{\cos a}^{\cos b}\frac{dx}{z}=-\ln|z|\Big|_{\cos a}^{\cos b}=\ln|\cos a|-\ln|\cos b|.$$

2) $\displaystyle\int_1^2 \frac{(x-1)\,dx}{x^2-2x-3}$.

Wir substituieren: $z=\psi(x)=x^2-2x-3$ mit $\psi(1)=-4$ und $\psi(2)=-3$.
Wir differenzieren:

$$dz=\psi'(x)\,dx=2(x-1)\,dx \Rightarrow (x-1)\,dx=\tfrac{1}{2}\,dz.$$

Also gilt:

$$\int_1^2 \frac{(x-1)\,dx}{x^2-2x-3}=\frac{1}{2}\int_{-4}^{-3}\frac{dz}{z}=\frac{1}{2}\ln|z|\Big|_{-4}^{-3}=\frac{1}{2}(\ln 3-\ln 4).$$

Bei diesem Integral ist darauf zu achten, daß innerhalb des Integrationsintervalls keine Unstetigkeitsstelle liegt. Wegen $x^2-2x-3=(x+1)\cdot(x-3)$ ist dies jedoch nicht der Fall.

Übungen und Aufgaben

1. Berechne die folgenden bestimmten Integrale!

a) $\displaystyle\int_0^1 e^x\,dx$ **b)** $\displaystyle\int_{-2}^4 e^x\,dx$ **c)** $\displaystyle\int_{\ln 2}^{\ln 10} e^x\,dx$ **d)** $\displaystyle\int_0^2 2^x\,dx$ **e)** $\displaystyle\int_0^1 e^{-x}\,dx$

f) $\displaystyle\int_1^e \frac{dx}{x}$ **g)** $\displaystyle\int_1^{e^3} \frac{dx}{x}$ **h)** $\displaystyle\int_{-e^2}^{-e} \frac{dx}{x}$ **i)** $\displaystyle\int_{-1}^{-\frac{1}{e}} \frac{dx}{x}$ **j)** $\displaystyle\int_{-e}^{-1} \frac{dx}{x}$

(Vgl. dazu die Aufgaben § 4, I, 17 und § 4, II, 5!)

2. Begründe ausführlich die Existenz der folgenden Integrale und die Anwendbarkeit der Hauptsätze der Infinitesimalrechnung (vgl. Analysis I)!

a) $\displaystyle\int_a^b e^x\,dx=e^x\Big|_a^b=e^b-e^a$

b) $\displaystyle\int_{x_1}^{x_2} a^x\,dx=\frac{1}{\ln a}\cdot a^x\Big|_{x_1}^{x_2}=\frac{1}{\ln a}(a^{x_2}-a^{x_1})$

c) $\displaystyle\int_a^b \frac{dx}{x}=\ln x\Big|_a^b=\ln b-\ln a$ für $a, b\in\mathbb{R}^{>0}$

d) $\displaystyle\int_a^b \frac{dx}{x}=\ln|x|\Big|_a^b=\ln|b|-\ln|a|$ für $a, b\in\mathbb{R}^{<0}$

(Vgl. dazu die Aufgabe § 4, I, 13!)

3. Berechne nach der Methode der partiellen Integration bzw. nach der Substitutionsmethode!

a) $\int_1^2 x \cdot \ln x \cdot dx$ b) $\int_1^e 1 \cdot \ln x\, dx$ c) $\int_{\frac{1}{2}}^2 x^2 \cdot \ln x\, dx$ d) $\int_1^4 x \ln(x^2)\, dx$

e) $\int_{-2}^1 x e^x\, dx$ f) $\int_{-1}^4 x e^{x^2}\, dx$ g) $\int_{-\pi}^{\pi} e^x \sin x\, dx$ h) $\int_{-4}^5 x^3 e^x\, dx$

i) $\int_{-2\pi}^{\pi} e^{-x} \cos x\, dx$ j) $\int_{-2}^2 x^2 e^{3x}\, dx$ k) $\int_{\frac{1}{4}}^2 e^{4x-1}\, dx$ l) $\int_0^4 5x \cdot e^{x^2-3}\, dx$

m) $\int_1^3 \frac{\ln x}{x}\, dx$ n) $\int_e^{e^2} \frac{dx}{x \cdot \ln x}$ o) $\int_1^e \frac{\ln^2 x}{x}\, dx$ p) $\int_0^{\frac{\pi}{2}} e^x \cos x\, dx$

4. Berechne die folgenden bestimmten Integrale!

a) $\int_{0,5}^{1,5} x \cdot \ln x\, dx$ b) $\int_e^{e^2} \frac{dx}{x \cdot \ln x}$ c) $\int_2^5 \frac{\ln x}{x}\, ax$ d) $\int_{-4}^{-1} \ln |x|\, dx$

e) $\int_{\frac{\pi}{4}}^{\frac{3\pi}{4}} \cot x\, dx$ f) $\int_{e^{-1}}^{e} (e^x + \ln x)\, dx$ g) $\int_{-2}^{3} 4x e^{-x^2}\, dx$ h) $\int_{5}^{-1} e^{|x|}\, dx$

i) $\int_{\frac{\pi}{2}}^{\pi} \sin x \cdot e^{-\cos x}\, dx$ j) $\int_1^{\sqrt{3}} \frac{\arctan x}{1+x^2}\, dx$ k) $\int_{-1}^{1} \frac{\operatorname{arc\,cot} x}{1+x^2}\, dx$

l) $\int_0^{\frac{\pi}{3}} \frac{e^{\tan x}}{\cos^2 x}\, dx$ m) $\int_{-2a}^{2a} \frac{e^{ax}+e^{-ax}}{2a}\, dx$ n) $\int_{-1}^{\sqrt{3}} \frac{e^{\arctan x}}{1+x^2}\, dx$

o) $\int_{e^{-2}}^{e^3} \left(x \cdot \ln x + \frac{1}{x}\right) dx$ p) $\int_{-\frac{\pi}{3}}^{\frac{\pi}{3}} \frac{\sin x}{\cos^2 x}\, dx$ q) $\int_{-5}^{-\frac{1}{2}} (\ln |x| + x)\, dx$

5. Berechne die folgenden bestimmten Integrale!

a) $\int_1^a x \cdot \log_a x\, dx$ b) $\int_1^{2a} 1 \cdot \log_a 2x\, dx$ c) $\int_{\frac{1}{2}}^{a^2} ax \cdot \lg(x^2)\, dx$

d) $\int_{-5}^{10} \log_4(4^x)\, dx$ e) $\int_1^4 (x^2-1) \cdot \log_2 x\, dx$ f) $\int_2^3 \frac{x}{x^2-1}\, dx$

g) $\int_{\frac{\pi}{2}}^{\frac{3\pi}{2}} (\sin x + \log_\pi x)\, dx$ h) $\int_a^{a^2} \frac{1}{x \cdot \log_a x}\, dx$ i) $\int_a^{2a} \frac{\log_a x}{x}\, dx$

6. Vergleiche die folgenden Integrale miteinander!

a) $\int_1^{2a} e^x\, dx$ und $\int_1^{2a} a^x\, dx$ b) $\int_1^e \ln x\, dx$ und $\int_1^a \log_a x\, dx$

c) $\int_0^{e^2} x \cdot e^{x^2}\,dx$ und $\int_0^{a^2} ax \cdot a^{x^2}\,dx$ d) $\int_1^e \frac{\ln x}{x}\,dx$ und $\int_1^a \frac{\log_a x}{\ln a \cdot x}\,dx$

e) $\int_0^{\pi} e^x \cdot \sin x\,dx$ und $\int_0^{a\cdot\pi} a^x \cdot \sin \frac{x}{a}\,dx$ f) $\int_1^2 x \cdot \ln x\,dx$ und $\int_1^{2a} x \cdot \log_a x\,dx$

7. Die sogenannte „Kettenlinie" wird durch die folgende Funktionsgleichung beschrieben:

$$f(x) = \frac{a}{2}\left(\frac{e^{\frac{x}{a}} + e^{-\frac{x}{a}}}{2}\right).$$

a) Zeichne den Graph für $a=1$ und $a=4$ über $[-6; 6]$!

b) Berechne die Maßzahl der Fläche unter der Kettenlinie zwischen $x=-6$ und $x=6$ (allgemein $x=-b$ und $x=b$)!

c) Berechne die Maßzahl des Volumens, das bei Rotation der Kettenlinie zwischen $x=-b$ und $x=b$ um die x-Achse entsteht!

8. Diskutiere die durch den Term $f(x) = x^2 \cdot e^{-x}$ gegebene Funktion und berechne die Maßzahl der Fläche, die vom Funktionsgraph, der x-Achse und den Geraden zu $x=0$ und $x=a$ (mit $a>0$) eingeschlossen werden (sog. Normalbereich)!

9. Diskutiere die Funktion f zu $f(x) = (2x - x^2) \cdot e^x$ und berechne die Maßzahl der Fläche des Normalbereiches zwischen den beiden Nullstellen von f!

10. Die durch die folgenden Terme gegebenen Funktionen schließen mit der x-Achse zwischen den angegebenen Grenzen Flächen ein und ergeben bei Rotation um die x-Achse Rotationsvolumina.
Skizziere die Graphen und berechne Flächenmaßzahl und Volumenmaßzahl!

a) $f(x) = e^x \cdot \sin x$; $[-2\pi; \pi]$ **b)** $f(x) = e^{-x} \cdot \cos x$; $[0; 4\pi]$

c) $f(x) = x \cdot e^x$; $[-e; e]$ **d)** $f(x) = e^{x-1}$; $[1; 4]$

e) $f(x) = e^x - e^{-2x}$; $[-4; 4]$ **f)** $f(x) = e^x \cdot (x^2 - 1)$; $[-2; 2]$

11. Berechne die Maßzahl desjenigen Flächenstückes, das von den beiden Graphen der Funktionen zu f_1 und f_2 eingeschlossen wird!

a) $f_1(x) = e^x$; $f_2(x) = x^2 + (e-2)x + 1$ **b)** $f_1(x) = \ln x$; $f_2(x) = \frac{1}{e^2 - e}(x^2 - x)$

Versuche, die Abszissen der Schnittpunkte der Graphen zu f_1 und f_2 zu erraten![1])

12. Berechne durch wiederholte Anwendung des Verfahrens der partiellen Integration!

a) $\int_1^e x^2 \cdot e^x\,dx$ **b)** $\int_e^{2e} x^3 \cdot e^{-x}\,dx$ **c)** $\int_1^e x^2 \cdot (\ln x)^2\,dx$ **d)** $\int_{\frac{1}{e}}^{e^2} x^4 \cdot \lg x\,dx$

e) $\int_1^2 x^4 \cdot a^x\,dx$ **f)** $\int_e^{2e} \frac{(\ln x)^3}{x^2}\,dx$ **g)** $\int_0^{\pi} \sin^2 x\,dx$ **h)** $\int_{-\frac{\pi}{2}}^{\frac{\pi}{2}} \cos^3 x\,dx$

i) $\int_0^{\frac{\pi}{2}} \sin^2 x \cdot \cos^2 x\,dx$ **j)** $\int_{-\frac{\pi}{2}}^{\pi} e^x \cdot \sin^2 x\,dx$ **k)** $\int_0^{\frac{\pi}{2}} e^x \cdot \cos^3 x\,dx$ **l)** $\int_{\frac{\pi}{3}}^{\pi} e^{-x} \cdot \sin^3 x\,dx$

---

[1]) Die Lösungen sind ganze Zahlen.

13. Beim Lösen der Beispiele in Aufgabe 12 erkennt man leicht, daß sich bei geschickter Anwendung der partiellen Integration der Grad der auftretenden Potenzen verringern läßt. Man kann daher auch sogenannte **„Rekursionsformeln"** aufstellen.

Beispiel: Zu finden ist eine Stammfunktion von $\sin^n x$, $n \in \mathbb{N}$! Durch partielles Integrieren erhält man mit

$$\sin^{n-1} x = u(x) \quad \text{und} \quad \sin x = v'(x)$$

$$\int \sin^{n-1} x \cdot \sin^1 x \, dx = -\sin^{n-1} x \cdot \cos x + (n-1) \int \sin^{n-2} x \cdot \cos^2 x \, dx$$

$$= -\sin^{n-1} x \cdot \cos x + (n-1) \int \sin^{n-2} x \cdot (1 - \sin^2 x) \, dx.$$

Daraus folgt:

$$\int \mathbf{\sin^n x \, dx} = -\sin^{n-1} x \cdot \cos x + (n-1) \int \sin^{n-2} x \, dx - \mathbf{(n-1)} \int \mathbf{\sin^n x \, dx}.$$

und durch Zusammenfassen der Integrale $\int \sin^n x \, dx$:

$$\int \sin^n x \, dx = -\frac{1}{n} \cdot \sin^{n-1} x \cdot \cos x + \frac{n-1}{n} \int \sin^{n-2} x \, dx.$$

Führt man nun noch die Abkürzung $\int \sin^n x \, dx = S_n(x)$ ein, so gewinnt man die

Rekursionsformel: $$\mathbf{S_n(x) = -\frac{1}{n} \cdot \sin^{n-1} x \cdot \cos x + \frac{n-1}{n} \cdot S_{n-2}(x).}$$

Entwickle auf ähnliche Weise Rekursionsformeln zur Ermittlung von Stammfunktionen zu den durch die folgenden Terme gegebenen Funktionen! Es sei jeweils $n, m \in \mathbb{N}^{*1}$.

a) $f(x) = (\ln x)^n$ **b)** $f(x) = x^n e^x$ **c)** $f(x) = \cos^n x$ **d)** $f(x) = x^n (\ln x)^m$

e) $f(x) = \frac{(\ln x)^m}{x^n}$ **f)** $f(x) = x^n \cdot e^{-x}$ **g)** $f(x) = e^x \cdot \sin^n x$ **h)** $f(x) = e^x \cdot \cos^n x$

i) $f(x) = e^{-x} \cdot \cos^n x$ **j)** $f(x) = e^{-x} \cdot \sin^n x$ **k)** $f(x) = \frac{1}{\cos^n x}$ **l)** $f(x) = \frac{1}{\sin^n x}$

Anleitung zu **k)**: $\frac{1}{\cos^n x} = \frac{1}{\cos^2 x} \cdot \cos^{2-n} x$ (partielle Integration)

Anleitung zu **l)**: $\frac{1}{\sin^n x} = \frac{1}{\sin^2 x} \cdot \sin^{2-n} x$ (partielle Integration)

14. Berechne mit Hilfe der Rekursionsformeln von Aufgabe 13 die folgenden bestimmten Integrale!

a) $\int_0^e (\ln x)^2 \, dx$ **b)** $\int_1^4 x^3 e^{-x} \, dx$ **c)** $\int_0^{4\pi} e^x \cdot \sin^3 x \, dx$ **d)** $\int_e^{e^3} x^4 \cdot (\ln x)^3 \, dx$

e) $\int_{\frac{1}{e}}^{e} \frac{(\ln x)^2}{x^3} \, dx$ **f)** $\int_0^{\pi} \sin^3 x \, dx$ **g)** $\int_0^{\frac{\pi}{2}} \cos^3 x \, dx$ **h)** $\int_0^{\frac{\pi}{4}} \frac{dx}{\cos^4 x}$

15. Berechne die Maßzahl der Fläche, die vom Graph der Funktion f zu $f(x) = e^x \cdot x^2$, der Geraden zu $x = 1$ und der D-Achse eingeschlossen wird!

16. Beweise mit Hilfe des Beweisverfahrens der „vollständigen Induktion" aus der Rekursionsformel für $\int (\sin x)^n\, dx$ (Aufgabe 13) die Allgemeingültigkeit der folgenden Gleichungen!

a) $\displaystyle\int_0^{\frac{\pi}{2}} \sin^{2n} x\, dx = \frac{\pi}{2} \cdot \frac{1 \cdot 3 \cdot 5 \cdots (2n-1)}{2 \cdot 4 \cdot 6 \cdots 2n}$ **b)** $\displaystyle\int_0^{\frac{\pi}{2}} \sin^{2n+1} x\, dx = \frac{2 \cdot 4 \cdot 6 \cdots 2n}{1 \cdot 3 \cdot 5 \cdots (2n+1)}$

17. Beweise mit Hilfe der Beziehungen von Aufgabe 16, daß für alle $n \in \mathbb{N}$ gilt:

$$\int_0^{\frac{\pi}{2}} \sin^n x\, dx \cdot \int_0^{\frac{\pi}{2}} \sin^{n+1} x\, dx = \frac{1}{n+1} \cdot \frac{\pi}{2}.$$

18. Beweise durch partielle Integration die Gültigkeit der Rekussionsformel:

$$\int_0^1 (1-x^2)^n\, dx = \frac{2n}{2n+1} \int_0^1 (1-x^2)^{n-1}\, dx\,!$$

Anleitung: Setze nach Durchführung der partiellen Integration $-x^2 = (1-x^2) - 1$!

II. Das Verfahren der Partialbruchzerlegung (I)

1. Im Band „Analysis I" haben wir zwei Verfahren kennengelernt, nach denen man Integrale auf Grundintegrale zurückführen kann: das **Substitutionsverfahren** und das Verfahren der **partiellen Integration.**

Mit Hilfe dieser Verfahren lassen sich aber nicht einmal alle Integrale mit **rationalen** Integrandfunktionen berechnen. Das hat seinen Grund darin, daß das Grundintegral

$$\int_a^b x^n\, dx = \frac{x^{n+1}}{n+1}\Bigg|_a^b = \frac{1}{n+1}(b^{n+1} - a^{n+1})$$

der Einschränkung $n \neq -1$ unterliegt.

Für $n = -1$ gilt, wie wir in § 4 erörtert haben:

$$\int_a^b \frac{dx}{x} = \ln|x|\Bigg|_a^b = \ln|b| - \ln|a| \qquad (\text{für alle } a, b \in \mathbb{R} \text{ mit } a \cdot b > 0).$$

Auf diese beiden Grundintegrale lassen sich grundsätzlich alle Integrale mit rationalen Integrandfunktionen zurückführen. Es ist jedoch zweckmäßig, noch das folgende Grundintegral hinzuzunehmen:

$$\int_a^b \frac{dx}{1+x^2} = \arctan x\Bigg|_a^b = \arctan b - \arctan a.$$

2. In manchen Fällen gelingt bereits mit Hilfe des Substitutionsverfahrens eine Zurückführung auf diese Grundintegrale.

Beispiele:

1) $$\int_0^1 \frac{3x\,dx}{(2-x^2)^3} = -\frac{3}{2}\int_0^1 \frac{-2x\,dx}{(2-x^2)^3} = \frac{3}{4}\cdot\frac{1}{(2-x^2)^2}\Big|_0^1 = \frac{3}{4}\left(1-\frac{1}{4}\right) = \frac{9}{16}.$$

Wir haben substituiert: $z = 2 - x^2$; $dz = -2x\,dx$.

2) $$\int_0^1 \frac{6x^2+3}{2x^3+3x+5}\,dx = \ln|2x^3+3x+5|\Big|_0^1 = \ln 10 - \ln 5 = \ln 2.$$

Wir haben substituiert: $z = 2x^3 + 3x + 5$; $dz = (6x^2+3)\,dx$.

3) $$\int_{-4}^{-2} \frac{2\,dx}{x^2+6x+10} = \int_{-4}^{-2} \frac{2\,dx}{(x+3)^2+1} = 2\cdot\operatorname{arc\,tan}(x+3)\Big|_{-4}^{-2} = 2\cdot[\operatorname{arc\,tan} 1 - \operatorname{arc\,tan}(-1)]$$
$$= 2\cdot\left(\frac{\pi}{4}+\frac{\pi}{4}\right) = \pi.$$

Wir haben substituiert: $z = x + 3$; $dz = dx$.

4) $$\int_1^2 \frac{3\,dx}{2x-5} = \frac{3}{2}\int_1^2 \frac{2\,dx}{2x-5} = \frac{3}{2}\ln|2x-5|\Big|_1^2 = \frac{3}{2}(\ln 1 - \ln 3) = -\frac{3}{2}\ln 3.$$

Wir haben substituiert: $z = 2x - 5$; $dz = 2\,dx$.

Beachte, daß die Nullstelle des Nenners ($\frac{5}{2}$) nicht im Integrationsintervall liegt!

5) Allgemein gilt für $\alpha, \beta, \gamma \in \mathbb{R}$ mit $\alpha, \beta \neq 0$:

$$\int_a^b \frac{\alpha\,dx}{\beta x+\gamma} = \frac{\alpha}{\beta}\int_a^b \frac{\beta\,dx}{\beta x+\gamma} = \frac{\alpha}{\beta}\ln|\beta x+\gamma|\Big|_a^b.$$

Auch hier ist zu beachten, daß die Nullstelle des Nenners der Integrandfunktion nicht im Integrationsintervall $[a; b]$ liegen darf. Wegen

$$\beta x + \gamma = 0 \Leftrightarrow x = -\frac{\gamma}{\beta} \qquad (\text{für } \beta \neq 0)$$

muß also vorausgesetzt werden: $-\frac{\gamma}{\beta} \notin [a; b]$.

3. Addiert man zwei (oder mehrere) verschiedene Integranden der in Beispiel **5)** behandelten Form, so erhält man einen Term, dessen Nennerpolynom einen höheren Grad besitzt. Eine zu diesem Integranden gehörende Stammfunktion läßt sich dann als Summe der zu den Summanden gehörenden Stammfunktionen angeben.
Zur Vereinfachung wenden wir die Schreibweise der sogenannten **„unbestimmten Integrale"** an. Beachte jedoch die Bemerkungen, die wir zu dieser Schreibweise im Band „Analysis I" gemacht haben!

Beispiel: $$\frac{3}{x+2} + \frac{-2}{x-1} = \frac{3(x-1)-2(x+2)}{(x+2)(x-1)} = \frac{x-7}{x^2+x-2}.$$

Es gilt: $\int \frac{3\,dx}{x+2} = 3\ln|x+2| + c_1$ und $\int \frac{-2\,dx}{x-1} = -2\ln|x-1| + c_2$.

Daraus ergibt sich:

$$\int \frac{(x-7)\,dx}{x^2+x-2} = \int \frac{3\,dx}{x+2} + \int \frac{-2\,dx}{x-1} = 3\ln|x+2| - 2\ln|x-1| + c = \ln\left|\frac{(x+2)^3}{(x-1)^2}\right| + c.$$

4. Dieses Beispiel führt uns auf ein allgemeineres Verfahren zur Integration von gebrochenen rationalen Funktionen, auf die sogenannte **„Partialbruchzerlegung"**.
Der Funktionsterm einer gebrochenen rationalen Funktion f ist ein **Polynomquotient**, also von der Form

$$f(x)=\frac{P_n(x)}{Q_m(x)}=\frac{a_0+a_1\,x+a_2\,x^2+\cdots+a_n\,x^n}{b_0+b_1\,x+b_2\,x^2+\cdots+b_m\,x^m}$$

mit $n, m \in \mathbb{N}$; $a_k, b_k \in \mathbb{R}$ und $a_n, b_m \neq 0$.

Wir setzen zunächst voraus:

1) Der Polynomquotient ist **echt** gebrochen; es gilt: $\mathbf{m > n}$.

2) Das Nennerpolynom läßt sich in m **voneinander verschiedene Linearfaktoren** zerlegen:

$$Q_m(x)=b_m\cdot(x-x_1)(x-x_2)\dots(x-x_m) \qquad \text{mit } x_\rho \neq x_\sigma \text{ für } \rho \neq \sigma.$$

Wenn diese Voraussetzungen erfüllt sind, kann man den Integranden als eine Summe von Bruchtermen darstellen, deren Nenner die Linearfaktoren $x-x_k$ sind; jeder Summand kann dann einzeln integriert werden.

5. Wir erläutern dieses Verfahren der **„Partialbruchzerlegung"** an einigen

Beispielen:

1) $f(x)=\frac{5x-7}{x^2-3x+2}$; es gilt: $x^2-3x+2=(x-1)(x-2)$; also $D(f)=\mathbb{R}\setminus\{1;2\}$.

Wir machen nun den **Ansatz**:

$$\frac{5x-7}{x^2-3x+2}=\frac{5x-7}{(x-1)(x-2)}=\frac{A}{x-1}+\frac{B}{x-2} \qquad (1)$$

Die in die Formvariablen A und B einzusetzenden Zahlen sind nun so zu bestimmen, daß die Gleichung allgemeingültig in D(f) ist. Hierzu bringt man die rechte Seite der Gleichung wieder auf den „Hauptnenner" $(x-1)(x-2)$:

$$\frac{5x-7}{(x-1)(x-2)}=\frac{A(x-2)+B(x-1)}{(x-1)(x-2)}=\frac{(A+B)\,x-2A-B}{(x-1)(x-2)}.$$

Da die Nenner äquivalent sind, ist die Gleichung genau dann allgemeingültig in D(f), wenn auch die Zähler äquivalent sind. Durch einen sogenannten **„Koeffizientenvergleich"** ergibt sich für die Formvariablen A und B das folgende Gleichungssystem:

$$\left\{\begin{matrix} A+B=5 \\ \wedge\ -2A-B=-7 \end{matrix}\right\} \Leftrightarrow \left\{\begin{matrix} -A=-2 \\ \wedge\ B=3 \end{matrix}\right\} \Leftrightarrow \{A=2 \wedge B=3\}.$$

Also gilt:

$$\frac{5x-7}{x^2-3x+2}=\frac{2}{x-1}+\frac{3}{x-2}$$

und mithin:

$$\int\frac{5x-7}{x^2-3x+2}\,dx=\int\frac{2\,dx}{x-1}+\int\frac{3\,dx}{x-2}=2\ln|x-1|+3\ln|x-2|+c$$
$$=2\ln|(x-1)^2\cdot(x-2)^3|+c.$$

Man kann die Zahlen für A und B noch schneller finden, wenn man die Gleichung (1) zunächst mit x−1 (bzw. x−2) multipliziert, kürzt und dann in x die Zahl 1 (bzw. 2) einsetzt:

$$\frac{5x-7}{x-2}=A+\frac{B(x-1)}{x-2}; \quad \text{mit } x=1 \text{ erhält man:} \quad A=\frac{5-7}{-1}=2;$$

$$\frac{5x-7}{x-1}=\frac{A(x-2)}{x-1}+B; \quad \text{mit } x=2 \text{ erhält man:} \quad B=\frac{10-7}{1}=3.$$

Wir schreiben noch kürzer:

$$A=\left.\frac{5x-7}{x-2}\right|_{x=1}=2 \quad \text{und} \quad B=\left.\frac{5x-7}{x-1}\right|_{x=2}=3.$$

Beachte:

a) Dadurch, daß wir die Gleichung mit x−1 (bzw. x−2) multipliziert und dann gekürzt haben, entfällt die Einschränkung $x \neq 1$ (bzw. $x \neq 2$).

b) Da die Gleichung allgemeingültig sein soll, können wir **jede** Zahl aus D(f) in x einsetzen, **nach** der Umformung also auch 1 (bzw. 2).

c) Die Vereinfachung wird dadurch erreicht, daß der jeweils andere Koeffizient durch das Einsetzen von 1 (bzw. 2) den Faktor 0 erhält; man erzielt auf diese Weise also sofort ein aufgelöstes Gleichungssystem.

2) $f(x)=\frac{x^2-3}{x^3-x}$; es gilt: $x^3-x=x(x-1)(x+1)$.

Ansatz: $\frac{x^2-3}{x^3-x}=\frac{x^2-3}{x(x-1)(x+1)}=\frac{A}{x}+\frac{B}{x-1}+\frac{C}{x+1}$

Zur Bestimmung der Zahlen für A, B und C können wir wieder den Term der rechten Seite auf den „Hauptnenner" bringen und das Verfahren des Koeffizientenvergleichs anwenden. Wir erhalten dann ein lineares Gleichungssystem in den drei Variablen A, B und C. Stattdessen wenden wir sofort das in Beispiel **1)** beschriebene einfachere Verfahren an. Es ergibt sich:

$$A=\left.\frac{x^2-3}{(x-1)(x+1)}\right|_{x=0}=\frac{-3}{-1}=3;$$

$$B=\left.\frac{x^2-3}{x(x+1)}\right|_{x=1}=\frac{-2}{1\cdot 2}=-1;$$

$$C=\left.\frac{x^2-3}{x(x-1)}\right|_{x=-1}=\frac{-2}{(-1)(-2)}=-1.$$

Also gilt:

$$f(x)=\frac{x^2-3}{x^3-x}=\frac{3}{x}-\frac{1}{x-1}-\frac{1}{x+1}$$

und

$$\int\frac{x^2-3}{x^3-x}\,dx=\int\frac{3\,dx}{x}-\int\frac{dx}{x-1}-\int\frac{dx}{x+1}$$

$$=3\ln|x|-\ln|x-1|-\ln|x+1|+c$$

$$=\ln\left|\frac{x^3}{x^2-1}\right|+c.$$

3) $f(x)=\frac{3}{2x^2-8}$; es gilt: $2x^2-8=2(x-2)(x+2)$.

Ansatz: $\frac{3}{2x^2-8}=\frac{3}{2}\cdot\frac{1}{(x-2)(x+2)}=\frac{3}{2}\left(\frac{A}{x-2}+\frac{B}{x+2}\right)$

$$A=\frac{1}{x+2}\bigg|_{x=2}=\frac{1}{4};\qquad B=\frac{1}{x-2}\bigg|_{x=-2}=-\frac{1}{4}$$

Also gilt:

$$\int\frac{3\,dx}{2x^2-8}=\frac{3}{8}\left[\int\frac{dx}{x-2}-\int\frac{dx}{x+2}\right]=\frac{3}{8}\ln\left|\frac{x-2}{x+2}\right|+c.$$

6. Ist der Term der Integrandfunktion **nicht echt** gebrochen, so muß er in einen **ganzen** und einen **echt** gebrochenen Anteil zerlegt werden. Wir erläutern dies am

Beispiel: $f(x)=\frac{2x^3-20x+33}{x^2+2x-8}$

Es gilt:

$$\begin{array}{l}(2x^3-20x+33):(x^2+2x-8)=2x-4+\frac{4x+1}{x^2+2x-8}\\ \underline{-(2x^3+4x^2-16x)}\\ \quad -4x^2-4x+33\\ \quad \underline{-(-4x^2-8x+32)}\\ \qquad 4x+1\end{array}$$

und ferner: $x^2+2x-8=(x-2)(x+4)$.

Da wir den ganzen Anteil $(2x-4)$ sofort integrieren können, brauchen wir die Partialbruchzerlegung nur beim echt gebrochenen Rest durchzuführen:

Ansatz: $\frac{4x+1}{(x-2)(x+4)}=\frac{A}{x-2}+\frac{B}{x+4}$

$$A=\frac{4x+1}{x+4}\bigg|_{x=2}=\frac{9}{6}=\frac{3}{2};\qquad B=\frac{4x+1}{x-2}\bigg|_{x=-4}=\frac{-15}{-6}=\frac{5}{2}$$

Somit ergibt sich:

$$\int\frac{2x^3-20x+33}{x^2+2x-8}\,dx=\int(2x-4)\,dx+\frac{3}{2}\int\frac{dx}{x-2}+\frac{5}{2}\int\frac{dx}{x+4}$$

$$=x^2-4x+\tfrac{3}{2}\ln|x-2|+\tfrac{5}{2}\ln|x+4|+c$$

$$=x^2-4x+\ln\sqrt{|x-2|^3\cdot|x+4|^5}+c.$$

Übungen und Aufgaben

Berechne die Integrale mit Hilfe des Verfahrens der Partialbruchzerlegung!

1. a) $\int\frac{12x+6}{x^2-6x+5}\,dx$ **b)** $\int\frac{x+2}{x^2-x-2}\,dx$ **c)** $\int\frac{2x+1}{x^2-1}\,dx$ **d)** $\int\frac{x-5}{x^2-2x-8}\,dx$

e) $\int\frac{2x-1}{x^2+3x}\,dx$ **f)** $\int\frac{4x-5}{x^2+4x-5}\,dx$ **g)** $\int\frac{dx}{x^3+3x^2+2x}$ **h)** $\int\frac{(x+3)\,dx}{x^3-x^2-6x}$

i) $\int \frac{(x^2-2x+3)\,dx}{x^3-4x^2-x+4}$ j) $\int \frac{(2x+3)\,dx}{x^2-5x-14}$ k) $\int \frac{(2x-3)\,dx}{x^3-x^2-4x+4}$ l) $\int \frac{(x+1)\,dx}{x^3-7x^2+12x}$

2. Zeige, daß die folgenden Gleichungen gelten!

a) $\frac{x^3}{x-1}=x^2+x+1+\frac{1}{x-1}$; $x\in \mathbb{R}^{\neq 1}$

$\left(\text{Anleitung: } \frac{x^3}{x-1}=\frac{(x^3-1)+1}{x-1}=\frac{x^3-1}{x-1}+\frac{1}{x-1}\right)$

b) $\frac{1}{x^3-x^2}=\frac{1}{x-1}-\frac{1}{x}-\frac{1}{x^2}$; $x\in \mathbb{R}\setminus\{0, 1\}$ c) $\frac{1}{x^3+x}=\frac{1}{x}-\frac{x}{x^2+1}$; $x\in \mathbb{R}^{\neq 0}$

d) $\frac{1}{x^4+1}=\frac{1}{2\sqrt{2}}\cdot\frac{x+\sqrt{2}}{x^2+\sqrt{2}x+1}-\frac{1}{2\sqrt{2}}\cdot\frac{x-\sqrt{2}}{x^2-\sqrt{2}x+1}$

(Ansatz: $x^4+1=(x^2+1)^2-2x^2=(x^2+1+\sqrt{2}x)\cdot(x^2-\sqrt{2}x+1)$.

Berechne mittels dieser Gleichungen folgende Integrale!

a) $\int\limits_{-1}^{0} \frac{x^3}{x-1}\,dx$ b) $\int\limits_{2}^{4} \frac{1}{x^3-x}\,dx$ c) $\int\limits_{1}^{2} \frac{1}{x^3+x}\,dx$ d) $\int\limits_{0}^{4} \frac{1}{x^4+1}\,dx$

3. a) $\int\limits_{1}^{2} \frac{(x+1)\,dx}{x^2-x-6}$ b) $\int\limits_{-3}^{2} \frac{x\,dx}{x^2-x-20}$ c) $\int\limits_{1}^{4} \frac{(x+3)\,dx}{x^2-5x}$ d) $\int\limits_{-1}^{0} \frac{x\,dx}{2x^2+3x-2}$

e) $\int\limits_{0}^{1} \frac{(1-x)\,dx}{2x^2+5x-12}$ f) $\int\limits_{0}^{3} \frac{(x-2)\,dx}{3x^2-16x-12}$ g) $\int\limits_{0}^{2} \frac{(x^2+2x-3)\,dx}{x^3+4x^2-9x-36}$

h) $\int\limits_{0}^{3} \frac{x\,dx}{(x+1)(x^2-16)}$ i) $\int\limits_{-1}^{1} \frac{(3x+1)\,dx}{(x+3)(x^2+2x-8)}$ k) $\int \frac{(2x^2-3x+2)\,dx}{x^3+4x^2-15x-18}$

4. a) $\int \frac{x^3-x^2+1}{x^2-1}\,dx$ b) $\int\limits_{0}^{3} \frac{x^2-1}{x+2}\,dx$ c) $\int\limits_{2}^{3} \frac{(x^3-1)\,dx}{x^2-x-12}$

d) $\int \frac{x^3-5x^2+x-2}{x^3-x}\,dx$ e) $\int \frac{(x^3+1)\,dx}{2x^2+3x-2}$ f) $\int\limits_{-1}^{1} \frac{(x^2-5)\,dx}{x^2+2x-8}$

III. Das Verfahren der Partialbruchzerlegung (II)

1. Der Ansatz zur Partialbruchzerlegung muß modifiziert werden, wenn bei der Zerlegung des Nennerpolynoms Linearfaktoren doppelt (oder mehrfach) auftreten.

Beispiel: $f(x)=\frac{x^2+2x+4}{(x+1)(x+2)^2}$.

In diesem Fall führt der folgende **Ansatz** zum Ziel:

$$\frac{x^2+2x+4}{(x+1)(x+2)^2}=\frac{A}{x+1}+\frac{B}{x+2}+\frac{C}{(x+2)^2}.$$

Daß man das zweite Glied $\left(\frac{B}{x+2}\right)$ nicht weglassen darf, erkennt man beim Verfahren des Koeffizientenvergleichs daran, daß sonst die Anzahl der Gleichungen nicht mit der der Variablen übereinstimmen würde. Auf eine genauere Begründung des Ansatzes wollen wir hier jedoch verzichten. Wir wenden sofort das einfachere Verfahren an; dies führt jedoch nur bei den Koeffizienten A und C unmittelbar zum Ziel:

$$A = \left.\frac{x^2+2x+4}{(x+2)^2}\right|_{x=-1} = \frac{1-2+4}{1} = 3;$$

$$C = \left.\frac{x^2+2x+4}{x+1}\right|_{x=-2} = \frac{4-4+4}{-1} = -4.$$

Begründe, warum sich die Zahl für B nicht auf die gleiche Weise bestimmen läßt (Aufgabe 2)!

Zur Ermittlung der Zahl für B setzen wir eine andere Zahl ein; am einfachsten ist es, 0 zu wählen.

Für $x=0$ erhält man:

$$\frac{4}{4} = \frac{A}{1} + \frac{B}{2} + \frac{C}{4}, \text{ wegen } A=3 \text{ und } C=-4 \text{ also:}$$

$$\frac{B}{2} = 1-3+1 = -1 \Leftrightarrow B = -2.$$

Somit gilt:

$$\int \frac{x^2+2x+4}{(x+1)(x+2)^2}\,dx = \int \frac{3\,dx}{x+1} - \int \frac{2\,dx}{x+2} - \int \frac{4\,dx}{(x+2)^2}$$

$$= 3 \ln|x+1| - 2 \ln|x+2| + \frac{4}{x+2} + c$$

$$= \ln\left|\frac{(x+1)^3}{(x+2)^2}\right| + \frac{4}{x+2} + c.$$

2. Noch größeren Rechenaufwand erfordern häufig solche Beispiele, bei denen eine Zerlegung des Nennerpolynoms in **Linearfaktoren nicht** möglich ist. Es läßt sich zeigen – worauf wir hier verzichten müssen –, daß **jedes** Polynom in ein Produkt von Linearfaktoren und (oder) quadratischen Faktoren zerlegt werden kann. Die quadratischen Anteile führen bei der Integration dann auf die arc-tan-Funktion.

Wir behandeln zwei

Beispiele:

1) $f(x) = \frac{1}{x^2+4x+8}$

Der Nenner ist nicht in Linearfaktoren zerlegbar; denn die Gleichung $x^2+4x+8=0$ ist in $\mathbb{R}$ unerfüllbar. Begründe dies (Aufgabe 3)!

Daher müssen wir den Nenner auf die Form z^2+1 bringen:

$$x^2+4x+8 = (x+2)^2+4 = 4 \cdot \left[\left(\frac{x+2}{2}\right)^2 + 1\right]$$

$$\Rightarrow \frac{1}{x^2+4x+8} = \frac{1}{4} \cdot \frac{1}{\left(\frac{x+2}{2}\right)^2 + 1}.$$

Wir substituieren: $z=\frac{x+2}{2}$; $dz=\frac{1}{2}dx$.

Damit erhalten wir:

$$\int\frac{dx}{x^2+4x+8}=\frac{1}{2}\int\frac{\frac{1}{2}dx}{\left(\frac{x+2}{2}\right)^2+1}=\frac{1}{2}\int\frac{dz}{z^2+1}=\frac{1}{2}\operatorname{arc\,tan} z+c=\frac{1}{2}\operatorname{arc\,tan}\frac{x+2}{2}+c$$

2) $f(x)=\frac{2x^2+x-1}{(x-1)(x^2+x+1)}$.

Auch hier ist der quadratische Faktor x^2+x+1 nicht in Linearfaktoren zerlegbar. Begründe dies! Wir wählen daher den **Ansatz:**

$$\frac{2x^2+x-1}{(x-1)(x^2+x+1)}=\frac{A}{x-1}+\frac{Bx+C}{x^2+x+1}$$

$$A=\frac{2x^2+x-1}{x^2+x+1}\bigg|_{x=1}=\frac{2}{3};$$

$$x=0:\qquad \frac{-1}{-1}=\frac{2}{-3}+\frac{C}{1}\Rightarrow C=1+\frac{2}{3}=\frac{5}{3};$$

$$x=-1:\quad \frac{2-2}{(-2)\cdot 1}=\frac{2}{3\cdot(-2)}+\frac{-B+\frac{5}{3}}{1}\Rightarrow B=-\frac{1}{3}+\frac{5}{3}=\frac{4}{3}.$$

Bemerkung: Mit dem Verfahren des Koeffizientenvergleichs erhält man das Gleichungssystem

$$\left\{\begin{array}{l} A+B=2\\ \wedge A-B+C=1\\ \wedge A-C=-1\end{array}\right\}\Leftrightarrow\left(A=\tfrac{2}{3}\wedge B=\tfrac{4}{3}\wedge C=\tfrac{5}{3}\right).$$

Begründe dies im einzelnen (Aufgabe 4).

Es gilt also: $f(x)=\frac{2x^2+x-1}{(x-1)(x^2+x+1)}=\frac{2}{3}\cdot\frac{1}{x-1}+\frac{1}{3}\cdot\frac{4x+5}{x^2+x+1}$.

Der erste Anteil ist leicht zu integrieren; es gilt: $\frac{2}{3}\int\frac{dx}{x-1}=\frac{2}{3}\ln|x-1|+c_1$. Beim zweiten Summanden müssen wir eine weitere Zerlegung durchführen.

Wenn wir substituieren: $z=x^2+x+1$, dann gilt: $dz=(2x+1)\,dx$; daher schreiben wir

$$\frac{1}{3}\cdot\frac{4x+5}{x^2+x+1}=\frac{2}{3}\cdot\frac{2x+1}{x^2+x+1}+\frac{1}{3}\cdot\frac{3}{x^2+x+1}.$$

Den ersten Anteil können wir integrieren:

$$\frac{2}{3}\int\frac{(2x+1)\,dx}{x^2+x+1}=\frac{2}{3}\int\frac{dz}{z}=\frac{2}{3}\ln|z|+c_2=\frac{2}{3}\ln|x^2+x+1|+c_2.$$

Der letzte Summand führt bei der Integration auf den Arcustangens. Daher bringen wir den Nenner auf die Form t^2+1:

$$x^2+x+1=\left(x+\frac{1}{2}\right)^2+\frac{3}{4}=\frac{3}{4}\left[\frac{(x+\frac{1}{2})^2}{\frac{3}{4}}+1\right]=\frac{3}{4}\left[\left(\frac{2(x+\frac{1}{2})}{\sqrt{3}}\right)^2+1\right].$$

Mit $t=\frac{2}{\sqrt{3}}\left(x+\frac{1}{2}\right)$ erhält man: $dt=\frac{2}{\sqrt{3}}dx$, also $dx=\frac{\sqrt{3}}{2}dt$. Somit gilt:

$$\int\frac{dx}{x^2+x+1}=\frac{4}{3}\cdot\frac{\sqrt{3}}{2}\cdot\int\frac{dt}{t^2+1}=\frac{2\sqrt{3}}{3}\cdot\text{arc tan}\,t+c_3$$

$$=\frac{2\sqrt{3}}{3}\cdot\text{arc tan}\left[\frac{2}{\sqrt{3}}\left(x+\frac{1}{2}\right)\right]+c_3.$$

Insgesamt gilt also:

$$\int\frac{2x^2+x-1}{(x-1)(x^2+x+1)}dx=\frac{2}{3}\ln|x-1|+\frac{2}{3}\ln|x^2+x+1|+\frac{2\sqrt{3}}{3}\cdot\text{arc tan}\left[\frac{2}{\sqrt{3}}\left(x+\frac{1}{2}\right)\right]+c$$

$$=\ln\sqrt[3]{(x-1)^2\cdot(x^2+x+1)^2}+\frac{2\sqrt{3}}{3}\cdot\text{arc tan}\left[\frac{2}{\sqrt{3}}\left(x+\frac{1}{2}\right)\right]+c.$$

Führe die Probe durch dadurch, daß du den Ergebnisterm differenzierst!

3) $f(x)=\frac{x+1}{x^4+5x^2+4}=\frac{x+1}{(x^2+1)\cdot(x^2+4)}=\frac{Ax+B}{x^2+1}+\frac{Cx+D}{x^2+4}$

$$=\frac{(Ax+B)(x^2+4)+(Cx+D)(x^2+1)}{(x^2+1)\cdot(x^2+4)}$$

$$=\frac{(A+C)\,x^3+(B+D)\,x^2+(4A+C)\,x+(4B+D)}{(x^2+1)(x^2+4)}$$

Durch Koeffizientenvergleich erhält man in diesem Fall zwei voneinander unabhängige Gleichungssysteme:

$$\left\{\begin{array}{l}A+C=0\\ \wedge\,4A+C=1\end{array}\right\}\Leftrightarrow\left\{\begin{array}{l}A=\frac{1}{3}\\ \wedge\,C=-\frac{1}{3}\end{array}\right\}\quad\text{und}\quad\left\{\begin{array}{l}B+D=0\\ \wedge\,4B+D=1\end{array}\right\}\Leftrightarrow\left\{\begin{array}{l}B=\frac{1}{3}\\ \wedge\,D=-\frac{1}{3}\end{array}\right\}$$

Somit gilt:

$$f(x)=\frac{1}{3}\left[\frac{x+1}{x^2+1}-\frac{x+1}{x^2+4}\right]=\frac{1}{6}\cdot\frac{2x}{x^2+1}+\frac{1}{3}\cdot\frac{1}{x^2+1}-\frac{1}{6}\cdot\frac{2x}{x^2+4}-\frac{1}{3}\cdot\frac{1}{x^2+4}$$

$$=\frac{1}{6}\cdot\frac{2x}{x^2+1}+\frac{1}{3}\cdot\frac{1}{x^2+1}-\frac{1}{6}\cdot\frac{2x}{x^2+4}-\frac{1}{6}\cdot\frac{\frac{1}{2}}{\left(\frac{x}{2}\right)^2+1}.$$

Daraus folgt:

$$\int f(x)\,dx=\frac{1}{6}\ln|x^2+1|+\frac{1}{3}\text{arc tan}\,x-\frac{1}{6}\ln|x^2+4|-\frac{1}{6}\text{arc tan}\frac{x}{2}+c$$

$$=\frac{1}{6}\ln\left(\frac{x^2+1}{x^2+4}\right)+\frac{1}{3}\text{arc tan}\,x-\frac{1}{6}\text{arc tan}\frac{x}{2}+c.$$

Übungen und Aufgaben

1. a) $\int \frac{5x^2-8x+8}{x^3-4x^2+4x}\,dx$ b) $\int \frac{(x^2+2)\,dx}{x^3-2x^2+x}$ c) $\int_2^3 \frac{2x\,dx}{x^3+x^2-x-1}$

d) $\int \frac{(x^4+1)\,dx}{x^3-4x^2+4x}$ e) $\int_1^3 \frac{(x^4-2)\,dx}{x^4+3x^3+2x^2}$ f) $\int_{-2}^{-1} \frac{(x^4+2)\,dx}{x^4-3x^3+2x^2}$

g) $\int \frac{(x^4+1)\,dx}{(x+1)(x^3-x)}$ h) $\int_1^2 \frac{x^4\,dx}{(x+1)^2\cdot(x^2+2x)}$ i) $\int \frac{(x^4+1)\,dx}{(x-1)^2\cdot(x^2-2x)}$

2. Begründe, warum sich beim Beispiel unter **1.** die Zahl für B nicht auf die gleiche Weise berechnen läßt wie die Zahlen für A und für C!

3. Begründe, daß der Term x^2+4x+8 sich nicht in Linearfaktoren zerlegen läßt (Beispiel **1)** unter **2.**)!

4. Führe die Berechnung der Koeffizienten beim Beispiel $f(x)=\frac{2x^2+x-1}{(x-1)(x^2+x+1)}$ mit dem Verfahren des Koeffizientenvergleichs durch (Beispiel **2)** unter **2.**)!

5. a) $\int \frac{(x^2-2)\,dx}{(x+1)(x^2+2x+10)}$ b) $\int_{-2}^{1} \frac{(2x+3)\,dx}{x^2+4x+13}$ c) $\int \frac{dx}{(x+1)(x^2+2x+2)}$

d) $\int \frac{(x+1)^2\,dx}{(x-1)^2\cdot(x^2+1)}$ e) $\int_0^2 \frac{(x+1)\,dx}{x^2+4}$ f) $\int_{-1}^{0} \frac{(2x+1)\,dx}{(x^2+1)(x-1)(x-2)}$

g) $\int \frac{(2x-3)\,dx}{x^3-2x^2+2x}$ h) $\int_0^1 \frac{x^4\,dx}{(x^2+1)\cdot(x+1)}$ i) $\int_0^2 \frac{3x^3-5x+2}{(x+2)^2\cdot(x^2+4)}\,dx$

Vermischte Aufgaben

6. a) $\int \frac{(x^2-3x+2)\,dx}{(x-1)^2\cdot(x+1)}$ b) $\int \frac{(2x-1)\,dx}{x^2-x-2}$ c) $\int \frac{x^3\,dx}{x^3-3x^2+4}$

d) $\int \frac{x^3\,dx}{x^2+x-6}$ e) $\int_0^2 \frac{x^2\,dx}{x^2+2}$ f) $\int_{-3}^{-1} \frac{x^2-1}{x^2-2x}\,dx$

g) $\int \frac{x\,dx}{x^3-2x^2-5x+6}$ h) $\int \frac{x\,dx}{x^3-x^2-x+1}$ i) $\int_1^4 \frac{dx}{x^2(x+3)}$

7. a) $\int_2^3 \frac{(x^3-1)\,dx}{x^2-x-12}$ b) $\int \frac{x^2-3x+2}{(x-1)^2\cdot(x+1)}\,dx$ c) $\int_2^4 \frac{2x^2-2x-3}{(x-1)^2\cdot(x+2)}\,dx$

d) $\int_1^2 \frac{(36-10x)\,dx}{x^3-6x^2+9x}$ e) $\int \frac{2x^4+x^3-6x^2-4x-6}{x^3+2x^2}\,dx$ f) $\int \frac{x^2-1}{(x-2)^2}\,dx$

g) $\int \frac{(2x+5)\,dx}{2x^2+3x+1}$ h) $\int \frac{(2x-1)\,dx}{x^2+2x-3}$ i) $\int_{-1}^{0} \frac{2x^2-2x-3}{(x-1)^2\cdot(x+2)}\,dx$

j) $\int \frac{(2x+3)\,dx}{x^3+x^2-6x}$ k) $\int \frac{x^3-5x^2+x-2}{x^3-x}\,dx$ l) $\int \frac{(6x^2-12)\,dx}{(x+1)(x^2+2x+10)}$

m) $\int \frac{(x^3-50)\,dx}{x^2+4x+13}$ n) $\int \frac{(2x^2-3x+6)\,dx}{(x-1)(x^2-8x+17)}$ o) $\int_{-1}^{1} \frac{10x^3+4x^2+14x-18}{(x^2-2x+2)(x^2+2x+5)}\,dx$

8. Beweise die Allgemeingültigkeit folgender Gleichungen!

a) $\frac{1}{(1+x^2)^n} = \frac{1}{(1+x^2)^{n-1}} - \frac{x^2}{(1+x^2)^n}$ $(n \in \mathbb{N};\ x \in \mathbb{R})$

b) $\int \frac{dx}{(1+x^2)^n} = \frac{x}{2(n-1)(x^2+1)^{n-1}} + \frac{2n-3}{2(n-1)} \cdot \int \frac{dx}{(1+x^2)^{n-1}}$ $(n \in \mathbb{N}^{>1};\ x \in \mathbb{R})$

c) Zeige, daß das uneigentliche Integral $\int_0^{\infty} \frac{dx}{(1+x^2)^n}$ für alle $n \in \mathbb{N}$ existiert!

d) Berechne mit Hilfe der Ergebnisse von a), b) und c) die folgenden uneigentlichen Integrale!

1) $\int_0^{\infty} \frac{dx}{(1+x^2)^3}$ 2) $\int_{-\infty}^{0} \frac{dx}{(1+x^2)^3}$ 3) $\int_{-\infty}^{\infty} \frac{dx}{(1+x^2)^4}$

§ 6 Physikalische Anwendungen

I. Beispiel einer Differentialgleichung (Radioaktiver Zerfall)

1. Bei einer radioaktiven Substanz hängt die Zahl der in der Zeiteinheit – etwa in einer Sekunde – zerfallenden Atome von der Masse der Gesamtsubstanz, d. h. von der Anzahl der zur Zeit t noch bestehenden Atome der Substanz ab; genauer gesagt: die „Zerfallsgeschwindigkeit" ist direkt proportional zur Zahl der vorhandenen Atome.
Bezeichnet man diese Anzahl mit N(t), so ist die Zerfallsgeschwindigkeit gegeben durch die Ableitung von N(t), also durch

$$\dot{N}(t) = \frac{dN}{dt}.$$

Beachte:

1) Wir benutzen hier **a)** die auf J. Newton[1]) zurückgehende Schreibweise einer Ableitung nach der Zeit mit einem Punkt (statt mit einem Strich) und **b)** die auf G.W. Leibniz[2]) zurückgehende Schreibweise der Ableitung als Quotient der beiden Differentiale dN und dt (vgl. „Analysis I").

2) Von der physikalischen Bedeutung her steht N(t) stets für eine natürliche Zahl; um eine differenzierbare Funktion zu erhalten, lassen wir bei der mathematischen Beschreibung aber alle positiven reellen Zahlen für N(t) zu.

Mit einer für die betreffende radioaktive Substanz charakteristischen Zahl $\alpha \in \mathbb{R}^{>0}$ gilt also für die Zerfallsgeschwindigkeit:

$$\mathbf{\dot{N}(t) = \frac{dN}{dt} = -\alpha \cdot N(t)}.$$

Eine Gleichung dieser Form beschreibt einen Zusammenhang zwischen einer Funktion N und ihrer Ableitung $\dot{N}$; man nennt eine solche Gleichung daher eine **„Differentialgleichung"**.

2. Benutzt man für den Funktions- und den Ableitungsterm die übliche Schreibweise (f(x) und f'(x)), so lautet obige Differentialgleichung für den Zerfall radioaktiver Stoffe:

$$\mathbf{f'(x) = -\alpha \cdot f(x)}.$$

Gesucht sind also eine Funktion f oder mehrere solche Funktionen, die zu ihren Ableitungen proportional sind. Wir wissen bereits, daß die Exponentialfunktionen diese Eigenschaft haben. Man kann sogar zeigen, daß sich jede Lösung dieser Differentialgleichung durch einen Term der Form

$$f(x) = c \cdot e^{kx} \quad (\text{mit } c, k \in \mathbb{R} \text{ und } k \neq 0)$$

darstellen läßt; auf einen Beweis hierfür müssen wir verzichten. Beachte, daß auch c=0 sein kann! Den Wert von k kann man auf die folgende Weise bestimmen. Es gilt:

$$f(x) = c \cdot e^{kx} \Rightarrow f'(x) = kc \cdot e^{kx}.$$

---

[1]) Isaac Newton (1642–1727), engl. Physiker und Mathematiker.

[2]) Gottfried Wilhelm Leibniz (1646–1716), dtsch. Philosoph, Jurist, Mathematiker und Staatsmann.

Aus der Differentialgleichung ergibt sich also:

$$k(c\,e^{kx}) = -\alpha(c\,e^{kx}),$$

für $c \neq 0$ also: $k = -\alpha$.
Für die Formvariable c ergibt sich aus der Differentialgleichung selbst keine Einschränkung; alle Funktionen f mit

$$f(x) = c \cdot e^{-\alpha x} \qquad (c \in \mathbb{R})$$

erfüllen also diese Differentialgleichung.

3. Man kann die Differentialgleichung

$$f'(x) = -\alpha \cdot f(x)$$

auch auf andere Weise lösen. Für alle x mit $f(x) \neq 0$ ergibt sich, wenn man durch f(x) dividiert:

$$\frac{f'(x)}{f(x)} = -\alpha.$$

Wir nehmen nun an, es gäbe zwei Funktionen φ_1 und φ_2 mit

$$\varphi_1'(x) = \frac{f'(x)}{f(x)} \quad \text{und} \quad \varphi_2'(x) = -\alpha.$$

Durch Integration kann man leicht die zu φ_1' und φ_2' gehörenden Stammfunktionen φ_1 und φ_2 ermitteln:

$$\varphi_1(x) = \int \frac{f'(x)}{f(x)}\,dx = \int \frac{dy}{y} = \ln|y| + c_1 \qquad (\text{mit } c_1 \in \mathbb{R})$$

(wir haben substituiert: $y = f(x)$, also $dy = f'(x)\,dx$);

$$\varphi_2(x) = -\int \alpha\,dx = -\alpha x + c_2 \qquad (\text{mit } c_2 \in \mathbb{R}).$$

Damit ist die – zunächst nur angenommene – Existenz dieser Funktionen gesichert.
Wegen

$$\varphi_1'(x) = \varphi_2'(x)$$

können sich $\varphi_1(x)$ und $\varphi_2(x)$ (vgl. Analysis I) nur durch eine additive Konstante unterscheiden; es gilt also:

$$\ln|y| = -\alpha x + c_3 \qquad (\text{mit } c_3 \in \mathbb{R}),$$

also:

$$|y| = e^{-\alpha x + c_3} = e^{c_3} \cdot e^{-\alpha x}.$$

Mit $c = e^{c_3}$ ergibt sich

$$|y| = c \cdot e^{-\alpha x} \qquad (c \in \mathbb{R}^{>0}).$$

Läßt man für c auch **negative** Zahlen zu, so kann man die Absolutstriche weglassen:

$$y = f(x) = c \cdot e^{-\alpha x} \qquad (\text{mit } c \in \mathbb{R}).$$

Wir sind auf diese Weise also zu denselben Lösungsfunktionen gekommen wie unter 2.

4. Der Lösungsweg vereinfacht sich, wenn man formal folgendermaßen rechnet. Wir verwenden die Schreibweise der Ableitung als Quotienten der Differentiale:

$$f'(x) = \frac{dy}{dx} \quad \text{mit } y = f(x) \quad \text{und} \quad dy = f'(x) \cdot dx.$$

Dann ergibt sich aus $f'(x) = -\alpha \cdot f(x)$

$$\frac{dy}{dx} = -\alpha \cdot y$$

und für $y \neq 0$:

$$\frac{dy}{y} = -\alpha \cdot dx.$$

Durch formale Integration auf beiden Seiten erhält man:

$$\int \frac{dy}{y} = -\alpha \cdot \int dx,$$

also – wie schon unter **3.** –:

$$\ln|y| = -\alpha x + c_3$$

und somit auch hier:

$$y = f(x) = c \cdot e^{-\alpha x} \qquad (\text{mit } c \in \mathbb{R}).$$

Beachte, daß wir **nicht** begründet haben, daß die formale Integration der Gleichung $\frac{dy}{y} = -\alpha \cdot dx$ auf beiden Seiten (nach den beiden Variablen y und x) erlaubt ist! Eine Rechtfertigung ergibt sich bei diesem Beispiel allerdings aus der vorhergehenden Rechnung.

6. Wir kehren nun zum Problem des Zerfalls einer radioaktiven Substanz zurück. Aus

$$\dot{N}(t) = -\alpha \cdot N(t)$$

ergibt sich:

$$N(t) = c \cdot e^{-\alpha t} \qquad (\text{mit } c \in \mathbb{R}).$$

Die physikalische Bedeutung der Formvariablen c ergibt sich, wenn man in t die Zeit 0 einsetzt:

$$N(0) = c \cdot e^{-\alpha \cdot 0} = c.$$

Die Formvariable c gibt also die Anzahl der Atome zur Zeit $t=0$ an; bezeichnen wir diese mit N_0, so lautet das Zerfallsgesetz:

$$\mathbf{N(t) = N_0 \cdot e^{-\alpha t}};$$

hierbei ist α eine für die betreffende Substanz charakteristische Konstante; α heißt „Zerfallskonstante" und wird in der Einheit

$$a^{-1}\left(\frac{1}{\text{Jahr}}\right) \quad \text{bzw.} \quad d^{-1}\left(\frac{1}{\text{Tag}}\right) \quad \text{bzw.} \quad h^{-1}\left(\frac{1}{\text{Stunde}}\right) \quad \text{bzw.} \quad \sec^{-1}\left(\frac{1}{\text{Sekunde}}\right)$$

angegeben.

<u>**Beispiele:**</u>

Uran I: $\alpha = 1{,}53 \cdot 10^{-10}\,a^{-1}$; Thorium C: $\alpha = 2{,}3 \cdot 10^{6}\,\sec^{-1}$;
Radium: $\alpha = 4{,}35 \cdot 10^{-4}\,a^{-1}$; Thorium: $\alpha = 5 \cdot 10^{-11}\,a^{-1}$.

Übungen und Aufgaben

1. **a)** Berechne für eine beliebige radioaktive Substanz die sogenannte „Halbwertszeit" t_H! t_H ist die Zeit, nach der die Hälfte der N_0 Atome zerfallen ist, für die also $N(t_H)=\frac{1}{2}\cdot N_0$ gilt.

b) Berechne die Halbwertszeiten t_H von Uran I, Radium, Thorium und Thorium C (vgl. Beispiele für die Zerfallskonstante α im Lehrtext)!

c) Drücke die Zeit, nach der von einer radioaktiven Substanz nur noch $\frac{1}{4}$; 12,5%; $6\frac{1}{4}$%; 5%; 1% vorhanden sind, in Halbwertszeiten aus!

2. Nach 120 Stunden sind von 10^7 Atomen eines radioaktiven Präparates $1{,}9\cdot 10^6$ zerfallen.

a) Berechne die Zerfallskonstante α der radioaktiven Substanz (Einheit: h^{-1} bzw. sec^{-1})!

b) Nach welcher Zeit sind von diesem Präparat $9\cdot 10^6$; $5\cdot 10^6$; 850000 Atome noch nicht zerfallen?

c) Berechne die Halbwertszeit t_H des betreffenden Präparates und drücke die Ergebnisse von b) in Halbwertszeiten aus!

3. Für die radioaktive Substanz Radon ist $\alpha\approx 2100\cdot 10^{-6}\,sec^{-1}$.

a) Berechne die Halbwertszeit t_H von Radon!

b) Ermittle die Zeit, nach der 75%; 90%; 99% des ursprünglich vorhandenen Stoffes zerfallen sind!

c) Wieviel % des Stoffes zerfallen in 100 Tagen?

4. Berechne aus den angegebenen Halbwertszeiten t_H die Zerfallskonstanten α der betreffenden radioaktiven Stoffe!

a) Thorium: $t_H=1{,}4\cdot 10^{10}$ a
b) Thoron: $t_H=54{,}5$ sec
c) Uran: $t_H=4{,}5\cdot 10^9$ a
d) Radium: $t_H=1590$ a
e) Radium C′: $t_H=1{,}47\cdot 10^{-4}$ sec
f) Polonium: $t_H=138{,}5$ d

5. Berechne von den folgenden radioaktiven Präparaten zu den angegebenen Zeiten t_K die Zerfallsgeschwindigkeiten $\dot{N}(t)=\frac{dN}{dt}$ (vgl. I, 1.)!

a) $N_0=10^{10}$ Atome Thorium C ($\alpha\approx 2{,}3\cdot 10^6\,sec^{-1}$); $t_1=t_H$, $t_2=20$ sec

b) $N_0=10^6$ Atome Polonium ($t_H=138{,}5$ d); $t_1=t_H$, $t_2=500$ d

c) $N_0=10^7$ Atome Radium ($t_H=1590$ a); $t_1=3\cdot t_H$, $t_2=159$ a

6. Bei vielen Vorgängen in der Natur besteht ein ähnlicher Zusammenhang zwischen der Änderungsgeschwindigkeit $\dot{N}(t)=\frac{dN}{dt}$ und der Anzahl $N(t)$ der vorhandenen Individuen wie beim radioaktiven Zerfall.

Bei **Wachstumsvorgängen,** z.B. beim Anwachsen einer Bakterienkultur, eines Waldes, der Bevölkerung einer neuen Stadt usw., ist $\dot{N}(t)$ ebenfalls direkt proportional zu $N(t)$:

$$\dot{N}(t)=k\cdot N(t).$$

Der Proportionalitätsfaktor $k\in\mathbb{R}^{>0}$ heißt „Wachstumsquote".

a) Leite, ähnlich dem Zerfallsgesetz, ein **„Wachstumsgesetz"** her! Vergleiche die verschiedenen im Lehrtext beschriebenen Wege!

b) Eine Bakterienkultur von 4400 Individuen wurde um 9^{00} Uhr sich selbst überlassen, um 13^{00} Uhr umfaßte sie bereits 46600 Bakterien. Stelle die Wachstumsfunktion auf, zeichne ihren Graph und ermittle den Bakterienbestand um 11^{00} Uhr, 14^{30} Uhr, 16^{00} Uhr!

c) In einer neuen Stadt wurden 1970 12500, 1973 15000 Einwohner gezählt. Welche Einwohnerzahl ist bei gleichen Wachstumsbedingungen in den Jahren 1978, 1984 und 2000 zu erwarten?

d) Ein Waldbestand hat sich in 10 Jahren um 30% auf 45000 fm. vergrößert. Wie groß war der Bestand vor 6 Jahren? Wie groß wird er in weiteren 8 (12) Jahren sein, wenn bis dahin kein Holz geschlagen wird?

7. Begründe die folgenden Angaben ausführlich (vgl. § 4, VI und Analysis I, § 14)!

a) Ein Kapital K_0, das jährlich zu p% verzinst wird, ist nach n Jahren auf $K_n = K_0 \cdot \left(1+\frac{p}{100}\right)^n$ angewachsen.

b) Erfährt das Kapital K_0 m Zinszuschläge pro Jahr von je $\frac{p}{m}$%, so ist es nach n Jahren auf $K_n = K_0 \cdot \left(1+\frac{p}{100 \cdot m}\right)^{n \cdot m}$ angewachsen.

c) Wenn die Zinszuschläge in jedem Augenblick erfolgen („stetige Verzinsung"), ist das zu p% verzinste Kapital K_0 nach n Jahren wegen $\lim\limits_{\kappa\to\infty}\left(\left(1+\frac{1}{\kappa}\right)^{\kappa}\right)^n = e^n$ auf $K_n = K_0 \cdot e^{\frac{p}{100}\cdot n}$ gewachsen.

8. a) Auf welches Kapital sind 2000 DM nach 10 Jahren angewachsen, wenn **1)** jährlich, **2)** stetig verzinst wird und der Zinssatz 5% (8,5%) beträgt?

b) Ein Kapital soll in 12 Jahren bei einem Zinssatz von 7,5% auf 25000 DM anwachsen. Welches Grundkapital ist bei **1)** jährlicher, **2)** monatlicher, **3)** stetiger Verzinsung notwendig?

c) In welcher Zeit verdoppelt sich ein Kapital K_0 bei 8% (allgemein p%) Zinsen, wenn die Zinsen **1)** jährlich, **2)** halbjährlich, **3)** monatlich, **4)** stetig zugeschlagen werden?

9. Prüfe, ob die stetige Verzinsung nach dem „Wachstumsgesetz" (vgl. Aufgabe 6) erfolgt! Stelle ggfs. für die stetige Verzinsung eine Differentialgleichung auf und ermittle, welche Größe die Rolle der Wachstumsquote spielt!

II. Beispiele und Aufgaben aus anderen Gebieten der Physik

1. Ein Kondensator von der Kapazität C wird über einen großen Ohmschen Widerstand R entladen. Für die Spannung U(t) liefert die Theorie die Gültigkeit der Differentialgleichung

$$\frac{dU}{dt} = -\frac{1}{RC}U.$$

a) Löse die Gleichung nach dem unter I, 4. beschriebenen Verfahren!

b) Bestimme die Integrationskonstante aus der Bedingung $U(0)=U_0$!

c) In 10 sec ist bei einer Kapazität von $C=10^{-6}$ F die Spannung auf die Hälfte gesunken. Berechne R!

2. Eine Eisenkugel der Masse m habe die Anfangstemperatur T_1. Sie kühlt sich an der Luft (Temperatur T_2) ab. Für diesen Vorgang gilt die Differentialgleichung

$$\frac{dT}{dt} = -\frac{\lambda F}{c\,m}(T - T_2),$$

wobei t die Zeit, T die jeweilige Temperatur, λ die Wärmeleitfähigkeit, F die Oberfläche und c die spezifische Wärme des Materials bezeichnen. Da λ, F, c und m sich während des Abkühlungsvorganges nicht ändern, setzen wir

$$\frac{\lambda F}{c\,m} = a.$$

Dann gilt:

$$\frac{dT}{dt} = -a(T - T_2).$$

a) Löse die Differentialgleichung! Bestimme die Integrationskonstante aus der Bedingung, daß zur Zeit $t=0$ die Temperatur der Kugel $T_1 = 100°$ beträgt! ($T_2 = 20\,°C$.)

b) Bestimme den Wert für a daraus, daß die Kugel sich in einer Sekunde um 1 °C abkühlt, daß also $\frac{dT}{dt} = -1$ ist zur Zeit $t=0$!

c) Nach welcher Zeit hat sich die Kugel auf 30 °C abgekühlt?

3. Eine Kugel mit der Masse m wird mit der Anfangsgeschwindigkeit v_0 in ein zähes Medium geschossen. Für die Reibungskraft gilt: $F = -R \cdot v$ mit einer festen Zahl R. Bezeichnet s den Weg, den die Kugel in diesem Medium zurücklegt, so gilt nach dem Grundgesetz der Mechanik

$$m\ddot{s} = -R \cdot \dot{s} \quad \text{oder mit} \quad \dot{s} = v, \quad m\dot{v} = -Rv,$$

also:

$$\frac{dv}{dt} = -\frac{R}{m} \cdot v.$$

a) Ermittle $v(t)$ durch Integration dieser Differentialgleichung! Bestimme die Integrationskonstante aus der Bedingung, daß für $t=0$ die Geschwindigkeit der Kugel v_0 ist!

b) Bestimme $s(t)$ durch Integration aus $v(t) = \dot{s}(t)$! Ermittle die Integrationskonstante aus der Bedingung $s(0) = 0$!

c) Skizziere den Graph der Funktion s! Welche Asymptote hat der Graph?

4. Eine Kugel mit der Masse m fällt frei in einer zähen Flüssigkeit. Die Reibungskraft F ist proportional zur Geschwindigkeit v, es gilt also $F = -R \cdot v$ mit einer festen Zahl R. Der Anziehungskraft der Erde wirkt außerdem der Auftrieb A der Kugel entgegen; es gilt $A = V \cdot \rho \cdot g$, wobei V das Volumen der Kugel, ρ die Dichte der Flüssigkeit und g die Erdbeschleunigung bezeichnet.
Aus der Theorie ergibt sich für diesen Vorgang die Gültigkeit der Differentialgleichung

$$\frac{dv}{dt} + \frac{R}{m} \cdot v = g\left(1 - \frac{V\rho}{m}\right).$$

a) Bestätige, daß eine Lösung der Differentialgleichung gegeben ist durch

$$v(t) = \frac{g}{R}(m - V \cdot \rho) \cdot \left(1 - e^{-\frac{R}{m}t}\right)!$$

b) Wie groß ist v zur Zeit $t=0$? Diskutiere die Funktion v! Skizziere den Graph!

5. Bei einer chemischen Reaktion haben nach der Zeit t N(t) Teilchen reagiert. Ist N_0 die Gesamtzahl der reagierenden Teilchen zur Zeit t=0, so gilt:

$$N(t)=N_0(1-e^{-kt});$$

dabei bezeichnet k eine Konstante, die für die Reaktionsgeschwindigkeit charakteristisch ist.
Berechne die Zeit t_1, zu der 25% der Teilchen reagiert haben!

6. Der Luftdruck p nimmt mit zunehmender Höhe h ab. Zur Herleitung der Funktionsgleichung p=f(h) betrachten wir eine Luftsäule vom Querschnitt q in der Höhe h über dem Meeresspiegel (Bild 6.1). Der Druck in der Höhe h sei p(h). Dann muß die Kraft $F(h)=p(h)\cdot q$ das Gewicht der oberhalb der Höhe h befindlichen Luftsäule tragen. In der Höhe $h+\Delta h$ herrscht der Luftdruck $p(h+\Delta h)$, auf den Querschnitt q wirkt dort die Kraft

$$F(h+\Delta h)=p(h+\Delta h)\cdot q.$$

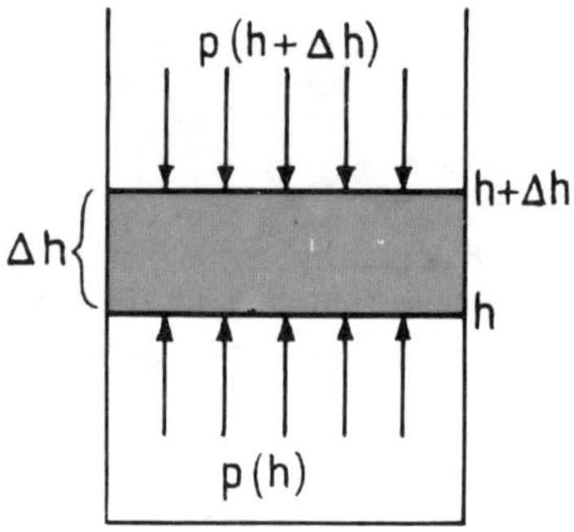

Bild 6.1

Das Gewicht der Luftschicht mit der Dicke Δh und dem Querschnitt q ist:

$$G=\rho(h)\cdot g\cdot q\cdot \Delta h,$$

wobei $\rho(h)$ die Dichte der Luft in der Höhe h und g die Erdbeschleunigung bezeichnen. Da die Luft in Ruhe ist, muß die Summe aller Kräfte 0 sein. Daher gilt:

$$q\cdot p(h)-\rho(h)\cdot g\cdot q\cdot \Delta h-q\cdot p(h+\Delta h)=0$$

$$\Leftrightarrow p(h)-p(h+\Delta h)=\rho(h)\cdot g\cdot \Delta h \quad (\text{wegen } q\neq 0)$$

$$\Leftrightarrow \frac{p(h+\Delta h)-p(h)}{\Delta h}=-\rho(h)\cdot g.$$

Nach dem Gesetz von Boyle ist $\rho(h)=c\cdot p(h)$; damit ergibt sich:

$$\frac{p(h+\Delta h)-p(h)}{\Delta h}=-c\cdot g\cdot p(h)$$

also

$$\lim_{\Delta h\to 0}\frac{p(h+\Delta h)-p(h)}{\Delta h}=\frac{dp}{dh}=-c\cdot g\cdot p(h).$$

a) Löse diese Differentialgleichung!

b) Bestimme die Integrationskonstante aus der Bedingung $p(0)=p_0$!

c) Stelle eine Tabelle für den Luftdruck in den Höhen 100 m, 500 m, 1000 m, 2000 m, 3000 m, 4000 m, ..., 10000 m mit $p_0=1{,}013$ bar auf! ($cg=\frac{1}{7996}\,m^{-1}$.)

d) In welcher Höhe beträgt der Luftdruck 75%, 50%, 25%, 10% von p_0?

7. Ein ideales Gas soll bei konstanter Temperatur komprimiert werden. Für den Vorgang gilt das Gesetz von Boyle:

$$p_0 V_0=p_1 V_1,$$

wobei p_0 und V_0 Druck und Volumen vor der Kompression und p_1 und V_1 dieselben Größen nach der Kompression bezeichnen.

Der Zylinder, in dem die Kompression erfolgt, habe den Querschnitt q. Dann gilt für die aufzuwendende Kraft

$$F = p \cdot q.$$

Die Arbeit längs des Weges Δs sei ΔW; es gilt dann:

$$\Delta W = -F \cdot \Delta s = -p \cdot q \cdot \Delta s.$$

Nach dem Gesetz von Boyle gilt: $p = \frac{V_0 \cdot p_0}{V}$.

Daraus ergibt sich:

$$\Delta W = -V_0\, p_0 \cdot \frac{1}{V} \cdot q \cdot \Delta s$$

und mit $q \cdot \Delta s = \Delta V$:

$$\Delta W = -V_0\, p_0 \cdot \frac{1}{V} \cdot \Delta V.$$

Daraus ergibt sich die Gültigkeit der Differentialgleichung

$$\frac{dW}{dV} = -V_0 \cdot p_0 \cdot \frac{1}{V}.$$

a) Berechne die Gesamtarbeit für die isotherme Kompression vom Volumen V_0 auf das Volumen V_1 durch Integration über V!

b) Diskutiere das Ergebnis!

c) Setze $V_0 = 10\ dm^3$, $V_1 = 5\ dm^3$ und $p_0 = 1$ at und berechne die Arbeit!

8. Die Kompression eines Gases erfolge adiabatisch, d. h. während der Kompression soll kein Wärmeaustausch mit der Umgebung stattfinden. Dieser Vorgang wird durch die „adiabatische Zustandsgleichung"

$$p_0 \cdot V_0^K = p_1 \cdot V_1^K$$

beschrieben. p_0, V_0, p_1, V_1 haben dieselbe Bedeutung wie in Aufgabe 7.; K bezeichnet eine Konstante.

a) Berechne die bei der adiabatischen Kompression geleistete Arbeit (vgl. Aufgabe 7!).

b) Setze $V_0 = 10\ dm^3$, $V_1 = 5\ dm^3$, $p_0 = 1$ at, $K = 1{,}28$.

c) Vergleiche das Ergebnis mit dem von Aufgabe 7!

9. Eine gedämpfte elektrische Schwingung wird beschrieben durch die Gleichung

$$J(t) = J_0 \cdot e^{-kt} \cdot \sin \omega t.$$

Dabei bezeichnet $J(t)$ die Stromstärke zur Zeit t, J_0 zur Zeit $t = 0$, ω die Kreisfrequenz $\left(\omega = \frac{2\pi}{T}\right)$ und k eine Konstante, die die Stärke der Dämpfung angibt.

a) Berechne die Amplituden $A(t)$ der Schwingung.

b) Zeige, daß die Amplituden $A_1, A_2, \ldots, A_n, A_{n+1}, \ldots$ eine geometrische Folge bilden!

10. Ein zylindrisches Gefäß mit der Grundfläche A ist bis zur Höhe h mit Wasser gefüllt. Das Wasser läuft durch eine am Boden befindliche Öffnung vom Querschnitt q mit einer bestimmten Strömungsgeschwindigkeit aus. Für die zeitliche Änderung der Höhe des Flüssigkeitsspiegels gilt:

$$A \cdot \frac{dh}{dt} = -q \cdot \sqrt{2gh},$$

wobei g die Erdbeschleunigung bezeichnet.

a) Berechne h(t) durch Integration des im Lehrtext unter **2.** bzw. **3.** beschriebenen Verfahrens!

b) Ermittle die Integrationskonstante aus der Bedingung $h(0)=h_0$!

$$\left[\text{Ergebnis: } h(t)=\frac{1}{4}\left(\frac{q}{A}\sqrt{2g}\,t-2\sqrt{h_0}\right)^2\right]$$

11. An eine Gleichspannungsquelle mit der Spannung U_0 sind parallel zueinander ein Ohmscher Widerstand R und eine Spule mit der Induktivität L angeschlossen. Wird die Spannungsquelle abgeschaltet, so wird in der Spule durch die Stromabnahme eine Spannung $U_{ind}=-L\cdot\dot{J}$ induziert; sie ist in jedem Zeitpunkt der zwischen den Enden des Widerstandes bestehenden Spannung $U=J\cdot R$ gleich. Demnach gilt: $-L\cdot\dot{J}=J\cdot R$.

a) Löse diese Differentialgleichung nach dem in I, 4 beschriebenen Verfahren und bestimme die Integrationskonstante aus der Bedingung $J(0)=J_0$!

b) Zeichne den Graphen für die J(t)-Funktion bei $J_0=5$ A, $R=2\,\Omega\,(\text{VA}^{-1})$ und $L=0{,}1$ H (V sec A^{-1})! Lies aus dem Graphen die Stromstärken zu den Zeitpunkten $t_1=\frac{1}{100}$ sec, $t_2=1$ sec, $t_3=\frac{1}{50}$ sec, $t_4=\frac{1}{10}$ sec, $t_5=0{,}5$ sec ab!

12. Sind eine Gleichspannungsquelle (U_0), ein Ohmscher Widerstand (R) und eine Spule (L) hintereinander geschaltet, so verhindert die Selbstinduktion in der Spule, daß die Stromstärke sofort ihren vollen Wert erreicht. Weil der Gleichspannung U_0 die induzierte Spannung $U_{ind}=-L\cdot\dot{J}$ entgegenwirkt, folgt aus $U=U_0-L\cdot\dot{J}$ eine Differentialgleichung für J(t): $J\cdot R=U_0-L\cdot\dot{J}$.
Anfangsbedingung: $J(0)=0$.

a) Zeige, daß die Funktion mit dem Term

$$J(t)=\frac{U_0}{R}\cdot\left(1-e^{-\frac{R}{L}\cdot t}\right)$$

eine Lösung der Differentialgleichung ist!

b) Vergleiche diese Lösung von $J\cdot R=U_0-L\cdot\dot{J}$ mit denjenigen von $J\cdot R=-L\cdot\dot{J}$ (vgl. Aufgabe 11 a))! Untersuche, ob die Lösung von 11 a) auf diejenige von 12 a) zurückgeführt werden kann!

c) Zeige, daß die in 12 a) angegebene Funktion zu J(t) die einzige Lösung der Differentialgleichung $J\cdot R=U_0-L\cdot\dot{J}$ mit der Anfangsbedingung $J(0)=0$ ist (vgl. den analogen Gedankengang in I, 3.)!

d) Zeichne den Graphen zu J(t) für $U_0=10$ V, $R=2\,\Omega$ (VA^{-1}), $L=0{,}1$ H (V sec A^{-1}) und lies aus den Graphen die Stromstärken zu den Zeitpunkten $t_1=\frac{1}{100}$ sec, $t_2=\frac{1}{50}$ sec, $t_3=\frac{1}{20}$ sec, $t_4=\frac{1}{10}$ sec, $t_5=0{,}5$ sec ab!
Berechne diese Werte auch logarithmisch und vergleiche die Ergebnisse!

e) Berechne die Induktivität einer Spule, wenn die Stromstärke bei einem Ohmschen Widerstand von $4\,\Omega$ in 2 sec auf $\frac{5}{8}$ des Endwertes steigt!

f) Begründe, warum nach der Zeit $t=\dfrac{L}{R}$ die Stromstärke J auf etwa $\frac{5}{8}$ des Endwertes angestiegen ist (Faustregel)!

13. Für die Auflösung einer chemischen Substanz in einer Flüssigkeit gilt die Gleichung: $m(t)=m_S\cdot(1-e^{-\lambda t})$. Dabei ist m die aufgelöste Masse des Stoffes, m_S die Sättigungsmenge und λ eine von der Stoffart abhängige Konstante.

a) Stelle für den Auflösungsvorgang eine Differentialgleichung auf, in der die Auflö-

sungsgeschwindigkeit $\frac{dm}{dt}$ in Beziehung zur jeweils aufgelösten Masse m gesetzt wird!
Formuliere auch die Anfangsbedingung für den Zeitpunkt $t=0$!

b) Beim Auflösen von $m_S=56$ g Benzoësäure in Wasser ist nach $t=30$ sec die Masse $m=31$ g aufgelöst.
Berechne die Konstante λ und ermittle, wann 75%; 50%; 96% des Stoffes aufgelöst sind.

III. Berechnung von Mittelwerten

1. Zur Lösung naturwissenschaftlicher Probleme ist es häufig notwendig, **Mittelwerte** zu berechnen.

Beispiel: In einem elektrischen Leiter vom Ohmschen Widerstand R fließt ein Gleichstrom der Stromstärke J. Dabei wird in der Zeit Δt eine Wärmemenge ΔQ erzeugt, für die nach dem Gesetz von Joule gilt:

$$\Delta Q = RJ^2 \cdot \Delta t.$$

Bei einem **Wechselstrom** gilt für die Stromstärke

$$J = J_0 \sin \omega t$$

mit $\omega=\frac{2\pi}{T}$, wobei T die Schwingungsdauer des Wechselstromes bezeichnet. In diesem Fall ist die in einer Zeit Δt abgegebene Wärmemenge nicht konstant; daher ist es zweckmäßig, die im zeitlichen Mittel an die Umgebung abgegebene Wärmemenge zu berechnen.
Es gilt:

$$\dot{Q}(t) = \frac{dQ}{dt} = \lim_{\Delta t \to 0} \frac{\Delta Q}{\Delta t} = RJ^2 = R \cdot J_0^2 \cdot \sin^2 \omega t,$$

also:

$$dQ = RJ_0^2 \cdot \sin^2(\omega t) \cdot dt = RJ_0^2 \cdot \sin^2\left(\frac{2\pi}{T} t\right) \cdot dt.$$

Für die Funktion f zu $f(t)=\sin^2\left(\frac{2\pi}{T}t\right)$ ergibt sich die Periode aus der Bedingung $\frac{2\pi\bar{t}}{T}=\pi$ zu $\bar{t}=\frac{T}{2}$. Somit ergibt sich für den Mittelwert der in der Zeiteinheit abgegebenen Wärmemenge:

$$\bar{Q} = \frac{1}{\frac{T}{2}} \cdot RJ_0^2 \cdot \int_0^{\frac{T}{2}} \left(\sin^2 \frac{2\pi}{T} t\right) dt.$$

Wir berechnen das Integral mit Hilfe der Substitution

$$z = \varphi(t) = \frac{2\pi}{T} t, \quad \text{also} \quad dz = \frac{2\pi}{T} dt \Leftrightarrow dt = \frac{T}{2\pi} dz.$$

Für die Grenzen gilt:

$$\varphi(0) = 0 \quad \text{und} \quad \varphi\left(\frac{T}{2}\right) = \frac{2\pi}{T} \cdot \frac{T}{2} = \pi.$$

Damit erhält man:

$$\bar{Q}=\frac{2}{T}\cdot RJ_0^2\cdot\frac{T}{2\pi}\int_0^{\pi}\sin^2 z\,dz=\frac{RJ_0^2}{\pi}\cdot\int_0^{\pi}\sin^2 z\,dz.$$

Unter **2.** werden wir zeigen, daß

$$\int_0^{\pi}\sin^2 z\,dz=\frac{\pi}{2}$$

ist. Damit ergibt sich

$$\bar{Q}=\frac{RJ_0^2}{2}.$$

Die in der Zeiteinheit im Mittel erzeugte Wärmemenge ist also dieselbe wie die, die ein Gleichstrom von der Stärke

$$\frac{J_0}{\sqrt{2}}=\frac{1}{2}\sqrt{2}\cdot J_0\approx 0{,}707\cdot J_0$$

erzeugen würde.
Man nennt $\frac{1}{2}\sqrt{2}\cdot J_0$ die **„effektive Stromstärke“** des Wechselstromes.

2. Zur Berechnung des Integrals $\int_0^{\pi}\sin^2 z\,dz$ wenden wir einen Kunstgriff an. Die beiden Funktionen f_1 und f_2 zu $f_1(z)=\sin^2 z$ und $f_2(z)=\cos^2 z$ nehmen im Intervall $[0;\pi]$ dieselben Funktionswerte – wenn auch an verschiedenen Stellen – an (Bild 6.2). Daher gilt:

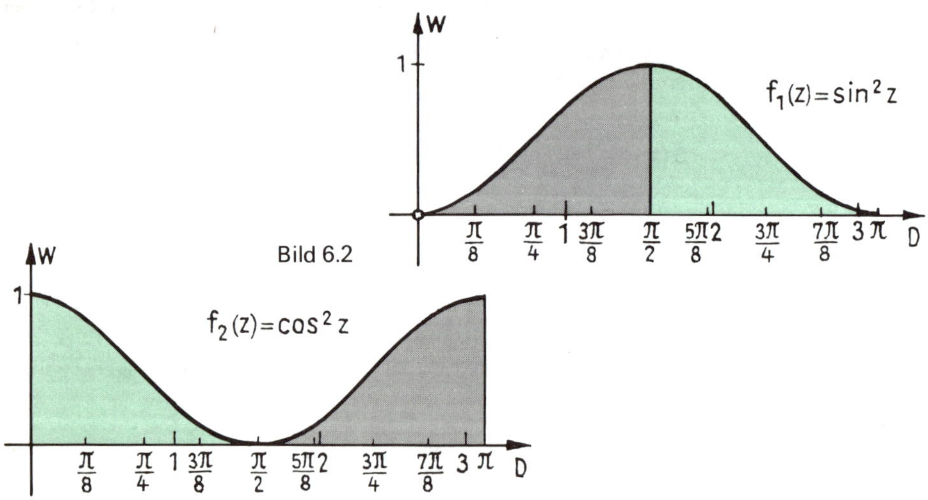

Bild 6.2

$$\int_0^{\frac{\pi}{2}}\sin^2 z\cdot dz=\int_{\frac{\pi}{2}}^{\pi}\cos^2 z\cdot dz \quad\text{und}\quad \int_{\frac{\pi}{2}}^{\pi}\sin^2 z\cdot dz=\int_0^{\frac{\pi}{2}}\cos^2 z\cdot dz$$

und daher auch:

$$\int_0^{\pi}\sin^2 z\cdot dz=\int_0^{\pi}\cos^2 z\cdot dz.$$

Daraus ergibt sich:

$$\int_0^{\pi} \sin^2 dz = \tfrac{1}{2}\int_0^{\pi} (\sin^2 z + \cos^2 z)\, dz = \tfrac{1}{2}\int_0^{\pi} 1 \cdot dz = \tfrac{1}{2} \cdot z \Big|_0^{\pi} = \frac{\pi}{2}.$$

Übungen und Aufgaben

1. Berechne die effektive Spannung eines Wechselstromes in einem Leiterkreis, der nur den Ohmschen Widerstand R hat! Benutze den gleichen Ansatz wie in dem Beispiel, das im Lehrtext behandelt ist! (Ohmsches Gesetz: $U = J \cdot R$.)

2. Für die Winkelgeschwindigkeit, mit der sich ein mathematisches Pendel von der Pendellänge l bewegt, gilt:

$$\dot{\varphi} = \varphi_0 \cdot \sqrt{\frac{g}{l}} \cdot \sin\sqrt{\frac{g}{l}} \cdot t,$$

wobei g die Erdbeschleunigung bezeichnet.

a) Berechne den zeitlichen Mittelwert der kinetischen Energie der Pendelmasse!

$\left[\text{Anleitung: } W_{kin} = \frac{m}{2} v^2 \text{ mit } v = l \cdot \dot{\varphi} = l \cdot \frac{d\varphi}{dt}\right]$.

b) Vergleiche das Ergebnis mit der kinetischen Energie für $\varphi = 0$!

3. Wie groß ist der **zeitliche** Mittelwert der Wurfhöhe y beim schiefen Wurf?
[Anleitung: Für die Wurfhöhe y gilt in Abhängigkeit von der Zeit:

$$y = (v_0 \cdot \sin\alpha) \cdot t - \tfrac{1}{2} g\, t^2.$$

Dabei bezeichnen v_0 die Anfangsgeschwindigkeit, g die Erdbeschleunigung und α den Abwurfwinkel.]

Berechne aus der Bedingung $y = 0$ die Wurfzeit T!

4. Wie groß ist der **räumliche** Mittelwert der Wurfhöhe y beim schiefen Wurf?
[Anleitung: Für die Wurfhöhe y gilt in Abhängigkeit von der Wurfweite x:

$$y = (\tan\alpha) \cdot x - \frac{g\, x^2}{2 \cdot v_0^2 \cdot \cos^2\alpha};$$

dabei bezeichnen v_0 die Anfangsgeschwindigkeit und α den Abwurfwinkel.]

Berechne aus der Bedingung $y = 0$ die Wurfweite!

5. Für eine harmonische Schwingung (Schwingungsgleichung $y = A \cdot \sin t$) sind für die Dauer einer Halbschwingung ($t = \pi$), einer Vollschwingung ($t = 2\pi$) und von $2\frac{1}{2}$ Vollschwingungen ($t = 5\pi$) die zeitlichen Mittelwerte folgender Größen zu berechnen.

a) Berechne den zeitlichen Mittelwert des Quadrates der Elongation y.

b) Berechne den zeitlichen Mittelwert der kinetischen Energie $E_{kin} = \frac{1}{2} m \cdot \dot{y}^2$.

Beachte: $\ddot{y} =_{Df} \frac{d}{dt}(\dot{y}) = \frac{d}{dt}\left(\frac{dy}{dt}\right)$.

2. Abschnitt: Einführung in die Reihenlehre

§ 7 Zahlenfolgen

I. Wiederholung grundlegender Begriffe und Sätze

1. Im Band „Analysis I" haben wir uns ausführlich mit Zahlenfolgen beschäftigt; wir wiederholen kurz die wichtigsten Definitionen und Sätze:

D 7.1 **Eine Funktion f heißt eine „Folge" genau dann, wenn $D(f) \subseteq \mathbb{N}$ ist. Eine Folge heißt „Zahlenfolge" genau dann, wenn $W(f) \subseteq \mathbb{R}$ ist.**

Beachte:

1) Mit dieser Definition sind auch „endliche Folgen" erfaßt, ohne Zusatz verstehen wir das Wort „Folge" stets im Sinne von „unendliche Folge".

2) Unendliche Folgen können nach D 7.1 als Definitionsmenge die **volle Menge** $\mathbb{N}$ oder eine **Teilmenge von** $\mathbb{N}$ haben. Der Einfachheit halber formulieren wir im folgenden alle Definitionen und Sätze für den Fall $D(f) = \mathbb{N}$; gilt $D(f) \subset \mathbb{N}$, so ist jeweils $\mathbb{N}$ durch $D(f)$ zu ersetzen.

3) Den Funktionsterm einer Zahlenfolge a bezeichnet man meist nicht mit „$a(n)$", sondern mit „a_n". Die zugehörige Zahlenfolge bezeichnen wir mit „(a_n)".

2. Spezielle Folgen sind die arithmetischen und die geometrischen Zahlenfolgen.

D 7.2 **Eine Zahlenfolge (a_n) heißt „arithmetische Folge" genau dann, wenn gilt:**

$$\bigvee_{d \in \mathbb{R}} \bigwedge_{n \in \mathbb{N}} [a_{n+1} - a_n = d].$$

<u>**Beispiel:**</u> $a_n = 2n - 1$; es gilt: $d = 2$.

D 7.3 **Eine Zahlenfolge (a_n) heißt „geometrische Folge" genau dann, wenn gilt:**

$$\bigvee_{q \in \mathbb{R}^{\neq 0}} \bigwedge_{n \in \mathbb{N}} \left[\frac{a_{n+1}}{a_n} = q\right].$$

<u>**Beispiel:**</u> $a_n = 2 \cdot 3^{n-1}$; es gilt: $q = 3$.

3. Im Band „Analysis I" haben wir eine Reihe von Eigenschaften kennengelernt, die Zahlenfolgen haben können: Monotonie, Beschränktheit und vor allem **Konvergenz.** Wir haben gesagt:

D 7.4a **Eine Zahlenfolge (a_n) konvergiert gegen den Grenzwert g genau dann, wenn in jeder ε-Umgebung von g schließlich alle (fast alle) Glieder der Folge liegen; man schreibt:**

$$\lim_{n \to \infty} a_n = g.$$

Für Konvergenzbeweise handlicher ist die Formulierung:

D 7.4 b **Eine Zahlenfolge (a_n) konvergiert gegen den Grenzwert g genau dann, wenn es zu jeder Zahl $\varepsilon \in \mathbb{R}^{>0}$ eine Zahl $N(\varepsilon) \in \mathbb{N}$ gibt, so daß gilt:**

$$n > N(\varepsilon) \Rightarrow |g - a_n| < \varepsilon \qquad \text{(Bild 7.1)}.$$

Beachte:

1) Bei gegebener Folge (a_n) und vorgegebener Zahl ε ist die Zahl $N(\varepsilon)$ **nicht eindeutig** bestimmt; mit einer Zahl $N(\varepsilon)$ erfüllt auch jede Zahl $\bar{N} \in \mathbb{N}$ mit $\bar{N} > N$, sogar jede Zahl $X \in \mathbb{R}$ mit $X > N$ die Bedingung von D 7.4 b; wir können in dieser Definition die Bedingung $N(\varepsilon) \in \mathbb{N}$ daher auch ersetzen durch $X(\varepsilon) \in \mathbb{R}$; dadurch werden Konvergenzbeweise meist vereinfacht.

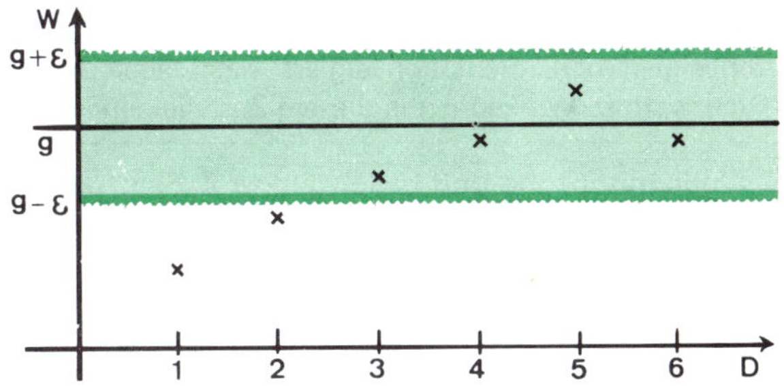

Bild 7.1

2) Mit Hilfe von **Quantoren** schreibt sich die Konvergenzbedingung folgendermaßen:

$$\bigwedge_{\varepsilon \in \mathbb{R}^{>0}} \; \bigvee_{X \in \mathbb{R}} \; \bigwedge_{n \in \mathbb{N}} [n > X(\varepsilon) \rightarrow |g - a_n| < \varepsilon].$$

Wir behandeln ein **Beispiel**: $a_n = \dfrac{4n}{3n+1}$.

Wir behaupten: $\lim\limits_{n \to \infty} a_n = \lim\limits_{n \to \infty} \dfrac{4n}{3n+1} = \dfrac{4}{3}$;

es ist also zu zeigen, daß

$$|g - a_n| = \left| \frac{4}{3} - \frac{4n}{3n+1} \right| = \left| \frac{12n + 4 - 12n}{3 \cdot (3n+1)} \right| = \frac{4}{3 \cdot (3n+1)} < \varepsilon$$

gilt für alle hinreichend großen Werte von n. Durch Äquivalenzumformungen erhält man:

$$\frac{3 \cdot (3n+1)}{4} > \frac{1}{\varepsilon} \Leftrightarrow 3n + 1 > \frac{4}{3\varepsilon} \Leftrightarrow n > \frac{4}{9\varepsilon} - \frac{1}{3} = X(\varepsilon).$$

Daher gilt:

$$n > X(\varepsilon) = \frac{4}{9\varepsilon} - \frac{1}{3} \Rightarrow \left| \frac{4}{3} - \frac{4n}{3n+1} \right| < \varepsilon, \quad \text{q.e.d.}$$

Beachte:

1) Statt $X(\varepsilon) = \dfrac{4}{9\varepsilon} - \dfrac{1}{3}$ hätten wir z. B. auch wählen können: $\bar{X}(\varepsilon) = \dfrac{4}{9\varepsilon}$.

2) Daß es zu jeder Zahl $X \in \mathbb{R}$ wenigstens eine Zahl – und damit unendlich viele Zahlen – $n \in \mathbb{N}$ mit $n > X$ gibt, leuchtet unmittelbar ein. Formal folgt dies aus dem sogenannten **„Archimedischen Axiom"**, welches besagt, daß es zu irgendzwei Zahlen $a, b \in \mathbb{R}^{>0}$ stets eine Zahl $n \in \mathbb{N}$ gibt mit $na > b$ (vgl. Analysis I).
Setzt man hierin $a = 1$, so ergibt sich, daß es zu jeder Zahl $b \in \mathbb{R}^{>0}$ eine Zahl $n \in \mathbb{N}$ gibt mit $n > b$.

4. Um einen Konvergenzbeweis auf Grund der Definition D 7.4b führen zu können, muß wenigstens eine Vermutung darüber vorliegen, **welche** Zahl g Grenzwert der Folge sein kann. Wir haben daher im Band „Analysis I" eine Reihe von Sätzen bewiesen, mit deren Hilfe Grenzwerte berechnet werden können. Bei vielen Zahlenfolgen führen diese Sätze aber nicht zum Ziel.

Beispiel: $a_n = \left(1 + \frac{1}{n}\right)^n$

Außerdem kommt es in vielen Fällen nur darauf an, zu wissen, ob die betreffende Zahlenfolge konvergiert oder nicht konvergiert, nicht aber darauf, **welche** Zahl gegebenenfalls der Grenzwert ist. Wir kennen in diesem Zusammenhang bereits die folgenden Sätze.

S 7.1 **Jede monotone und beschränkte Zahlenfolge ist konvergent.**

Beweis: Analysis I.

S 7.2 **Jede nicht beschränkte Zahlenfolge (a_n) ist „divergent", d.h. nicht konvergent.**

Beweis: Analysis I.

5. Weitere Sätze der fraglichen Art erhält man, wenn man den Begriff des **„Häufungswertes"** einführt. Wir wiederholen:

D 7.5 **Eine Zahl h heißt „Häufungswert einer Zahlenfolge (a_n)" genau dann, wenn in jeder ε-Umgebung von h unendlich viele Glieder der Folge liegen.**

Beispiel: $a_n = \frac{(-1)^n \cdot n}{n+1}$ (Bild 7.2)

Die durch diesen Term festgelegte Folge hat die Häufungswerte 1 und −1 (vgl. Analysis I).

Man kann die Definition D 7.5 auf beliebige Zahlenmengen übertragen (Aufgabe 8).

Auf den Begriff des Häufungswertes bezieht sich der **„Satz von Bolzano-Weierstraß"**:

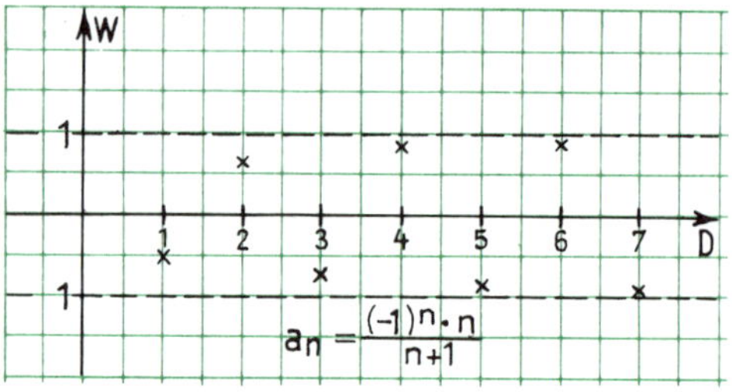

Bild 7.2

S 7.3 **Jede beschränkte Zahlenfolge (a_n) besitzt wenigstens einen Häufungswert.**

Beweis: Analysis I.

Man kann diesen Satz leicht auf beliebige beschränkte Zahlenmengen übertragen (Aufgabe 9). Ferner gilt der Satz:

S 7.4 **Hat eine beschränkte Zahlenfolge (a_n) genau einen Häufungswert h, so konvergiert sie gegen diese Zahl.**

Beweis: Analysis I.

Schließlich führen wir noch den folgenden Satz an:

S 7.5 **Hat eine Zahlenfolge (a_n) nicht genau einen Häufungswert, so ist sie auch nicht konvergent.**

Der Beweis soll in Aufgabe 11 geführt werden.

Übungen und Aufgaben

1. Untersuche die Zahlenfolgen (a_n) auf ihre Eigenschaften (Monotonie, Beschränktheit, Konvergenz, Divergenz)!

a) $a_n=3n+2$ **b)** $a_n=\frac{1}{n^2}$ **c)** $a_n=n^2+n-1$ **d)** $a_n=\frac{(-1)^n}{n}$

e) $a_n=\frac{n-1}{n+2}$ **f)** $a_n=\frac{3n-2}{n+3}$ **g)** $a_n=\frac{1-n^2}{2n}$ **h)** $a_n=2-\frac{1}{n^2}$

i) $a_n=\frac{1+(-1)^n}{n}$ **j)** $a_n=\left(-\frac{2}{n}\right)^n$ **k)** $a_n=(-\frac{1}{3})^n$ **l)** $a_n=\frac{(-1)^{n+1}\cdot 2n}{n+2}$

2. Untersuche die Zahlenfolge (a_n) auf Konvergenz oder Divergenz! Beweis!

a) $a_n=\frac{2n+3}{n+1}$ **b)** $a_n=\frac{2n+1}{n^2+n}$ **c)** $a_n=\frac{7-3n}{2n+5}$ **d)** $a_n=\frac{3n^2-2}{4n+1}$

e) $a_n=\frac{2+\sqrt{n}}{3-\sqrt{n}}$ **f)** $a_n=\frac{3n^2-2}{n+3}$ **g)** $a_n=\frac{n}{2+\sqrt{n}}$ **h)** $a_n=\frac{\sqrt{1+n}}{1+\sqrt{n}}$

i) $a_n=\frac{[1+(-1)^n]\cdot n}{n+2}$ **j)** $a_n=\frac{\sqrt{n+3}}{2n-1}$

3. Prüfe, ob die Folgen (a_n) monoton (evtl. von einem bestimmten Gliede ab) und beschränkt oder nicht beschränkt sind! Führe jeweils den Beweis! Berechne ggfs. den Grenzwert!

a) $a_n=\frac{n+2}{n+3}$ **b)** $a_n=\frac{3n+2}{n+1}$ **c)** $a_n=\frac{n^2}{2n^2+3}$ **d)** $a_n=\frac{n+3}{n^2+5}$

e) $a_n=\frac{n^2}{10n+3}$ **f)** $a_n=2-\frac{3}{n}$ **g)** $a_n=\frac{n+2}{\sqrt{3n+4}}$ **h)** $a_n=\frac{\sqrt{n^2+2}}{3n+2}$

i) $a_n=3+(-1)^n\cdot\frac{n}{n+2}$ **j)** $a_n=\frac{n+1}{n}+(-1)^{n-1}\cdot\frac{n}{n+1}$

4. Untersuche die folgenden Zahlenfolgen auf Häufungswerte!

a) 1; 3; 5; 1; 3; 5; 1; 3; 5; 1; 3; 5; ...

b) 1; 2; 1; 4; 1; 6; 1; 8; 1; 10; ...

c) 1; 1; 0; 1; 1; 0; 1; 1; 0; 1; 1; 0; ...

d) 1; −1; 2; 1; −2; 4; 1; −3; 6; 1; −4; 8; ...

e) $\frac{1}{2}$; $-\frac{1}{2}$; $\frac{2}{3}$; $-\frac{2}{3}$; $\frac{3}{4}$; $-\frac{3}{4}$; ...

f) $\frac{1}{2}$; $-\frac{1}{2}$; $\frac{1}{3}$; $-\frac{1}{3}$; $\frac{1}{4}$; $-\frac{1}{4}$; ...

5. Untersuche die Zahlenfolgen (a_n) auf Häufungswerte!

a) $a_n=\frac{1+(-1)^n}{n}$ **b)** $a_n=\left(-\frac{2}{n}\right)^n$ **c)** $a_n=(-\frac{1}{3})^n$

d) $a_n=\frac{(-1)^n}{n}$ **e)** $a_n=\frac{(-1)^n\cdot n}{n+1}$ **f)** $a_n=\frac{(-1)^n\cdot(3n-4)}{n+2}$

g) $a_n=2+\frac{(-1)^n\cdot(3n-1)}{2n+3}$ **h)** $a_n=\frac{2+(-1)^n}{n}$ **i)** $a_n=\frac{n+(-1)^n\cdot n}{n+2}$

j) $a_n=\frac{5+2\cdot(-1)^n}{n+1}$ **k)** $a_n=4+\frac{(-1)^{n-1}\cdot n}{n+3}$ **l)** $a_n=\frac{(-1)^n}{n^2+3}$

m) $a_n=\frac{2n-1}{(-1)^n\cdot n}$ **n)** $a_n=\frac{(-1)^n\cdot(2n+3)}{n+1}$ **o)** $a_n=\frac{3n}{2+(-1)^n\cdot n}$

p) $a_n=3\cdot(-1)^n+2\cdot(-1)^{n+1}$ **q)** $a_n=2\cdot(-1)^n+(-1)^{n+1}\cdot\frac{n+1}{n+3}$

r) $a_n=(-1)^n\cdot\frac{n}{n+2}+(-1)^{n+1}\cdot\frac{3n+1}{2n}$ **s)** $a_n=\frac{(-1)^n\cdot 2n}{n}+\frac{(-1)^{n-1}\cdot n}{n+2}$

6. Welche Zahlenfolgen aus den Aufgaben 4 und 5 besitzen genau einen Häufungswert? Welche dieser Zahlenfolgen sind konvergent?

7. Bilde Zahlenfolgen, die

a) genau zwei Häufungswerte besitzen;
b) genau zwei Häufungswerte besitzen und nach unten und oben beschränkt sind;
c) genau zwei Häufungswerte besitzen und nach oben beschränkt sind;
d) genau zwei Häufungswerte besitzen und unbeschränkt sind;
e) genau einen Häufungswert besitzen und konvergent sind;
f) genau einen Häufungswert besitzen und divergent sind;
g) genau einen Häufungswert besitzen, divergent und nach oben beschränkt sind;
h) genau einen Häufungswert besitzen, divergent und unbeschränkt sind!

8. **a)** Übertrage die Definition des Begriffs „Häufungswert" (D 7.5) auf beliebige Zahlenmengen!

b) Welcher Unterschied besteht zwischen den beiden Begriffen „Häufungswert einer Zahlenfolge (a_n)" und „Häufungswert einer Zahlenmenge M"? (Hinweis: worauf bezieht sich der Ausdruck „unendlich viele" in den beiden Definitionen?)

c) Warum läßt sich der Begriff des Grenzwertes nicht auf beliebige Zahlenmengen übertragen?

9. Übertrage den Satz von Bolzano-Weierstraß (S 7.3) auf beliebige Zahlenmengen!

10. Ermittle die Häufungswerte der folgenden Mengen!

a) $\{x \mid x=2+(-1)^n \wedge n\in\mathbb{N}\}$ **b)** $\left\{x \mid x=1+(-1)^n\cdot\frac{1}{n} \wedge n\in\mathbb{N}\right\}$

c) $\left\{x \mid x=\sin\left(n\cdot\frac{\pi}{2}\right\} \wedge n\in\mathbb{N}\right\}$ **d)** $\left\{x \mid x=\cos\left(n\cdot\frac{\pi}{6}\right) \wedge n\in\mathbb{N}\right\}$

e) $\{x \mid 0\leq x\leq 1 \wedge x\in\mathbb{R}\}$ **f)** $\{x \mid 0<x\leq 1 \wedge x\in\mathbb{R}\}$

g) $\{x \mid 0<x<1 \wedge x\in\mathbb{Q}\}$ **h)** $\{x \mid 0<x<1 \wedge x\in(\mathbb{R}\setminus\mathbb{Q})\}$

11. Beweise Satz S 7.5!

12. Bilde zur Verdeutlichung der Sätze S 7.1 bis S 7.5 Zahlenfolgen, die

a) beschränkt und monoton sind; **b)** beschränkt und divergent sind;

c) monoton und divergent sind;

d) beschränkt sind und genau einen Häufungswert haben;

e) divergent sind und genau einen Häufungswert haben!

Zeige, daß die Folge zu

a) konvergent ist; **b)** nicht monoton ist und wenigstens zwei Häufungswerte hat;

c) unbeschränkt ist; **d)** konvergent ist; **e)** nicht beschränkt ist!

Vorbemerkung zu den Aufgaben 13 bis 20

In den folgenden Aufgaben wird die Menge aller Häufungswerte einer Menge M mit M′ bezeichnet. Man nennt eine Menge M **„abgeschlossen"** genau dann, wenn sie alle ihre Häufungswerte enthält, wenn also gilt $M' \subseteq M$.
Der größte Häufungswert einer Zahlenfolge (a_n) heißt **„limes superior"** und wird mit „$\overline{\lim}\, a_n$" bezeichnet; der kleinste Häufungswert einer Zahlenfolge (a_n) heißt **„limes inferior"** und wird mit „$\underline{\lim}\, a_n$" bezeichnet.

13. Welche der Mengen von Aufgabe 10 sind abgeschlossen?

14. Bilde die Menge M′ aller Häufungswerte der Menge M!

a) $[0; 1]$ **b)** $]0; 1[$ **c)** $[0; 1[$ **d)** $\{0; 1\}$ **e)** $\mathbb{N}$

f) $\mathbb{Z}$ **g)** $\mathbb{Q}$ **h)** $\mathbb{R}$ **i)** $\mathbb{R} \setminus \mathbb{Q}$ **j)** $\mathbb{R}^{+0}$

Bilde jeweils auch $M'' = (M')'$!

15. Ermittle bei den folgenden Zahlenfolgen – falls vorhanden – $\overline{\lim}\, a_n$ und $\underline{\lim}\, a_n$!

a) $\frac{1}{2};\ \frac{1}{3};\ \frac{1}{4};\ \frac{1}{5};\ \ldots$ **b)** $\frac{1}{2};\ \frac{2}{3};\ \frac{3}{4};\ \frac{4}{5};\ \ldots$ **c)** $\frac{1}{2};\ -\frac{1}{3};\ \frac{1}{4};\ -\frac{1}{5};\ \ldots$

d) $\frac{1}{2};\ -\frac{2}{3};\ \frac{3}{4};\ -\frac{4}{5};\ \ldots$ **e)** $2;\ -1\frac{1}{2};\ 1\frac{1}{3};\ -1\frac{1}{4};\ \ldots$ **f)** $1;\ 2;\ 3;\ 4;\ 5;\ \ldots$

g) $0;\ -1;\ 2;\ -3;\ 4;\ -5;\ \ldots$ **h)** $-1;\ 0;\ 1;\ -\frac{1}{2};\ 0;\ \frac{1}{2};\ -\frac{1}{3};\ 0;\ \frac{1}{3};\ \ldots$

i) $2;\ 0;\ -2;\ 1\frac{1}{2};\ 0;\ -1\frac{1}{2};\ 1\frac{1}{3};\ 0;\ -1\frac{1}{3};\ 1\frac{1}{4};\ 0;\ -1\frac{1}{4};\ \ldots$

16. Ermittle – falls vorhanden – $\overline{\lim}\, a_n$ und $\underline{\lim}\, a_n$ zu den Zahlenfolgen von

a) Aufgabe 4 **b)** Aufgabe 5!

17. Ermittle die Häufungswerte der Folgen (a_n)! Ermittle $\overline{\lim}\, a_n$ und $\underline{\lim}\, a_n$!

a) $a_n = 1 + (-1)^n \cdot \left(1 + \frac{1}{n}\right)$ **b)** $a_n = -1 + (-1)^n \cdot \frac{n^2+1}{n^2-1}$

c) $a_n = \begin{cases} \frac{1}{n} & \text{für } n = 4k \\ (-1)^n \cdot \frac{n-1}{n+1} & \text{für } n \neq 4k \end{cases} \quad (k \in \mathbb{N})$

d) $a_n = \begin{cases} (-1)^{\frac{n+1}{2}} \cdot \frac{2n+1}{n+3} & \text{für } n = 2k-1 \\ (-1)^{\frac{n}{2}} \cdot \frac{1-3n}{n+2} + 2 & \text{für } n = 2k \end{cases} \quad (k \in \mathbb{N})$

18. Beweise die folgenden Sätze!

a) Jedes abgeschlossene Intervall ist eine abgeschlossene Menge.

b) Jedes offene Intervall ist keine abgeschlossene Menge.

Ist ein halboffenes Intervall eine abgeschlossene Menge?

19. Zeige:

a) Die Menge M′ einer Menge M ist abgeschlossen.

Anleitung: Es ist zu beweisen, daß $M'' \subseteq M'$ ist, daß also gilt: $x \in M'' \Rightarrow x \in M'$!

b) Die Menge der Häufungswerte einer Zahlenfolge (a_n) ist abgeschlossen.

20. Zeige:

a) Eine beschränkte Folge (a_n) ist genau dann konvergent, wenn $\overline{\lim}\, a_n = \underline{\lim}\, a_n$ ist!

b) Zeige an einem Gegenbeispiel, daß der Satz von **a)** nur für beschränkte Folgen gültig ist!

Anleitung: Konstruiere durch „Ineinanderschachteln" von zwei Zahlenfolgen, eine Folge (a_n), die genau einen Häufungswert hat und trotzdem divergent ist!

II. Das Konvergenzkriterium von Cauchy

1. Für die folgenden Überlegungen zur Reihenlehre benötigen wir noch einen weiteren Konvergenzsatz, der sich ebenfalls auf den Fall bezieht, daß der Grenzwert einer Zahlenfolge **nicht** bekannt ist. Diesem Satz liegt folgender Gedanke zugrunde: Wenn die Glieder einer Zahlenfolge sich von einer Zahl g schließlich beliebig wenig unterscheiden, so müssen sie sich auch **untereinander** schließlich beliebig wenig unterscheiden; und auch umgekehrt: Wenn sich die Glieder einer Zahlenfolge untereinander schließlich beliebig wenig unterscheiden, dann muß die Zahlenfolge auch einen Grenzwert haben, also konvergent sein.

2. Dieser Sachverhalt wird festgehalten im **„Konvergenzkriterium von Cauchy**[1]**"**:

S 7.6a **Eine Zahlenfolge (a_n) ist konvergent genau dann, wenn es zu jeder Zahl $\varepsilon \in \mathbb{R}^{>0}$ eine Zahl $N(\varepsilon) \in \mathbb{N}$ gibt, so daß gilt:**

$$m, n > N(\varepsilon) \Rightarrow |a_m - a_n| < \varepsilon.$$

Bemerkung: Wie in D 7.4b können wir auch hier die Bedingung $N(\varepsilon) \in \mathbb{N}$ ersetzen durch $X(\varepsilon) \in \mathbb{R}$.

Der **Beweis** ist wegen des „genau dann, wenn" in zwei Schritten zu führen.

1) Voraussetzung: (a_n) ist konvergent, d.h. nach D 7.4b gibt es zu jeder Zahl $\varepsilon \in \mathbb{R}^{>0}$ eine Zahl $N\left(\frac{\varepsilon}{2}\right) \in \mathbb{N}$, so daß gilt:

$$n > N\left(\frac{\varepsilon}{2}\right) \Rightarrow |g - a_n| < \frac{\varepsilon}{2}.$$

Begründe, warum wir hier statt ε auch $\frac{\varepsilon}{2}$ schreiben dürfen (Aufgabe 1)!

[1]) Auguste Louis Cauchy (1789–1857), frz. Mathematiker.

Dann gilt für zwei Zahlen m, n mit $m > N\left(\frac{\varepsilon}{2}\right)$ und $n > N\left(\frac{\varepsilon}{2}\right)$ nach der Dreiecksungleichung $|a-b| \leq |a| + |b|$:

$$|a_m - a_n| = |(g-a_n) - (g-a_m)| \leq |g-a_n| + |g-a_m| < \frac{\varepsilon}{2} + \frac{\varepsilon}{2} = \varepsilon, \quad \text{q.e.d.}$$

2) Voraussetzung: Zu jedem $\varepsilon \in \mathbb{R}^{>0}$ gibt es eine Zahl $N\left(\frac{\varepsilon}{2}\right) \in \mathbb{N}$, so daß gilt:

$$m, n > N\left(\frac{\varepsilon}{2}\right) \Rightarrow |a_m - a_n| < \frac{\varepsilon}{2}.$$

Dann gilt für alle n mit $n > N\left(\frac{\varepsilon}{2}\right)$: $a_m - \frac{\varepsilon}{2} < a_n < a_m + \frac{\varepsilon}{2}$,

d.h. vom Glied a_N ab ist die Folge beschränkt; da vor a_N nur endlich viele Glieder der Folge stehen, ist auch die ganze Folge (a_n) beschränkt. Nach dem Satz von Bolzano-Weierstraß (S 7.3) besitzt die Folge daher wenigstens einen Häufungswert h. Wir behaupten, daß dies der einzige Häufungswert der Folge, nach S 7.4 also der Grenzwert der Folge ist.

In jeder Umgebung $U_{\frac{\varepsilon}{2}}(h)$ liegen unendlich viele Glieder der Folge, also auch wenigstens ein Glied a_k mit $k > N\left(\frac{\varepsilon}{2}\right)$; für dieses Glied a_k gilt also: $|h - a_k| < \frac{\varepsilon}{2}$.

Somit ergibt sich:

$$\begin{aligned} n > N\left(\frac{\varepsilon}{2}\right) \Rightarrow |h - a_n| &= |(h - a_k + (a_k - a_n)| \\ &\leq |h - a_k| + |a_k - a_n| \\ &\leq \frac{\varepsilon}{2} + \frac{\varepsilon}{2} = \varepsilon, \quad \text{q.e.d.} \end{aligned}$$

3. Für die Anwendung des Konvergenzkriteriums von Cauchy ist eine andere Formulierung häufig günstiger. Da eine der beiden Zahlen m und n die größere ist, können wir ohne Einschränkung der Allgemeinheit z.B. schreiben:

$$m = n + k,$$

wobei k für jede beliebige natürliche Zahl stehen kann. Mit dieser Umformulierung lautet das **Konvergenzkriterium von Cauchy:**

S 7.6b **Eine Zahlenfolge (a_n) ist konvergent genau dann, wenn es zu jeder Zahl $\varepsilon \in \mathbb{R}^{>0}$ eine Zahl $N(\varepsilon) \in \mathbb{N}$ gibt, so daß gilt:**

$$\mathbf{n > N(\varepsilon) \wedge k \in \mathbb{N} \Rightarrow |a_{n+k} - a_n| < \varepsilon.}$$

Beachte, daß k für **jede** (noch so große) natürliche Zahl stehen kann!

4. Wir betrachten ein **Beispiel.**

Durch die **Rekursionsformel**

$$a_1 = 0; \qquad a_{n+1} = \cos\frac{a_n}{2} \qquad (\text{für alle } n \in \mathbb{N})$$

ist eine Folge (a_n) gegeben. Es ist sicherlich sehr schwierig, zu einer Vermutung darüber zu kommen, welche Zahl vielleicht Grenzwert der Folge sein könnte. Die Definition D 7.4b ist bei diesem Beispiel also kaum zu verwenden. Wir wenden daher das Konvergenzkriterium von Cauchy an. Um einfacher rechnen zu können, bilden wir nicht die Differenz $a_{n+k}-a_n$, sondern die Differenz $a_{n+k+1}-a_{n+1}$; dafür gilt nach dem Additionstheorem $\cos\alpha-\cos\beta=-2\sin\frac{\alpha+\beta}{2}\cdot\sin\frac{\alpha-\beta}{2}$ (vgl. Band 7):

$$a_{n+k+1}-a_{n+1}=\cos\frac{a_{n+k}}{2}-\cos\frac{a_n}{2}$$
$$=-2\cdot\sin\frac{a_{n+k}+a_n}{4}\cdot\sin\frac{a_{n+k}-a_n}{4}.$$

Nun gilt für alle $x\in\mathbb{R}$:

$$|\sin x|\le 1 \quad \text{und} \quad |\sin x|\le x.$$

Somit ergibt sich für alle $n, k\in\mathbb{N}$:

$$|a_{n+k+1}-a_{n+1}|\le 2\cdot 1\cdot\left|\frac{a_{n+k}-a_n}{4}\right|=\tfrac{1}{2}|a_{n+k}-a_n|.$$

Wir setzen der Reihe nach $n=1$, $n=2$, $n=3$, ... und erhalten:

$$|a_{1+k+1}-a_{1+1}|=|a_{2+k}-a_2|\le\tfrac{1}{2}\cdot|a_{1+k}-a_1|$$
$$|a_{2+k+1}-a_{2+1}|=|a_{3+k}-a_3|\le\tfrac{1}{2}\cdot|a_{2+k}-a_2|\le(\tfrac{1}{2})^2\cdot|a_{1+k}-a_1|$$
$$|a_{3+k+1}-a_{3+1}|=|a_{4+k}-a_4|\le\tfrac{1}{2}\cdot|a_{3+k}-a_3|\le(\tfrac{1}{2})^3\cdot|a_{1+k}-a_1|.$$
$$\cdots\cdots\cdots\cdots\cdots\cdots$$

Mit Hilfe des Satzes von der vollständigen Induktion kann man beweisen, daß für alle $n, k\in\mathbb{N}$ gilt:

$$|a_{n+k+1}-a_{n+1}|\le(\tfrac{1}{2})^n\cdot|a_{1+k}-a_1|.$$

Führe den Beweis durch (Aufgabe 2)!

Wegen $|a_{1+k}|=\left|\cos\frac{a_k}{2}\right|\le 1$ und $a_1=0$ gilt:

$$|a_{1+k}-a_1|\le|a_{1+k}|+|a_1|\le 1+0=1$$

und mithin:

$$|a_{n+k-1}-a_{n+1}|\le(\tfrac{1}{2})^n.$$

Wegen $\lim\limits_{n\to\infty}(\frac{1}{2})^n=0$ läßt sich also zu jeder Zahl $\varepsilon\in\mathbb{R}^{>0}$ eine Zahl $N(\varepsilon)$ angeben, so daß gilt:

$$n>N(\varepsilon)\wedge k\in\mathbb{N}\Rightarrow|a_{n+k+1}-a_{n+1}|<\varepsilon, \quad \text{q.e.d.}$$

Damit haben wir die Konvergenz der Folge (a_n) nachgewiesen, ohne den Grenzwert zu kennen. Für diesen Grenzwert x gilt wegen

$$\lim_{n\to\infty}a_{n+1}=\cos\frac{\lim\limits_{n\to\infty}a_n}{2}: \qquad x=\cos\frac{x}{2}.$$

Mit Hilfe der untersuchten Folge könnten wir die Lösung dieser Gleichung beliebig genau berechnen.

5. Wir behandeln noch ein weiteres **Beispiel.**
Eine Zahlenfolge (a_n) ist durch die folgenden Bedingungen **rekursiv** definiert:

$$a_1=1; \qquad a_{n+1}=a_n+\frac{(-1)^n}{2^n} \qquad (\text{für alle } n\in\mathbb{N}).$$

Nun gilt:

$$|a_{n+k}-a_n|=|(a_{n+k}-a_{n+k-1})+(a_{n+k-1}-a_{n+k-2})+\cdots+(a_{n+2}-a_{n+1})+(a_{n+1}-a_n)|$$
$$\leq|a_{n+k}-a_{n+k-1}|+|a_{n+k-1}-a_{n+k-2}|+\cdots+|a_{n+2}-a_{n+1}|+|a_{n+1}-a_n|.$$

Nach Definition gilt aber für alle $\rho\in\mathbb{N}$: $|a_{\rho+1}-a_\rho|=\frac{1}{2^\rho}$. Somit ergibt sich:

$$|a_{n+k}-a_n|\leq\frac{1}{2^{n+k-1}}+\frac{1}{2^{n+k-2}}+\cdots+\frac{1}{2^{n+1}}+\frac{1}{2^n}$$
$$=\frac{1}{2^n}\left(1+\frac{1}{2}+\cdots+\frac{1}{2^{k-2}}+\frac{1}{2^{k-1}}\right)$$
$$=\frac{1}{2^n}\cdot\frac{1-\frac{1}{2^k}}{1-\frac{1}{2}}<\frac{1}{2^n}\cdot\frac{1}{\frac{1}{2}}=\frac{1}{2^{n-1}}.$$

Wegen $\lim\limits_{n\to\infty}\frac{1}{2^{n-1}}=0$ gibt es also zu jeder Zahl $\varepsilon\in\mathbb{R}^{>0}$ eine Zahl $N(\varepsilon)\in\mathbb{N}$, so daß gilt:

$$n>N(\varepsilon)\ \wedge\ k\in\mathbb{N}\ \Rightarrow\ |a_{n+k}-a_n|<\varepsilon,\qquad \text{q.e.d.}$$

Damit haben wir die Konvergenz der Folge (a_n) mit Hilfe des Kriteriums von Cauchy bewiesen.

Übungen und Aufgaben

1. Begründe, warum man im Beweis von S 7.6a (Konvergenzkriterium von Cauchy) auch $\frac{\varepsilon}{2}$ statt ε schreiben darf (S. 146)!

2. Beweise mit Hilfe des Satzes von der vollständigen Induktion, daß für die Glieder der Folge (a_n) aus **4.** gilt:

$$|a_{n+k+1}-a_{n+1}|\leq(\tfrac{1}{2})^n\cdot|a_{1+k}-a_1|\qquad(\text{für alle } n,k\in\mathbb{N}).$$

3. Beweise mit Hilfe von S 7.6b die Konvergenz folgender rekursiv definierten Zahlenfolgen (a_n)!

a) $a_0=0$; $a_{n+1}=\cos\frac{a_n}{3}$ **b)** $a_0=1$; $a_{n+1}=\sin\frac{a_n}{2}$

Anleitung:

Zu a): Zeige analog zu Beispiel unter **4.**: $|a_{n+k}-a_n|\leq(\frac{1}{3})^n<\varepsilon$!

Zu b): Benutze: $|\cos x|\leq 1$ und $|\sin x|\leq x$!

4. Sind die in Aufgabe 3 durchgeführten Abschätzungen auch möglich für die folgenden Folgen (a_n)?

a) $a_0=0$; $a_{n+1}=\cos\frac{a_n}{5}$ **b)** $a_0=1$; $a_{n+1}=\sin\frac{2a_n}{3}$

5. Beweise mit Hilfe von S 7.6b analog zum Beispiel unter 5. (Seite 148f.) die Konvergenz der rekursiv definierten Zahlenfolgen (a_n)!

a) $a_0=0$; $a_{n+1}=a_n+\frac{1}{2^n}$ **b)** $a_0=2$; $a_{n+1}=a_n+\frac{1}{3^n}$

c) $a_0=1$; $a_{n+1}=a_n+\frac{(-1)^n}{3^n}$ **d)** $a_0=0$; $a_{n+1}=a_n+(\frac{2}{3})^n$

6. Beweise mit Hilfe von S 7.6b die Konvergenz der folgenden rekursiv definierten Zahlenfolge (a_n):

$$a_0=2; \qquad a_{n+1}=\frac{2}{1+a_n}.$$

Anleitung: Zeige, daß für alle $n, k \in \mathbb{N}$ gilt:

$$|a_{n+k}-a_n| \leq 4 \cdot (\tfrac{18}{25})^n.$$

Zeige hierzu: **a)** $a_n \geq 0$; **b)** $a_n \leq 2$; **c)** $a_n \geq \frac{2}{3}$;

d) $|a_{n+k+1}-a_{n+1}|=2 \cdot \left|\frac{a_{n+k}-a_n}{(1+a_{n+k})(1+a_n)}\right| \leq \frac{2 \cdot |a_{n+k}-a_n|}{(1+\frac{2}{3})^2}=\frac{18}{25} \cdot |a_{n+k}-a_n|$;

e) $|a_{n+k}-a_n| \leq (\frac{18}{25})^n \cdot |a_k-a_0| \leq (\frac{18}{25})^n \cdot (|a_k|+|a_0|) \leq 4 \cdot (\frac{18}{25})^n$.

7. Beweise mit Hilfe von S 7.6b die Konvergenz der folgenden rekursiv definierten Zahlenfolge (a_n)!

$$a_0=1; \qquad a_{n+1}=\frac{1}{1+a_n}.$$

Berechne die ersten acht Glieder der Zahlenfolge!
Anleitung: Führe den Beweis – wie in Aufgabe 5 – mit Hilfe der folgenden Abschätzung

$$|a_{n+k}-a_n| \leq 2 \cdot (\tfrac{4}{9})^n < \varepsilon.$$

Zeige hierzu: **a)** $a_n \geq 0$; **b)** $a_n \leq 1$; **c)** $a_n \geq \frac{1}{2}$;

d) $|a_{n+k+1}-a_{n+1}|=\frac{|a_{n+k}-a_n|}{(1+a_{n+k})(1+a_n)} \leq \frac{4}{9} \cdot |a_{n+k}-a_n|$;

e) $|a_{n+k}-a_n| \leq (\frac{4}{9})^n \cdot |a_n-a_0| \leq (\frac{4}{9})^n \cdot (|a_n|+|a_0|) \leq 2 \cdot (\frac{4}{9})^n$.

III. Weitere Sätze zu konvergenten Zahlenfolgen

1. Für den Aufbau der Reihenlehre benötigen wir noch einige Sätze über konvergente Zahlenfolgen.

S 7.7 **Läßt man bei einer Zahlenfolge (a_n) endlich viele Glieder fort oder fügt man endlich viele Glieder hinzu, so hat die neue Folge dasselbe Konvergenzverhalten wie das ursprüngliche.**

Beweis: Da nur endlich viele Glieder hinzugefügt oder weggelassen werden, gibt es einen Index $N \in \mathbb{N}$, von dem ab die Folge – abgesehen von einer etwaigen Umnumerierung der Glieder – mit der ursprünglichen Folge übereinstimmt. Da für das Konvergenzverhalten nur Werte mit $n>N$ maßgebend sind, stimmen ursprüngliche und neue Folge in ihrem Konvergenzverhalten überein.

2. Man kann eine Zahlenfolge in zwei Teilfolgen „zerlegen" oder auch aus zwei Zahlenfolgen eine neue Zahlenfolge bilden. Darauf beziehen sich die beiden folgenden Sätze.

S 7.8 **Haben zwei Zahlenfolgen (a_n) und (b_n) denselben Grenzwert, gilt also $\lim\limits_{n\to\infty} a_n = \lim\limits_{n\to\infty} b_n = g$, so hat auch die Zahlenfolge (c_n) mit**

$$c_{2n-1} = a_n, \qquad c_{2n} = b_n \quad (n \in \mathbb{N})$$

diese Zahl als Grenzwert: $\lim\limits_{n\to\infty} c_n = g$.

Beweis: Nach Definition gibt es zu jedem $\varepsilon \in \mathbb{R}^{>0}$ zwei Zahlen $N_1(\varepsilon)$ und $N_2(\varepsilon)$ mit $m > N_1(\varepsilon) \Rightarrow |g - a_m| < \varepsilon$ und $m > N_2(\varepsilon) \Rightarrow |g - b_m| < \varepsilon$.
Ist nun $N(\varepsilon) = \max(N_1; N_2)$, also die größere der beiden Zahlen N_1, N_2, so muß $n = 2m - 1$ der Bedingung $\frac{n+1}{2} > N(\varepsilon)$, also $n > 2N(\varepsilon) - 1$ genügen. Für diese Zahlen gilt:

$$n > 2N(\varepsilon) - 1 = X(\varepsilon) \Rightarrow |g - c_n| < \varepsilon, \quad \text{q.e.d.}$$

Begründe, warum es genügt, $n > 2N(\varepsilon) - 1$ zu verlangen (Aufgabe 1)!

S 7.9 **Zerlegt man eine Zahlenfolge (a_n) mit $\lim\limits_{n\to\infty} a_n = g$ in zwei Zahlenfolgen (b_n) und (c_n) mit $b_n = a_{2n-1}$ und $c_n = a_{2n}$ $(n \in \mathbb{N})$, so haben die Folgen (b_n) und (c_n) denselben Grenzwert; es gilt also:**

$$\lim_{n\to\infty} b_n = \lim_{n\to\infty} c_n = g.$$

Beweis: Nach Definition gibt es zu jedem $\varepsilon \in \mathbb{R}^{>0}$ eine Zahl $N(\varepsilon)$, so daß gilt: $|g - a_n| < \varepsilon$.
Daher gilt:

$$n > \frac{N(\varepsilon)+1}{2} \Rightarrow |g - b_n| < \varepsilon \quad \text{und} \quad n > \frac{N(\varepsilon)+1}{2} \Rightarrow |g - c_n| < \varepsilon, \quad \text{q.e.d.}$$

Begründe warum wir hier – im Gegensatz zum Beweis von S 7.8 – verlangen: $2n > N(\varepsilon) + 1$ (Aufgabe 2)!

Übungen und Aufgaben

1. Begründe, warum es im Beweis von S 7.8 genügt zu verlangen: $n > 2N(\varepsilon) - 1$!
2. Begründe, daß – im Gegensatz zum Beweis von S 7.8 – beim Beweis von S 7.9 verlangen muß: $2n > N(\varepsilon) + 1$!
3. Bestätige die Gültigkeit von S 7.7 an den folgenden Beispielen! Lasse jeweils die angegebenen Glieder fort und führe die im Beweis erwähnte Umnumerierung der Glieder durch!

   a) $a_n = \frac{n-3}{n+2}$; $a_1, a_2, a_3, \ldots, a_{10}$
   b) $a_n = \frac{2n-1}{n^2+1}$; $a_2, a_4, a_6, \ldots, a_{20}$
   c) $a_n = 3 - \frac{2}{n}$; $a_{15}, a_{20}, a_{25}, \ldots, a_{50}$
   d) $a_n = 1 + \frac{(-1)^n}{n}$; $a_{10}, a_{11}, \ldots, a_{20}$

4. Bestätige die Gültigkeit von S 7.8 an den folgenden Beispielen! Ermittle jeweils $N(\varepsilon)$ bzw. $X(\varepsilon)$!

a) $a_n=\frac{1}{n}$; $b_n=10^{-n}$

b) $a_n=\frac{n}{n+1}$; $b_n=\frac{n+1}{n}$

c) $a_n=\frac{4n-1}{n+3}$; $b_n=4+\frac{(-1)^n}{n}$

d) $a_n=\frac{n}{(1+n)^2}$; $b_n=\frac{n}{1+n^2}$

5. Bestätige die Gültigkeit von S 7.9 an den folgenden Beispielen!

a) $a_n=a+\frac{(-1)^n}{2n}$

b) $a_n=\frac{(-1)^n+2}{n+1}$

c) $a_n=\frac{2n+3}{n+5}$

§ 8 Unendliche Reihen mit konstanten Gliedern

I. Der Begriff der unendlichen Reihe

1. Schon im Band „Analysis I" haben wir uns kurz mit dem Begriff der unendlichen Reihe beschäftigt. Wir wiederholen hier das Wichtigste. Ist eine Zahlenfolge (a_n) gegeben, so können wir eine zweite Zahlenfolge (s_n) dadurch konstruieren, daß wir mit $s_1 = a_1$ beginnen und von Schritt zu Schritt das nächste Glied der Folge (a_n) hinzuaddieren:

$$s_1 = a_1$$
$$s_2 = a_1 + a_2$$
$$s_3 = a_1 + a_2 + a_3$$
$$s_4 = a_1 + a_2 + a_3 + a_4$$
$$\dots\dots\dots\dots$$

allgemein: $$s_n = \sum_{k=1}^{n} a_k = a_1 + a_2 + \dots + a_n .$$

Man nennt die neue Folge (s_n) die **„Folge der Partialsummen (Teilsummen) der Folge (a_n)"**. Diese Folge (s_n) nennt man eine **„Reihe"**, genauer eine **„endliche Reihe"**, wenn (a_n) eine endliche Folge ist, eine **„unendliche Reihe"**, wenn (a_n) eine unendliche Folge ist.

2. Wir werden uns im folgenden überwiegend mit unendlichen Reihen beschäftigen; wir definieren:

D 8.1 **Unter einer (unendlichen) Reihe (s_n) versteht man die Folge (s_n) der Partialsummen s_n einer Zahlenfolge (a_n):**

$$s_n = \sum_{k=1}^{n} a_k .$$

Beispiele:

1) $a_n = n^2$; dann ist $s_n = \sum_{k=1}^{n} k^2 = 1^2 + 2^2 + \dots + n^2$.

2) $a_n = \frac{1}{n}$; dann ist $s_n = \sum_{k=1}^{n} \frac{1}{k} = 1 + \frac{1}{2} + \frac{1}{3} + \dots + \frac{1}{n}$; man nennt die durch diese Partialsummen definierte Reihe die **„harmonische Reihe"**.

3) $a_n = \frac{(-1)^{n-1}}{2n-1}$; dann ist $s_n = \sum_{k=1}^{n} \frac{(-1)^{k-1}}{2k-1} = 1 - \frac{1}{3} + \frac{1}{5} + \dots + \frac{(-1)^{n-1}}{2n-1}$; man nennt die durch diese Partialsummen definierte Reihe die **„Leibnizsche[1] Reihe"**.

3. Eine exakte Beschreibung des Terms $s_n = \sum_{k=1}^{n} a_k$ erhält man durch die folgende **rekursive Definition**:

[1]) Gottfried Wilhelm Leibniz (1646–1716), deutscher Philosoph, Mathematiker, Physiker und Staatsmann.

D 8.2 **Unter einer Partialsumme s_n einer Zahlenfolge (a_n) versteht man einen Term, der durch die folgenden Bedingungen gegeben ist.**

1 $s_1 = a_1$, **also** $\sum_{k=1}^{1} a_k = a_1$ **und**

2 $s_{n+1} = s_n + a_{n+1}$, **also** $\sum_{k=1}^{n+1} a_k = \sum_{k=1}^{n} a_k + a_{n+1}$.

3. Im Band „Analysis I" haben wir uns bereits mit speziellen Reihen beschäftigt, den **„arithmetischen Reihen"** und den **„geometrischen Reihen"**; es handelt sich hierbei um die Partialsummen von arithmetischen bzw. geometrischen Zahlenfolgen; vgl. § 7, I!

Beispiele:

1) $a_n = 2n-1$; $d=2$; die zugehörige **arithmetische Reihe** ist gegeben durch die Partialsummen:

$$s_n = \sum_{k=1}^{n} (2k-1) = 1+3+5+\cdots+(2n-1).$$

2) $a_n = 2 \cdot 3^{n-1}$; $q=3$; die zugehörige **geometrische Reihe** ist gegeben durch die Partialsummen

$$s_n = \sum_{k=1}^{n} 2 \cdot 3^{k-1} = 2+6+18+\cdots+2 \cdot 3^{n-1}.$$

4. Bei arithmetischen und bei geometrischen Reihen kann man die Partialsummen durch einen einfachen rationalen Term darstellen; dies haben wir bereits im Band „Analysis I" gezeigt.

Für die Partialsummen einer **arithmetischen Reihe** gilt:

$$s_n = \frac{n}{2} \cdot (a_1 + a_n); \qquad \text{dabei ist } a_n = a_1 + (n-1) \cdot d.$$

Beispiel: $a_1 = 3$; $d=2$; $n=10$; dann gilt $a_{10} = 3+9 \cdot 2 = 21$ und $s_{10} = \frac{10}{2}(3+21) = 10 \cdot 12 = 120$.

Für die Partialsummen einer **geometrischen Reihe** gilt:

$$s_n = a_1 \frac{q^n - 1}{q-1} \qquad (\text{für } q \neq 1).$$

Beispiel: $a_1 = 1$; $q = \frac{1}{2}$; $n=10$; dann gilt:

$$s_n = 1 \cdot \frac{(\frac{1}{2})^{10} - 1}{\frac{1}{2} - 1} = 2 \cdot \left(1 - \frac{1}{1024}\right) = \frac{2 \cdot 1023}{1024} = \frac{1023}{512}.$$

In anderen Fällen kann man durch geschickte Umformungen einen einfachen Term für die Partialsummen ermitteln.

Beispiel:

$$s_n = \frac{1}{1 \cdot 2} + \frac{1}{2 \cdot 3} + \frac{1}{3 \cdot 4} + \cdots + \frac{1}{n(n+1)}.$$

Es gilt:

$$\frac{1}{1 \cdot 2} = \frac{1}{1} - \frac{1}{2}, \quad \frac{1}{2 \cdot 3} = \frac{1}{2} - \frac{1}{3}, \quad \ldots, \quad \frac{1}{n(n+1)} = \frac{1}{n} - \frac{1}{n+1}.$$

Daraus ergibt sich unmittelbar: $s_n = 1 - \dfrac{1}{n+1}$

Für $n=99$ gilt z. B. $s_{99} = 1 - \frac{1}{100} = \frac{99}{100} = 0{,}99$.

In den allermeisten Fällen ist eine solche einfache Darstellung der Partialsummen jedoch **nicht** möglich. Schon daraus ergibt sich, daß es in vielen Fällen nicht einfach ist, Reihen auf ihre Eigenschaften zu untersuchen.

5. Im Vorstehenden ist gezeigt worden, wie man aus einer Zahlenfolge (a_n) eine Reihe (s_n) gewinnen kann. Es erhebt sich die Frage, ob man auch umgekehrt aus einer Reihe (s_n) die zugrunde liegende Folge (a_n) wieder zurückgewinnen kann. Dies ist in der Tat der Fall; denn es gilt:

$$s_n = a_1 + a_2 + \cdots + a_{n-1} + a_n,$$

$$s_{n-1} = a_1 + a_2 + \cdots + a_{n-1}.$$

Durch Differenzbildung ergibt sich daraus: $a_n = s_n - s_{n-1}$ (für $n \geq 2$). Für $n=1$ gilt: $a_1 = s_1$. Somit haben wir gezeigt:

S 8.1 **Bei jeder Reihe (s_n) sind die Glieder der zugrunde liegenden Zahlenfolge (a_n) gegeben durch:** $\quad a_1 = s_1 \quad$ **und** $\quad a_n = s_n - s_{n-1} \quad$ **(für $n \geq 2$).**

Übungen und Aufgaben

1. Berechne s_1, s_2, s_3, s_4 und s_5 für die Zahlenfolgen (a_n)! Ermittle jeweils den Term a_n und den Term s_n!

a) 1; 3; 5; 7; 9; ... **b)** 1; 1; 1; 1; 1; ... **c)** 2; 0; 2; 0; 2; ...

d) 1; −1; 2; −2; 3; −3; ... **e)** 1; $\frac{1}{2}$; $\frac{1}{4}$; $\frac{1}{8}$; $\frac{1}{16}$; ... **f)** 1; $-\frac{1}{2}$; $\frac{1}{4}$; $-\frac{1}{8}$; $\frac{1}{16}$; ...

2. Ermittle die fünf ersten Glieder der Reihen (s_n)!

a) $s_n = \sum_{k=1}^{n} \frac{1}{2k+1}$ **b)** $s_n = \sum_{k=1}^{n} \frac{1}{k!}$ **c)** $s_n = \sum_{k=1}^{n} \sqrt{k}$

d) $s_n = \sum_{k=1}^{n} \frac{(-1)^k}{2k}$ **e)** $s_n = \sum_{k=1}^{n} \frac{(-1)^{k+1}}{k^2}$ **f)** $s_n = \sum_{k=1}^{n} \frac{1}{(-2)^k}$

3. Ermittle die vier ersten Glieder der rekursiv gegebenen Reihen (s_n)!

a) $s_1 = \frac{1}{2}$; $s_{n+1} = s_n + \frac{1}{(n+1)(n+2)}$ **b)** $s_1 = \frac{1}{6}$; $s_{n+1} = s_n + \frac{1}{(n+3)!}$

c) $s_1 = 2$; $s_{n+1} = s_n + \sqrt{n+4}$ **d)** $s_1 = 1$; $s_{n+1} = s_n + \frac{(-1)^n \cdot n}{n+1}$

4. Schreibe die Terme s_n von Aufgabe 3 mit Hilfe des Summenzeichens!

5. Ermittle a_1, a_2, a_3, a_4, a_5, falls die Reihe (s_n) durch die folgenden Glieder gegeben ist!

a) 1; 0; 1; 0; 1; 0; ... **b)** 2; 4; 6; 8; 10; ...

c) 0; 0; 0; 0; 0; 0; ... **d)** 1; −1; 2; −2; 3; −3; ...

e) 1; $\frac{1}{2}$; $\frac{3}{4}$; $\frac{5}{8}$; $\frac{11}{16}$; $\frac{21}{32}$; $\frac{43}{64}$; ... **f)** 1; $\frac{4}{3}$; $\frac{13}{9}$; $\frac{40}{27}$; $\frac{121}{81}$; $\frac{364}{243}$; ...

Schreibe – nach Möglichkeit – s_n mit Hilfe des Summenzeichens!

6. Berechne die fünf ersten Glieder der Folgen (a_n), die folgenden Reihen zugrunde liegen! Schreibe die Terme s_n mit Hilfe des Summenzeichens!

a) $s_n = \frac{1}{4} + \frac{1}{5} + \frac{1}{6} + \frac{1}{7} + \cdots + a_n$ **b)** $s_n = \frac{1}{5} + \frac{1}{7} + \frac{1}{9} + \frac{1}{11} + \cdots + a_n$

c) $s_n = \frac{1}{3} + \frac{1}{8} + \frac{1}{13} + \frac{1}{18} + \cdots + a_n$ **d)** $s_n = -1 + 2 + 7 + 14 + 23 + \cdots + a_n$

7. Berechne jeweils die fünf ersten Glieder von (a_n) und $s_n = \sum\limits_{k=1}^{n} a_k$!

a) $a_k = \frac{1}{k^2}$ **b)** $a_k = (-1)^k$ **c)** $a_k = 2k - 1$ **d)** $a_k = \frac{(-1)^k}{k^3}$

8. Gegeben sei eine Zahlenfolge (a_n) mit den Differenzen:

$$d_k^{(1)} = a_k - a_{k+1} \quad \text{und} \quad d_k^{(2)} = a_k - a_{k+2} \quad (k \in \mathbb{N}).$$

Zeige: $s_n^{(1)} = \sum\limits_{k=1}^{n} d_k^{(1)} = a_1 - a_{n+1}$; $s_n^{(2)} = \sum\limits_{k=1}^{n} d_k^{(2)} = a_1 + a_2 - a_{n+1} - a_{n+2}$.

9. Berechne mit Hilfe der Gleichungen von Aufgabe 8 $s_n^{(1)}$ bzw. $s_n^{(2)}$ zu folgenden Differenzen!

a) $d_k^{(2)} = \frac{2}{k(k+2)} = \frac{1}{k} - \frac{1}{k+2}$ **b)** $d_k^{(1)} = \frac{2k+1}{k^2(k+1)^2} = \frac{1}{k^2} - \frac{1}{(k+1)^2}$

c) $d_k^{(2)} = \frac{4(k+1)}{k^2(k+2)^2} = \frac{1}{k^2} - \frac{1}{(k+2)^2}$ **d)** $d_k^{(1)} = -(2k+1) = k^2 - (k+1)^2$

e) $d_k^{(1)} = -1 = k - (k+1)$ **f)** $d_k^{(2)} = 2 = -[k - (k+2)]$

II. Konvergenz unendlicher Reihen

1. Wir haben im I. Abschnitt den Begriff der **unendlichen Reihe** auf den Begriff der **Zahlenfolge** zurückgeführt. Daraus ergibt sich unmittelbar, was man unter der **„Konvergenz einer unendlichen Reihe"** zu verstehen hat: nämlich die **Konvergenz der Folge (s_n) der Partialsummen s_n.**
Aus D 8.1 und D 7.4 b ergibt sich unmittelbar die Gültigkeit des Satzes:

S 8.2 **Eine unendliche Reihe konvergiert gegen den Grenzwert s genau dann, wenn es zu jeder Zahl $\varepsilon \in \mathbb{R}^{>0}$ eine Zahl $N(\varepsilon) \in \mathbb{N}$ [bzw. eine Zahl $X(\varepsilon) \in \mathbb{R}$] gibt, so daß gilt:**

$$n > N(\varepsilon) \ [\text{bzw. } n > X(\varepsilon)] \Rightarrow |s - s_n| = \left| s - \sum_{k=1}^{n} a_k \right| < \varepsilon.$$

Man schreibt:

$$s = \lim_{n\to\infty} s_n = \lim_{n\to\infty} \sum_{k=1}^{n} a_k = \sum_{k=1}^{\infty} a_k,$$

gelesen: „s gleich ... Summe a_k von 1 bis unendlich".

2. Zum Beweis der Konvergenz einer Reihe kann man diesen Satz vor allem dann anwenden, wenn die Partialsummen s_n durch einen einfachen Term darstellbar sind. Wir können außerdem die schon im Band „Analysis I" bewiesenen Grenzwertsätze anwenden.

Beispiele:

1) $s_n = \frac{1}{1\cdot 2} + \frac{1}{2\cdot 3} + \frac{1}{3\cdot 4} + \cdots + \frac{1}{n(n+1)}$.

Es gilt: $s_n = 1 - \frac{1}{n+1}$ (vgl. S. 154); also: $\lim\limits_{n\to\infty} s_n = \lim\limits_{n\to\infty}\left(1-\frac{1}{n+1}\right) = 1$.

Führe den Konvergenzbeweis nach S 8.2 selbständig durch (Aufgabe 1)!

2) Für eine **geometrische Reihe** gilt: $s_n = \sum\limits_{k=1}^{n} a_1 q^{k-1} = a_1 \cdot \frac{1-q^n}{1-q}$.

Falls $|q|<1$ ist, gilt: $\lim\limits_{n\to\infty} s_n = \sum\limits_{k=1}^{\infty} a_1 q^{k-1} = \frac{a_1}{1-q}$ (vgl. Analysis I).

Auch bei diesem Beispiel kann der Konvergenzbeweis nach S 8.2 geführt werden (Aufgabe 2).

3. Existiert der Grenzwert der Folge der Partialsummen **nicht**, so heißt die Reihe **„divergent"**. Falls die Reihe **bestimmt-divergent** ist, wenn es also zu jeder Zahl $S \in \mathbb{R}$ eine Zahl $X(S) \in \mathbb{R}$ gibt, so daß gilt

$$n > X(S) \Rightarrow s_n > S \quad \Big| \quad n > X(S) \Rightarrow a_n < S,$$

so schreibt man:

$$\lim_{n\to\infty} s_n = \sum_{k=1}^{\infty} a_k = \infty. \quad \Big| \quad \lim_{n\to\infty} s_n = \sum_{k=1}^{\infty} a_k = -\infty.$$

Man spricht in solchen Fällen von einem **„uneigentlichen Grenzwert"** (vgl. Analysis I).

Beachte, daß es sich nur um eine symbolische Ausdrucksweise handelt, daß die Zeichen „∞" und „$-\infty$" also **keinesfalls Zahlen** bezeichnen!

Beispiele:

1) Jede **arithmetische Reihe** mit $d \neq 0$ ist divergent; es gilt:

$$\lim_{n\to\infty} s_n = \sum_{k=1}^{\infty} [a_1 + (k-1)\,d] = \infty, \qquad \text{falls } d>0 \text{ ist}$$

und

$$\lim_{n\to\infty} s_n = \sum_{k=1}^{\infty} [a_1 + (k-1)\,d] = -\infty, \qquad \text{falls } d<0 \text{ ist.}$$

Beweise dies (Aufgabe 3)!

2) Jede **geometrische Reihe** mit $|q| \geq 1$ ist divergent; z. B. gilt:

$$\lim_{n\to\infty} s_n = \sum_{k=1}^{\infty} 3\cdot 2^{k-1} = \lim_{n\to\infty} 3\cdot\frac{2^n-1}{2-1} = \infty.$$

Beweise dies (Aufgabe 4)!

3) Die **harmonische Reihe** mit $s_n = \sum\limits_{k=1}^{n} \frac{1}{k}$ ist divergent; dies kann man folgendermaßen zeigen:

$$1+\tfrac{1}{2}+\tfrac{1}{3}+\tfrac{1}{4}+\tfrac{1}{5}+\tfrac{1}{6}+\tfrac{1}{7}+\tfrac{1}{8}+\tfrac{1}{9}+\cdots+\tfrac{1}{15}+\tfrac{1}{16}+\tfrac{1}{17}+\cdots$$
$$>1+\tfrac{1}{2}+\underbrace{\tfrac{1}{4}+\tfrac{1}{4}}+\underbrace{\tfrac{1}{8}+\tfrac{1}{8}+\tfrac{1}{8}+\tfrac{1}{8}}+\underbrace{\tfrac{1}{16}+\cdots+\tfrac{1}{16}+\tfrac{1}{16}}+\tfrac{1}{32}+\cdots$$
$$=1+\tfrac{1}{2}+\quad\tfrac{1}{2}\quad+\qquad\tfrac{1}{2}\qquad+\qquad\tfrac{1}{2}\qquad+\cdots$$

Durch Zusammenfassung von $2, 4, 8, \ldots, 2^n, \ldots$ Gliedern kann man also immer wieder die Zahl $\frac{1}{2}$ übertreffen; daraus folgt:

$$\lim_{n\to\infty} s_n = \sum_{k=1}^{\infty} \frac{1}{k} = \infty .$$

4. In der Reihenlehre ist es – wie wir an einigen Beispielen schon gesehen haben – häufig zweckmäßig, das Summenzeichen „$\sum$" zu verwenden. Für das Rechnen mit diesem Zeichen gelten eine Reihe von Regeln, von denen wir einige hier anführen wollen.

[1]
$$\sum_{k=1}^{n} \mathbf{a}_k + \sum_{k=1}^{n} \mathbf{b}_k = \sum_{k=1}^{n} (\mathbf{a}_k + \mathbf{b}_k)$$

Beispiel: $(a_1+a_2)+(b_1+b_2)=(a_1+b_1)+(a_2+b_2)$

Wie das Beispiel zeigt, ist Regel [1] mit dem **Assoziativ-** und dem **Kommutativgesetz** zu begründen. Ein allgemeiner Beweis kann mit Hilfe des Satzes von der vollständigen Induktion geführt werden (Aufgabe 5).

[2]
$$\mathbf{c} \cdot \sum_{k=1}^{n} \mathbf{a}_k = \sum_{k=1}^{n} \mathbf{c} \cdot \mathbf{a}_k$$

Beispiel: $c \cdot (a_1+a_2+a_3) = c \cdot a_1 + c \cdot a_2 + c \cdot a_3$

Es handelt sich also um eine Verallgemeinerung des **Distributivgesetzes.** Der Beweis ist wiederum mit Hilfe des Satzes von der vollständigen Induktion zu führen (Aufgabe 6).

[3]
$$\sum_{k=1}^{n} \mathbf{a}_k \cdot \sum_{l=1}^{m} \mathbf{b}_l = \sum_{k=1}^{n} \left(\sum_{l=1}^{m} \mathbf{a}_k \cdot \mathbf{b}_l \right) = \sum_{k=1}^{n} \sum_{l=1}^{m} \mathbf{a}_k \cdot \mathbf{b}_l$$

Beispiel: $(a_1+a_2) \cdot (b_1+b_2+b_3) = a_1 b_1 + a_1 b_2 + a_1 b_3 + a_2 b_1 + a_2 b_2 + a_2 b_3 .$

Auch hier ist der Beweis mit Hilfe des Satzes von der vollständigen Induktion zu führen. (Aufgabe 9.)

Bei einer Doppelsumme wie in Regel [3] kommt es auf die **Reihenfolge** der Summenzeichen **nicht** an. Es gilt also z. B.

$$\sum_{k=1}^{n} \left(\sum_{l=1}^{m} \mathbf{a}_k \, \mathbf{b}_l \right) = \sum_{l=1}^{m} \left(\sum_{k=1}^{n} \mathbf{a}_k \, \mathbf{b}_l \right)$$

Beispiel:

$$\sum_{k=1}^{2} \left(\sum_{l=1}^{3} a_k b_l \right) = \sum_{k=1}^{2} (a_k b_1 + a_k b_2 + a_k b_3) = (a_1 b_1 + a_1 b_2 + a_1 b_3) + (a_2 b_1 + a_2 b_2 + a_2 b_3)$$

$$\sum_{l=1}^{3} \left(\sum_{k=1}^{3} a_k b_l \right) = \sum_{l=1}^{3} (a_1 b_l + a_2 b_l) = (a_1 b_1 + a_2 b_1) + (a_1 b_2 + a_2 b_2) + (a_1 b_3 + a_2 b_3)$$

Durch Anwendung des **Assoziativ-** und des **Kommutativgesetzes** kann der eine Term in den anderen umgeformt werden.

Bemerkung: Bei Doppelsummen läßt man die Klammern häufig weg, schreibt also z. B. einfach

$$\sum_{k=1}^{n} \sum_{l=1}^{m} a_k b_l .$$

Dabei ist die Summe über alle Indexpaare $(k|l)$ zu erstrecken, die den am Summenzeichen angegebenen Bedingungen genügen. Mit $N=\{1, 2, \ldots, n\}$ und $M=\{1, 2, \ldots, m\}$ sind dies alle Paare $(k|l) \in N \times M$.

5. Aus den Sätzen über konvergente Folgen, den sogenannten **„Grenzwertsätzen"** lassen sich leicht die beiden folgenden Sätze über konvergente Reihen herleiten.

S 8.3 **Für $c \in \mathbb{R}$ gilt:** $\sum_{k=1}^{\infty} a_k = s \Rightarrow \sum_{k=1}^{\infty} c \cdot a_k = c \cdot s$.

Beweis: Nach Voraussetzung gilt $s_n = \sum_{k=1}^{n} a_k$ und $\lim_{n\to\infty} s_n = s$.

Daraus folgt $c \cdot s = c \cdot \lim_{n\to\infty} s_n = \lim_{n\to\infty} (c \cdot s_n) = \lim_{n\to\infty} \left(c \cdot \sum_{k=1}^{n} a_k\right)$

$$= \lim_{n\to\infty} \left(\sum_{k=1}^{n} c \cdot a_k\right) = \sum_{k=1}^{\infty} c \cdot a_k, \quad \text{q.e.d.}$$

S 8.4

$$\sum_{k=1}^{\infty} a_k = s \wedge \sum_{k=1}^{\infty} b_k = t \Rightarrow \sum_{k=1}^{\infty} (a_k \pm b_k) = s \pm t$$

Beweis: Nach Voraussetzung gilt:

$$s_n = \sum_{k=1}^{n} a_k \quad \text{und} \quad \lim_{n\to\infty} s_n = s; \qquad t_n = \sum_{k=1}^{n} b_k \quad \text{und} \quad \lim_{n\to\infty} t_n = t.$$

Daraus folgt:

$$s \pm t = \lim_{n\to\infty} s_n \pm \lim_{n\to\infty} t_n = \lim_{n\to\infty} (s_n \pm t_n) = \lim_{n\to\infty} \left[\sum_{k=1}^{n} a_k \pm \sum_{k=1}^{n} b_k\right]$$

$$= \lim_{n\to\infty} \sum_{k=1}^{n} (a_k \pm b_k) = \sum_{k=1}^{\infty} (a_k \pm b_k), \quad \text{q.e.d.}$$

Aus den Sätzen S 8.3 und S 8.4 ergibt sich, daß man konvergente Reihen gliedweise mit Zahlenfaktoren multiplizieren und eine **endliche** Anzahl solcher Reihen gliedweise addieren oder subtrahieren kann. Dies besagt der Satz

S 8.5 **Für $c_\rho \in \mathbb{R}$ $(\rho = 1, 2, \ldots, m)$ gilt:**

$$\sum_{k=1}^{\infty} a_{\rho k} = s_\rho \Rightarrow \sum_{k=1}^{\infty} \sum_{\rho=1}^{m} c_\rho \cdot a_{\rho k} = \sum_{\rho=1}^{m} c_\rho \cdot s_\rho,$$

also $\sum_{k=1}^{\infty} (c_1 a_{1k} + c_2 a_{2k} + \cdots + c_m a_{mk}) = c_1 s_1 + c_2 s_2 + \cdots + c_m s_m$.

Beweise dies (Aufgabe 10)!

6. In § 7 haben wir gezeigt (S 7.7), daß das Hinzufügen oder Weglassen endlich vieler Glieder das Konvergenzverhalten einer Zahlenfolge (a_n) nicht ändert. Ein ähnlicher Satz gilt auch für unendliche Reihen.

S 8.6 **Läßt man bei einer**

konvergenten | divergenten

Reihe (s_n) mit $s_n = \sum_{k=1}^{n} a_k$ in den Partialsummen endliche viele Folgenglieder $a_1, a_2, \ldots, a_m$ weg, so ist auch die neue Reihe (t_n)

konvergent. | divergent.

Beweis: Für die Partialsummen der neuen Reihe (t_n) gilt:

$$t_n = \begin{cases} 0 & \text{für } n \leq m \\ \sum_{k=m+1}^{n} a_k & \text{für } n > m. \end{cases}$$

Für $n>m$ gilt also:

$$t_n = \sum_{k=m+1}^{n} a_k = \sum_{k=1}^{n} a_k - \sum_{k=1}^{m} a_k = s_n - z \quad \text{mit} \quad z = \sum_{k=1}^{m} a_k.$$

1) Ist nun (s_n) konvergent, so gilt, weil die ersten m Glieder nach S 7.7 das Konvergenzverhalten der Folge (t_n) nicht beeinflussen:

$$\lim_{n\to\infty} t_n = \lim_{n\to\infty} (s_n - z) = \lim_{n\to\infty} s_n - z.$$

Hat also die ursprüngliche Reihe (s_n) den Grenzwert s, so hat die geänderte Reihe (t_n) den Grenzwert $s-z$ mit $z=\sum_{k=1}^{m} a_k$, q.e.d.

2) Ist (s_n) divergent, so kann (t_n) nicht konvergent sein. Wäre nämlich $\lim_{n\to\infty} t_n = t$, so würde wegen $s_n = t_n + z$ gelten:

$$\lim_{n\to\infty} s_n = \lim_{n\to\infty} t_n + z = t + z;$$

(s_n) wäre also entgegen der Voraussetzung doch konvergent, q.e.d.

7. Wie oben schon gesagt, ist es nur in verhältnismäßig wenigen Fällen möglich, für die Partialsummen einen einfachen Term anzugeben. Daher ist es nur selten möglich, den Grenzwert einer unendlichen Reihe unmittelbar zu berechnen und die Konvergenz nach S 8.2 zu beweisen. Wir müssen daher versuchen, allgemeine Sätze zu finden, mit deren Hilfe auf die Konvergenz oder auf die Divergenz von Reihen geschlossen werden kann; mit solchen Sätzen, den sogenannten **„Konvergenzkriterien"** werden wir uns in den nächsten Abschnitten befassen.

Übungen und Aufgaben

1. Beweise mit Hilfe von Satz S 8.2, daß für $s_n = \sum_{k=1}^{n} \frac{1}{k(k+1)}$ gilt: $\lim_{n\to\infty} s_n = 1$!

2. Beweise mit Hilfe von Satz S 8.2, daß für eine geometrische Reihe (s_n) mit

$$s_n = \sum_{k=1}^{n} a_1 q^{k-1} = a_1 \cdot \frac{1-q^n}{1-q} \quad \text{und } |q|<1 \text{ gilt: } \lim_{n\to\infty} s_n = \frac{a_1}{1-q}.$$

3. Beweise: Jede arithmetische Reihe (s_n) mit $d \neq 0$ ist divergent!

4. Beweise: Jede geometrische Reihe (s_n) mit $|q| \geq 1$ ist divergent!

5. Beweise mit Hilfe des Satzes von der vollständigen Induktion:

$$\bigwedge_{a_k,\, b_k \in \mathbb{R}} \; \bigwedge_{n \in \mathbb{N}} \left[\sum_{k=1}^{n} a_k + \sum_{k=1}^{n} b_k = \sum_{k=1}^{n} (a_k + b_k) \right]!$$

6. Beweise mit Hilfe des Satzes von der vollständigen Induktion:

$$\bigwedge_{c \in \mathbb{R}} \bigwedge_{n \in \mathbb{N}} \left[c \cdot \sum_{k=1}^{n} a_k = \sum_{k=1}^{n} c \cdot a_k \right]!$$

7. Schreibe die angegebenen Doppelsummen vollständig aus!

Beispiel: $\sum_{p=1}^{2} \sum_{q=1}^{3} p \cdot q = \sum_{p=1}^{2} \left(\sum_{q=1}^{3} p \cdot q \right) = \sum_{p=1}^{2} (p \cdot 1 + p \cdot 2 + p \cdot 3)$

$= (1 \cdot 1 + 1 \cdot 2 + 1 \cdot 3) + (2 \cdot 1 + 2 \cdot 2 + 2 \cdot 3)$

a) $\sum_{p=1}^{3} \sum_{q=1}^{2} \frac{p}{q}$ **b)** $\sum_{p=1}^{3} \sum_{q=1}^{4} (p+q)$ **c)** $\sum_{p=1}^{2} \sum_{q=1}^{3} p^q$ **d)** $\sum_{p=1}^{3} \sum_{q=1}^{3} \frac{1}{p \cdot q}$

8. Zeige an den Beispielen von Aufgabe 7, daß bei Doppelsummen die Summenzeichen vertauscht werden können, ohne daß das Ergebnis sich ändert!

9. Beweise mit Hilfe des Verfahrens der vollständigen Induktion:

$$\bigwedge_{a_p, a_q \in \mathbb{R}} \bigwedge_{n \in \mathbb{N}} \bigwedge_{m \in \mathbb{N}} \left[\sum_{p=1}^{n} a_p \cdot \sum_{q=1}^{m} a_q = \sum_{p=1}^{n} \sum_{q=1}^{m} a_p \cdot a_q \right]!$$

10. Beweise den Satz S 8.5!

11. Jeder unendliche Dezimalbruch $0, z_1 z_2 z_3 \ldots$ mit $z_k \in \{0, 1, 2, \ldots, 9\}$ und $k \in \mathbb{N}$ kann als unendliche Reihe (s_n) mit $s_n = \sum_{k=1}^{n} \frac{z_k}{10^k}$ aufgefaßt werden. Beweise die Konvergenz der Reihe!

12. Zeige: Eine Reihe (s_n) mit $s_n = \sum_{k=1}^{n} a_k$ und $a_k > 0$ für alle $k \in \mathbb{N}$ konvergiert genau dann, wenn sie beschränkt ist!

13. Untersuche, welche der Reihen (s_n) von Aufgabe I, 1. konvergent sind!

14. Berechne – wenn möglich – den Grenzwert der Reihen (s_n) von Aufgabe I, 9!

15. Es sei $\sum_{k=1}^{\infty} a_k = 2$, $\sum_{k=1}^{\infty} b_k = 1$ und $\sum_{k=1}^{\infty} c_k = -1$. Berechne:

a) $\sum_{k=1}^{\infty} 3 \cdot a_k$ **b)** $\sum_{k=1}^{\infty} (-2) \cdot c_k$ **c)** $\sum_{k=1}^{\infty} [a_k + b_k + c_k]$

d) $\sum_{k=1}^{\infty} (6a_k - 4b_k + 2c_k)$ **e)** $\sum_{k=1}^{\infty} (\frac{1}{4} a_k - \frac{1}{2} b_k - \frac{3}{2} c_k)$ **f)** $\sum_{k=1}^{\infty} (\frac{3}{4} a_k + b_k - \frac{2}{3} c_k)$

16. Es sei: $a = a_1 = a_2 = \cdots = a_n$; $b = b_1 = b_2 = \cdots = b_n$ Berechne:

a) $\sum_{k=1}^{n} a_k$ **b)** $\sum_{k=1}^{n} b_k$ **c)** $\sum_{k=1}^{n} (a_k + b_k)$ **d)** $\sum_{k=1}^{n} (c\, a_k + d\, b_k)$!

Was kann man über die Konvergenz der durch diese Summen s_n festgelegten Reihen (s_n) aussagen?

Bemerkung: Aufgaben zu unendlichen geometrischen Reihen findet man im Band „Analysis I".

III. Das Cauchykriterium für unendliche Reihen

1. Unmittelbar leuchtet ein, daß eine durch die Partialsummen $s_n = \sum_{k=1}^{n} a_k$ gegebene Reihe nur dann konvergieren kann, wenn die zugrunde liegende Folge (a_n) gegen Null konvergiert, wenn die Folge (a_n) also eine Nullfolge ist. In der Tat gilt der Satz

S 8.7 **Wenn eine unendliche Reihe mit den Partialsummen $s_n = \sum_{k=1}^{n} a_k$ konvergiert, dann gilt: $\lim_{n\to\infty} a_n = 0$.**

Die Bedingung $\lim_{n\to\infty} a_n = 0$ ist also **notwendig** dafür, daß die Reihe, also die Folge (s_n) konvergiert.

Beweis: Nach S 8.1 gilt für $n \geq 2$: $a_n = s_n - s_{n-1}$,

also $\lim_{n\to\infty} a_n = \lim_{n\to\infty} (s_n - s_{n-1}) = \lim_{n\to\infty} s_n - \lim_{n\to\infty} s_{n-1} = s - s = 0$, q.e.d.

Beachte, daß wir vorausgesetzt haben, daß $\lim_{n\to\infty} s_n = s$ existiert.

Beispiele:

1) $a_n = \frac{n}{n+1}$; $s_n = \sum_{k=1}^{n} \frac{k}{k+1}$; es gilt: $\lim_{n\to\infty} a_n = \lim_{n\to\infty} \frac{n}{n+1} = 1 \neq 0$;

die Reihe ist **nicht** konvergent.

2) $a_n = \frac{1}{n(n+1)}$; $s_n = \sum_{k=1}^{n} \frac{1}{k(k+1)}$; es gilt: $\lim_{n\to\infty} a_n = \lim_{n\to\infty} \frac{1}{n(n+1)} = 0$;

die **notwendige** Bedingung ist erfüllt; nach S 8.7 ist es also nicht ausgeschlossen, daß die Reihe konvergiert. Auf S. 157 haben wir gezeigt, daß die Reihe tatsächlich konvergiert.

3) $a_n = \frac{1}{n}$; $s_n = \sum_{k=1}^{n} \frac{1}{k}$; es gilt: $\lim_{n\to\infty} a_n = \lim_{n\to\infty} \frac{1}{n} = 0$;

die **notwendige** Bedingung ist auch bei diesem Beispiel erfüllt; dennoch konvergiert die **harmonische Reihe** – wie wir auf S. 157f. gezeigt haben – nicht.

2. Um den Sachverhalt etwas näher zu beleuchten, wenden wir das in § 7, II hergeleitete **Konvergenzkriterium von Cauchy** in der Form von S 7.6b auf die Folge (s_n) an. Die Cauchybedingung lautet, daß für jedes $\varepsilon \in \mathbb{R}^{>0}$ bei genügend großen Werten für n und für alle $k \in \mathbb{N}$ gelten muß:

$$|s_{n+k} - s_n| < \varepsilon.$$

Nun gilt: $s_{n+k} = s_n + a_{n+1} + a_{n+2} + \cdots + a_{n+k}$,

$$\text{also:} \quad |s_{n+k} - s_n| = |a_{n+1} + \cdots + a_{n+k}|.$$

Wenn man die Partialsumme s_n berechnet hat, so bedeutet

$$a_{n+1} + a_{n+2} + \cdots + a_{n+k}$$

eine **„Korrektur"** von k weiteren Summanden, die man an dem Wert von s_n anbringen kann. Die Cauchybedingung besagt dann, daß eine Reihe nur dann konvergieren kann, wenn schließlich **beliebig lange Korrekturen beliebig wenig ausmachen**; denn es muß ja für ein beliebiges $\varepsilon \in \mathbb{R}^{>0}$ für genügend große Werte von n und für **alle** $k \in \mathbb{N}$ gelten:

$$|a_{n+1}+a_{n+2}+\cdots+a_{n+k}|<\varepsilon.$$

Diese Bedingung ist bei der harmonischen Reihe nicht erfüllt; denn bei dieser Reihe kann man – wie auf S. 157f. gezeigt – durch ausreichend lange Korrekturen z. B. immer wieder die Zahl $\frac{1}{2}$ übertreffen.

Für unendliche Reihen lautet das **Cauchy-Kriterium** also:

S 8.8 **Eine unendliche Reihe mit den Partialsummen $s_n = \sum_{k=1}^{n} a_k$ konvergiert genau dann, wenn es zu jeder Zahl $\varepsilon \in \mathbb{R}^{>0}$ eine Zahl $N(\varepsilon) \in \mathbb{N}$ gibt, so daß gilt:**

$$n > N(\varepsilon) \wedge k \in \mathbb{N} \Rightarrow \left|\sum_{\rho=n+1}^{n+k} a_\rho\right| = |a_{n+1}+a_{n+2}+\cdots+a_{n+k}| < \varepsilon.$$

Beachte:

1) Die Variable k steht für jede (noch so große) natürliche Zahl.

2) Das Cauchykriterium ist für die Konvergenz der Reihe **notwendig** und **hinreichend.**

3) In Quantorenschreibweise lautet die Cauchybedingung:

$$\bigwedge_{\varepsilon \in \mathbb{R}^{>0}} \bigvee_{N \in \mathbb{N}} \bigwedge_{n>N} \bigwedge_{k \in \mathbb{N}} \left[\left|\sum_{\rho=n+1}^{n+k} a_\rho\right| < \varepsilon\right].$$

Beispiel: $a_n = \frac{(-1)^{n+1}}{n}$; $s_n = 1-\frac{1}{2}+\frac{1}{3}-\frac{1}{4}\pm\cdots+\frac{(-1)^{n+1}}{n}$

Es gilt:

$$|a_{n+1}+a_{n+2}+\cdots+a_{n+k}| = \left|\frac{1}{n+1}-\frac{1}{n+2}+\frac{1}{n+3}\mp\cdots+(-1)^{k+1}\cdot\frac{1}{n+k}\right|$$

Nun gilt:

$$\frac{1}{n+1}-\frac{1}{n+2}=\frac{n+2-n-1}{(n+1)(n+2)}=\frac{1}{(n+1)(n+2)}>0$$

und

$$\frac{1}{n+3}-\frac{1}{n+4}=\frac{n+4-n-3}{(n+3)(n+4)}=\frac{1}{(n+3)(n+4)}>0, \text{ usw.}$$

Daraus folgt:

$$\left(\frac{1}{n+1}-\frac{1}{n+2}\right)+\left(\frac{1}{n+3}-\frac{1}{n+4}\right)+\cdots+(-1)^{k+1}\cdot\frac{1}{n+k}>0.$$

Zeige, daß diese Abschätzung sowohl für **gerade** wie für **ungerade** Werte von k richtig ist (Aufgabe 7)! Ferner gilt:

$$\frac{1}{n+1}-\left(\frac{1}{n+2}-\frac{1}{n+3}\right)-\left(\frac{1}{n+4}-\frac{1}{n+5}\right)-\cdots\pm\frac{1}{n+k}<\frac{1}{n+1}.$$

Zeige, daß auch diese Abschätzung sowohl für **gerade** wie für **ungerade** Werte von k richtig ist (Aufgabe 7)! Somit gilt also bei diesem Beispiel:

$$|a_{n+1}+a_{n+2}+\cdots+a_{n+k}|<\frac{1}{n+1}.$$

Wegen $\lim\limits_{n\to\infty}\frac{1}{n+1}=0$ gibt es also zu jeder Zahl $\varepsilon\in\mathbb{R}^{>0}$ eine Zahl $N(\varepsilon)\in\mathbb{N}$, so daß gilt:

$$n>N(\varepsilon)\wedge k\in\mathbb{N}\Rightarrow|a_{n+1}+a_{n+2}+\cdots+a_{n+k}|<\varepsilon,$$

d.h. die Reihe $1-\frac{1}{2}+\frac{1}{3}-\frac{1}{4}\pm\cdots$ konvergiert.

Beachte: Durch diesen Beweis hat sich nichts darüber ergeben, **welche Zahl** der Grenzwert der Reihe ist!

4. Da das Cauchykriterium für die Konvergenz einer Reihe notwendig und hinreichend ist, läßt sich mit seiner Hilfe auch die **Divergenz** von Reihen beweisen. Durch formale Negation der Cauchy-Bedingung erhält man:

S 8.9 **Eine unendliche Reihe mit den Partialsummen $s_n=\sum\limits_{k=1}^{n}a_k$ divergiert genau dann, wenn gilt:**

$$\bigvee_{\varepsilon\in\mathbb{R}^{>0}}\ \bigwedge_{N\in\mathbb{N}}\ \bigvee_{n>N}\ \bigvee_{k\in\mathbb{N}}\left[\left|\sum_{\rho=n+1}^{n+k}a_\rho\right|\geq\varepsilon\right].$$

Übertrage diese Bedingung in die Umgangssprache und für den Nachweis der Divergenz der harmonischen Reihe nach diesem Satz (Aufgabe 8)!

Übungen und Aufgaben

1. Ermittle zu den folgenden Reihen (s_n) die Terme a_n! Zeige, daß die notwendige Bedingung $\lim\limits_{n\to\infty}a_n=0$ für die Konvergenz von (s_n) erfüllt ist!

a) $s_n=1+\frac{1}{3}+\frac{1}{9}+\frac{1}{27}+\cdots+a_n$
b) $s_n=3+\frac{3}{2}+\frac{3}{4}+\frac{3}{8}+\cdots+a_n$
c) $s_n=0{,}3+0{,}03+0{,}003+\cdots+a_n$
d) $s_n=0{,}7-0{,}07+0{,}007-0{,}0007+\cdots+(-1)^{n+1}$

2. Ermittle zu den folgenden Reihen (s_n) die Terme a_n! Zeige mit Hilfe von S 8.7, daß die Reihen nicht konvergieren!

a) $s_n=1+2+3+4+\cdots+a_n$
b) $s_n=-1+2-3+4-5+\cdots+(-1)^n a_n$
c) $s_n=1-1+1-1+\cdots+(-1)^{n+1}a_n$
d) $s_n=2+4+8+16+\cdots+a_n$

3. Zeige mit Hilfe von S 8.7, daß die Reihen (s_n) nicht konvergent sind!

a) $s_n=\sum\limits_{k=1}^{n}\left(\frac{k}{k+1}\right)^k$
b) $s_n=\sum\limits_{k=1}^{n}\left(\frac{k}{k+1}\right)^{2k}$

4. Prüfe aufgrund von S 8.7, ob die folgenden Reihen (s_n) konvergieren **können**!

a) $s_n=\sum\limits_{k=1}^{n}\frac{2k+1}{k+10}$
b) $s_n=\sum\limits_{k=1}^{n}\frac{1}{2k+4}$
c) $s_n=\sum\limits_{k=1}^{n}\frac{k}{10k-1}$
d) $s_n=\sum\limits_{k=1}^{n}\frac{k^2+1}{k\cdot 2^k}$
e) $s_n=\sum\limits_{k=1}^{n}\frac{1}{(k+1)\cdot 0{,}2^k}$
f) $s_n=\sum\limits_{k=1}^{n}\frac{k^2+1}{k!}$
g) $s_n=\sum\limits_{k=1}^{n}(-1)^k\cdot\frac{k-1}{k+1}$
h) $s_n=\sum\limits_{k=1}^{n}(-1)^{k+1}\cdot\frac{k}{1-2k}$
i) $s_n=\sum\limits_{k=1}^{n}\frac{(-1)^k\cdot k}{3^k}$

5. Wende das Cauchy-Kriterium (S 8.8) auf die folgenden geometrischen Reihen (s_n) an und beweise deren Konvergenz!

a) $s_n = \sum\limits_{k=1}^{n} (\frac{1}{2})^{k-1}$ **b)** $s_n = \sum\limits_{k=1}^{n} 3 \cdot (\frac{1}{5})^{k-1}$ **c)** $s_n = \sum\limits_{k=1}^{n} (-\frac{3}{4})^{k}$

6. Beweise die Konvergenz der Reihe (s_n) mit $s_n = \sum\limits_{k=1}^{n} \frac{1}{k(k+1)}$ mit Hilfe des Cauchy-Kriteriums!

7. Zeige, daß die bei der Behandlung des Beispiels $a_n = \frac{(-1)^{n+1}}{n}$ angegebenen Abschätzungen (S. 163) sowohl für gerade wie für ungerade Werte von k gelten! Anleitung: Untersuche jeweils, für welche Werte von k der letzte Summand $\frac{1}{n+k}$ mit dem vorhergehenden Summanden zusammenzufassen ist oder für sich stehen bleibt!

8. a) Übertrage die Bedingung von S 8.9 in die Umgangssprache!

b) Beweise mit Hilfe von S 8.9 die Divergenz der harmonischen Reihe (s_n) mit $s_n = \sum\limits_{k=1}^{n} \frac{1}{k}$!

§ 9 Majoranten und Minoranten

I. Das Majorantenkriterium

1. Mit Hilfe des in § 8, III behandelten Konvergenzkriteriums von Cauchy kann die Konvergenz oder die Divergenz von Reihen nur in verhältnismäßig seltenen Fällen unmittelbar nachgewiesen werden, weil der Term $|s_{n+k}-s_n|=|a_{n+1}+a_{n+2}+\cdots+a_{n+k}|$ in den meisten Fällen nur schwer zu vereinfachen und daher die Lösungsmenge einer Ungleichung der Form

$$|a_{n+1}+a_{n+2}+\cdots+a_{n+k}|<\varepsilon$$

meistens nur schwer zu bestimmen ist.
Es liegt daher nahe, nach einfacheren Konvergenzkriterien zu suchen.

2. Wie wir gesehen haben, läßt sich die Konvergenz einiger Reihen verhältnismäßig leicht nachweisen; hier sind vor allem zu nennen: die geometrischen Reihen mit $|q|<1$ und die Reihe mit $s_n=\sum\limits_{k=1}^{n}\frac{1}{k(k+1)}$.

Man kann diese Reihen daher als **Vergleichsreihen** für andere Reihen benutzen. Wenn die Glieder einer Reihe dem Betrage nach sämtlich kleiner sind als die Glieder einer konvergenten Vergleichsreihe, so ist zu vermuten, daß auch die verglichene Reihe konvergiert. Man sagt in einem solchen Fall: die Vergleichsreihe ist eine konvergente **„Majorante"** der zu untersuchenden Reihe.
Um die weiteren Untersuchungen zu vereinfachen, wollen wir im folgenden – falls es nicht ausdrücklich anders gesagt wird – nur Reihen betrachten, bei denen die zugehörigen Folgenglieder ausschließlich positiv sind; wir setzen also im folgenden voraus, daß für alle $k\in\mathbb{N}$ gilt: $a_k>0$, $b_k>0$, usw.

Wir definieren:

D 9.1 **Eine Reihe (t_n) mit $t_n=\sum\limits_{k=1}^{n} b_k$ (und $b_k>0$) heißt „Majorante" einer Reihe (s_n) mit $s_n=\sum\limits_{k=1}^{n} a_k$ (und $a_k>0$), wenn für alle $k\in\mathbb{N}$ gilt: $b_k\geq a_k$.**

Beachte, daß wir bei dieser Definition nicht die Formulierung „genau dann, wenn" verwendet haben; der Grund liegt darin, daß wir in Definition D 9.2 den Majorantenbegriff durch eine schwächere Bedingung modifizieren werden.

Beispiel: $b_k=\frac{1}{k(k+1)}$; $a_k=\frac{1}{2k^2}$

Beweis: $\frac{1}{k(k+1)}\geq\frac{1}{2k^2} \Leftrightarrow 2k^2\geq k(k+1) \Leftrightarrow 2k^2\geq k^2+k \Leftrightarrow k^2\geq k$

In der Tat gilt: $\bigwedge\limits_{k\in\mathbb{N}}[k^2\geq k]$. Da wir nur Äquivalenzumformungen durchgeführt haben, ist die Reihe (t_n) eine Majorante zur Reihe (s_n), q.e.d.

3. Wir haben nun noch den oben vermuteten Sachverhalt zu formulieren und zu beweisen.

S 9.1 **Ist eine Reihe (t_n) mit $t_n = \sum_{k=1}^{n} b_k$ $(b_k > 0)$ eine konvergente Majorante einer Reihe (s_n) mit $s_n = \sum_{k=1}^{n} a_k$ $(a_k > 0)$, so ist auch (s_n) konvergent.**

Wir geben für diesen Satz zwei Beweise; beim zweiten benutzen wir das Cauchykriterium, beim ersten verzichten wir darauf.

1. Beweis: Da (t_n) konvergent ist, ist (t_n) auch beschränkt; es gilt also:

$$\bigvee_{S \in \mathbb{R}^{>0}} \bigwedge_{n \in \mathbb{N}} [t_n \leq S].$$

Aus der Majorantenbedingung ergibt sich ferner:

$$\bigwedge_{n \in \mathbb{N}} [s_n \leq t_n].$$

Mithin gilt wegen der Transitivität der Ordnungsbeziehung auch:

$$\bigvee_{S \in \mathbb{R}^{>0}} \bigwedge_{n \in \mathbb{N}} [s_n \leq S],$$

also ist auch (s_n) beschränkt. Schließlich gilt nach Voraussetzung

$$\bigwedge_{n \in \mathbb{N}} [a_{n+1} = s_{n+1} - s_n \geq 0];$$

dies bedeutet, daß (s_n) monoton steigt. (s_n) erfüllt also die Voraussetzungen des Satzes S 7.1 und ist somit konvergent, q. e. d.

2. Beweis: Da (t_n) als konvergent vorausgesetzt ist, gibt es zu jeder Zahl $\varepsilon \in \mathbb{R}^{>0}$ eine Zahl $N(\varepsilon)$, so daß gilt:

$$n > N(\varepsilon) \wedge k \in \mathbb{N} \Rightarrow |b_{n+1} + b_{n+2} + \cdots + b_{n+k}| < \varepsilon.$$

Ferner gilt nach Voraussetzung:

$$|a_{n+1} + a_{n+2} + \cdots + a_{n+k}| = a_{n+1} + a_{n+2} + \cdots + a_{n+k}$$
$$\leq b_{n+1} + b_{n+2} + \cdots + b_{n+k} = |b_{n+1} + b_{n+2} + \cdots + b_{n+k}| < \varepsilon.$$

Somit ist nach dem Cauchykriterium auch (s_n) konvergent, q. e. d.

Beachte: Wir haben bei diesem Beweis das Cauchykriterium zweimal benutzt:
bei der Reihe (t_n) als notwendiges Konvergenzkriterium,
bei der Reihe (s_n) als hinreichendes Konvergenzkriterium.

4. Wir behandeln einige **Beispiele.**

1) Wir haben oben gezeigt, daß für alle $k \in \mathbb{N}$ gilt:

$$\frac{1}{k(k+1)} \geq \frac{1}{2k^2};$$

die Reihe (t_n) mit $t_n = \sum_{k=1}^{n} \frac{1}{k(k+1)}$ ist also eine konvergente Majorante zur Reihe (s_n) mit $s_n = \sum_{k=1}^{n} \frac{1}{2k^2}$; also konvergiert auch diese Reihe.

2) Wir wollen zeigen, daß die Reihe (s_n) mit $s_n = \sum_{k=1}^{n} \frac{1}{k!}$ konvergiert. Dazu suchen wir eine konvergente geometrische Reihe (t_n) mit $t_n = \sum_{k=1}^{n} \left(\frac{1}{q}\right)^{k-1}$. Es muß als $0 \left|\frac{1}{q}\right| < 1$, also $|q| > 1$ und – weil wir $b_k > 0$ vorausgesetzt haben – sogar $q > 1$ sein. Wir wollen prüfen, ob es eine solche Zahl q gibt.
Die Majorantenbedingung lautet:

$$\frac{1}{q^{k-1}} \geq \frac{1}{k!} \Leftrightarrow 1 \geq \frac{q^{k-1}}{k!} = \frac{1 \cdot \overbrace{q \cdot q \cdots q}^{k-1 \text{ Faktoren}}}{1 \cdot 2 \cdot 3 \cdots k}.$$

Wenn man z.B. $q = 2$ wählt, ist diese Bedingung für alle $k \in \mathbb{N}$ erfüllt. Damit ist die Konvergenz der Reihe (s_n) bewiesen.

5. In D 9.1 haben wir den Majorantenbegriff insofern sehr scharf gefaßt, als wir verlangt haben, daß für **alle** $k \in \mathbb{N}$ gilt: $b_k \geq a_k$. Für die Gültigkeit von S 9.1 genügt es, zu verlangen, daß von einem bestimmten $N \in \mathbb{N}$ ab die Bedingung $b_k \geq a_k$ erfüllt ist; denn endlich viele Glieder ändern das Konvergenzverhalten einer Reihe nach S 8.6 nicht.

Wir können die Definition D 9.1 also abschwächen zur Definition

D 9.2 **Eine Reihe (t_n) mit $t_n = \sum_{k=1}^{n} b_k$ $(b_k > 0)$ heißt „Majorante" einer Reihe (s_n) mit $s_n = \sum_{k=1}^{n} a_k$ $(a_k > 0)$ genau dann, wenn es eine Zahl $N \in \mathbb{N}$ gibt, so daß für alle $k \in \mathbb{N}$ mit $k \geq N$ gilt: $b_k \geq a_k$.**

Auch für diesen abgeschwächten Majorantenbegriff gilt der Satz S 9.1. Übertrage die Beweise für diesen Satz auf diesen abgeschwächten Majorantenbegriff (Aufgabe 2).

__Beispiel:__ $a_k = \frac{1}{k^3}$, also $s_n = \sum_{k=1}^{n} \frac{1}{k^3}$

Eine konvergente Majorante im Sinne von D 9.2 ist die Reihe (s_n) mit $s_n = \sum_{k=1}^{n} \frac{1}{2k^2}$, deren Konvergenz wir oben bewiesen haben; denn es gilt:

$$\frac{1}{2k^2} \geq \frac{1}{k^3} \Leftrightarrow k^3 \geq 2k^2 \Leftrightarrow k \geq 2;$$

die Definition D 9.2 ist also erfüllt, wenn man $N = 2$ wählt. Das Beispiel zeigt überdies, daß jede Reihe, deren Konvergenz nachgewiesen worden ist, künftig als konvergente Majorante verwendet werden kann.

6. Mit Hilfe des folgenden Satzes können wir den Vorrat an uns zur Verfügung stehenden Majoranten erheblich ausbauen. Es gilt nämlich

S 9.2 **Ist die Reihe (s_n) mit $s_n = \sum_{k=1}^{n} a_k$ konvergent, so ist auch für jede Zahl $c \in \mathbb{R}$ die Reihe (t_n) mit $t_n = \sum_{k=1}^{n} c \cdot a_k$ konvergent.**

Beweis: Nach Regel [2] von Seite 158 gilt: $\sum_{k=1}^{n} c \cdot a_k = c \cdot \sum_{k=1}^{n} a_k$,

also $\lim_{n\to\infty} \sum_{k=1}^{n} c \cdot a_k = c \cdot \lim_{n\to\infty} \sum_{k=1}^{n} a_k = c \cdot \lim_{n\to\infty} s_n$, q.e.d.

Beachte:

1) Wir haben bei diesem Beweis den Satz angewendet, der sich auf den Grenzwert eines Produktes bezieht (vgl. Analysis I).

2) Wir haben den Faktor c keiner Bedingung unterworfen; es sind also auch **negative** Werte von c zugelassen; somit haben wir bei diesem Satz die Vereinbarung aufgehoben, daß nur Reihen mit positiven Gliedern betrachtet werden sollen.

Beispiel: Wir untersuchen, ob die Reihe (s_n) mit $s_n = \sum_{k=1}^{n} \frac{100}{k^2+1}$ konvergiert.

Die Reihe (t_n) mit $t_n = \sum_{k=1}^{n} \frac{1}{k(k+1)}$ ist unmittelbar als Majorante offensichtlich nicht zu verwenden. Wir können aber nach S 9.2 aus (t_n) eine neue konvergente Reihe $(\bar{t}_n)$ bilden, die Majorante von (s_n) ist, nämlich:

$$\bar{t}_n = 1000 \cdot t_n = \sum_{k=1}^{n} \frac{1000}{k(k+1)}.$$

Denn es gilt:

$$\frac{1000}{k(k+1)} \geq \frac{100}{k^2+1} \Leftrightarrow \frac{10}{k^2+k} \geq \frac{1}{k^2+1} \Leftrightarrow 10k^2+10 \geq k^2+k \Leftrightarrow 9k^2-k+10 \geq 0.$$

Da die letzte Ungleichung für alle $k \in \mathbb{N}$ erfüllt ist und da wir nur Äquivalenzumformungen durchgeführt haben, ist der Konvergenzbeweis erbracht.

7. Abschließend wollen wir noch bemerken, daß man aus der Existenz einer divergenten Majorante über das Konvergenzverhalten der verglichenen Reihe nichts erschließen kann. Begründe dies (Aufgabe 12)!

8. Übungen und Aufgaben zu diesem Abschnitt finden sich hinter Abschnitt II.

II. Das Minorantenkriterium

1. Ähnlich wie man **konvergente Reihen** als **Majoranten** bei **Konvergenzbeweisen** verwenden kann, kann man **divergente Reihen** heranziehen, um die **Divergenz** einer gegebenen Reihe zu beweisen. Die Vergleichsreihe muß dann eine sogenannte **„Minorante"** der zu untersuchenden Reihe sein.

Wir definieren:

D 9.3 **Eine Reihe (t_n) mit $t_n = \sum_{k=1}^{n} b_k$ $(b_k > 0)$ heißt „Minorante" einer Reihe (s_n) mit $s_n = \sum_{k=1}^{n} a_k$ $(a_k > 0)$, wenn für alle $k \in \mathbb{N}$ gilt: $b_k \leq a_k$.**

Beispiel: $b_k = \frac{1}{2k}$; $a_k = \frac{1}{k}$; denn es gilt für alle $k \in \mathbb{N}$: $\frac{1}{2k} \leq \frac{1}{k}$.

2. Analog zu S 9.2 gilt nun der Satz:

S 9.3 **Ist eine Reihe (t_n) mit $t_n = \sum_{k=1}^{n} b_k$ $(b_k > 0)$ eine divergente Minorante einer Reihe (s_n) mit $s_n = \sum_{k=1}^{n} a_k$ $(a_k > 0)$, so ist auch (s_n) divergent.**

Auch für diesen Satz geben wir zwei Beweise.

1. Beweis: Aus $b_k > 0$ (für alle $k \in \mathbb{N}$) ergibt sich, daß die Reihe (t_n) monoton steigend und somit unbeschränkt ist. (Wäre sie nämlich beschränkt, so müßte sie – im Widerspruch zur Voraussetzung – nach Satz S 7.1 auch konvergent sein.)

Es gilt also:

$$\bigwedge_{S \in \mathbb{R}^{>0}} \bigvee_{n \in \mathbb{N}} [t_n > S].$$

Aus der Minorantenbedingung in D 9.3 ergibt sich ferner:

$$\bigwedge_{n \in \mathbb{N}} [s_n \geq t_n],$$

nach der Transitivität der Ordnungsbeziehung mithin auch:

$$\bigwedge_{S \in \mathbb{R}^{>0}} \bigvee_{n \in \mathbb{N}} [s_n > S].$$

Also ist auch (s_n) unbeschränkt und somit divergent.

2. Beweis: Nach dem Cauchykriterium gibt es eine Zahl $\varepsilon \in \mathbb{R}^{>0}$, so daß es für alle $N \in \mathbb{N}$ eine Zahl $n > N$ und eine Zahl $k \in \mathbb{N}$ gibt mit

$$|b_{n+1} + b_{n+2} + \cdots + b_{n+k}| \geq \varepsilon.$$

Nach Voraussetzung und D 9.3 gilt ferner:

$$|a_{n+1} + a_{n+2} + \cdots + a_{n+k}| \geq |b_{n+1} + b_{n+2} + \cdots + b_{n+k}| \geq \varepsilon.$$

Mithin ist nach dem Cauchykriterium auch (s_n) divergent, q.e.d.

3. Analog zu S 9.2 gilt für divergente Reihen der Satz

S 9.4 **Ist eine Reihe (s_n) mit $s_n = \sum_{k=1}^{n} a_k$ (und $a_k > 0$) divergent, so ist auch für jede Zahl $c \in \mathbb{R}^{\neq 0}$ die Reihe (t_n) mit $t_n = \sum_{k=1}^{n} c \cdot a_k$ divergent.**

Beweis:

Wegen $a_k > 0$ (für alle $k \in \mathbb{N}$) ist (s_n) unbeschränkt; vgl. den Beweis von S 9.3! Folglich gilt:

$$\bigwedge_{S \in \mathbb{R}^{>0}} \bigvee_{n \in \mathbb{N}} [s_n > S].$$

Durch Multiplikation beider Seiten der Ungleichung mit einer Zahl $c > 0$ ergibt sich:

$$\bigwedge_{S \in \mathbb{R}^{>0}} \bigvee_{n \in \mathbb{N}} [c \cdot s_n > c \cdot S = \bar{S}], \quad \text{also} \quad \bigwedge_{\bar{S} \in \mathbb{R}^{>0}} \bigvee_{n \in \mathbb{N}} [c \cdot s_n > \bar{S}].$$

Durch Multiplikation mit einer Zahl $c<0$ ergibt sich:

$$\bigwedge_{S\in\mathbb{R}^{>0}}\ \bigvee_{n\in\mathbb{N}} [c\cdot s_n < c\cdot S = \bar{S}], \quad \text{also} \quad \bigwedge_{\bar{S}\in\mathbb{R}^{>0}}\ \bigvee_{n\in\mathbb{N}} [c\cdot s_n < \bar{S}].$$

Im ersten Fall ist $(t_n)=(c\cdot s_n)$ nach oben, im zweiten Fall nach unten unbeschränkt und somit divergent, q. e. d.

5. Abschließend behandeln wir noch ein

Beispiel: $a_n=\frac{n}{n^2+1}$, also $s_n=\sum_{k=1}^{n}\frac{k}{k^2+1}$.

Es gilt $\lim_{n\to\infty} a_n=\lim_{n\to\infty}\frac{n}{n^2+1}=0$; die Reihe (s_n) könnte also konvergieren. Wir beweisen die Divergenz von (s_n) mit Hilfe der divergenten Minoranten (t_n) mit

$$t_n=\sum_{k=1}^{n}\frac{1}{2k} \quad \text{(vgl. das Beispiel auf S.157 f.!)}$$

Nun gilt: $\frac{k}{k^2+1}\geq\frac{1}{2k} \Leftrightarrow 2k^2\geq k^2+1 \Leftrightarrow k^2\geq 1$.

Die Bedingung $k^2\geq 1$ gilt für alle $k\in\mathbb{N}$; da wir nur Äquivalenzumformungen durchgeführt haben, ist die Divergenz der Reihe (s_n) somit bewiesen.

6. Da endlich viele Glieder das Konvergenzverhalten einer Reihe nach S 8.6 nicht ändern, können wir auch die Minorantendefinition D 9.3 abschwächen zur Definition

D 9.4 **Eine Reihe (t_n) mit $t_n=\sum_{k=1}^{n} b_k$ $(b_k>0)$ heißt „Minorante" einer Reihe (s_n) mit $s_n=\sum_{k=1}^{n} a_k$ $(a_k>0)$ genau dann, wenn es eine Zahl $N\in\mathbb{N}$ gibt, so daß für alle k mit $k\geq N$ gilt: $b_k\leq a_k$.**

Beispiel: $s_n=\sum_{k=1}^{n}\frac{2}{k+3}$. Wir vergleichen diese Reihe mit der harmonischen Reihe (t_n) mit $t_n=\sum_{k=1}^{n}\frac{1}{k}$. Es gilt: $\frac{2}{k+3}>\frac{1}{k} \Leftrightarrow 2k>k+3 \Leftrightarrow k>3$.

Mit $N=4$ ist also die Bedingung von D 9.4 erfüllt.

Der Satz S 9.3 gilt auch noch bei diesem abgeschwächten Minorantenbegriff (Aufgabe 3).

Daher divergiert auch die Reihe (s_n) mit $s_n=\sum_{k=1}^{n}\frac{2}{k+3}$.

Übungen und Aufgaben

1. Ermittle zu den folgenden Reihen (s_n)

1) je eine Majorante und **2)** je eine Minorante!

a) $s_n=\sum_{k=1}^{n}\frac{1}{2k}$ **b)** $s_n=\sum_{k=1}^{n}\frac{k+1}{2k-1}$ **c)** $s_n=\sum_{k=1}^{n}(\frac{1}{2})^k$ **d)** $s_n=\sum_{k=1}^{n}\frac{1}{(2k)!}$

2. Formuliere den dem Satz S 9.1 entsprechenden Satz mit Hilfe des abgeschwächten Majorantenbegriffs und begründe diesen Satz!

3. Formuliere den dem Satz S 9.3 entsprechenden Satz mit Hilfe des abgeschwächten Minorantenbegriffs und begründe diesen Satz!

4. Beweise mit Hilfe der Majorantenmethode die Konvergenz der Reihe (s_n)!

a) $s_n=\sum\limits_{k=1}^{n}\frac{1}{k^2}$ **b)** $s_n=\sum\limits_{k=1}^{n}\frac{1}{k!}$ **c)** $s_n=\sum\limits_{k=2}^{n}\frac{100}{k(k-1)}$

d) $s_n=\sum\limits_{k=1}^{n}\frac{1}{(k+1)(2k-3)}$ **e)** $s_n=\sum\limits_{k=1}^{n}\frac{1}{1+2^k}$ **f)** $s_n=\sum\limits_{k=1}^{n}\frac{3^k}{5+4^k}$

g) $s_n=\sum\limits_{k=1}^{n}\frac{2^{k-1}}{1+3^k}$ **h)** $s_n=\sum\limits_{k=1}^{n}\frac{1}{3+k^2}$ **i)** $s_n=\sum\limits_{k=1}^{n}\frac{1}{k^3}$

5. Beweise, daß alle Reihen (s_n) mit $s_n=\sum\limits_{k=1}^{n}\frac{1}{k^m}$ mit $m\in\mathbb{N}^{\geq 2}$ konvergieren!

6. Beweise die Divergenz der Reihen (s_n) mit Hilfe der Minorantenmethode!

a) $s_n=\sum\limits_{k=1}^{n}\frac{1}{10\cdot k}$ **b)** $s_n=\sum\limits_{k=1}^{n}\frac{k}{2k^2+1}$ **c)** $s_n=\sum\limits_{k=1}^{n}\frac{k!}{k^3}$

d) $s_n=\sum\limits_{k=1}^{n}\frac{1}{\sqrt{k}}$ **e)** $s_n=\sum\limits_{k=2}^{n}\frac{2}{k-1}$ **f)** $s_n=\sum\limits_{k=2}^{n}\frac{1}{\lg k}$

g) $s_n=\sum\limits_{k=2}^{n}\frac{1}{\sqrt{k(k-1)}}$ **h)** $s_n=\sum\limits_{k=2}^{n}\frac{1}{\ln k}$ **i)** $s_n=\sum\limits_{k=2}^{n}\frac{1}{\sqrt[3]{k^3-k}}$

7. Untersuche das Konvergenzverhalten der Reihen (s_n) mit Hilfe der Majoranten- oder der Minorantenmethode!

a) $s_n=\sum\limits_{k=1}^{n}(2k-9)$ **b)** $s_n=\sum\limits_{k=1}^{n}\frac{k}{k^3-2}$ **c)** $s_n=\sum\limits_{k=1}^{n}\frac{1}{k}\cdot\frac{2k-1}{k+1}$

d) $s_n=\sum\limits_{k=1}^{n}\frac{3k+1}{k^2+1}$ **e)** $s_n=\sum\limits_{k=1}^{n}\frac{k^3}{k!}$ **f)** $s_n=\sum\limits_{k=1}^{n}\frac{k^2-1}{k^4+1}$

g) $s_n=\sum\limits_{k=3}^{n}\frac{1}{(k-2)(k-1)}\cdot\frac{10k+1}{k+3}$ **h)** $s_n=\sum\limits_{k=1}^{n}\frac{3}{10k+50}$

8. Beweise, daß alle Reihen (s_n) mit $s_n=\sum\limits_{k=1}^{n}\frac{a}{b\cdot k+c}$ mit $a, b, c\in\mathbb{R}$ $(a, b\neq 0)$ divergieren!

9. Zeige durch Vergleich mit geometrischen Reihen, daß alle Reihen (s_n) mit $s_n=\sum\limits_{k=1}^{n}\frac{1}{k^\alpha}$

a) für $\alpha>1$ konvergieren **b)** für $0<\alpha<1$ divergieren!

10. Zeige durch Vergleich mit einer Reihe von Aufgabe 9, daß die Reihe (s_n) mit

$s_n=\sum\limits_{k=2}^{n}\frac{1}{k\cdot(\ln k)^2}$ konvergiert!

11. Zeige durch Vergleich mit der harmonischen Reihe, daß die Reihe (s_n) divergiert!

a) $s_n = \sum_{k=1}^{n} \frac{1}{k \cdot \ln\left(\frac{k+1}{k}\right)}$ **b)** $s_n = \sum_{k=1}^{n} \frac{1}{k^2 \cdot \ln\left(\frac{k+1}{k}\right)}$

12. Begründe, daß man aus der Existenz einer divergenten Majorante bzw. einer konvergenten Minorante über das Konvergenzverhalten der verglichenen Reihe nichts erschließen kann!

III. Das Quotientenkriterium von d'Alembert

1. In Beispiel **2)** von I, 4 haben wir eine **konvergente geometrische Reihe** als **Majorante** benutzt. Das ist auch in vielen anderen Fällen möglich; allerdings ist es aufwendig, bei jedem Beispiel eigens eine passende geometrische Reihe zu suchen. Wir wollen den Grundgedanken des Vergleichs mit einer geometrischen Reihe zu einem allgemein anwendbaren Satz ausbauen.

2. Die in der Definition des Begriffs der geometrischen Folge (D 7.3) enthaltene Bedingung

$$\bigvee_{q \in \mathbb{R}^{\neq 0}} \bigwedge_{n \in \mathbb{N}} \left[\frac{a_{n+1}}{a_n} = q\right]$$

legt es nahe, mit Hilfe der Quotienten von je zwei aufeinanderfolgenden Gliedern einer auf Konvergenz oder Divergenz zu untersuchenden Reihe zu prüfen, ob es eine konvergente geometrische Reihe als Majorante zu der gegebenen Reihe gibt. In der Tat gilt das **„Quotientenkriterium von d'Alembert"**:

S 9.5 **Eine Reihe (s_n) mit $s_n = \sum_{k=1}^{n} a_k$ und $a_k \neq 0$ für alle $k \in \mathbb{N}$ konvergiert, wenn gilt:**

$$\bigvee_{q \in \mathbb{R}^{>0}} \bigwedge_{n \in \mathbb{N}} \left[\left|\frac{a_{n+1}}{a_n}\right| \leq q < 1\right].$$

Beweis: Es gilt:

$$\left|\frac{a_2}{a_1}\right| \leq q \Leftrightarrow |a_2| \leq |a_1| \cdot q$$

$$\left|\frac{a_3}{a_2}\right| \leq q \Leftrightarrow |a_3| \leq |a_2| \cdot q \leq |a_1| \cdot q^2$$

$$\left|\frac{a_4}{a_3}\right| \leq q \Leftrightarrow |a_4| \leq |a_3| \cdot q \leq |a_1| \cdot q^3$$

$$\cdots\cdots\cdots\cdots$$

Mit Hilfe des Satzes von der vollständigen Induktion läßt sich zeigen, daß für alle $n \in \mathbb{N}$ gilt:

$$|a_n| \leq |a_1| \cdot q^{n-1} \qquad \text{(Aufgabe 1)}.$$

Die Reihe (t_n) mit

$$t_n = |a_1| + |a_1| \cdot q + |a_1| \cdot q^2 + \cdots + |a_1| \cdot q^{n-1} = \sum_{k=1}^{n} |a_1| \cdot q^{k-1}$$

ist also eine Majorante zur Reihe (s_n), und zwar wegen $|q| < 1$ eine konvergente geometrische Reihe. Damit ist nach S 9.1 gezeigt, daß auch die Reihe (s_n) konvergiert, q. e. d.

Beachte:

1) Das Quotientenkriterium ist ein **hinreichendes**, aber **keineswegs notwendiges** Kriterium für die Konvergenz einer Reihe; das bedeutet, daß eine Reihe auch konvergieren kann, wenn das Kriterium nicht erfüllt ist.

2) Nach dem Kriterium muß **eine** bestimmte Zahl für q mit $0<q<1$ gefunden werden, so daß für alle $n \in \mathbb{N}$ gilt: $\left|\frac{a_{n+1}}{a_n}\right| \leq q$; es genügt also nicht für jeden Quotienten aufeinanderfolgender Folgenglieder jeweils eine andere solche Zahl anzugeben.

3) Wir haben **nicht** vorausgesetzt, daß für alle $k \in \mathbb{N}$ gilt: $a_k > 0$.

4) Das Quotientenkriterium gibt keinen Aufschluß darüber, **welche Zahl** der Grenzwert der Reihe (s_n) ist.

3. Wir behandeln einige **Beispiele:**

1) $s_n = \sum\limits_{k=1}^{n} \frac{1}{k!}$; es gilt: $\left|\frac{a_{n+1}}{a_n}\right| = \frac{\frac{1}{(n+1)!}}{\frac{1}{n!}} = \frac{n!}{(n+1)!} = \frac{1}{n+1}$;

wir können $q = \frac{1}{2}$ wählen; denn es gilt:

$$\bigwedge_{n \in \mathbb{N}} \left[\left|\frac{a_{n+1}}{a_n}\right| = \frac{1}{n+1} \leq \frac{1}{2} < 1\right].$$

Die Reihe (s_n) ist also konvergent.

2) $s_n = \sum\limits_{k=1}^{n} \frac{k}{3^k}$; es gilt: $\left|\frac{a_{n+1}}{a_n}\right| = \frac{n+1}{3^{n+1}} : \frac{n}{3^n} = \frac{1}{3} \cdot \frac{n+1}{n} = \frac{1}{3}\left(1+\frac{1}{n}\right)$;

wir wählen $q = \frac{2}{3}$; denn dann gilt: $\bigwedge\limits_{n \in \mathbb{N}} \left[\left|\frac{a_{n+1}}{a_n}\right| = \frac{1}{3}\left(1+\frac{1}{n}\right) \leq \frac{2}{3} < 1\right]$;

die Reihe ist also konvergent.

4. Wir haben in S 9.5 das Quotientenkriterium insofern sehr scharf gefaßt, als wir verlangt haben, daß die Bedingung $\left|\frac{a_{n+1}}{a_n}\right| \leq q < 1$ für alle $n \in \mathbb{N}$, also schon von den beiden ersten Gliedern an erfüllt ist. Es genügt offenbar zu fordern, daß diese Bedingung für schließlich alle $n \in \mathbb{N}$ erfüllt ist. Das **Quotientenkriterium** lautet somit in der abgeschwächten Form:

S 9.6 **Eine Reihe (s_n) mit $s_n = \sum\limits_{k=1}^{n} a_k$ und $a_k \neq 0$ für alle $k \in \mathbb{N}$ konvergiert, wenn gilt:**

$$\bigvee_{q \in \mathbb{R}_{>0}} \bigvee_{N \in \mathbb{N}} \bigwedge_{n > N} \left[\left|\frac{a_{n+1}}{a_n}\right| \leq q < 1\right].$$

Übertrage den Beweis von S 9.5 auf den von S 9.6 (Aufgabe 2)!

Beispiel: $s_n = \sum\limits_{k=1}^{n} k \cdot \left(\frac{4}{5}\right)^{k-1}$; es gilt: $\left|\frac{a_{n+1}}{a_n}\right| = \frac{n+1}{n} \cdot \left(\frac{4}{5}\right)^{n-n+1} = \frac{4}{5} \cdot \left(1+\frac{1}{n}\right)$.

Für n=1 erhält man: $\left|\frac{a_2}{a_1}\right| = \frac{4}{5} \cdot 2 = \frac{8}{5} > 1;$

für n=2 erhält man: $\left|\frac{a_3}{a_2}\right| = \frac{4}{5} \cdot \frac{3}{2} = \frac{6}{5} > 1;$

. . . .

für n=5 erhält man: $\left|\frac{a_6}{a_5}\right| = \frac{4}{5} \cdot \frac{6}{5} = \frac{24}{25} < 1.$

Da die Folge (b_n) mit $b_n = \frac{4}{5} \cdot \left(1 + \frac{1}{n}\right)$ monoton fällt (Aufgabe 3), gilt für alle $n \in \mathbb{N}$ mit $n \geq 5$:

$$b_n = \left|\frac{a_{n+1}}{a_n}\right| = \frac{4}{5} \cdot \left(1 + \frac{1}{n}\right) \leq \frac{24}{25} < 1.$$

Die Bedingungen von S 9.6 sind also mit N=5 und $q = \frac{24}{25}$ erfüllt; die Reihe (s_n) ist konvergent.

5. Wir zeigen an einem **Beispiel,** daß das Quotientenkriterium nur hinreichend, keinesfalls aber notwendig für die Konvergenz einer Reihe (s_n) ist.

$$s_n = \sum_{k=1}^{n} \frac{1}{k(k+1)}; \qquad \text{es gilt:} \left|\frac{a_{n+1}}{a_n}\right| = \frac{n(n+1)}{(n+1)(n+2)} = \frac{n}{n+2}.$$

Es läßt sich keine Zahl $q \in]0; 1[$ und keine Zahl $N \in \mathbb{N}$ finden, so daß für alle n>N gelten würde:

$$\left|\frac{a_{n+1}}{a_n}\right| = \frac{n}{n+2} \leq q < 1.$$

Das Quotientenkriterium ist also **nicht** erfüllt; dennoch konvergiert die Reihe (s_n), wie wir schon in § 8, I gezeigt haben.

Ist das Quotientenkriterium nicht erfüllt, so besagt dies lediglich, daß es zu der gegebenen Reihe keine konvergente geometrische Reihe als Majorante gibt; die Reihe kann trotzdem konvergieren; sie kann natürlich auch divergieren. Dies zeigt das **Beispiel** der **harmonischen Reihe:**

$$s_n = \sum_{k=1}^{n} \frac{1}{k}; \qquad \text{es gilt:} \left|\frac{a_{n+1}}{a_n}\right| = \frac{n}{n+1};$$

auch hier gibt es keine Zahl $q \in]0; 1[$ und keine Zahl N, so daß für alle n>N gelten würde

$$\left|\frac{a_{n+1}}{a_n}\right| = \frac{n}{n+1} \leq q < 1;$$

wir haben in § 8, I gezeigt, daß diese Reihe divergiert.

6. Eine Vereinfachung des Quotientenkriteriums erhält man dadurch, daß man den Grenzwert der Folge $\left(\left|\frac{a_{n+1}}{a_n}\right|\right)$ betrachtet. Wenn es eine Zahl $q \in]0; 1[$ gibt, die den Bedingungen von S 9.5 bzw. S 9.6 genügt, so ist zu vermuten, daß der Grenzwert dieser Folge – sofern er existiert – kleiner als 1 ist, daß also gilt:

$$\lim_{n \to \infty} \left|\frac{a_{n+1}}{a_n}\right| < 1.$$

In der Tat ist auch dies ein **hinreichendes** Kriterium für die Konvergenz der betreffenden Reihe.

S 9.7 **Eine Reihe (s_n) mit $s_n = \sum_{k=1}^{n} a_k$ konvergiert, wenn gilt: $\lim\limits_{n\to\infty} \left|\frac{a_{n+1}}{a_n}\right| < 1$.**

Beweis: Es sei $g = \lim\limits_{n\to\infty} \left|\frac{a_{n+1}}{a_n}\right| < 1$; dann liegen nach der Grenzwertdefinition D 7.4a für jede Zahl $\varepsilon \in \mathbb{R}^{>0}$ fast alle Glieder der Folge in der ε-Umgebung von g; wir wählen $\varepsilon = \frac{1-g}{2}$; wegen $g < 1$ gilt dann $\varepsilon > 0$ und

$$g+\varepsilon = g + \frac{1-g}{2} = \frac{2g+1-g}{2} = \frac{g}{2} + \frac{1}{2} < \frac{1}{2} + \frac{1}{2} = 1.$$

Mithin gibt es nach D 7.4b eine Zahl $N(\varepsilon) \in \mathbb{N}$, so daß gilt:

$$\bigwedge_{n>N} \left|\frac{a_{n+1}}{a_n}\right| < g+\varepsilon < 1;$$

somit ist die Bedingung von S 9.6 mit $q = g+\varepsilon$ erfüllt und mithin die Folge (s_n) konvergent, q. e. d.

Beachte: Der Satz S 9.7 verlangt insofern mehr als der Satz S 9.6, als vorausgesetzt wird, daß der Grenzwert von $\left|\frac{a_{n+1}}{a_n}\right|$ existiert, was keineswegs selbstverständlich ist. Diese Einschränkung ist jedoch in der Praxis unerheblich, weil die meisten Reihen, die Satz S 9.6 erfüllen, auch dem Satz S 9.7 genügen.

Beispiele:

1) $s_n = \sum_{k=1}^{n} (\frac{5}{6})^k \cdot k^2$

Es gilt: $$\left|\frac{a_{n+1}}{a_n}\right| = (\tfrac{5}{6})^{n+1-n} \cdot \left(\frac{n+1}{n}\right)^2 = \tfrac{5}{6} \cdot \left(1+\frac{1}{n}\right)^2$$

und $$\lim_{n\to\infty} \left|\frac{a_{n+1}}{a_n}\right| = \tfrac{5}{6} \cdot \lim_{n\to\infty} \left(1+\frac{1}{n}\right)^2 = \tfrac{5}{6} < 1;$$

die Reihe (s_n) konvergiert.

2) $s_n = \sum\limits_{k=1}^{n} \frac{1}{k(k+1)}$; es gilt: $\lim\limits_{n\to\infty} \left|\frac{a_{n+1}}{a_n}\right| = \lim\limits_{n\to\infty} \frac{n}{n+2} = 1$;

das Quotientenkriterium führt zu **keiner** Entscheidung darüber, ob die Reihe konvergiert oder nicht.

3) $s_n = \sum\limits_{k=1}^{n} \frac{1}{k!}$; es gilt: $\lim\limits_{n\to\infty} \left|\frac{a_{n+1}}{a_n}\right| = \lim\limits_{n\to\infty} \frac{n!}{(n+1)!} = \lim\limits_{n\to\infty} \frac{1}{n+1} = 0$;

die Reihe konvergiert.

4) $s_n = \sum\limits_{k=1}^{n} \frac{1}{k}$; es gilt: $\lim\limits_{n\to\infty} \left|\frac{a_{n+1}}{a_n}\right| = \lim\limits_{n\to\infty} \left|\frac{n}{n+1}\right| = 1$;

das Kriterium führt zu keiner Entscheidung über die Konvergenz der Reihe.

7. Da die Bedingung

$$\lim_{n\to\infty} a_n = 0 \qquad (1)$$

für die Konvergenz einer Reihe (s_n) mit $s_n = \sum_{k=1}^{n} a_k$ **notwendig**, die Bedingung

$$\lim_{n\to\infty} \left|\frac{a_{n+1}}{a_n}\right| < 1 \qquad (2)$$

für die Konvergenz der Reihe **hinreichend** ist, kann man, wenn (2) erfüllt ist, schließen, daß auch (1) gilt. Mit anderen Worten: wenn $\lim_{n\to\infty} \left|\frac{a_{n+1}}{a_n}\right| < 1$ ist, dann ist (a_n) eine Nullfolge. Es gilt also der Satz

S 9.8 **Eine Folge (a_n) ist eine Nullfolge, es gilt also $\lim_{n\to\infty} a_n = 0$, wenn gilt: $\lim_{n\to\infty} \left|\frac{a_{n+1}}{a_n}\right| < 1$.**

Beachte, daß die Bedingung nur hinreichend, aber nicht notwendig ist!

Beispiel: Es ist zu untersuchen, ob und gegebenenfalls für welche Werte von x die durch $a_n = \frac{x^n}{n^2}$ festgelegte Zahlenfolge (a_n) eine Nullfolge ist.

Es gilt: $\left|\frac{a_{n+1}}{a_n}\right| = \left|\frac{x^{n+1}}{(n+1)^2} \cdot \frac{n^2}{x^n}\right| = |x| \cdot \left(\frac{n}{n+1}\right)^2 = |x| \cdot \left(\frac{n+1-1}{n+1}\right)^2 = |x| \cdot \left(1 - \frac{1}{n+1}\right)^2,$

also: $\lim_{n\to\infty} \left|\frac{a_{n+1}}{a_n}\right| = |x| \cdot \lim_{n\to\infty} \left(1 - \frac{1}{n+1}\right)^2 = |x|.$

Aus S 9.8 ergibt sich also, daß die Folge (a_n) für alle x mit $|x| < 1$ eine Nullfolge ist.

8. Wir haben in den Sätzen dieses Abschnittes stets den **Betrag** der Quotienten $\frac{a_{n+1}}{a_n}$ betrachtet. Aus dem Beweis von S 9.5 ergibt sich dann, daß für $|q| < 1$ die Reihe (t_n) mit $t_n = \sum_{k=1}^{n} |a_1| \cdot q^{k-1}$ eine Majorante zur Reihe $(\bar{s}_n)$ mit $\bar{s}_n = \sum_{k=1}^{n} |a_k|$, also erst recht eine Majorante zur Reihe (s_n) mit $s_n = \sum_{k=1}^{n} a_k$ ist. Für $|q| < 1$ konvergiert also nicht nur die Reihe (s_n), sondern sogar die Reihe der Beträge $(\bar{s}_n)$; man sagt: die Reihe (s_n) ist **„absolut konvergent"**.
Wir definieren:

D 9.5 **Eine Reihe (s_n) mit $s_n = \sum_{k=1}^{n} a_k$ heißt „absolut konvergent" genau dann, wenn auch die Reihe $(\bar{s}_n)$ mit $\bar{s}_n = \sum_{k=1}^{n} |a_k|$ konvergent ist.**

Beachte: Ist eine Reihe absolut konvergent, so ist sie auch konvergent; eine konvergente Reihe bracht aber nicht absolut konvergent zu sein.

Beispiel: Die Reihe (s_n) mit $s_n = \sum_{k=1}^{n} \frac{(-1)^{k-1}}{k}$,

also mit $s_n = 1 - \frac{1}{2} + \frac{1}{3} - \frac{1}{4} + \cdots + (-1)^{n-1} \cdot \frac{1}{n}$

ist – wie wir auf S. 163 gezeigt haben – konvergent, aber **nicht** absolut konvergent; denn mit

$$a_k = \left|\frac{(-1)^{k-1}}{k}\right| = \frac{1}{k}$$

ergibt sich bei $\bar{s}_n = \sum\limits_{k=1}^{n} |a_k| = \sum\limits_{k=1}^{n} \frac{1}{k}$ die divergente harmonische Reihe.

9. Unter Verwendung des Begriffs der „absoluten Konvergenz" können wir die Sätze S 9.5, S 9.6 und S 9.7 verschärfen zu:

S 9.9 **Gilt für eine Reihe (s_n) mit $s_n = \sum\limits_{k=1}^{n} a_k$**

$$\bigvee_{q \in \mathbb{R}^{>0}} \bigvee_{N \in \mathbb{N}} \bigwedge_{n > N} \left[\left|\frac{a_{n+1}}{a_n}\right| \leq q < 1\right] \quad \textbf{oder} \quad \lim_{n \to \infty} \left|\frac{a_{n+1}}{a_n}\right| < 1,$$

so ist die Reihe (s_n) absolut konvergent.

Der **Beweis** ergibt sich unmittelbar aus denen für die Sätze S 9.6 und S 9.7, wenn man D 9.5 beachtet.

10. Geometrische Reihen lassen sich selbstverständlich auch als **Minoranten** verwenden, wenn sie divergent sind, wenn also gilt: $|q| \geq 1$.

Analog zu den Sätzen S 9.6 und S 9.7 gelten also die folgenden Sätze.

S 9.10 **Eine Reihe (s_n) mit $s_n = \sum\limits_{k=1}^{n} a_k$ und $a_k > 0$ für alle $k \in \mathbb{N}$ divergiert, wenn gilt:**

$$\bigvee_{N \in \mathbb{N}} \bigwedge_{n > N} \left[\frac{a_{n+1}}{a_n} \geq 1\right].$$

Der Beweis soll in Aufgabe 4 a) geführt werden.

S 9.11 **Eine Reihe (s_n) mit $s_n = \sum\limits_{k=1}^{n} a_k$ und $a_k > 0$ für alle $k \in \mathbb{N}$ divergiert, wenn gilt:**

$$\lim_{n \to \infty} \frac{a_{n+1}}{a_n} > 1.$$

Der Beweis soll in Aufgabe 4 b) geführt werden.

Beachte, daß wir in beiden Sätzen vorausgesetzt haben, daß für alle k∈Na gilt: $a_k > 0$!

Beispiele:

1) $s_n = \sum\limits_{k=1}^{n} \frac{2^{k-1}}{k}$; es gilt: $\frac{a_{n+1}}{a_n} = \frac{2^n}{n+1} \cdot \frac{n}{2^{n-1}} = \frac{2n}{n+1} = \frac{2}{1+\frac{1}{n}}$.

Nun gilt für alle n mit $n > 1$: $\frac{2}{1+\frac{1}{n}} \geq \frac{4}{3}$ (Aufgabe 5). Die Reihe ist also divergent.

2) $s_n = \sum_{k=1}^{n} \frac{1}{k}$; es gilt: $\frac{a_{n+1}}{a_n} = \frac{n}{n+1}$, also $\lim_{n\to\infty} \left|\frac{a_{n+1}}{a_n}\right| = \lim_{n\to\infty} \frac{n}{n+1} = 1$;

das Kriterium gibt also **keine** Entscheidung über die Konvergenz oder Divergenz der Reihe; wir wissen, daß die Reihe divergiert; vgl. S. 157 f.

3) $s_n = \sum \frac{1}{k^2}$; es gilt: $\left|\frac{a_{n+1}}{a_n}\right| = \left(\frac{n}{n+1}\right)^2$, also $\lim_{n\to\infty} \left|\frac{a_{n+1}}{a_n}\right| = \lim_{n\to\infty} \left(\frac{n}{n+1}\right)^2 = 1$;

das Kriterium gibt auch hier **keine** Entscheidung; wir wissen aber, daß die Reihe konvergiert; vgl. S. 167.

Übungen und Aufgaben

1. Im Beweis für das Quotientenkriterium (S 9.5) tritt die Ungleichung

$$|a_n| \leq |a_1| \cdot q^{n-1}$$

auf. Beweise deren Allgemeingültigkeit mit Hilfe des Satzes von der vollständigen Induktion!

2. Beweise den Satz S 9.6! (Vgl. dazu den Beweis von Satz S 9.5!)

3. Beweise, daß die Folge (b_n) mit $b_n = \frac{4}{5}\left(1 + \frac{1}{n}\right)$ monoton fallend ist (vgl. S. 175)!

4. Beweise **a)** den Satz S 9.10; **b)** den Satz S 9.11!

5. Beweise, daß für alle $n \in \mathbb{N}^{>1}$ gilt: $\frac{2}{1+\frac{1}{n}} \geq \frac{4}{3}$ (vgl. S. 178)!

6. Untersuche das Konvergenzverhalten der Reihen (s_n) mit Hilfe des Quotientenkriteriums!

a) $s_n = \sum_{k=1}^{n} 3 \cdot 0{,}4^k$ **b)** $s_n = \sum_{k=1}^{n} \frac{1}{k} \cdot \left(\frac{3}{5}\right)^k$ **c)** $s_n = \sum_{k=1}^{n} \left(\frac{2}{3}\right)^k$

d) $s_n = \sum_{k=1}^{n} \frac{1}{k \cdot 0{,}2^k}$ **e)** $s_n = \sum_{k=1}^{n} \frac{k!}{3^k}$ **f)** $s_n = \sum_{k=1}^{n} \frac{k^2}{k!}$

g) $s_n = \sum_{k=1}^{n} \frac{1}{k^3}$ **h)** $s_n = \sum_{k=1}^{n} \frac{2^k}{k^2}$ **i)** $s_n = \sum_{k=1}^{n} \frac{2^k}{k!}$

j) $s_n = \sum_{k=1}^{n} \frac{(-3)^k}{k!}$ **k)** $s_n = \sum_{k=1}^{n} \frac{1}{k} \cdot \left(\frac{1}{2}\right)^k$ **l)** $s_n = \sum_{k=1}^{n} \frac{3}{2k+1}$

m) $s_n = \sum_{k=1}^{n} \frac{10}{k!}$ **n)** $s_n = \sum_{k=1}^{n} \frac{10^k}{k!}$ **o)** $s_n = \sum_{k=1}^{n} \frac{k^4}{k!}$

p) $s_n = \sum_{k=1}^{n} 0{,}8^k \cdot \frac{10k-1}{k+3}$ **q)** $s_n = \sum_{k=1}^{n} \frac{1}{0{,}5^k} \cdot \frac{2k-1}{k^2+k}$ **r)** $s_n = \sum_{k=1}^{n} \left(\frac{2}{5}\right)^k \cdot \frac{k-1}{k+1}$

7. Beweise mit Hilfe von S 9.7 die Konvergenz der Reihen (s_n)!

a) $s_n = \sum_{k=1}^{n} k \cdot (\frac{1}{2})^k$ **b)** $s_n = \sum_{k=1}^{n} k^2 \cdot (\frac{2}{3})^k$ **c)** $s_n = \sum_{k=1}^{n} k^3 \cdot (\frac{3}{5})^k$

8. Zeige, daß jede Reihe (s_n) mit $s_n = \sum_{k=1}^{n} k^m \cdot a^k$ für $m \in \mathbb{N}$ und $0 \leq a < 1$ konvergiert! Vgl. mit den Beispielen von Aufgabe 7!

9. Beweise mit Hilfe von S 9.7 die Konvergenz der Reihen (s_n)!

a) $s_n = \sum_{k=1}^{n} \frac{k!}{k^k}$ **b)** $s_n = \sum_{k=1}^{n} \frac{k \cdot \ln k}{2^k}$ **c)** $s_n = \sum_{k=1}^{n} \frac{k \cdot \ln(k+1)}{3^k}$

d) $s_n = \sum_{k=1}^{n} \frac{e^k - e^{-k}}{3^k}$ **e)** $s_n = \sum_{k=1}^{n} \frac{e^k + e^{-k}}{3^k}$ **f)** $s_n = \sum_{k=1}^{n} \frac{k^2}{2^k}$

10. Beweise: Wenn eine Reihe absolut konvergiert, dann ist sie auch konvergent.

11. Die Umkehrung des Satzes von Aufgabe 10 ist falsch. Zeige dies an den folgenden Beispielen! Die Konvergenz der Reihen läßt sich mit S 10.1 beweisen!

a) $s_n = \sum_{k=2}^{n} \frac{(-1)^k}{\sqrt{k(k-1)}}$ **b)** $s_n = \sum_{k=2}^{n} \frac{(-1)^k}{\ln k}$ **c)** $\sum_{k=1}^{n} \frac{(-1)^k}{\sqrt{k}}$

Weitere Aufgaben finden sich hinter Abschnitt IV.

IV. Das Wurzelkriterium von Cauchy

1. Ebenfalls auf einem Vergleich der gegebenen Reihe mit einer geometrischen Reihe beruht ein weiteres hinreichendes Konvergenzkriterium, das „**Wurzelkriterium von Cauchy**“:

S 9.12 **Eine Reihe (s_n) mit $s_n = \sum_{k=1}^{n} a_k$ ist konvergent, wenn gilt:**

$$\bigvee_{q \in \mathbb{R}^{>0}} \bigvee_{N \in \mathbb{N}} \bigwedge_{n > N} [\sqrt[n]{|a_n|} \leq q < 1].$$

Beweis: Es gilt:

$$\sqrt[N+1]{|a_{N+1}|} \leq q \Rightarrow |a_{N+1}| \leq q^{N+1}$$
$$\sqrt[N+2]{|a_{N+2}|} \leq q \Rightarrow |a_{N+2}| \leq q^{N+2}$$
$$\cdots\cdots\cdots\cdots\cdots\cdots$$
$$\sqrt[N+k]{|a_{N+k}|} \leq q \Rightarrow |a_{N+k}| \leq q^{N+k}$$

Die Reihe (t_n) mit $t_n = a_1 + a_2 + \cdots + a_N + q^{N+1} + q^{N+2} + \cdots + q^{N+k} + \cdots + q^n$ (für $n > N$) ist also eine Majorante zur Reihe (s_n). Diese Reihe (t_n) ist vom Glied q^{N+1} ab wegen $|q| < 1$ eine konvergente geometrische Reihe, also auch als Ganzes konvergent; mithin konvergiert auch die Reihe (s_n), q.e.d.

Beachte:

1) Auch das Wurzelkriterium ist ein **hinreichendes,** aber keineswegs notwendiges Kriterium für die Konvergenz einer Reihe; es reicht allerdings weiter als das Quotientenkriterium, d.h. mit seiner Hilfe läßt sich bei einigen Reihen, bei denen das Quotientenkriterium versagt, eine Entscheidung herbeiführen.

2) Nach dem Kriterium muß **eine** bestimmte Zahl für q mit $0<q<1$ gefunden werden, so daß für alle n mit $n>N$ gilt: $\sqrt[n]{|a_n|}\leq q$.

Beispiel: $s_n=\sum_{k=1}^{n}\frac{1}{k^k}$; es gilt: $\sqrt[n]{|a_n|}=\sqrt[n]{\frac{1}{n^n}}=\frac{1}{n}$;

wir wählen $q=\frac{1}{2}$; dann gilt für alle n mit $n>1$:

$$\sqrt[n]{|a_n|}=\frac{1}{n}\leq\frac{1}{2};\quad \text{die Reihe konvergiert.}$$

3. Auch das Wurzelkriterium läßt sich als Limes-Kriterium aussprechen, falls der Grenzwert $\lim_{n\to\infty}\sqrt[n]{|a_n|}$ existiert. Für diesen Fall gilt der Satz:

S 9.13 **Eine Reihe (s_n) mit $s_n=\sum_{k=1}^{n}a_k$ konvergiert, wenn gilt:**

$$\lim_{n\to\infty}\sqrt[n]{|a_n|}<1\,.$$

Der **Beweis** ist analog zum Beweis von S 9.7 zu führen (Aufgabe 3).

Beispiele:

1) $s_n=\sum_{k=1}^{n}\frac{1}{k^k}$; es gilt: $\lim_{n\to\infty}\sqrt[n]{|a_n|}=\lim_{n\to\infty}\sqrt[n]{\frac{1}{n^n}}=\lim_{n\to\infty}\frac{1}{n}=0$; die Reihe ist konvergent.

2) $s_n=\sum_{k=1}^{n}\left(\frac{k}{k+1}\right)^k$; es gilt: $\lim_{n\to\infty}\sqrt[n]{|a_n|}=\lim_{n\to\infty}\sqrt[n]{\left(\frac{n}{n+1}\right)^n}=\lim_{n\to\infty}\frac{n}{n+1}=1$;

das Kriterium führt zu keiner Entscheidung über die Konvergenz der Reihe. Diese Reihe divergiert; denn sie erfüllt nicht einmal die notwendige Konvergenzbedingung $\lim_{n\to\infty}a_n=0$; es gilt nämlich:

$$\lim_{n\to\infty}a_n=\lim_{n\to\infty}\left(\frac{1}{1+\frac{1}{n}}\right)^n=\frac{1}{\lim_{n\to\infty}\left(1+\frac{1}{n}\right)^n}=\frac{1}{e}\neq 0.$$

Das Wurzelkriterium ist nur in relativ seltenen Fällen anwendbar, weil es nur selten möglich ist, den Grenzwert $\lim_{n\to\infty}\sqrt[n]{|a_n|}$ auf einfache Weise zu bestimmen.

4. Da in den Bedingungen der Sätze S 9.12 und S 9.13 ebenfalls die Beträge $|a_n|$ vorkommen, so sind die betreffenden Reihen – falls die Bedingungen erfüllt sind – nicht nur konvergent, sondern sogar **absolut konvergent;** es gilt der Satz:

S 9.14 **Gilt für eine Reihe (s_n) mit $s_n=\sum_{k=1}^{n}a_k$**

$$\bigvee_{q\in\mathbb{R}^{>0}}\ \bigvee_{N\in\mathbb{N}}\ \bigwedge_{n>N}\left[\sqrt[n]{|a_n|}\leq q<1\right]\quad\textbf{oder}\quad \lim_{n\to\infty}\sqrt[n]{|a_n|}<1,$$

so ist die Reihe (s_n) absolut konvergent.

Der **Beweis** ergibt sich unmittelbar aus dem für die Sätze S 9.12 und S 9.13.

5. Das **Wurzelkriterium** läßt sich auch als **hinreichendes** Kriterium für die **Divergenz** einer Reihe formulieren. Es gilt der Satz:

S 9.15 **Eine Reihe (s_n) mit $s_n = \sum_{k=1}^{n} a_k$ und $a_k > 0$ für alle $k \in \mathbb{N}$ ist divergent, wenn gilt:**

$$\bigvee_{N \in \mathbb{N}} \bigwedge_{n > N} [\sqrt[n]{a_n} \geq 1] \quad \textbf{oder} \quad \lim_{n \to \infty} \sqrt[n]{a_n} > 1.$$

Der Beweis soll in Aufgabe 6 geführt werden.

Beispiel: $s_n = \sum_{k=1}^{n} \frac{k^k}{2^k}$; es gilt: $\sqrt[n]{a_n} = \sqrt[n]{\left(\frac{n}{2}\right)^n} = \frac{n}{2}$;

es ist $\frac{n}{2} \geq 1$ für alle n mit $n > 1$; also divergiert die Reihe (s_n).

6. Abschließend wollen wir noch zeigen, daß das Wurzelkriterium immer erfüllt ist, wenn das Quotientenkriterium erfüllt ist; tatsächlich reicht das Wurzelkriterium weiter als das Quotientenkriterium.

Gilt für alle n mit $n > N$: $\left|\frac{a_{n+1}}{a_n}\right| \leq q < 1$, so gilt für alle $n > N$ und für alle $m > n > N$:

$$\left|\frac{a_{n+1}}{a_n}\right| \leq q, \quad \left|\frac{a_{n+2}}{a_{n+1}}\right| \leq q, \quad \dots, \quad \left|\frac{a_m}{a_{m-1}}\right| \leq q.$$

Durch Multiplikation dieser Ungleichungen erhält man:

$$\left|\frac{a_m}{a_n}\right| \leq q^{m-n}, \qquad \text{also } |a_m| \leq \frac{|a_n|}{q^n} \cdot q^m.$$

Daraus folgt:

$$\lim_{m \to \infty} \sqrt[m]{|a_m|} \leq \left(\lim_{m \to \infty} \sqrt[m]{\frac{|a_n|}{q^n}}\right) \cdot q.$$

Nun gilt wegen der Stetigkeit jeder Exponentialfunktion an der Stelle 0 (S 4.24) für alle $a \in \mathbb{R}^{>0}$:

$$\lim_{m \to \infty} \sqrt[m]{a} = \lim_{m \to \infty} a^{\frac{1}{m}} = \lim_{x \to 0} a^x = 1.$$

Wir setzen hier – weil n für eine bestimmte Zahl steht – $a = \frac{|a_n|}{q^n}$.

Somit ergibt sich: $\lim_{m \to \infty} \sqrt[m]{|a_m|} \leq q < 1$, q.e.d.

7. An einem **Beispiel** wollen wir noch zeigen, daß das Wurzelkriterium weiter reicht als das Quotientenkriterium.

$$s_n = 2 \cdot \tfrac{2}{3} + 3 \cdot (\tfrac{2}{3})^2 + 2 \cdot (\tfrac{2}{3})^3 + 3 \cdot (\tfrac{2}{3})^4 + \cdots.$$

Für die Glieder der zugrundeliegenden Folge (a_n) soll also gelten:

$$a_n = \begin{cases} 2 \cdot (\frac{2}{3})^n, & \text{falls n ungerade} \\ 3 \cdot (\frac{2}{3})^n, & \text{falls n gerade.} \end{cases}$$

Dann gilt für ungerade Werte von n:

$$\frac{a_{n+1}}{a_n} = \frac{3 \cdot (\frac{2}{3})^{n+1}}{2 \cdot (\frac{2}{3})^n} = \frac{3}{2} \cdot \frac{2}{3} = 1;$$

das Quotientenkriterium ist also nicht erfüllt: es liefert **keine** Entscheidung.

Dagegen gilt:

1) für gerade Werte von n: $\sqrt[n]{3\cdot(\frac{2}{3})^n}=\frac{2}{3}\cdot\sqrt[n]{3}$, also

$$\lim_{n\to\infty}\sqrt[n]{a_n}=\frac{2}{3}\cdot\lim_{n\to\infty}3^{\frac{1}{n}}=\frac{2}{3}\cdot\lim_{x\to 0}3^x=\frac{2}{3}<1;$$

2) für ungerade Werte von n: $\sqrt[n]{2\cdot(\frac{2}{3})^n}=\frac{2}{3}\cdot\sqrt[n]{2}$, also

$$\lim_{n\to\infty}\sqrt[n]{a_n}=\frac{2}{3}\cdot\lim_{n\to\infty}2^{\frac{1}{n}}=\frac{2}{3}\cdot\lim_{x\to 0}2^x=\frac{2}{3}<1.$$

Aus dem Wurzelkriterium ergibt sich also, daß die Reihe (s_n) konvergiert.

Übungen und Aufgaben

1. Beweise mit Hilfe des Wurzelkriteriums (S 9.13) die Konvergenz der Reihen (s_n)!

a) $s_n=\sum_{k=1}^{n}\frac{2^k}{k^k}$ **b)** $s_n=\sum_{k=1}^{n}\left(\frac{e}{3}\right)^k$ **c)** $s_n=\sum_{k=1}^{n}\left(\frac{\pi}{4}\right)^k$

d) $s_n=\sum_{k=1}^{n}\frac{1}{(\text{arc tan }k)^k}$ **e)** $s_n=\sum_{k=1}^{n}\frac{1}{(\text{arc tan }k)^k}\cdot\left(\frac{3}{2}\right)^k$

[**Anleitung** für **d)** und **e)**: $\lim_{n\to\infty}(\text{arc tan }n)=\frac{\pi}{2}$.]

2. Welche der Reihen (s_n) ist absolut konvergent? Verwende jeweils das geeignete Kriterium!

a) $s_n=\sum_{k=1}^{n}\frac{(-1)^{k+1}}{100\cdot k}$ **b)** $s_n=\sum_{k=1}^{n}\frac{(-1)^{k+1}}{k^2}$ **c)** $s_n=\sum_{k=1}^{n}\frac{(-1)^{k+1}}{k!}$

d) $s_n=\sum_{k=1}^{n}(-1)^{k+1}\cdot 0{,}6^k$ **e)** $s_n=\sum_{k=1}^{n}\frac{(-1)^{k+1}\cdot k}{k^2+1}$ **f)** $s_n=\sum_{k=1}^{n}\frac{(-1)^{k+1}\cdot(5-k)}{k^2+4}$

3. Beweise den Satz S 9.13!

4. Begründe, warum das Wurzelkriterium für die Konvergenzuntersuchungen der Reihen von Aufgabe II, 7 nicht geeignet ist!

5. Welche Reihen von Aufgabe III, 6 sind für eine Untersuchung mit Hilfe des Wurzelkriteriums geeignet? Führe die Untersuchung durch!

6. Beweise den Satz S 9.15!

§ 10 Alternierende Reihen

I. Das Konvergenzkriterium von Leibniz

1. Schon in § 8, I haben wir die Reihe (s_n) mit

$$s_n = 1 - \frac{1}{3} + \frac{1}{5} - \frac{1}{7} + \frac{1}{9} \pm \cdots + \frac{(-1)^{n-1}}{2n-1} = \sum_{k=1}^{n} \frac{(-1)^{k-1}}{2k-1}$$

kennengelernt. Eine wichtige Eigenschaft dieser Reihe besteht darin, daß die aufeinanderfolgenden Folgenglieder a_k und a_{k+1} jeweils unterschiedliche Vorzeichen haben. Reihen mit dieser Eigenschaft nennt man **„alternierende Reihen"**. Wir definieren:

10.1 **Eine Reihe (s_n) mit $s_n = \sum_{k=1}^{n} a_k$ heißt „alternierend" genau dann, wenn für alle $k \in \mathbb{N}$ gilt:**

$$a_k = (-1)^{k+1} \cdot b_k \quad \textbf{oder} \quad a_k = (-1)^k \cdot b_k \quad \textbf{mit } b_k > 0.$$

Bemerkung: Wir werden in der Regel die erste Bedingung verwenden.

Beispiele:

1) $$s_n = \sum_{k=1}^{n} \frac{(-1)^{k+1}}{k} = 1 - \frac{1}{2} + \frac{1}{3} - \frac{1}{4} \pm \cdots + \frac{(-1)^{n+1}}{n}$$

2) $$s_n = \sum_{k=1}^{n} \frac{(-1)^{k+1}}{(2k-1)!} = 1 - \frac{1}{3!} + \frac{1}{5!} - \frac{1}{7!} \pm \cdots + \frac{(-1)^{n+1}}{(2n-1)!}$$

2. Die Reihen der beiden Beispiele **1)** und **2)** erfüllen die für die Konvergenz einer Reihe **notwendige** Bedingung

$$\lim_{n \to \infty} a_n = 0 \quad \text{(S 8.7)}.$$

Wegen der wechselnden Vorzeichen der Glieder a_k könnte man vermuten, daß diese Bedingung bei alternierenden Reihen für die Konvergenz auch hinreichend ist; denn die Glieder der Partialsummenfolge (s_n) „springen" wegen des Vorzeichenwechsels der a_k ständig „hin und her" (Bild 10.1).

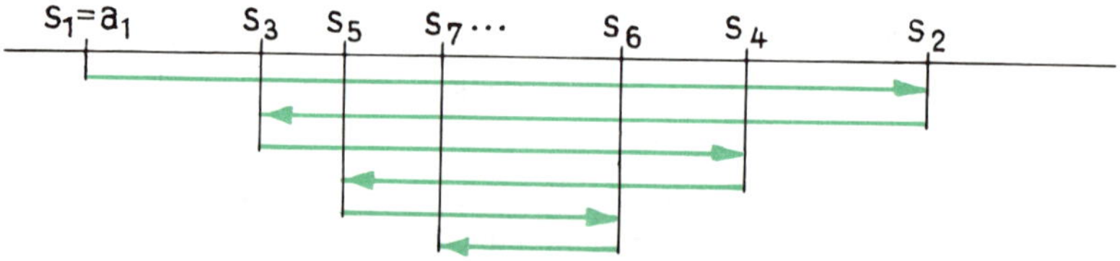

Bild 10.1

Daß diese Vermutung aber irrig ist, zeigt das folgende **Beispiel**:

$$s_{2n} = 2 - 1 + \frac{2}{2} - \frac{1}{2} + \frac{2}{3} - \frac{1}{3} + \frac{2}{4} - \frac{1}{4} + \cdots + \frac{2}{n} - \frac{1}{n}.$$

Es gilt also: $a_k = \begin{cases} \frac{2}{k} & \text{für } k = 2m-1 \\ -\frac{1}{k} & \text{für } k = 2m \end{cases} \quad (m \in \mathbb{N})$

und folglich: $\lim\limits_{n \to \infty} a_n = 0$.

Dennoch konvergiert die Reihe nicht; denn durch Zusammenfassung von je zwei Gliedern erhält man:

$$s_{2n} = (2-1) + \left(\frac{2}{2} - \frac{1}{2}\right) + \left(\frac{2}{3} - \frac{1}{3}\right) + \left(\frac{2}{4} - \frac{1}{4}\right) + \cdots + \left(\frac{2}{n} - \frac{1}{n}\right)$$

$$= 1 + \frac{1}{2} + \frac{1}{3} + \frac{1}{4} + \cdots + \frac{1}{n},$$

also die Partialsummen der harmonischen Reihe, die – wie wir wissen – divergent ist.

3. Den Grund dafür, daß die alternierende Reihe des Beispiels trotz $\lim\limits_{n \to \infty} a_n = 0$ nicht konvergiert, können wir herausfinden, wenn wir die ersten Glieder der Partialsummenfolge (s_n) an einer Zahlengeraden darstellen (Bild 10.2).

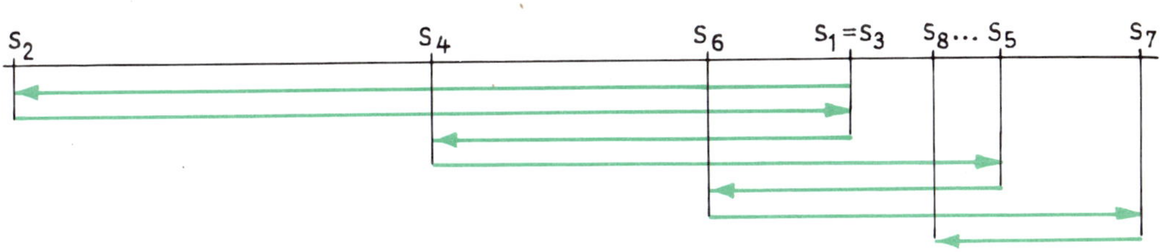

Bild 10.2

Der Unterschied gegenüber dem Fall von Bild 10.1 ist deutlich zu erkennen: die Folge der Zahlen $b_n = |a_n|$ strebt zwar gegen 0, aber **nicht monoton** wie beim Beispiel von Bild 10.1. Aus dieser Betrachtung kommt man zu der Vermutung, daß es für die Konvergenz einer alternierenden Reihe hinreicht, wenn die Folge $(|a_n|)$ monoton nach 0 abnimmt. In der Tat gilt das „**Konvergenzkriterium von Leibniz**":

S 10.1 **Wenn für die Zahlen b_n einer alternierenden Reihe (s_n) mit $s_n = \sum\limits_{k=1}^{n} (-1)^{k+1} \cdot b_k$ mit $b_k > 0$ (für alle $k \in \mathbb{N}$) gilt:**

1) $\bigwedge\limits_{n \in \mathbb{N}} [b_{n+1} \leq b_n]$ und 2) $\lim\limits_{n \to \infty} b_n = 0$,

dann ist die Reihe (s_n) konvergent.

Beweis: Wir zerlegen die Folge der Partialsumme (s_n) in zwei Teilfolgen (s_{2m}) und (s_{2m-1}) und beweisen, daß diese beiden Teilfolgen **denselben** Grenzwert s haben; daraus ergibt sich dann nach S 7.8, daß auch die Reihe (s_n) den Grenzwert s hat, also konvergent ist.

1) Es gilt für alle $m \in \mathbb{N}$:

$$s_{2m} = b_1 - b_2 + b_3 - b_4 + \cdots + b_{2m-1} - b_{2m}$$

und

$$s_{2m+2} = b_1 - b_2 + b_3 - b_4 + \cdots + b_{2m-1} - b_{2m} + b_{2m+1} - b_{2m+2},$$

also:

$$s_{2m+2} - s_{2m} = b_{2m+1} - b_{2m+2},$$

wegen

$$b_{2m+1} \geq b_{2m+2} \quad \text{also auch:} \quad s_{2m+2} - s_{2m} \geq 0;$$

die Folge (s_{2m}) ist also monoton steigend und mithin auch nach unten beschränkt. Sie ist aber auch nach oben beschränkt; denn für alle $m \in \mathbb{N}$ gilt:

$$s_{2m} = b_1 - (b_2 - b_3) - (b_4 - b_5) - \cdots - (b_{2m-2} - b_{2m-1}) - b_{2m}.$$

Nach Bedingung 1) in S 10.1 gilt für alle $k \in \mathbb{N}$: $b_{2k} - b_{2k+1} \geq 0$; da überdies auch $b_{2m} > 0$ sein muß, ergibt sich für alle $m \in \mathbb{N}$:

$$s_{2m} < b_1;$$

die Zahl b_1 ist also eine obere Schranke der Folge (s_{2m}). Nach Satz S 7.1 ist diese Folge daher konvergent; es gibt eine Zahl s' mit

$$s' = \lim_{m \to \infty} s_{2m}.$$

2) Auf die gleiche Weise zeigen wir, daß auch die Folge (s_{2m-1}) monoton fallend und beschränkt ist, also einen Grenzwert s'' hat. Es gilt für alle $m \in \mathbb{N}$:

$$s_{2m-1} = b_1 - b_2 + \cdots + b_{2m-2} + b_{2m-1}$$

und

$$s_{2m+1} = b_1 - b_2 + \cdots + b_{2m-2} + b_{2m-1} - b_{2m} + b_{2m+1},$$

also:

$$s_{2m+1} - s_{2m-1} = b_{2m+1} - b_{2m},$$

wegen

$$b_{2m+1} \leq b_{2m} \quad \text{also auch:} \quad s_{2m+1} - s_{2m-1} \leq 0;$$

die Folge (s_{2m-1}) ist also in der Tat monoton fallend und somit auch nach oben beschränkt. Sie ist aber auch nach unten beschränkt; denn für alle $m \in \mathbb{N}$ gilt:

$$s_{2m-1} = (b_1 - b_2) + (b_3 - b_4) + \cdots + (b_{2m-3} - b_{2m-2}) + b_{2m-1}.$$

Nach Bedingung 1) in S 10.1 gilt für alle $k \in \mathbb{N}$: $b_{2k-1} - b_{2k} \geq 0$; da überdies auch $b_{2m-1} > 0$ sein muß, ergibt sich für alle $m \in \mathbb{N}$:

$$s_{2m} > 0;$$

die Zahl 0 ist also eine untere Schranke der Folge (s_{2m-1}). Nach Satz S 7.1 ist diese Folge also ebenfalls konvergent; es gibt eine Zahl s'' mit

$$s'' = \lim_{m \to \infty} s_{2m-1}.$$

3) Wir zeigen nun noch, daß die Grenzwerte der beiden Teilfolgen übereinstimmen, daß also gilt: $s'' = s'$.
Es gilt für alle $m \in \mathbb{N}$:

$$s_{2m} - s_{2m-1} = -b_{2m}.$$

Daraus ergibt sich:

$$\lim_{m \to \infty} (s_{2m-1} - s_{2m}) = \lim_{m \to \infty} b_{2m};$$

da nach Bedingung **2)** von S 10.1 $\lim\limits_{m\to\infty} b_{2m}=0$ ist, folgt:

$$\lim_{m\to\infty} s_{2m-1} - \lim_{m\to\infty} s_{2m} = 0, \quad \text{d.h.} \quad s''=s', \qquad \text{q.e.d.}$$

Nach S 7.8 folgt daraus schließlich:

$$\lim_{m\to\infty} s_n = s'' = s',$$

d.h. die Reihe (s_n) ist konvergent, q.e.d.

4. Wenn wir das **Konvergenzkriterium von Cauchy** (S 8.8) heranziehen, können wir den **Beweis** abkürzen. Es gilt nämlich mit $a_k=(-1)^{k+1}\cdot b_k$:

$$\begin{aligned}|a_{n+1}+a_{n+2}+\cdots+a_{n+k}| &= |(-1)^n(b_{n+1}-b_{n+2}+\cdots+(-1)^{k+1}\cdot b_{n+k})| \\ &= b_{n+1}-b_{n+2}+\cdots+(-1)^{k+1}\cdot b_{n+k}.\end{aligned}$$

Nach den Abschätzungen, die wir unter **1)** und **2)** durchgeführt haben, gilt:

$$0<b_{n+1}-b_{n+2}+\cdots+(-1)^{k+1}\cdot b_{n+k}<b_{n+1}.$$

Wegen $\lim\limits_{n\to\infty} b_{n+1}=0$ gibt es nach Wahl einer Zahl $\varepsilon\in\mathbb{R}^{>0}$ stets eine Zahl $N\in\mathbb{N}$, so daß gilt:

$$n>N \wedge k\in\mathbb{N} \Rightarrow |a_{n+1}+a_{n+2}+\cdots+a_{n+k}|<\varepsilon;$$

daher ist die Reihe (s_n) nach S 8.8 konvergent, q.e.d.

Beispiel: $s_n=\sum\limits_{k=1}^{n}(-1)^{k+1}\cdot\dfrac{1}{k}$

Es gilt: **1)** $\bigwedge\limits_{n\in\mathbb{N}} \dfrac{1}{n+1}\le\dfrac{1}{n}$ und **2)** $\lim\limits_{n\to\infty}\dfrac{1}{n}=0$; die Reihe ist also konvergent.

5. In Satz S 10.1 haben wir das Leibnizkriterium insofern sehr scharf gefaßt, als wir verlangt haben, daß die zugrundeliegende Folge $(|a_n|)$ vom ersten Glied ab monoton fällt. Offensichtlich genügt es, zu verlangen, daß die Folge $(|a_n|)$ von einem bestimmten Glied a_N monoton nach 0 abnimmt. Eine schwächere Formulierung des **Konvergenzkriteriums von Leibniz** lautet mithin:

S 10.2 **Wenn für die Zahlen b_n einer alternierenden Reihe (s_n) mit $s_n=\sum\limits_{k=1}^{n}(-1)^{k+1}\cdot b_k$ mit $b_k>0$ (für alle $k\in\mathbb{N}$) gilt:**
1) $\bigvee\limits_{N\in\mathbb{N}}\ \bigwedge\limits_{n>N}[b_{n+1}\le b_n]$ und 2) $\lim\limits_{n\to\infty} b_n=0$, dann ist die Reihe (s_n) konvergent.

Der Beweis verläuft analog dem von S 10.1 und soll in Aufgabe 1 geführt werden.

6. Abschließend zeigen wir noch, daß das **Leibniz**-Kriterium für die Konvergenz alternierender Reihen **hinreichend,** aber **nicht notwendig** ist, daß es also Reihen gibt, die das Kriterium **nicht** erfüllen und trotzdem konvergieren.

Beispiel: $s_{2n}=1-\dfrac{1}{3}+\dfrac{1}{2}-\dfrac{1}{4}+\dfrac{1}{3}-\dfrac{1}{5}+\cdots+\dfrac{1}{n}-\dfrac{1}{n+2}.$

Es gilt also: $a_{2m-1}=\dfrac{1}{m}$ und $a_{2m}=-\dfrac{1}{m+2}$ $(m\in\mathbb{N})$.

[Man kann die Glieder auch folgendermaßen beschreiben:

$$a_k = \begin{cases} \dfrac{2}{k+1} & \text{für } k=2m-1 \\ -\dfrac{2}{k+4} & \text{für } k=2m \end{cases}$$

Begründe dies (Aufgabe 5)!]

Es handelt sich um eine alternierende Reihe, deren Glieder $|a_k|$ zwar nach 0 abnehmen, aber **nicht monoton.** Trotzdem konvergiert die Reihe; denn alle Summanden kommen mit entgegengesetzten Vorzeichen doppelt vor, ausgenommen 1 und $\frac{1}{2}$; daher gilt:

$$\lim_{n\to\infty} s_{2n} = 1 + \tfrac{1}{2} = \tfrac{3}{2}.$$

Wir können die Konvergenz auch folgendermaßen beweisen. Es gilt für alle $m \in \mathbb{N}$:

$$\frac{1}{m} - \frac{1}{m+2} = \frac{m+2-m}{m(m+2)} = \frac{2}{m(m+2)}.$$

Daraus ergibt sich:

$$s_{2n} = \frac{1}{1\cdot 3} + \frac{2}{2\cdot 4} + \frac{2}{3\cdot 5} + \cdots + \frac{2}{n(n+2)} = 2\cdot \sum_{k=1}^{n} \frac{1}{k(k+2)}.$$

Wegen $\frac{1}{k(k+1)} > \frac{1}{k(k+2)}$ für alle $k \in \mathbb{N}$ ist die Reihe (t_n) mit $t_n = \sum_{k=1}^{n} \frac{1}{k(k+1)}$ eine konvergente Majorante zur Reihe $(\bar{s}_n)$ mit $\bar{s}_n = \sum_{k=1}^{n} \frac{1}{k(k+2)}$; also konvergiert auch $(\bar{s}_n)$; nach S 9.2 konvergiert dann wegen $s_{2n} = 2\cdot \bar{s}_n$ auch die Reihe (s_{2n}), q.e.d.

Übungen und Aufgaben

1. Beweise Satz S 10.2! (Vgl. den Beweis von Satz S 10.1!)

2. Prüfe das Konvergenzverhalten der alternierenden Reihen (s_n) mit Hilfe des Konvergenzkriteriums von Leibniz! Beachte auch Satz S 10.2!

a) $s_n = \sum_{k=1}^{n} \frac{(-1)^{k+1}}{3k}$ **b)** $s_n = \sum_{k=1}^{n} \frac{(-1)^{k+1}}{1-2k}$ **c)** $s_n = \sum_{k=1}^{n} \frac{(-1)^{k+1}\cdot k}{10k+1}$

d) $s_n = \sum_{k=1}^{n} (-1)^{k+1}\cdot \left(1+\frac{1}{k^2}\right)$ **e)** $s_n = \sum_{k=1}^{n} \frac{(-1)^{k+1}\cdot 2^k}{k!}$ **f)** $s_n = \sum_{k=1}^{n} \frac{(-1)^{k+1}}{\sqrt{k}}$

g) $s_n = \sum_{k=1}^{n} \frac{(-1)^{k+1}\cdot k}{k^2+1}$ **h)** $s_n = \sum_{k=1}^{n} \frac{(-1)^{k+1}}{k^2-10k+26}$ **i)** $s_n = \sum_{k=1}^{n} \frac{(-1)^{k+1}\cdot k}{(k-3)^2+1}$

j) $s_n = \sum_{k=1}^{n} (-1)^{k+1}\cdot \frac{2k+1}{k+2}\cdot 0{,}9^k$ **k)** $s_n = \sum_{k=1}^{n} (-1)^{k}\cdot \frac{1-3k}{k+1}\cdot \left(\frac{5}{8}\right)^k$

3. Welche der Reihen in Aufgabe **2.** sind absolut konvergent?

4. Welche Reihen in Aufgabe **2.** können nur mit Hilfe von Satz S 10.2 untersucht werden?

5. Begründe die in I, 6 im Beispiel angegebene Schreibweise

$$a_k = \begin{cases} \dfrac{2}{k+1} & \text{für } k=2m-1 \\ -\dfrac{2}{k+4} & \text{für } k=2m \end{cases}$$

für die Glieder der dort angegebenen Reihe!

6. Erfüllen die Reihen (s_n) das Leibnizkriterium? Welche Reihen konvergieren, obwohl sie das Leibnizkriterium nicht erfüllen? Beweis!

a) $s_{2n} = 1 - \frac{1}{4} + \frac{1}{2} - \frac{1}{5} + \frac{1}{3} - \frac{1}{6} + \frac{1}{4} - \frac{1}{7} + \cdots + \frac{1}{n} - \frac{1}{n+3}$

b) $s_{2n} = 1 - \frac{7}{3 \cdot 4} + \frac{1}{2} - \frac{11}{5 \cdot 6} + \frac{1}{3} - \frac{15}{7 \cdot 8} + \cdots + \frac{1}{n} - \frac{4n+3}{(2n+1)(2n+2)}$

c) $s_{2n} = \frac{4}{2} - \frac{3}{2} + \frac{5}{3} - \frac{3}{3} + \frac{6}{4} - \frac{3}{4} + \cdots + \frac{n+3}{n+1} - \frac{3}{n+1}$

d) $s_{2n} = \frac{1}{1} - \frac{1}{2} + \frac{1}{4} - \frac{1}{5} + \frac{1}{9} - \frac{1}{10} + \cdots + \frac{1}{n^2} - \frac{1}{n^2+1}$

e) $s_n = \sum_{k=1}^{n} \frac{1+(-1)^{k+1} \cdot 4}{1+k}$; wie lauten die ersten 6 Glieder der Reihe? Versuche die Reihe so zu schreiben, wie es in **a)** bis **d)** geschehen ist!

f) $s_n = \sum_{k=1}^{n} \frac{1+2 \cdot (-1)^{k+1}}{k^2}$; verfahre wie in Aufgabe **e)**!

II. Abschätzungen bei alternierenden Reihen

1. Unsere bisherigen Überlegungen zu unendlichen Reihen haben gezeigt, daß es zwar in vielen Fällen möglich ist, zu entscheiden, ob eine vorgelegte Reihe konvergiert oder divergiert, daß es aber nur in verhältnismäßig wenigen Fällen gelingt, den Grenzwert einer Reihe zahlenmäßig zu berechnen.

In den meisten Fällen muß man sich damit begnügen, Näherungswerte für den Grenzwert dadurch zu bestimmen, daß man den Wert einer Partialsumme s_n unmittelbar ausrechnet. Dabei taucht natürlich sofort die Frage nach der „Güte" eines solchen Näherungswertes auf, die Frage also, wie groß der „Fehler", d. h. die Differenz zwischen Näherungswert und Grenzwert ist. Eine exakte Berechnung des Fehlers ist in solchen Fällen nicht möglich, weil dies ja die Kenntnis des Grenzwertes voraussetzt. In manchen Fällen gelingt es aber, den Fehler „abzuschätzen", d. h. zu ermitteln, wie groß die Differenz zwischen Näherungswert und Grenzwert dem Betrage nach **höchstens** sein kann.

2. Ein **Beispiel** soll das Problem verdeutlichen. Für die **Eulersche Zahl e** läßt sich – wie wir in § 12 zeigen werden – eine konvergente Reihe mit den folgenden Partialsummen angeben:

$$s_n = 1 + \frac{1}{1!} + \frac{1}{2!} + \cdots + \frac{1}{n!} = \sum_{k=0}^{n} \frac{1}{k!}.$$

Es gilt also:

$$e = \lim_{n\to\infty} \sum_{k=0}^{n} \frac{1}{k!} = \sum_{k=0}^{\infty} \frac{1}{k!}.$$

Brechen wir die unendliche Reihe nach einem Glied $\frac{1}{n!}$ ab, berechnen wir also eine Partialsumme s_n, so ist der dabei entstehende **Fehler** gegeben durch:

$$R_n = \frac{1}{(n+1)!} + \frac{1}{(n+2)!} + \cdots = \sum_{k=n+1}^{\infty} \frac{1}{k!}.$$

Wir können den Term R_n abschätzen, indem wir zu R_n eine geometrische Reihe als konvergente Majorante suchen und den Grenzwert dieser Majorante berechnen.
Es gilt:

$$\frac{1}{(n+2)!} < \frac{1}{(n+1)!\,n}; \qquad \frac{1}{(n+3)!} < \frac{1}{(n+1)!\,n^2}; \ \ldots$$

und allgemein für alle $n, k \in \mathbb{N}$:

$$\frac{1}{(n+k)!} \leq \frac{1}{(n+1)!\,n^{k-1}}.$$

(Dies kann durch vollständige Induktion über k bewiesen werden: Aufgabe 1.)
Somit gilt:

$$R_n < \frac{1}{(n+1)!}\left[1 + \frac{1}{n} + \frac{1}{n^2} + \frac{1}{n^3} + \cdots\right] = \frac{1}{(n+1)!} \sum_{k=1}^{\infty} \frac{1}{n^{k-1}}.$$

Wir erhalten also eine geometrische Reihe mit $a_1 = 1$ und $q = \frac{1}{n}$; für $n > 1$ ist $q = \frac{1}{n} < 1$ und somit

$$\sum_{k=1}^{\infty} \frac{1}{n^{k-1}} = \frac{1}{1 - \frac{1}{n}} = \frac{n}{n-1}.$$

Daraus ergibt sich für ein beliebiges $n \in \mathbb{N}^{\neq 1}$:

$$\mathbf{R_n < \frac{1}{(n+1)!} \cdot \frac{n}{n-1}}.$$

Setzen wir z. B. n = 5, so erhalten wir:

$$e = 1 + \frac{1}{1!} + \frac{1}{2!} + \frac{1}{3!} + \frac{1}{4!} + \frac{1}{5!} + R_5 \quad \text{mit } R_5 < \frac{5}{6! \cdot 4} = \frac{1}{576} < 0{,}001\,74.$$

Mit Hilfe dieser Fehlerabschätzung können wir die „sicheren Ziffern" einer Dezimaldarstellung für die Zahl e bestimmen, wenn wir den Näherungswert

$$e \approx 1 + \frac{1}{1!} + \frac{1}{2!} + \frac{1}{3!} + \frac{1}{4!} + \frac{1}{5!}$$

ausrechnen. Man erhält:

$$e \approx 1+1+0{,}5+0{,}166\,667+0{,}041\,667+0{,}008\,333; \text{ also:}$$
$$e \approx 2{,}71667.$$

Es ist also: $e+R_5 \leq 2{,}7184$ und $e-R_5 \geq 2{,}7149$.
Die Ziffern 2, 7 und 1 sind also bereits „sichere Ziffern" der Dezimaldarstellung der Zahl e; es gilt:

$$e=2{,}71\ldots.$$

Genauer können wir sogar feststellen:

$$2{,}714<e<2{,}719.$$

3. Sehr viel einfacher ist die Fehlerabschätzung bei alternierenden Reihen, die das **Konvergenzkriterium von Leibniz** erfüllen. Es gilt der Satz:

S 10.3 **Ist (s_n) eine alternierende Reihe mit**

$$s_n=\sum_{k=1}^{n}(-1)^{k+1}\cdot b_k \quad \text{und} \quad b_k>0 \quad \text{für alle } k \in \mathbb{N}$$

und erfüllt die Reihe das Leibniz-Kriterium (S 10.1), so gilt mit $\lim\limits_{n\to\infty} s_n=s_n+R_n$ für alle $n \in \mathbb{N}$:

$$|R_n| \leq b_{n+1}.$$

Beweis: Für alle $n \in \mathbb{N}$ gilt:

$$|R_n|=|(-1)^n\cdot(b_{n+1}-b_{n+2}+b_{n+3}-b_{n+4}+b_{n+5}-b_{n+6}+\cdots)|$$
$$=|(b_{n+1}-b_{n+2})+(b_{n+3}-b_{n+4})+(b_{n+5}-b_{n+6})+\cdots|.$$

Nach dem Leibnizkriterium (S 10.1) gilt für alle $n, k \in \mathbb{N}$:

$$b_{n+k}-b_{n+k+1} \geq 0;$$

daher können wir die Absolutstriche weglassen und weiter umformen zu:

$$|R_n|=(b_{n+1}-b_{n+2})+(b_{n+3}-b_{n+4})+(b_{n+5}-b_{n+6})+\cdots$$
$$=b_{n+1}-(b_{n+2}-b_{n+3})-(b_{n+4}-b_{n+5})-\cdots.$$

Da nach dem Leibnizkriterium auch die hier auftretenden Klammerausdrücke sämtlich nichtnegativ sind, ergibt sich:

$$|R_n| \leq b_{n+1}, \quad \text{q.e.d.}$$

Beispiel: $s_n=1-\frac{1}{3!}+\frac{1}{5!}-\frac{1}{7!}+\cdots+\frac{(-1)^{n-1}}{(2n-1)!}$.

Mit $n=3$ erhält man:

$$s_3=1-\frac{1}{3!}+\frac{1}{5!} \approx 1-0{,}166\,666\,7+0{,}008\,333\,3 \approx 0{,}841\,667$$

und $|R_3|<\frac{1}{7!}=\frac{1}{5040}<0{,}0002$.

Der Fehler kann also erst die 4. Dezimalstelle nach dem Komma beeinflussen; es gilt:

$$s=\lim_{n\to\infty} s_n=0{,}841\ldots.$$

4. Ein anderer Satz zur Abschätzung des Fehlers bei alternierenden Reihen, die das Leibniz-Kriterium erfüllen, lautet:

S 10.4 **Ist (s_n) eine alternierende Reihe mit**

$$s_n = \sum_{k=1}^{n} (-1)^{k+1} \cdot b_k \quad \text{und} \quad b_k > 0 \quad \text{für alle } k \in \mathbb{N}$$

und erfüllt die Reihe das Leibniz-Kriterium (S 10.1), so bilden die Teilfolgen (s_{2m-1}) und (s_{2m}) eine Intervallschachtelung für den Grenzwert $s = \lim\limits_{n \to \infty} s_n$.

Der **Beweis** dieses Satzes soll in Aufgabe 7 geführt werden.

Beispiel: $s_n = 1 - \frac{1}{2!} + \frac{1}{4!} - \frac{1}{6!} + \cdots + \frac{(-1)^n}{(2n)!} = \sum\limits_{k=0}^{n} \frac{(-1)^k}{(2k)!}$.

Wir berechnen s_3 und s_4:

$$s_3 = 1 - \frac{1}{2!} + \frac{1}{4!} = 1 - 0{,}5 + 0{,}041\overline{6} \approx 0{,}5417,$$

$$s_4 = 1 - \frac{1}{2!} + \frac{1}{4!} - \frac{1}{6!} = 1 - 0{,}5 + 0{,}041\overline{6} - 0{,}001\,3\overline{8} \approx 0{,}5403.$$

Mithin gilt:

$$0{,}5403 < \lim_{n \to \infty} s_n < 0{,}5417 \quad \text{und} \quad \lim_{n \to \infty} s_n = 0{,}54\ldots;$$

die Ziffern 5 und 4 sind sichere Ziffern.

Übungen und Aufgaben

1. Beweise durch vollständige Induktion über die Variable k, daß für alle $k \in \mathbb{N}$ und für alle $n \in \mathbb{N}$ gilt:

$$\frac{1}{(n+k)!} \leq \frac{1}{(n+1)!\, n^{k-1}} \quad \text{(vgl. S. 190)!}$$

2. Berechne die Summe der ersten n Glieder der folgenden Reihen und schätze den Fehler nach Satz S 10.3 ab!

a) $\sum\limits_{k=1}^{\infty} \frac{(-1)^{k+1}}{k}$; $n=4$ b) $\sum\limits_{k=1}^{\infty} \frac{(-1)^{k+1}}{k^2}$; $n=3$

c) $\sum\limits_{k=1}^{\infty} \frac{(-1)^{k+1}}{2^k}$; $n=4$ d) $\sum\limits_{k=1}^{\infty} \frac{(-1)^{k+1}}{k!}$; $n=3$

3. Welche Ziffern der in Aufgabe 2. berechneten Summen sind „sichere Ziffern" im Hinblick auf die Summenwerte der unendlichen Reihen?

4. Welche der Reihen in Aufgabe 2. lassen sich mit konvergenten geometrischen Majoranten abschätzen? Führe in den Fällen, in denen das möglich ist, die Abschätzung durch und vergleiche die Ergebnisse!

5. Warum erhält man mit Hilfe der Abschätzung aus Satz S 10.3 keine brauchbaren Ergebnisse, wenn man versucht, divergente Reihen abzuschätzen? Würde sich z.B. ergeben

$$\bigwedge_{S\in\mathbb{R}^{>0}} \bigvee_{n\in\mathbb{N}} |R_n|>S,$$

so wäre damit bewiesen, daß die zu untersuchende Reihe divergent ist!

6. Die Zahl $\sqrt{5}$ kann man durch folgende Reihe darstellen:

$$\sqrt{5}=2+\frac{1}{4}-\frac{1}{2\cdot 4^2\cdot 2!}+\frac{1\cdot 3}{2^2\cdot 4^3\cdot 3!}-\frac{1\cdot 3\cdot 5}{2^3\cdot 4^4\cdot 4!}\pm\cdots\pm\frac{1\cdot 3\cdot 5\ldots(2k-3)}{2^{k-1}\cdot 4^k\cdot k!}\mp\cdots.$$

Die Reihe ist vom 2. Glied an alternierend.

a) Beweise, daß die Reihe konvergiert!

b) Berechne s_2, s_3 und s_4! Schätze jeweils den Fehler nach Satz S 10.3 ab! Wieviel sichere Ziffern erhält man jeweils? Vergleiche die Ergebnisse mit dem Tafelwert $\sqrt{5}\approx 2{,}2361$!

7. Beweise Satz S 10.4, indem du zeigst, daß die Teilfolgen (s_{2n-1}) und (s_{2n}) die Bedingungen der Intervallschachtelung erfüllen, wenn (s_n) dem Leibnizkriterium genügt! (Vgl. Analysis I, D 6.1!)

8. Bestimme für die folgenden Reihen das Intervall, das durch s_3 und s_4 gebildet wird! Welche Ziffern erhält man jeweils für den Summenwert der unendlichen Reihe?

a) $\sum\limits_{k=1}^{\infty}\frac{(-1)^{k+1}}{2k}$ **b)** $\sum\limits_{k=1}^{\infty}\frac{(-1)^{k+1}}{k!}$ **c)** $\sum\limits_{k=1}^{\infty}\frac{(-1)^{k+1}\cdot 2^k}{k!}$ **d)** $\sum\limits_{k=1}^{\infty}\frac{(-1)^{k+1}}{(2k-1)!}$

9. Welches Intervall ergibt sich für $\sqrt{5}$ in Aufgabe 6. durch s_3 und s_4? Gib die sicheren Ziffern an und vergleiche das Ergebnis mit dem aus Aufgabe 6!

10. Die Summenwerte der Partialsummen unendlicher Reihen können mit Hilfe der automatisierbaren Datenverarbeitung berechnet werden [1]).

a) Entwickle ein Flußdiagramm zur Berechnung von Summenwerten für $s_n=\sum\limits_{k=1}^{n} a_k$; $a_k>0$!

b) Entwickle ein Programm für die Berechnung von Summenwerten! Benutze für das Glied a_n die Unterprogrammtechnik! Teste das Programm an einer einfachen Reihe (s_n), z.B. $s_n=\sum\limits_{k=1}^{n} k$.

c) Entwickle Unterprogramme für folgende Reihen und berechne s_n!

1) $\sum\limits_{k=1}^{\infty}\frac{1}{k}$; $n=20$ **2)** $\sum\limits_{k=1}^{\infty}\frac{1}{k^2}$; $n=10$ **3)** $\sum\limits_{k=1}^{\infty}\frac{1}{k!}$; $n=15$ **4)** $\sum\limits_{k=1}^{\infty}\frac{2^k}{k!}$; $n=10$

11. **a)** Verwende für die Abschätzung der Reihen in Aufgabe 10.c), 3) und 4) konvergente geometrische Majoranten! (Vgl. S. 168!)

b) Entwickle ein Programm, so daß die Maschine die Rechnung abbricht, wenn ein vorgegebener Fehler unterschritten wird!

Beispiele: **zu 3):** $R_n<10^{-5}$; **zu 4):** $R_n<10^{-3}$.

---

[1]) Vgl.: EDV in der Mathematik, Verlag Schwann, Düsseldorf.

12. Entwickle ein Programm zur Berechnung der Summenwerte alternierender Reihen! Teste das Programm an einfachen Beispielen, z. B. $s_n = \sum_{k=1}^{n} (-1)^{k+1} \cdot k!$

13. Berechne mit Hilfe des Programms aus Aufgabe 12. die Partialsumme s_{20} für die Reihen aus Aufgabe 2. und Aufgabe 8.!

14. Verwende für die Abschätzung der Fehler Satz S 10.3 und entwickle ein Programm, so daß die Maschine die Rechnung abbricht, wenn ein vorgegebener Fehler unterschritten wird!
Beispiele zu den Reihen aus Aufgabe 8.:

a) $|R_n| < 10^{-6}$ **b)** $|R_n| < 10^{-7}$ **c)** $|R_n| < 10^{-8}$ **d)** $|R_n| < 10^{-9}$

§ 11 Potenzreihen

I. Folgen und Reihen von Funktionen

1. Bei den bisher betrachteten Folgen und Reihen handelte es sich um Funktionen (Abbildungen) der Form

$$\mathbb{N} \to \mathbb{R};$$

d.h. die Elemente der jeweiligen Wertemengen, die sogenannten „Glieder der Folgen" waren durchweg reelle Zahlen.
Der Begriff der Folge ist aber allgemeiner; den natürlichen Zahlen können auch andere Elemente als Zahlen zugeordnet werden, z. B. Funktionen. Man erhält dann keine Zahlenfolge, sondern eine Funktionenfolge.

Beispiel: Durch die Funktionsterme

$$f_n(x) = x^n \qquad (n \in \mathbb{N};\ x \in \mathbb{R})$$

wird jeder natürlichen Zahl n eine Funktion f_n zugeordnet, nämlich:

$$\begin{aligned} 1 &\mapsto f_1 \quad \text{mit} \quad f_1(x) = x; \\ 2 &\mapsto f_2 \quad \text{mit} \quad f_2(x) = x^2; \\ 3 &\mapsto f_3 \quad \text{mit} \quad f_3(x) = x^3; \\ &\ldots\ldots\ldots\ldots \\ n &\mapsto f_n \quad \text{mit} \quad f_n(x) = x^n. \end{aligned}$$

Insgesamt liegt also eine Funktion φ (eine Abbildung) vor, die jeder natürlichen Zahl n eine Funktion f_n eindeutig zuordnet:

$$\varphi\colon\ n \mapsto f_n \quad \text{mit} \quad f_n(x) = x^n.$$

Die Definitionsmenge dieser Funktion φ ist $D(\varphi) = \mathbb{N}$; die Wertemenge von φ ist die Menge aller Funktionen f_n mit $f_n(x) = x^n$, also: $W(\varphi) = \{f_n \mid f_n(x) = x^n\}$; daher spricht man von einer **„Folge von Funktionen"**, einer **„Funktionenfolge"**; diese Funktionenfolge bezeichnen wir mit „(f_n)".

Wir können also sagen:

D 11.1 **Unter einer „Folge von Funktionen" $\varphi = (f_n)$ versteht man eine Folge, deren Glieder Funktionen f_n sind.**

Bemerkung: Nach D 7.1 ist eine Folge eine Funktion f mit $D(f) \subseteq \mathbb{N}$. Bei Funktionenfolgen ist es häufig zweckmäßig, mit dem Index 0 zu beginnen; dann ist $D(\varphi) \subseteq \mathbb{N} \cup \{0\} = \mathbb{N}_0$.

Beispiel: $f_n(x) = x^n$ mit $n \in \mathbb{N}_0$.

Für $n = 0$ ist dann: $f_0(x) = x^0 = 1$ (für $x \neq 0$).
Damit auch diese Funktion f_0 die Definitionenmenge $D(f_0) = \mathbb{R}$ hat; ist es zweckmäßig, festzusetzen, daß

$$f_0(0) = 1$$

sein soll.
Beachte, daß der Term 0^0 nicht definiert ist!

Die Funktionenfolge des Beispiels ist also gegeben durch

$$f_0(x)=1;$$
$$f_1(x)=x;$$
$$f_2(x)=x^2;$$
$$\cdot\ \cdot\ \cdot\ \cdot\ \cdot$$
$$f_n(x)=x^n.$$

2. Es erhebt sich nun die Frage, ob man auch für Funktionenfolgen einen sinnvollen **Konvergenzbegriff** erklären kann.

Die Funktionen f_n unseres Beispiels haben alle dieselbe Definitionsmenge $D(f_n)=\mathbb{R}$; daher können wir beliebige Zahlen $x \in \mathbb{R}$ in die Funktionsterme einsetzen.

1) Für $x=\frac{1}{2}$ erhalten wir aus der Funktionenfolge (f_n) die Zahlenfolge $\left((\frac{1}{2})^n\right)$; es gilt: $\lim\limits_{n\to\infty}(\frac{1}{2})^n=0$.

2) Für $x=1$ erhalten wir aus der Funktionenfolge (f_n) die Zahlenfolge (1^n); es gilt: $\lim\limits_{n\to\infty}1^n=1$.

3) Für $x=-1$ erhalten wir aus der Funktionenfolge (f_n) die Zahlenfolge $\left((-1)^n\right)$; diese konvergiert nicht.

4) Für $x=2$ erhalten wir aus der Funktionenfolge (f_n) die Zahlenfolge (2^n); diese konvergiert ebenfalls nicht; sie ist bestimmt divergent mit dem uneigentlichen Grenzwert ∞.

Aus den Beispielen erkennt man, daß sich beim Einsetzen von Zahlen aus der gemeinsamen Definitionsmenge aller Funktionen f_n Zahlenfolgen ergeben, die konvergent sein können oder auch nicht. Die Menge aller Zahlen, für die diese Zahlenfolgen konvergieren, nennt man die **„Konvergenzmenge K_f“** (oder den „Konvergenzbereich“) der Funktionenfolge (f_n).

Nicht bei jeder Funktionenfolge haben alle Funktionen f_n dieselbe Definitionsmenge; dann können nur Elemente x gewählt werden, die zur Schnittmenge aller Definitionsmengen, also zur Menge

$$D(f_0)\cap D(f_1)\cap D(f_2)\cap\cdots\cap D(f_n)\cap\cdots$$

gehören. Für diese Schnittmenge unendlich vieler Mengen führt man die folgende abkürzende Bezeichnung ein: $\bigcap\limits_{n\in\mathbb{N}_0} D(f_n)$.

Wir können nun definieren:

D 11.2 **Ist (f_n) eine Folge von Funktionen und $D=\bigcap\limits_{n\in\mathbb{N}_0} D(f_n)$, so heißt die Menge K_f aller Zahlen x mit $x\in D$, für die die Folge $\left(f_n(x)\right)$ einen Grenzwert besitzt, die „Konvergenzmenge der Folge (f_n)“.**

Beispiel: $f_n(x)=x^n$

Aus den über Zahlenfolgen bekannten Regeln können wir die Konvergenzmenge der Folge (f_n) leicht bestimmen.

1) Für alle $x\in\mathbb{R}$ mit $|x|<1$ gilt: $\lim\limits_{n\to\infty}x^n=0$;

2) für alle $x\in\mathbb{R}$ mit $|x|>1$ ist die Folge divergent;

3) für $x=1$ gilt: $\lim\limits_{n\to\infty}1^n=1$;

4) für $x=-1$ ist die Folge divergent.

Die Konvergenzmenge dieser Funktionenfolge (f_n) ist also:

$$K_f = \{x \mid -1 < x \leq 1\} =]-1; 1].$$

Durch die Grenzwerte ist für alle $x \in K_f$ eine **„Grenzfunktion g"** definiert, nämlich mit dem Term

$$g(x) = \begin{cases} 0 & \text{für } |x| < 1 \\ 1 & \text{für } x = 1 \end{cases} \quad \text{(Bild 11.1)}$$

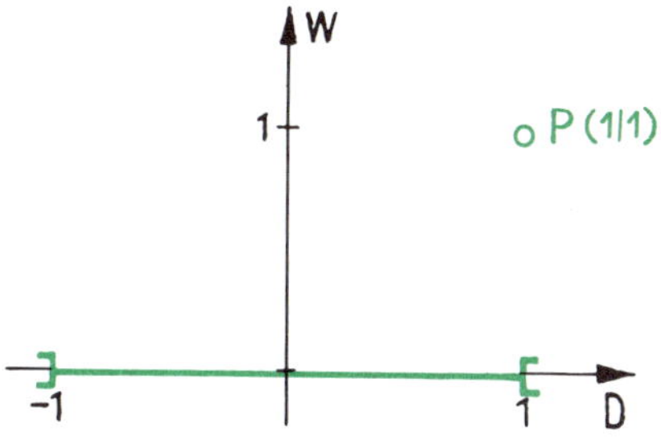

Bild 11.1

Allgemein können wir definieren:

D 11.3 **Die Funktion g, die jedem Element x der Konvergenzmenge K_f den Grenzwert $\lim\limits_{n \to \infty} f_n(x)$ zuordnet, heißt die „Grenzfunktion" der Funktionenfolge (f_n).**

3. Genauso, wie wir aus einer Zahlenfolge (a_n) die Partialsummen $s_n = \sum\limits_{k=1}^{n} a_k$ bilden können, können wir auch aus einer Funktionenfolge (f_n) mit Hilfe der zugehörigen Funktionsterme $f_n(x)$ die Partialsummen

$$s_1(x) = f_1(x);$$
$$s_2(x) = f_1(x) + f_2(x);$$
$$s_3(x) = f_1(x) + f_2(x) + f_3(x);$$
$$\dots\dots\dots$$
$$s_n(x) = f_1(x) + f_2(x) + \dots + f_n(x) = \sum_{k=1}^{n} f_k(x)$$

bilden.
Gelegentlich ist allerdings zweckmäßig, nicht mit dem Index 1, sondern mit dem Index 0 zu beginnen.

Beispiel: $f_n(x) = x^n \ (n \in \mathbb{N}_0)$

Damit ist:

$$s_0(x) = f_0(x) = x^0 = 1;$$
$$s_1(x) = f_0(x) + f_1(x) = 1 + x;$$
$$s_2(x) = f_0(x) + f_1(x) + f_2(x) = 1 + x + x^2;$$
$$\dots\dots\dots$$
$$s_n(x) = f_0(x) + f_1(x) + \dots + f_n(x) = 1 + x + \dots + x^n = \sum_{k=0}^{n} x^k.$$

Allgemein können wir definieren:

D 11.4 **Unter einer „Funktionenreihe" (s_n) versteht man eine Folge von Funktionen, die durch Partialsummen der Form**

$$s_n(x) = \sum_{k=1}^{n} f_k(x) \quad \text{bzw.} \quad s_n(x) = \sum_{k=0}^{n} f_k(x)$$

festgelegt ist.

4. Auch bei Funktionenreihen erhebt sich die Frage nach der **Konvergenz.**

Bei den Partialsummen unseres **Beispiels** handelt es sich um **geometrische Reihen**; es gilt:

$$s_n(x) = \sum_{k=0}^{n} x^k = \begin{cases} \dfrac{1-x^{n+1}}{1-x} & \text{für } x \neq 1 \\ n+1 & \text{für } x = 1. \end{cases}$$

Diese Reihen konvergieren für alle x mit $|x|<1$; es gilt unter dieser Bedingung:

$$\lim_{n\to\infty} s_n(x) = \lim_{n\to\infty} \frac{1-x^{n+1}}{1-x} = \frac{1}{1-x}.$$

Die Konvergenzmenge der Reihe (s_n) mit $s_n = \sum_{k=0}^{n} x^k$ ist also:

$$K_s = \{x \mid -1<x<1\} =]-1;1[.$$

Wir bezeichnen die **Grenzfunktion** der Reihe (s_n) mit „**s**"; sie ist bei unserem **Beispiel** gegeben durch:

$$s(x) = \frac{1}{1-x} \quad (\text{für } |x|<1).$$

Beachte:

1) Die Konvergenzmengen K_f von (f_n) und K_s von (s_n) brauchen nicht identisch zu sein. Bei unserem

Beispiel $f_n(x) = x^n$ $(n \in \mathbb{N}o)$

ist $K_f =]-1;1]$ und $K_s =]-1;1[$ also $K_f \neq K_s$.

2) Nach S 8.2 kann die Reihe (s_n) nur für solche Werte von x konvergieren, bei der für die Folge (f_n) gilt:

$$\lim_{n\to\infty} f_n(x) = 0.$$

Es gilt also stets: $K_s \subseteq K_f$.

5. Abschließend betrachten wir ein weiteres

Beispiel: $f_n(x) = \dfrac{n\,x^n}{2^n}$, also $s_n(x) = \displaystyle\sum_{k=1}^{n} \frac{k\,x^k}{2^k}$.

Wir untersuchen die Konvergenz der Reihe (s_n) mit Hilfe des Quotientenkriteriums (S 9.7). Es gilt für alle $n \in \mathbb{N}$ und für alle $x \in \mathbb{R}^{\neq 0}$:

$$\left|\frac{a_{n+1}}{a_n}\right| = \left|\frac{f_{n+1}(x)}{f_n(x)}\right| = \left|\frac{(n+1)\cdot x^{n+1}\cdot 2^n}{2^{n+1}\cdot n\cdot x^n}\right| = \frac{n+1}{n}\cdot\left|\frac{x}{2}\right|,$$

also:

$$\lim_{n\to\infty}\left|\frac{a_{n+1}}{a_n}\right| = \left|\frac{x}{2}\right|\cdot\lim_{n\to\infty}\frac{n+1}{n} = \left|\frac{x}{2}\right|.$$

Gilt $\lim\limits_{n\to\infty}\left|\dfrac{a_{n+1}}{a_n}\right|<1$, so ist die Reihe absolut konvergent.

Für das Beispiel bedeutet dies, daß die Reihe (s_n) für alle x mit $\left|\dfrac{x}{2}\right|<1$, also mit $|x|<2$ konvergiert. Für alle x mit $|x|>2$ ist die Reihe nach S 9.11 divergent. Für $|x|=2$ liefert das Quotientenkriterium keine Entscheidung.

Die Grenzfunktion s, deren Existenz wir durch die vorstehenden Überlegungen für das Intervall $]-2;2[$ nachgewiesen haben, ist mit einfachen Mitteln nicht zu berechnen.

Übungen und Aufgaben

Bei den folgenden Aufgaben soll – soweit möglich – gelten: $n \in \mathbb{N}_0$, anderenfalls $n \in \mathbb{N}$.

1. Gegeben sei die Folge (f_n) von Funktionen durch den Funktionsterm $f_n(x)$. Ermittle die drei ersten Gleider der Funktionsfolgen!

a) $f_n(x)=\frac{x}{n}$ **b)** $f_n(x)=\frac{1}{x^n}$ **c)** $f_n(x)=nx$ **d)** $f_n(x)=2^{nx}$

e) $f_n(x)=\sin(nx)$ **f)** $f_n(x)=\frac{x^n}{n^2}$ **g)** $f_n(x)=\tan\frac{x}{n}$ **h)** $f_n(x)=\cos\left(x+\frac{\pi}{n}\right)$

2. Bestimme die Definitionsmengen $D=\bigcap_n D(f_n)$ der Funktionsfolgen (f_n)!

a) $f_n(x)=\sqrt{n-x}$ **b)** $f_n(x)=\frac{1}{x-n}$ **c)** $f_n(x)=\sqrt{4-nx}$

d) $f_n(x)=\sqrt{x^2-n^2}$ **e)** $f_n(x)=\sqrt{n^2-x^2}$ **f)** $f_n(x)=\sqrt{1-\frac{n}{x}}$

3. Bestimme zu den Funktionsfolgen (f_n) den Konvergenzbereich K_f und die Grenzfunktion g mit $g(x)=\lim\limits_{n\to\infty} f_n(x)$!

a) $f_n(x)=(2x)^n$ **b)** $f_n(x)=1+\left(\frac{x}{2}\right)^n$ **c)** $f_n(x)=1+\frac{x}{n}$

d) $f_n(x)=\sqrt{1-\frac{x}{n}}$ **e)** $f_n(x)=\frac{1}{1+x^{2n}}$ **f)** $f_n(x)=\frac{x}{1+x^{2n}}$

g) $f_n(x)=\frac{an^2x^2+b}{n^2x^2+1}$ **h)** $f_n(x)=\frac{x^{n+2}+e^x}{x^n+1}$ **i)** $f_n(x)=\frac{4nx+3}{5nx-2}$

j) $f_n(x)=(-1)^n\cdot x^n$ **k)** $f_n(x)=(\frac{1}{2})^n\cdot x^n$ **l)** $f_n(x)=(-\frac{1}{3})^n\cdot x^n$

4. Bilde aus den Funktionsfolgen (f_n) die Funktionsreihen (s_n) mit $s_n(x)=\sum\limits_{k=1}^{n} f_k(x)$ und bestimme mit Hilfe des Quotientenkriteriums die Konvergenzmenge K_s!

a) $f_n(x)=\frac{x^n}{n!}$ **b)** $f_n(x)=\frac{2n-1}{3n+1}\cdot x^n$ **c)** $f_n(x)=\frac{n+1}{n+3}\cdot\left(\frac{x}{3}\right)^n$

d) $f_n(x)=\frac{x^{n+1}}{n}$ **e)** $f_n(x)=\frac{n(n-1)}{n(n+1)}\cdot(2x)^n$ **f)** $f_n(x)=\frac{x^n}{2^n}$

5. Bilde $s_n(x)=\sum\limits_{k=1}^{n} f_k(x)$ und bestimme die Konvergenzmenge K_s!

a) $f_n(x)=\frac{x}{n^2}$ **b)** $f_n(x)=\frac{x}{n(n+1)}$ **c)** $f_n(x)=\frac{x}{n}$

d) $f_n(x)=\frac{nx}{n^3+1}$ **e)** $f_n(x)=\frac{2^n}{n!}x^n$ **f)** $f_n(x)=\frac{n!}{10^n}\cdot x^{2n}$

6. In Aufgabe **3. a)**, **j)**, **k)** und **l)** sind Folgen (f_n) angegeben für die sich je eine Grenzfunktion s mit $s(x)=\lim\limits_{n\to\infty}\sum\limits_{k=1}^{n} f_k(x)$ angeben läßt. Bestimme diese Grenzfunktionen!

II. Potenzreihen

1. Im vorigen Abschnitt haben wir die Begriffe Folge und Reihe für Funktionen allgemein erklärt. Als **Beispiel** haben wir eine Folge von Funktionen gewählt, die durch **Potenzterme** $(f_n(x)=x^n)$ gegeben sind. Folgen und Reihen dieser Art sind in der Mathematik schon allein deshalb von großer Bedeutung, weil sie rechnerisch einfach zu handhaben sind. Außerdem kann man – wie wir in den beiden nächsten Paragraphen ausführlich besprechen werden – viele andere Funktionen durch solche **„Potenzreihen"** approximieren. Wir werden uns daher in diesem Abschnitt etwas näher mit Potenzreihen beschäftigen.

2. Zu diesem Zwecke definieren wir

D 11.5 **Unter einer „Potenzreihe" versteht man eine Reihe mit Partialsummen der Form**

$$s_n(x)=a_0+a_1\,x+a_2\,x^2+\cdots+a_n\,x^n=\sum_{k=0}^{n} a_k\,x^k \qquad \text{mit } x\in\mathbb{R}.$$

Für die Formvariablen a_k, die sogenannten „Koeffizienten", sind ebenfalls beliebige reelle Zahlen zugelassen

Bei den Partialsummen $s_n(x)$ handelt es sich also, falls $a_n \neq 0$ ist, um **Polynome n-ten Grades** in der Variablen x.

Beispiel: $s_n(x)=1+x+\dfrac{x^2}{2}+\dfrac{x^3}{3}+\cdots+\dfrac{x^n}{n}=\sum\limits_{k=0}^{n}\dfrac{x^k}{k}$

Beachte: Um bei der abkürzenden Schreibweise mit dem Summenzeichen $(\sum)$ das nullte Glied $f_0(x)=1$ ebenfalls durch eine Potenz von x erfassen zu können, müssen wir – wie schon auf S. 195 erläutert – in diesem Zusammenhang vereinbaren, daß die Funktion f_0 gegeben sein soll durch

$$f_0(x)=\begin{cases} x^0=1 & \text{für } x\neq 0\\ 1 & \text{für } x=0\end{cases}$$

Mit anderen Worten: den Term „0^0", der im allgemeinen **nicht definiert** ist, wollen wir bei der abkürzenden Summenschreibweise für Potenzreihen als ein Zeichen für die Zahl 1 auffassen.

3. Eine allgemeinere Form von Potenzreihen erhält man, wenn man eine einfache **lineare Transformation,** eine **Verschiebung (Translation)** in der x-Richtung durchführt. Eine solche Translation wird beschrieben durch eine Gleichung der Form

$x'=x-x_0$ mit einer bestimmten Zahl $x_0\in\mathbb{R}$ (Bild 11.2).

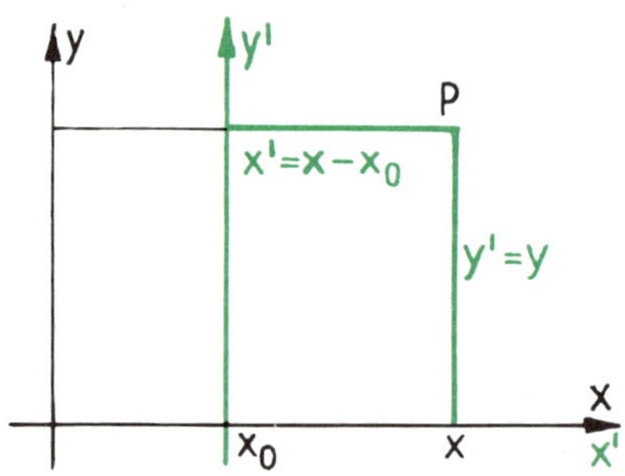

Bild 11.2

Ersetzt man in den Partialsummen von D 11.5 zunächst x durch x', so erhält man:

$$s_n(x)=\sum_{k=0}^{n} a_k\,x'^{\,k}.$$

Mit $x'=x-x_0$ erhält man daraus:

$$s_n(x)=\sum_{k=0}^{n} a_k(x-x_0)^k.$$

Wir definieren:

D 11.6 **Unter einer „Potenzreihe um die Stelle x_0" versteht man eine Reihe mit Partialsummen der Form**

$$s_n(x)=a_0+a_1(x-x_0)+a_2(x-x_0)^2+\cdots+a_n(x-x_0)^n=\sum_{k=0}^{n} a_k(x-x_0)^k$$

Man nennt x_0 auch die „Entwicklungsstelle" der Reihe.

Beachte: Bei den Potenzreihen von D 11.5 handelt es sich also um „Potenzreihen um die Stelle $x_0=0$".

4. Wir wenden uns nun der Frage nach der **Konvergenzmenge** K_s einer Potenzreihe zu. Unmittelbar einsichtig ist, daß jede Potenzreihe für $x=0$ (bzw. für $x=x_0$) konvergent ist. Es gibt aber Potenzreihen, die für keine andere Zahl konvergieren.

Beispiel: $s_n(x)=\sum_{k=1}^{n} k^k \cdot x^k = x+2^2\cdot x^2+\cdots+n^n\cdot x^n$.

Für jede Zahl x mit $x\neq 0$ gilt $\lim_{n\to\infty}(n\,x)=\infty$ (für $x>0$) bzw. $\lim_{n\to\infty}(n\,x)=-\infty$ (für $x<0$), also auch

$$\lim_{n\to\infty}(n^n x^n)=\lim_{n\to\infty}(n\,x)^n=\pm\infty\,;$$

die notwendige Konvergenzbedingung $\lim_{n\to\infty} a_n=0$ ist also für keine Zahl x mit $x\neq 0$ erfüllt.

Von Bedeutung sind natürlich nur solche Potenzreihen, die nicht nur für $x=0$ konvergieren. Für solche Reihen gilt der Satz

S 11.1 **Eine Potenzreihe (s_n) mit $s_n(x)=\sum_{k=0}^{n} a_k x^k$, die für eine Zahl x_0 mit $x_0\neq 0$ konvergiert, ist für jede Zahl x mit $|x|<|x_0|$ absolut konvergent.**

Beweis: Da die Reihe (s_n) nach Voraussetzung an der Stelle x_0 konvergiert, muß nach S 8.7 gelten:

$$\lim_{n\to\infty}(a_n\,x_0^n)=0\,;$$

daraus ergibt sich, daß die Folge $(a_n\,x_0^n)$ beschränkt sein muß, daß es also eine Zahl $S\in\mathbb{R}^{>0}$ gibt, so daß gilt:

$$\bigwedge_{k\in\mathbb{N}}\,[|a_k\,x_0^k|<S]\,.$$

Für jede Zahl x mit $|x|<|x_0|$ gilt $\left|\frac{x}{x_0}\right|<1$ und ferner

$$|a_k\,x^k|=\left|a_k\,x_0^k\cdot\frac{x^k}{x_0^k}\right|=|a_k\,x_0^k|\cdot\left|\frac{x}{x_0}\right|^k<S\cdot\left|\frac{x}{x_0}\right|^k.$$

Daher ist die geometrische Reihe (t_n) mit

$$t_n=\sum_{k=1}^{n} S\cdot\left|\frac{x}{x_0}\right|^k$$

wegen $\left|\frac{x}{x_0}\right|<1$ eine konvergente Majorante der Reihe $(\bar{s}_n)$ mit $\bar{s}_n=\sum_{k=0}^{n}|a_k x^k|$. Somit ist die Reihe (s_n) für jedes x mit $|x|<|x_0|$ absolut konvergent, q.e.d.

5. Der Satz S 11.1 liefert uns eine Übersicht über die möglichen Konvergenzmengen von Potenzreihen. Es gilt der Satz

S 11.2 **Eine Potenzreihe (s_n) mit $s_n(x)=\sum_{k=0}^{n} a_k x^k$ konvergiert entweder für alle $x \in \mathbb{R}$ oder nur für $x=0$ oder es gibt eine Zahl $r \in \mathbb{R}^{>0}$, so daß (s_n) für alle x mit $|x|<r$ absolut konvergent und für alle x mit $|x|>r$ divergent ist. Für die Zahlen r und $-r$ kann die Reihe konvergieren oder auch divergieren.**

Die Zahl r heißt der „Konvergenzradius", das Intervall $]-r; r[$ das „Konvergenzintervall" der Reihe.

Beweis: Wenn die Reihe für eine Zahl $x_0 \neq 0$ konvergiert, so konvergiert sie nach S 11.1 auch für jede Zahl x mit $|x|<|x_0|$ (und zwar sogar absolut), also z.B. auch für die (positive) Zahl $l_1=\frac{1}{2}|x_0|$.
Wenn es überhaupt eine Zahl $x_1 \in \mathbb{R}$ gibt, für die die Reihe **nicht** konvergiert, so divergiert sie auch für jede Zahl x mit $x>|x_1|$; denn anderenfalls müßte sie nach S 11.1 auch für x_1 konvergieren. In diesem Fall divergiert die Reihe also auch für die (positive) Zahl $r_1=2|x_1|$.
Die Zahlen l_1 und r_1 bestimmen das Intervall $A_1=[l_1; r_1]$.
Wir untersuchen nun, ob die Reihe in der Intervallmitte

$$m_1=\frac{l_1+r_1}{2}$$

konvergiert oder divergiert.
Im ersten Fall setzen wir $l_2=m_1$ und $r_2=r_1$; im zweiten Fall setzen wir $l_2=l_1$ und $r_2=m_1$.
Diese Zahlen bestimmen das zweite Intervall $A_2=[l_2; r_2]$. Allgemein setzen wir

$$m_k=\frac{l_k+r_k}{2}$$

und $l_{k+1}=m_k,\ r_{k+1}=r_k$, falls die Reihe für m_k konvergiert,
$l_{k+1}=l_k,\ r_{k+1}=m_k$, falls die Reihe für m_k divergiert.

Auf diese Weise gelangen wir zu einer Intervallschachtelung, durch die genau eine innere Zahl r bestimmt ist, so daß die Reihe für alle x mit $|x|<r$ konvergiert, für alle x mit $|x|>r$ divergiert, q.e.d.

Beachte, daß die Reihe für $|x|=r$ konvergieren, aber auch divergieren kann!

Beispiele: Die folgenden Reihen (s_n) haben alle den Konvergenzradius $r=1$.

1) $s_n=\sum_{k=0}^{n} x^k$; die Reihe ist für $x=1$ und für $x=-1$ divergent.

2) $s_n=\sum_{k=1}^{n} \frac{x^k}{k}$; die Reihe ist für $x=1$ divergent, für $x=-1$ konvergent.

3) $s_n=\sum_{k=1}^{n} (-1)^{k+1}\cdot\frac{x^k}{k}$; die Reihe ist für $x=1$ konvergent und für $x=-1$ divergent.

4) $s_n = \sum_{k=1}^{n} \frac{x^k}{k^2}$; die Reihe ist für $x=1$ und für $x=-1$ konvergent.

Begründe dies im einzelnen (Aufgabe 1).

Bemerkung: Konvergiert eine Potenzreihe nur für $x=0$, so sagt man auch: sie hat den Konvergenzradius $r=0$. Konvergiert eine Potenzreihe für alle $x \in \mathbb{R}$, so sagt man auch: sie hat den Konvergenzradius ∞.

Übungen und Aufgaben

1. In II, 5 sind als Beispiele vier Potenzreihen angegeben. Begründe die dort gemachten Aussagen im einzelnen mit Hilfe der auf die verschiedenen Reihen anwendbaren Konvergenzkriterien!

2. Bestimme für die folgenden Potenzreihen den Konvergenzradius r mit Hilfe des Quotientenkriteriums!

a) $\sum_{k=1}^{\infty} k x^k$ **b)** $\sum_{k=1}^{\infty} \frac{k x^k}{4^k}$ **c)** $\sum_{k=1}^{\infty} (\frac{2}{3})^k \cdot k x^k$ **d)** $\sum_{k=1}^{\infty} (\frac{3}{2})^k \cdot k x^k$

e) $\sum_{k=1}^{\infty} \frac{x^k}{k}$ **f)** $\sum_{k=1}^{\infty} \frac{x^{2k}}{2k}$ **g)** $\sum_{k=1}^{\infty} \frac{(-1)^k}{2k+1} \cdot x^{2k+1}$ **h)** $\sum_{k=0}^{\infty} \frac{x^k}{k!}$

3. Verfahre wie in Aufgabe **2.**!

a) $\sum_{k=0}^{\infty} 2^k \cdot x^k$ **b)** $\sum_{k=0}^{\infty} \frac{x^k}{2k+1}$ **c)** $\sum_{k=1}^{\infty} \frac{x^k}{k^2}$ **d)** $\sum_{k=2}^{\infty} \frac{x^k}{k \cdot (\ln k)^2}$

e) $\sum_{k=0}^{\infty} \frac{x^k}{k^2+1}$ **f)** $\sum_{k=1}^{\infty} \frac{x^k}{k \cdot 3^k}$ **g)** $\sum_{k=1}^{\infty} \frac{k!}{k^k} \cdot x^k$ **h)** $\sum_{k=1}^{\infty} \left(\sin \frac{1}{k}\right) \cdot x^k$

Wende in **h)** das Wurzelkriterium an!

4. Bilde eine Potenzreihe mit dem folgenden Konvergenzintervall!

a) $]-3; 3[$ **b)** $]-\frac{4}{3}; \frac{4}{3}[$ **c)** $]-\frac{5}{8}; \frac{5}{8}[$

5. Ermittle zu den folgenden Potenzreihen das Konvergenzintervall!

a) $\sum_{k=1}^{\infty} k(x-1)^k$ **b)** $\sum_{k=1}^{\infty} \frac{k(x-3)^k}{2^k}$ **c)** $\sum_{k=1}^{\infty} (\frac{3}{4})^k \cdot k \cdot (x+2)^k$

III. Die Differentiation von Potenzreihen

1. Wie wir gesehen haben, wird durch eine Potenzreihe (s_n) mit

$$s_n(x) = \sum_{k=0}^{n} a_k x^k$$

innerhalb der Konvergenzmenge K_s eine Grenzfunktion s mit dem Term

$$s(x) = \lim_{n \to \infty} s_n(x) = \sum_{k=0}^{\infty} a_k x^k$$

festgelegt.
Wir wollen untersuchen, welche Eigenschaften diese Funktion hat, insbesondere, ob sie stetig, differenzierbar und integrierbar ist.
Da die Differenzierbarkeit einer Funktion die Stetigkeit impliziert, wollen wir mit der Frage nach der Differenzierbarkeit beginnen.

2. Für die Differentiation einer Summe gilt die Regel

$$[f(x) + g(x)]' = f'(x) + g'(x);$$

eine Summe differenzierbarer Funktionen darf also gliedweise differenziert werden; oder anders ausgedrückt: man darf die Reihenfolge der Operationen des Addierens und Differenzierens vertauschen.
Es erhebt sich die Frage, ob diese Regel auch für „unendliche Summen", also für Reihen gilt. Eine allgemeine Beantwortung dieser Frage kann mit den uns zur Verfügung stehenden Mitteln nicht gegeben werden. Wir müssen uns auf Potenzreihen beschränken. Ohne Beweis sei mitgeteilt, daß im allgemeinen eine gliedweise Differentiation von Funktionenreihen nicht möglich ist.

3. Wir setzen voraus, daß die betrachtete Reihe (s_n) mit

$$s_n(x) = \sum_{k=0}^{n} a_k x^k = a_0 + a_1 x + a_2 x^2 + \cdots + a_n x^n$$

nicht nur für $x=0$ konvergiert, daß sie also einen Konvergenzradius r mit $0 < r \leq \infty$ hat. Außerdem soll x für eine Zahl aus K_s stehen, d.h. die Grenzfunktion s mit

$$s(x) = \sum_{k=0}^{\infty} a_k x^k$$

soll für den betrachteten Wert von x existieren.
Durch gliedweise Differentiation erhalten wir eine neue Potenzreihe (t_n) mit

$$t_n(x) = \sum_{k=0}^{n} k \cdot a_k \cdot x^{k-1} = a_1 + 2a_2 x + 3a_3 x^2 + \cdots + n a_n x^{n-1}.$$

Zwar gilt – wie wir wissen – für jedes $n \in \mathbb{N}$:

$$s'_n(x) = t_n(x);$$

wir wissen aber noch nicht, ob auch die Reihe (t_n) für den betrachteten Wert von x konvergiert und – falls eine Grenzfunktion t mit

$$t(x) = \sum_{k=0}^{\infty} k \cdot a_k \cdot x^{k-1}$$

existiert – auch noch nicht, ob diese Funktion die Ableitung von s ist. Wir haben vielmehr die folgenden Fragen zu beantworten.

1) Ist die durch $s(x)=\sum_{k=0}^{\infty} a_k x^k$ gegebene Grenzfunktion s in ihrem Konvergenzintervall differenzierbar?

2) In welchem Zusammenhang stehen die Konvergenzintervalle der Reihen (s_n) und (t_n)?

3) Wenn die Grenzfunktion s differenzierbar ist, gilt dann $s'=t$ bzw. $s'(x)=t(x)$?

4. Zur Beantwortung der Frage **2)** benötigen wir einen Hilfssatz:

S 11.3 **Die Reihe (u_n) mit**

$$\mathbf{u_n(x)=\sum_{k=1}^{n} k\cdot x^{k-1}=1+2x+3x^2+\cdots+n\,x^{n-1}}$$

ist für jede Zahl x mit $|x|<1$ absolut konvergent.

Beweis: Wir wenden das Quotientenkriterium in der Form von S 9.7 an; es gilt:

$$\lim_{n\to\infty}\left|\frac{a_{n+1}}{a_n}\right|=\lim_{n\to\infty}\left|\frac{(n+1)\cdot x^n}{n\cdot x^{n-1}}\right|=|x|\cdot\lim_{n\to\infty}\frac{n+1}{n}=|x|<1, \quad \text{q.e.d.}$$

5. Wir können nun das Konvergenzintervall der durch gliedweise Differentiationen gewonnenen Reihe (t_n) mit

$$t_n(x)=\sum_{k=0}^{n} k\,a_k\,x^{k-1}$$

ermitteln. Es gilt der Satz:

S 11.4 **Ist eine Reihe (s_n) mit $s_n(x)=\sum_{k=0}^{n} a_k x^k$ für eine Zahl $x_0 \neq 0$ konvergent, dann ist die Reihe (t_n) mit**

$$\mathbf{t_n(x)=\sum_{k=0}^{n} k\,a_k\,x^{k-1}}$$

(wie die Reihe (s_n) selbst) absolut konvergent für alle Zahlen x mit $|x|<|x_0|$.

Beweis: Wie beim Beweis von S 11.1 konstruieren wir eine konvergente Majorante zur Reihe (s_n). Aus $\lim_{n\to\infty}(a_n x_0^n)=0$ folgt auch hier die Existenz einer Schranke $S\in\mathbb{R}^{>0}$ mit:

$$\bigwedge_{k\in\mathbb{N}} [|a_k x_0^k|<S],$$

also:

$$|x_0|\cdot|a_k\cdot x_0^{k-1}|<S \quad \text{und} \quad |a_k\cdot x_0^{k-1}|<\frac{S}{|x_0|}=S_0.$$

Mit Hilfe dieser Ungleichung können wir die Glieder $k\,a_k\cdot x^{k-1}$ von $t_n(x)$ abschätzen; es gilt:

$$|k\,a_k\,x^{k-1}|=\left|k\,a_k\cdot x_0^{k-1}\cdot\frac{x^{k-1}}{x_0^{k-1}}\right|=k\cdot|a_k\cdot x_0^{k-1}|\cdot\left|\frac{x}{x_0}\right|^{k-1}<k\cdot S_0\left|\frac{x}{x_0}\right|^{k-1}$$

Die Reihe (u_n) mit $u_n(x)=\sum_{k=0}^{n} k\cdot S_0\left|\frac{x}{x_0}\right|^{k-1}$ ist mithin eine Majorante zur Reihe (t_n). Wir haben zu zeigen, daß diese Majorante konvergiert. Dazu betrachten wir die geometrische

Reihe (v_n) mit $v_n(x)=\sum_{k=0}^{n} S_0 \cdot \left|\frac{x}{x_0}\right|^k$; diese Reihe konvergiert für alle Zahlen x mit $|x|<|x_0|$, also $\left|\frac{x}{x_0}\right|<1$. Nach dem Hilfssatz S 11.3 konvergiert dann auch die Reihe (u_n) und somit auch die Reihe (t_n), q.e.d.

Aus Satz S 11.4 ergibt sich unmittelbar die Gültigkeit des Satzes

S 11.5 **Die Potenzreihen (s_n) und (t_n) mit**

$$s_n(x)=\sum_{k=0}^{n} a_k x^k \quad \text{und} \quad t_n(x)=\sum_{k=0}^{n} k\, a_k x^{k-1}$$

haben den gleichen Konvergenzradius r.

6. Wenden wir den Satz S 11.5 auf die Reihe (t_n) an, so ergibt sich, daß auch die Reihe (v_n) mit

$$\begin{aligned} v_n(x) &= \sum_{k=0}^{n} (k-1)\cdot k \cdot a_k \cdot x^{k-2} \\ &= 1\cdot 2\cdot a_2 + 2\cdot 3\cdot a_3\, x + 3\cdot 4\cdot a_4\, x^2 + \cdots + (n-1)\cdot n \cdot x^{n-2} \end{aligned}$$

den gleichen Konvergenzradius r wie die Reihen (t_n) und (s_n) hat. Alle diese Reihen konvergieren absolut für alle x mit $|x|<r$.

Durch fortgesetzte Anwendung von S 11.5 ergibt sich die Gültigkeit des Satzes

S 11.6 **Die aus der Potenzreihe (s_n) mit $s_n(x)=\sum_{k=0}^{n} a_k x^k$ durch wiederholte gliedweise Differentiation entstehenden Potenzreihen haben alle den gleichen Konvergenzradius wie (s_n).**

7. Wir kommen nun zur Beantwortung der Fragen **1)** und **3)** von S. 205. Es gilt der Satz

S 11.7 **Die durch eine konvergente Potenzreihe (s_n) gegebene Grenzfunktion s mit**

$$s(x)=\lim_{n\to\infty} s_n(x)=\sum_{k=0}^{\infty} a_k x^k$$

ist für alle Zahlen x aus ihrem Konvergenzintervall $]-r; r[$ differenzierbar, und es gilt für diese Zahlen x:

$$s'(x)=\lim_{n\to\infty} t_n(x)=\sum_{k=0}^{\infty} k\, a_k x^{k-1}.$$

Man sagt kurz: **Jede konvergente Potenzreihe darf gliedweise differenziert werden.**

Beweis: [1]) Da wir noch zu zeigen haben, daß die Grenzfunktion t der Reihe (t_n) gleichzeitig die Ableitung der Funktion s, daß also $t=s'$ ist, verwenden wir für diese Funktion im Beweis das Zeichen „t"; der zugehörige Funktionsterm ist also:

$$t(x)=\lim_{n\to\infty} t_n(x)=\sum_{k=0}^{\infty} k\, a_k x^{k-1}.$$

---

[1]) Der folgende Beweis ist ziemlich verwickelt. Man kann den Beweis vereinfachen, wenn man den Satz von Taylor benutzt. Wir bringen diesen vereinfachten Beweis in § 13, V.

Nun sei $r>0$ der (nach S 11.5 gemeinsame) Konvergenzradius beider Potenzreihen. Wir haben dann zu zeigen, daß für jede Zahl x_0 mit $|x_0|<r$ gilt:

$$\lim_{x\to x_0} \frac{s(x)-s(x_0)}{x-x_0} = t(x_0) \quad \text{oder} \quad \lim_{x\to x_0} \left| \frac{s(x)-s(x_0)}{x-x_0} - t(x_0) \right| = 0.$$

Wir wählen zunächst eine positive Zahl c mit $|x_0|<c<r$, etwa die Zahl $c=\frac{1}{2}(|x_0|+r)$. Außerdem wollen wir uns für x auf Zahlen beschränken, die so nahe bei x_0 liegen, daß gilt $|x|<c$ (Bild 11.3).

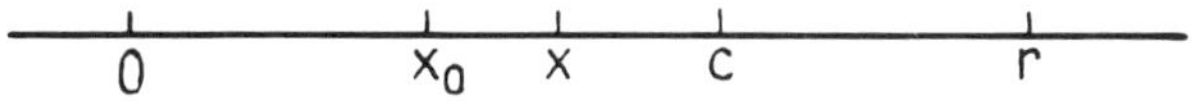

Bild 11.3

Nun berechnen wir schrittweise die Differenz $d(x)=\dfrac{s(x)-s(x_0)}{x-x_0}-t(x_0)$:

$$s(x)=\sum_{k=0}^{\infty} a_k x^k; \qquad s(x_0)=\sum_{k=0}^{\infty} a_k x_0^k$$

$$\Rightarrow s(x)-s(x_0) = \sum_{k=1}^{\infty} a_k(x^k-x_0^k) \quad \text{(beachte: } a_0-a_0=0!\text{)}$$

$$\Rightarrow \frac{s(x)-s(x_0)}{x-x_0} = \sum_{k=1}^{\infty} a_k \cdot \frac{x^k-x_0^k}{x-x_0}.$$

Wegen $t(x_0)=\sum_{k=1}^{\infty} k\, a_k\, x_0^{k-1}$ gilt mithin:

$$d(x)=\frac{s(x)-s(x_0)}{x-x_0}-t(x_0)=\sum_{k=1}^{\infty} a_k \left(\frac{x^k-x_0^k}{x-x_0}-k\, x_0^{k-1}\right).$$

Mit der Abkürzung $d_k(x)=\dfrac{x^k-x_0^k}{x-x_0}-k\, x_0^{k-1}$ erhält man:

$$d(x)=\sum_{k=1}^{\infty} a_k \cdot d_k(x)=\sum_{k=2}^{\infty} a_k \cdot d_k(x) \qquad (\text{wegen } d_1(x)=0).$$

Wir schätzen nun die Differenzen $d_k(x)$ ab.

Aus der Gleichung $\dfrac{a^n-b^n}{a-b}=\sum_{\rho=1}^{n} a^{n-\rho}\cdot b^{\rho-1}$, deren Allgemeingültigkeit man mit Hilfe des Satzes von der vollständigen Induktion (für $a\neq b$) beweisen kann (Aufgabe 1), erhält man für $k\geq 2$

$$\left|\frac{x^k-x_0^k}{x-x_0}\right| = |x^{k-1}+x^{k-2}\cdot x_0+\cdots+x\cdot x_0^{k-2}+x_0^{k-1}|,$$

nach der Dreiecksungleichung und wegen $|x|<c$ und $|x_0|<c$ also

$$\left|\frac{x^k-x_0^k}{x-x_0}\right| \leq |x^{k-1}|+|x^{k-2}|\cdot|x_0|+\cdots+|x|\cdot|x_0^{k-2}|+|x_0^{k-1}|$$
$$< \underbrace{c^{k-1}+c^{k-1}+\cdots+c^{k-1}+c^{k-1}}_{k \text{ Glieder}},$$

insgesamt also:

$$\left|\frac{x^k-x_0^k}{x-x_0}\right| < k\cdot c^{k-1}.$$

Daraus folgt für $k \geq 2$:

(1) $$|x^k - x_0^k| < k \cdot c^{k-1} \cdot |x - x_0|.$$

Ferner gilt:

$$d_k(x) = \frac{x^k - x_0^k}{x - x_0} - k \cdot x_0^{k-1}$$

$$= (\underbrace{x^{k-1} + x^{k-2} \cdot x_0 + \cdots + x \cdot x_0^{k-2} + x_0^{k-1}}_{\text{k Glieder}}) - (\underbrace{x_0^{k-1} + x_0^{k-1} + \cdots + x_0^{k-1}}_{\text{k Glieder}})$$

$$= (x^{k-1} - x_0^{k-1}) + (x^{k-2} \cdot x_0 - x_0^{k-1}) + \cdots + (x\, x_0^{k-2} - x_0^{k-1}) + 0$$

$$= (x^{k-1} - x_0^{k-1}) + (x^{k-2} - x_0^{k-2}) \cdot x_0 + \cdots + (x - x_0) \cdot x_0^{k-2}$$

und nach der Dreiecksungleichung:

$$|d_k(x)| \leq |x^{k-1} - x_0^{k-1}| + |x^{k-2} - x_0^{k-2}| \cdot |x_0| + \cdots + |x - x_0| \cdot |x_0|^{k-2}.$$

Nach Ungleichung (1) folgt hieraus wegen $|x_0| < c$:

$$|d_k(x)| \leq (k-1) \cdot c^{k-2} \cdot |x - x_0| + (k-2)\, c^{k-3} \cdot |x - x_0| \cdot c + \cdots + |x - x_0| \cdot c^{k-2}$$

$$\Rightarrow |d_k(x)| \leq (k-1) \cdot c^{k-2} \cdot |x - x_0| + (k-2)\, c^{k-2} \cdot |x - x_0| + \cdots + |x - x_0| \cdot c^{k-2}$$

$$\Rightarrow |d_k(x)| \leq [(k-1) + (k-2) + \cdots + 1] \cdot c^{k-2} \cdot |x - x_0|.$$

Nun gilt $1 + 2 + \cdots + (k-2) + (k-1) = \frac{1}{2} k \cdot (k-1)$ (vgl. Analysis I). Damit erhält man:

$$|d_k(x)| \leq \frac{k(k-1)}{2} \cdot c^{k-2} \cdot |x - x_0| = (k-1) \cdot k \cdot c^{k-2} \cdot \left| \frac{x - x_0}{2} \right|.$$

Für die Differenz $d(x)$ ergibt sich schließlich daraus:

$$|d(x)| = \left| \sum_{k=2}^{\infty} a_k\, d_k(x) \right| \leq \sum_{k=2}^{\infty} |a_k| \cdot |d_k(x)|$$

$$< \sum_{k=2}^{\infty} |a_k| \cdot (k-1) \cdot k \cdot c^{k-2} \cdot \left| \frac{x - x_0}{2} \right| = \left| \frac{x - x_0}{2} \right| \cdot \sum_{k=2}^{\infty} |a_k| \cdot (k-1) \cdot k \cdot c^{k-2},$$

ausführlicher geschrieben:

$$|d(x)| \leq \left| \frac{x - x_0}{2} \right| \cdot (1 \cdot 2\, |a_2| + 2 \cdot 3\, |a_3| \cdot c + 3 \cdot 4 \cdot |a_4| \cdot c^2 + \cdots)$$

Nach S 11.6 ist nun aber die Reihe (v_n) mit

$$v_n(x) = \sum_{k=2}^{n} (k-1) \cdot k \cdot a_k \cdot x^{k-2}$$

für jede Zahl x mit $|x| < r$ **absolut** konvergent (vgl. S. 206).
Wegen $0 < c < r$ existiert also eine Zahl $S \in \mathbb{R}^{>0}$ mit

$$S = \sum_{k=2}^{\infty} (k-1) \cdot k \cdot |a_k| \cdot c^{k-2}.$$

Damit vereinfacht sich unsere Abschätzung zu:

$$|d(x)| < \frac{S}{2} \cdot |x - x_0|.$$

Somit gilt:

$$\lim_{x \to x_0} |d(x)| = \lim_{x \to x_0} \left| \frac{s(x)-s(x_0)}{x-x_0} - t(x_0) \right| = 0, \quad \text{q.e.d.}$$

8. Wir schließen diesen Abschnitt mit einem

Beispiel: Wir stellen uns die Frage, ob es Potenzreihen (s_n) gibt, für deren Grenzfunktionen gilt: $s' = s$.
Wir nehmen an, es gäbe (wenigstens) eine solche Reihe mit einem Konvergenzradius $r > 0$.
Dann gilt:

$$s(x) = \sum_{k=0}^{\infty} a_k x^k \quad \text{und} \quad s'(x) = \sum_{k=0}^{\infty} k\, a_k x^{k-1}.$$

Die gestellte Bedingung $s(x) = s'(x)$, also

$$\sum_{k=0}^{\infty} a_k x^k = \sum_{k=0}^{\infty} k\, a_k x^{k-1}$$

kann für alle $x \in]-r; r[$ nur erfüllt werden, wenn die Koeffizienten der gleichen Potenzen von x in den beiden Reihen jeweils übereinstimmen. Dies ergibt sich aus einem Satz (dem sogenannten „Identitätssatz für Potenzreihen"), auf dessen Beweis wir verzichten.

Durch einen sogenannten **„Koeffizientenvergleich"** erhält man:

Potenz	$s(x) = s'(x)$
x^0	$a_0 = a_1 \Rightarrow a_1 = a_0$
x^1	$a_1 = 2a_2 \Rightarrow a_2 = a_1 \cdot \frac{1}{2} = a_0 \cdot \frac{1}{2}$
x^2	$a_2 = 3a_3 \Rightarrow a_3 = a_2 \cdot \frac{1}{3} = a_0 \cdot \frac{1}{2 \cdot 3}$
x^3	$a_3 = 4a_4 \Rightarrow a_4 = a_3 \cdot \frac{1}{4} = a_0 \cdot \frac{1}{4!}$
....	....
x^{k-1}	$a_{k-1} = k \cdot a_k \Rightarrow a_k = a_{k-1} \cdot \frac{1}{k} = a_0 \cdot \frac{1}{k!}$

Die Gültigkeit der Gleichung

$$a_k = \frac{1}{k!} a_0 \quad \text{für alle } k \in \mathbb{N}$$

kann man mit Hilfe des Satzes von der vollständigen Induktion exakt beweisen (Aufgabe 2).
Mit $0! = 1! = 1$ erhält man:

$$s(x) = \sum_{k=0}^{\infty} \frac{1}{k!} a_0 x^k = a_0 \cdot \sum_{k=0}^{\infty} \frac{x^k}{k!} = a_0 \left(1 + x + \frac{x^2}{2!} + \frac{x^3}{3!} + \cdots\right).$$

Mit Hilfe des Quotientenkriteriums kann man zeigen, daß die Reihe (s_n) für alle $x \in \mathbb{R}^{\neq 0}$ konvergiert:

$$\lim_{n \to \infty} \left| \frac{x^{n+1}}{(n+1)!} \cdot \frac{n!}{x^n} \right| = \lim_{n \to \infty} |x| \cdot \left| \frac{1}{n+1} \right| = |x| \cdot \lim_{n \to \infty} \left| \frac{1}{n+1} \right| = |x| \cdot 0 = 0.$$

Wir werden der Reihe dieses Beispiels in § 12 in einem anderen Zusammenhang wieder begegnen.

Übungen und Aufgaben

1. Beweise durch vollständige Induktion die Allgemeingültigkeit der Gleichung

$$\frac{a^n - b^n}{a - b} = \sum_{\rho=1}^{n} a^{n-\rho} \cdot b^{\rho-1} \qquad (\text{für } a \neq b)!$$

2. In III, 8 wird ein Beispiel behandelt, wobei im Zusammenhang mit den Koeffizienten der beiden Reihen s(x) und s'(x) die Allgemeingültigkeit der Gleichung

$$a_k = \frac{1}{k!} \cdot a_0$$

über der Grundmenge $\mathbb{N}$ behauptet wird. Beweise diese Behauptung durch vollständige Induktion!

3. Prüfe, ob die durch die folgenden Potenzreihen gegebenen Grenzfunktionen differenzierbar sind und bilde gegebenenfalls die Ableitung!

a) $\sum_{k=1}^{\infty} \frac{x^k}{k!}$ b) $\sum_{k=1}^{\infty} \frac{x^k}{k}$ c) $\sum_{k=0}^{\infty} (-1)^k \cdot \frac{x^{2k}}{(2k)!}$ d) $\sum_{k=1}^{\infty} \frac{(-1)^{k+1}}{(2k-1)!} \cdot x^{2k-1}$

e) $\sum_{k=1}^{\infty} \frac{(-1)^{k+1}}{k} \cdot x^k$ f) $\sum_{k=1}^{\infty} \frac{(-1)^{k+1}}{2k-1} \cdot x^{2k-1}$ g) $\sum_{k=0}^{\infty} \frac{x^{2k}}{(2k)!}$

h) $\sum_{k=1}^{\infty} \frac{x^{2k-1}}{(2k-1)!}$ i) $\sum_{k=0}^{\infty} (-1)^k \cdot x^k$ j) $\sum_{k=1}^{\infty} \frac{x^{2k}}{k}$

4. Beweise, daß man jede durch eine konvergente Potenzreihe gegebene Grenzfunktion s für alle $x \in]-r; r[$ beliebig oft differenzieren kann!

IV. Die Integration von Potenzreihen

1. Aus dem wichtigen Satz S 11.7 folgt unmittelbar, daß die Grenzfunktion s einer konvergenten Potenzreihe (s_n) im Konvergenzintervall $]-r; r[$ auch stetig und somit dort auch **integrierbar** ist. Es gelten also die Sätze:

S 11.8 **Die durch eine konvergente Potenzreihe (s_n) gegebene Grenzfunktion s mit**

$$s(x) = \lim_{n \to \infty} s_n(x) = \sum_{k=0}^{\infty} a_k x^k$$

ist stetig über dem gesamten Konvergenzintervall $]-r; r[$.

S 11.9 **Die durch eine konvergente Potenzreihe (s_n) gegebene Grenzfunktion s mit**

$$s(x) = \lim_{n \to \infty} s_n(x) = \sum_{k=0}^{\infty} a_k x^k$$

ist integrierbar über dem gesamten Konvergenzintervall $]-r; r[$.

2. Ähnlich wie bei der Differentiation einer Potenzreihe erhebt sich auch bei der Integration die Frage, ob eine gliedweise Integration einer Potenzreihe möglich ist; genauer: ob sich durch gliedweise Integration der Funktionsterm einer Stammfunktion S zur Integrandfunktion s ergibt.

Diese Frage ist mit Hilfe von S 11.7 relativ einfach zu beantworten. Wir zeigen, daß jeder Term $S(x)$, den wir durch gliedweise Integration des Terms $s(x)=\sum_{k=0}^{\infty} a_k x^k$ erhalten, tatsächlich der Bedingung $S'(x)=s(x)$ genügt und mithin eine Stammfunktion zur Funktion s festlegt.

Eine Potenzreihe (s_n) sei gegeben durch den Term $s_n(x)=\sum_{k=0}^{n} a_k x^k$ und habe einen Konvergenzradius $r>0$. Dann existiert eine Grenzfunktion s mit $s(x)=\sum_{k=0}^{\infty} a_k x^k$.

Durch gliedweise Integration von $s_n(x)$ erhält man den Term

$$S_n(x)=\sum_{k=0}^{n} \frac{a_k}{k+1}\cdot x^{k+1}+c \qquad \text{mit } c\in\mathbb{R},$$

der wiederum eine Potenzreihe (S_n) beschreibt.

Wir nehmen nun an, diese Potenzreihe (S_n) habe einen Konvergenzradius $\bar{r}>0$. Dann existiert für alle $x\in\,]-\bar{r};\bar{r}[$ eine Grenzfunktion S mit

$$S(x)=\sum_{k=0}^{\infty} \frac{a_k}{k+1}\cdot x^{k+1}+c \qquad \text{und } c\in\mathbb{R}.$$

Nach S 11.7 ist diese Funktion für jedes $x\in\,]-\bar{r};\bar{r}[$ differenzierbar, und es gilt:

$$S'(x)=\sum_{k=0}^{\infty} a_k x^k=s(x).$$

Die Funktion S ist also für jedes $c\in\mathbb{R}$ in der Tat eine Stammfunktion zur Funktion s. Außerdem haben S und S′ nach S 11.7 denselben Konvergenzradius, wegen $S'=s$ also auch S und s; d.h. es gilt $\bar{r}=r$.

Durch den Term

$$S(x)=\sum_{k=0}^{\infty} \frac{a_k}{k+1}\cdot x^{k+1}+c \qquad \text{mit } c\in\mathbb{R}$$

wird sogar die Gesamtheit aller Stammfunktionen von s beschrieben (vgl. Analysis I).

Es gilt also der Satz

S 11.10 **Zu jeder durch eine konvergente Potenzreihe (s_n) mit dem Konvergenzradius r gegebene Grenzfunktion s mit**

$$\mathbf{s(x)=\lim_{n\to\infty} s_n(x)=\sum_{k=0}^{\infty} a_k x^k}$$

gibt es zu jedem $c\in\mathbb{R}$ eine Stammfunktion S mit

$$\mathbf{S(x)=\lim_{n\to\infty} S_n(x)=\sum_{k=0}^{\infty} \frac{a_k}{k+1}\cdot x^{k+1}+c.}$$

Die Reihe (S_n) konvergiert für alle $x\in\,]-r;r[$.

Man sagt kurz: **Jede konvergente Potenzreihe darf gliedweise integriert werden.**

Bemerkung: Nach dem **2. Hauptsatz der Infinitesimalrechnung** (vgl. Analysis I) gilt überdies für irgendzwei Zahlen a, $b \in]-r; r[$:

$$\int_a^b s(x)\,dx = \int_a^b \left(\sum_{k=0}^{\infty} a_k x^k\right) dx = S(b) - S(a).$$

3. Wir schließen die Erörterungen zur Integration von Potenzreihen mit einem

Beispiel: $s_n(x) = \sum_{k=0}^{n} (k+1) \cdot x^k = 1 + 2x + 3x^2 + 4x^3 + \cdots + (n+1)\,x^n$.

Der Konvergenzradius der Reihe ist $r=1$. Zeige dies mit Hilfe des Quotientenkriteriums (Aufgabe 4)!

Wir suchen eine „Summenformel" für die Reihe.

Durch Integration erhalten wir mit $c=0$:

$$S_n(x) = \sum_{k=0}^{n} x^{k+1} = x + x^2 + x^3 + \cdots + x^{n+1}.$$

Die Reihe (S_n) ist eine **geometrische Reihe,** die ebenfalls den Konvergenzradius $r=1$ hat. Für alle x mit $|x|<1$ gilt:

$$S(x) = \lim_{n\to\infty} S_n(x) = \frac{x}{1-x}.$$

Durch Differentiation erhalten wir:

$$S'(x) = s(x) = \sum_{k=0}^{\infty} (k+1)\,x^k = \frac{1}{(1-x)^2} \qquad \text{(Aufgabe 5)}.$$

Damit haben wir einen einfachen Term für die Grenzfunktion s bestimmt.

4. Wir fassen zum Abschluß unsere Ergebnisse über konvergente Potenzreihen zusammen.

[1] Jede Potenzreihe (s_n) mit einem Konvergenzradius $r>0$ beschreibt über dem Konvergenzintervall $]-r; r[$ eine Grenzfunktion s mit

$$s(x) = \sum_{k=0}^{\infty} a_k x^k.$$

[2] Die Funktion s ist über $]-r; r[$ **stetig, differenzierbar** und **integrierbar.**

[3] Es gilt: $s'(x) = \sum_{k=0}^{\infty} k \cdot a_k \cdot x^{k-1}$.

[4] Für jede Stammfunktion S von s gilt:

$$S(x) = \sum_{k=0}^{\infty} \frac{a_k}{k+1} \cdot x^{k+1} + c \qquad \text{mit } c \in \mathbb{R}.$$

Übungen und Aufgaben

1. Prüfe, ob die in Aufgabe III, 3 durch unendliche Potenzreihen gegebenen Grenzfunktionen integrierbar sind! Begründe deine Aussagen und führe gegebenenfalls die Integration durch!

2. Begründe, daß jede durch eine konvergente Potenzreihe gegebene Grenzfunktion für alle $x \in]-r; r[$ beliebig oft integrierbar ist!

3. Berechne die folgenden Integrale! Ermittle den Konvergenzradius der sich ergebenden Reihen!

a) $\int\limits_0^x \frac{g(t)-1}{t}\,dt \quad \text{mit} \quad g(x)=\sum\limits_{k=0}^{\infty} \frac{x^k}{k!}$

b) $\int\limits_0^x \frac{g(t)-t}{t^2}\,dt \quad \text{mit} \quad g(x)=\sum\limits_{k=1}^{\infty} (-1)^{k-1} \cdot \frac{x^{2k-1}}{(2k-1)!}$

c) $\int\limits_0^x \frac{g(t)-t}{t^3}\,dt \quad \text{mit} \quad g(x)=\sum\limits_{k=1}^{\infty} (-1)^{k-1} \cdot \frac{x^{2k-1}}{(2k-1)!}$

d) $\int\limits_0^x \frac{g(t)-1}{t}\,dt \quad \text{mit} \quad g(x)=\sum\limits_{k=0}^{\infty} \frac{x^{2k}}{(2k)!}$

e) $\int\limits_0^x \frac{g(t)-1}{t^2}\,dt \quad \text{mit} \quad g(x)=\sum\limits_{k=0}^{\infty} \frac{x^{2k}}{(2k)!}$

4. Zeige mit Hilfe des Quotientenkriteriums, daß die Reihe (s_n) mit $s_n=\sum\limits_{k=1}^{n} (k+1) \cdot x^k$ den Konvergenzradius $r=1$ hat!

5. Zeige: $S(x)=\frac{x}{1-x} \Rightarrow S'(x)=\frac{1}{(1-x)^2}$.

§ 12 Approximation von Funktionen durch Potenzreihen

I. Vorüberlegungen

1. Innerhalb der Mathematik, aber auch bei zahlreichen Anwendungsproblemen treten Funktionen auf, bei denen die Berechnung von Funktionswerten kompliziert ist und langwierige Rechnungen erfordert. Es liegt daher nahe, zu fragen, ob und wie man solche „komplizierten" Funktionen durch „einfachere" Funktionen „möglichst gut" annähern, **approximieren** kann.

Bei diesem Problem sind zunächst einige Vorfragen zu klären:

1) Welche Funktionstypen kann man als **„einfach"** bezeichnen?

2) Was soll man unter einer **„möglichst guten"** Approximation verstehen?

Zu 1): Rechnerisch einfach zu handhaben sind vor allem die durch **Polynome** und durch Folgen von Polynomen, also durch (konvergierende) **Potenzreihen** dargestellten Funktionen. Aus diesem Grunde haben wir uns im vorigen Paragraphen ausführlich mit Potenzreihen beschäftigt.

Zu 2): Den Begriff der „Güte einer Approximation" kann man in sehr verschiedener Weise präzisieren. Um dies zu erläutern, betrachten wir als Beispiel die Sinusfunktion über dem Intervall $\left[0; \frac{\pi}{2}\right]$ also die Funktion

$$f\colon \left[0; \frac{\pi}{2}\right] \to [0; 1]; \quad x \mapsto \sin x.$$

Wir wollen diese Funktion durch eine möglichst einfache Funktion, also durch eine **konstante Funktion:**

$$\varphi\colon \left[0; \frac{\pi}{2}\right] \to \{c\}; \quad x \mapsto c$$

mit $c \in \mathbb{R}$ approximieren.

1. Möglichkeit: Die Zahl c soll so gewählt werden, daß das Maximum des Fehlers

$$|\Delta f| = |\sin x - c|$$

möglichst klein wird. Offensichtlich ist dies der Fall, wenn man $c = \frac{1}{2}$ wählt; denn dann gilt für alle $x \in \left[0; \frac{\pi}{2}\right]$ (Bild 12.1)

$$|\Delta f| = |\sin x - c| \leq \tfrac{1}{2}.$$

Begründe dies im einzelnen (Aufgabe 2).

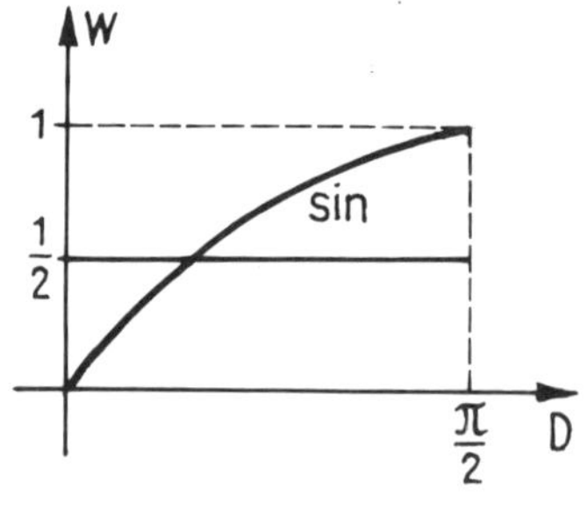

Bild 12.1

2. Möglichkeit: Die Zahl c soll als „Mittelwert" über dem Intervall im Sinne des Mittelwertsatzes der Integralrechnung gewählt werden (Bild 12.2). Es soll also gelten:

$$\int_0^{\frac{\pi}{2}} \sin x \, dx = -\cos x \Big|_0^{\frac{\pi}{2}} = 1 = c \cdot \frac{\pi}{2}.$$

Daraus ergibt sich: $c = \frac{2}{\pi} \approx 0{,}6366.$

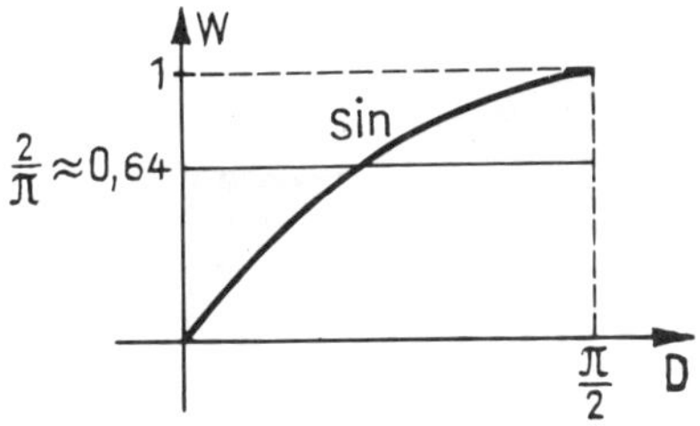

Bild 12.2

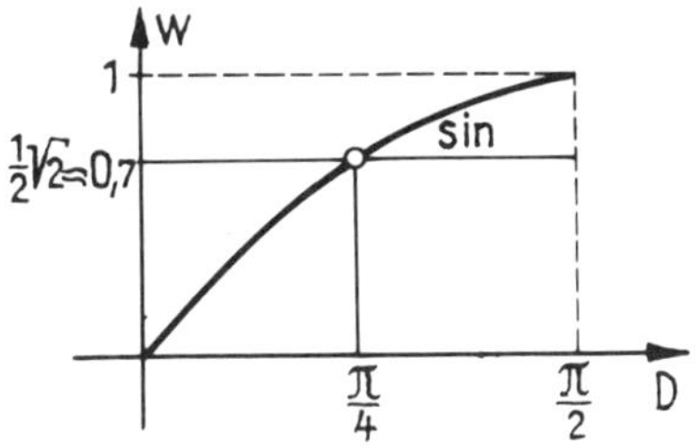

Bild 12.3

3. Möglichkeit: Die Zahl c soll so gewählt werden, daß der Fehlerbetrag $|\Delta f| = |\sin x - c|$ in unmittelbarer Umgebung der Intervallmitte, also bei $x = \frac{\pi}{4}$, möglichst klein wird. Diese Forderung wird dann erfüllt, wenn man für c den Funktionswert an dieser Stelle nimmt, also (Bild 12.3)

$$c = f\left(\frac{\pi}{4}\right) = \sin \frac{\pi}{4} = \frac{1}{2}\sqrt{2} \approx 0{,}7071 .$$

2. In den drei Beispielen haben wir die konstanten Näherungsfunktionen nach verschiedenen Gesichtspunkten bestimmt und sind dabei auch zu verschiedenen Ergebnissen gekommen.
Bei den beiden ersten Beispielen wurden die Funktionswerte des gesamten Intervalls $\left[0; \frac{\pi}{2}\right]$ bei der Bestimmung der Näherungsfunktion berücksichtigt; man kann von einem **„globalen"** Gesichtspunkt sprechen. Im letzten Beispiel wurde nur der Funktionswert an **einer** Stelle, nämlich $\frac{\pi}{4}$, berücksichtigt; man kann daher von einem **„lokalen"** Gesichtspunkt sprechen.

3. Mit einer ähnlichen Problemstellung haben wir uns auch schon im Band „Analysis I" beschäftigt. Wir haben dort untersucht, wie man eine an einer Stelle x_0 differenzierbare Funktion f „möglichst gut" durch eine **lineare Funktion** approximieren kann. Wir haben dabei den Graph der Funktion durch die Tangente an der betrachteten Stelle x_0 ersetzt (Bild 12.4) und gefunden, daß für einen „benachbarten" Funktionswert $f(x_0+h)$, d.h. für einen „nicht zu großen" Wert von h gilt:

$$f(x_0+h) \approx f(x_0) + f'(x_0) \cdot h .$$

Beispiel: $f(x) = \sqrt{x}$; $f'(x) = \frac{1}{2\sqrt{x}}$

Also gilt für „ausreichend kleine" Werte von h:

$$\sqrt{x_0+h} \approx \sqrt{x_0} + \frac{h}{2\sqrt{x_0}} \quad (\text{für } x_0 \neq 0).$$

Mit $x_0=4$ und $h=0{,}02$ ergibt sich z. B.

$$\sqrt{4{,}02} \approx 2 + \frac{0{,}02}{4} = 2 + 0{,}005 = 2{,}005.$$

(Der Wert in einer fünfstelligen Tafel ist $\sqrt{4{,}02} \approx 2{,}0050$.)

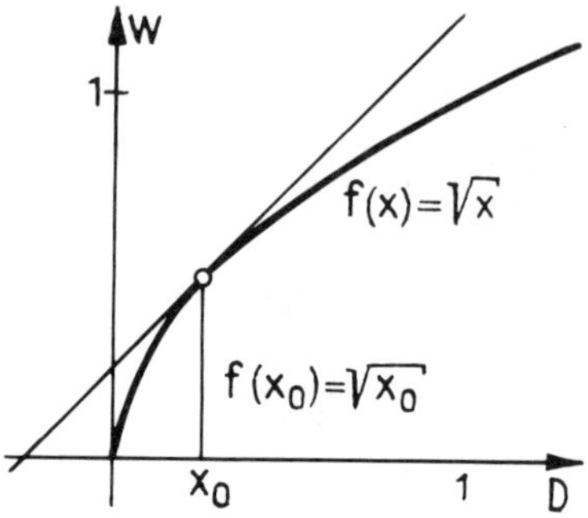

Bild 12.4

Dieser linearen Approximation liegt offensichtlich ebenfalls der lokale Gesichtspunkt zugrunde; denn die Näherungsfunktion ist hier so bestimmt worden, daß an der betrachteten Stelle die Näherungsfunktion im Funktionswert und im Wert der 1. Ableitung mit der gegebenen Funktion übereinstimmt; denn durch den Term

$$\varphi(h) = f(x_0) + f'(x_0) \cdot h$$

wird die Tangente an den Graph von f zur Stelle x_0 (also für $h=0$) festgelegt.

4. Auch im folgenden werden wir unseren Überlegungen diesen **lokalen** Gesichtspunkt zugrunde legen. Es liegt nahe, die Güte der Approximation dadurch zu verbessern, daß die gegebene Funktion und die Näherungsfunktion an der betrachteten Stelle nicht nur in den Werten $f(x_0)$ und $f'(x_0)$, sondern überdies in $f''(x_0)$, $f'''(x_0), \ldots, f^{(n)}(x_0), \ldots$ übereinstimmen sollen. Wir müssen dabei also voraussetzen, daß die Funktion f an der Stelle x_0 genügend oft differenzierbar ist.

5. Schließlich ist noch festzustellen, daß wir bei der exakten Behandlung des Problems Ausdrücke wie „möglichst gut", „nicht zu groß", „ausreichend klein" usw. nicht verwenden dürfen, weil dies der in der Mathematik erforderlichen Präzision nicht entspricht. Mit anderen Worten: eine Approximation ist in der Mathematik nur brauchbar, wenn man angeben kann, wie groß der gemachte Fehler höchstens sein kann. Ein wesentlicher Teil unserer Überlegungen wird sich im folgenden daher auf solche **Fehlerabschätzungen** beziehen.

Übungen und Aufgaben

1. Gegeben sei eine Funktion $f\colon [a;b] \to \mathbb{R}$.
Bestimme eine konstante Funktion

$$\varphi\colon\ [a;b] \to \{c\};\quad x \mapsto c,$$

so daß das Maximum des Fehlers

$$|\Delta f| = |f(x) - c|$$

im Intervall $[a;b]$ möglichst klein wird!

a) $f(x)=x^2$; $[0;1]$ **b)** $f(x)=\frac{1}{x}$; $[1;2]$ **c)** $f(x)=x+1$; $[2;4]$ **d)** $f(x)=2^x$; $[0;1]$

2. Begründe, daß für $c=\frac{1}{2}$ für alle $x \in \left[0; \frac{\pi}{2}\right]$ gilt: $|\Delta f| = |\sin x - c| \leq \frac{1}{2}$!

3. Berechne die Mittelwerte der Funktionswerte der angegebenen Funktionen f im Intervall [a; b]!

a) $f(x)=x^2$; [0; 1] **b)** $f(x)=\frac{1}{x}$; [1; 2] **c)** $f(x)=x+1$; [2; 4] **d)** $f(x)=2^x$; [0; 1]

Vergleiche die Ergebnisse mit den Ergebnissen von Aufgabe 1!

4. Berechne die Funktionswerte der in Aufgabe 3 angegebenen Funktionen für die Intervallmitte $x_0=\frac{b-a}{2}$ und vergleiche die Ergebnisse mit den Ergebnissen von 3!

5. Gegeben ist die Funktion f. Bestimme eine lineare Funktion φ, die an der Stelle x_0 im Funktionswert und im Wert der 1. Ableitung mit f übereinstimmt!

a) $f(x)=x^2$; $x_0=1$ **b)** $f(x)=\frac{1}{x}$; $x_0=2$ **c)** $f(x)=\sqrt[3]{x}$; $x_0=8$

d) $f(x)=\frac{1}{\sqrt[5]{x}}$; $x_0=1$ **e)** $f(x)=\sin x$; $x_0=0$ **f)** $f(x)=\cos x$; $x_0=0$

g) $f(x)=\tan x$; $x_0=0$ **h)** $f(x)=e^x$; $x_0=0$ **i)** $f(x)=\text{arc cot}\, x$; $x_0=1$

j) $f(x)=\ln x$; $x_0=1$ **k)** $f(x)=\frac{1}{2}(e^x+e^{-x})$; $x_0=0$ **l)** $f(x)=\text{arc sin}\, x$; $x_0=\frac{1}{2}$

6. Berechne mit Hilfe der linearen Näherungsfunktion von Aufgabe 5 Näherungswerte für die folgenden Funktionswerte und vergleiche die Ergebnisse mit Tafelwerten!

a) $1{,}02^2$ **b)** $\frac{1}{2{,}3}$ **c)** $\sqrt[3]{7{,}8}$ **d)** $\frac{1}{\sqrt[5]{1{,}3}}$

e) $\sin 10^\circ$ **f)** $\cos 10^\circ$ **g)** $\tan 5^\circ$ **h)** $e^{0{,}2}$

i) $\text{arc cot}\, 1{,}1$ **j)** $\ln 0{,}8$ **k)** $\frac{1}{2}(e^{0{,}1}+e^{-0{,}1})$ **l)** $\text{arc sin}\, 0{,}52$

Beachte bei **e)**, **f)** und **g)**, daß der Argumentwert auf Bogenmaß umgerechnet werden muß!

7. Ermittle eine lineare Näherung für die Funktion f an der Stelle 0 mit $f(x)=(1+x)^n$; $n\in\mathbb{Q}$.

8. Die Berechnung von Näherungswerten für Funktionswerte mit Hilfe von linearen Funktionen kann für die elektronische Datenverarbeitung programmiert werden[1]).

a) Entwickle ein Flußdiagramm zur Berechnung von Näherungswerten für die Funktionswerte der Sinusfunktion! Übertrage das Flußdiagramm in eine Programmiersprache und teste das Programm!

b) Entwickle ein Programm, das mit Hilfe von Unterprogrammen für die Funktion f die Berechnung von Näherungswerten für die Funktionswerte von f gestattet!

II. Approximation durch Polynome

1. Nach den Vorüberlegungen unter I. haben wir das folgende **Problem** zu lösen:

Eine Funktion f soll an einer Stelle x_0 durch ein Polynom $P_n(x)$ so approximiert werden, daß der Funktionswert und die n ersten Ableitungswerte von f und P_n an der Stelle x_0 übereinstimmen.

---

[1]) Vgl.: Die EDV in der Mathematik, Verlag Schwann, Düsseldorf.

Wir müssen also voraussetzen, daß die Funktion f an der Stelle x_0 wenigstens n-mal differenzierbar ist; wir verlangen dann, daß gilt:

$$P_n(x_0)=f(x_0);\; P_n'(x_0)=f'(x_0);\; P_n''(x_0)=f''(x_0);\; \ldots;\; P_n^{(n)}(x_0)=f^{(n)}(x_0).$$

Zur Vereinfachung wählen wir zunächst $x_0=0$; später werden wir die Lösung auf eine beliebige Stelle $x_0 \in D(f)$ verallgemeinern.

2. Zur Lösung dieses Problems liegt es nahe, für das gesuchte Polynom $P_n(x)$ den folgenden **Ansatz** zu machen:

$$P_n(x)=\sum_{k=0}^{n} a_k x^k = a_0+a_1 x+a_2 x^2+\cdots+a_n x^n.$$

Wir können im allgemeinen nicht erwarten, daß f(x) und $P_n(x)$ an einer Stelle x mit $x \neq 0$ denselben Wert haben; die Differenz, der Fehler

$$R_n(x)=f(x)-P_n(x)$$

wird im allgemeinen also von Null verschieden sein. Wegen

$$f(x)=\sum_{k=0}^{n} a_k x^k + R_n(x)$$

bezeichnet man $R_n(x)$ meist als das **„Restglied"**.
Somit ergeben sich für uns die beiden folgenden Aufgaben:

1) Berechnung der Ansatzkoeffizienten a_k;

2) Abschätzung des Restgliedes $R_n(x)=f(x)-P_n(x)$.

3. Zur Berechnung der Koeffizienten bilden wir die n ersten Ableitungen von $P_n(x)$:

$$\begin{aligned}
P_n(x)&=a_0+a_1 x+a_2 x^2+\cdots+a_n x^n\\
P_n'(x)&=a_1+2a_2 x+3a_3 x^2+\cdots+n\,a_n x^{n-1}\\
P_n''(x)&=2a_2+2\cdot 3a_3 x+3\cdot 4a_4 x^2+\cdots+(n-1)\cdot n\,a_n x^{n-2}\\
P_n'''(x)&=2\cdot 3a_3+2\cdot 3\cdot 4a_4 x+3\cdot 4\cdot 5a_5 x^2+\cdots+(n-2)(n-1)\,n\,a_n x^{n-3}\\
&\;\;\ldots\ldots\ldots\ldots\ldots\ldots\\
P_n^{(n)}(x)&=1\cdot 2\cdot 3\cdot 4\ldots(n-2)(n-1)\,n\cdot a_n
\end{aligned}$$

Aus der Forderung, daß die Funktions- und die Ableitungswerte von f und P_n an der Stelle 0 übereinstimmen sollen, ergibt sich nun:

$$\begin{aligned}
f(0)&=P_n(0)=a_0 &&\Rightarrow a_0=f(0)\\
f'(0)&=P_n'(0)=1!\cdot a_1 &&\Rightarrow a_1=\frac{f'(0)}{1!}\\
f''(0)&=P_n''(0)=2!\cdot a_2 &&\Rightarrow a_2=\frac{f''(0)}{2!}\\
f'''(0)&=P_n'''(0)=3!\cdot a_3 &&\Rightarrow a_3=\frac{f'''(0)}{3!}\\
&\ldots\ldots\ldots\ldots\\
f^{(n)}(0)&=P_n^{(n)}(0)=n!\cdot a_n &&\Rightarrow a_n=\frac{f^{(n)}(0)}{n!}
\end{aligned}$$

Damit ist die Aufgabe **1)** bereits gelöst. Das gesuchte Polynom kann nur lauten:

$$P_n(x)=f(0)+\frac{f'(0)}{1!}x+\frac{f''(0)}{2!}x^2+\cdots+\frac{f^{(n)}(0)}{n!}x^n.$$

Es ist aber noch keineswegs gesagt, daß dieses Polynom die gegebene Funktion f an der Stelle x tatsächlich approximiert; um dies beurteilen zu können, müssen wir noch das Restglied $R_n(x)$ abschätzen.

4. Wir behandeln einige **Beispiele.**

1) $\mathbf{f(x)=e^x}$.

Es ist $f(x)=f'(x)=f''(x)=\dots=f^{(n)}(x)=e^x$, also $f(0)=f'(0)=f''(0)=\dots=f^{(n)}(0)=1$.

Das Polynom $P_n(x)$ lautet in diesem Falle also:

$$P_n(x)=1+\frac{x}{1!}+\frac{x^2}{2!}+\frac{x^3}{3!}+\dots+\frac{x^n}{n!}=\sum_{\rho=0}^{n}\frac{x^\rho}{\rho!}.$$

Es ist bisher aber nicht gesichert, daß dieses Polynom die Exponentialfunktion tatsächlich approximiert; es gilt:

$$e^x=1+\frac{x}{1!}+\frac{x^2}{2!}+\dots+\frac{x^n}{n!}+R_n(x)=\sum_{\rho=0}^{n}\frac{x^\rho}{\rho!}+R_n(x)$$

und wir wissen über das Restglied $R_n(x)$ bisher noch nichts.

2) $\mathbf{f(x)=\sin x}$; $f'(x)=\cos x$; $f''(x)=-\sin x$; $f'''(x)=-\cos x$;

$f^{(4)}(x)=\sin x$; $f^{(5)}(x)=\cos x$; $f^{(6)}(x)=-\sin x$; $f^{(7)}(x)=-\cos x$;

....

Es gilt also:

$$f(0)=f''(0)=f^{(4)}(0)=\dots=0,$$

$$f'(0)=f^{(5)}(0)=f^{(9)}(0)=\dots=1$$

und

$$f'''(0)=f^{(7)}(0)=f^{(11)}(0)=\dots=-1,$$

allgemein also: $f^{(2k)}(0)=0$ und $f^{(2k-1)}(0)=(-1)^{k-1}$ $(k\in\mathbb{N})$.

Somit lautet das Polynom $P_n(x)$ in diesem Fall (mit $n=2m$):

$$P_n(x)=\frac{x}{1!}-\frac{x^3}{3!}+\frac{x^5}{5!}-\frac{x^7}{7!}+\dots+(-1)^{m-1}\cdot\frac{x^{2m-1}}{(2m-1)!}=\sum_{\rho=1}^{m}(-1)^{\rho-1}\cdot\frac{x^{2\rho-1}}{(2\rho-1)!}.$$

Glieder mit geradem Exponenten tauchen nicht auf, weil die betreffenden Koeffizienten den Wert 0 haben. Das Restglied folgt auf ein solches Glied und hat daher einen geraden Index ($n=2m$). Es gilt also:

$$\sin x=\frac{x}{1!}-\frac{x^3}{3!}+\dots+(-1)^{m-1}\cdot\frac{x^{2m-1}}{(2m-1)!}+R_{2m}(x).$$

Über das Restglied $R_{2m}(x)$ ist uns aber auch in diesem Falle bisher nichts bekannt. Wir werden uns daher im nächsten Abschnitt der Aufgabe **2)**, der Abschätzung des Restgliedes zuwenden.

5. Zunächst wollen wir jedoch noch mitteilen, wie sich das bisherige Zwischenergebnis auf eine beliebige Stelle $x_0\in D(f)$ übertragen läßt. Wir haben dabei lediglich x, also $x-0$ durch $x-x_0$ und $f^{(n)}(0)$ durch $f^{(n)}(x_0)$ zu ersetzen.

Es gilt also:

$$P_n(x)=f(x_0)+\frac{f'(x_0)}{1!}(x-x_0)+\frac{f''(x_0)}{2!}(x-x_0)^2+\dots+\frac{f^{(n)}(x_0)}{n!}(x-x_0)^n=\sum_{k=0}^{n}\frac{f^{(k)}(x_0)}{k!}(x-x_0)^k$$

und somit:

$$f(x)=\sum_{k=0}^{n}\frac{f^{(k)}(x_0)}{k!}(x-x_0)^k+R_n(x;x_0) \quad \text{(Aufgabe 3)}.$$

Beispiel: Da die natürliche **Logarithmusfunktion** an der Stelle 0 nicht definiert ist, wählen wir für $f(x)=\ln x$ als „Entwicklungsstelle": $x_0=1$.

Es gilt:

$$f(x)=\ln x, \quad \text{also} \quad f(1)=\ln 1=0;$$

$$f'(x)=\frac{1}{x}, \quad \text{also} \quad f'(1)=1=0!;$$

$$f''(x)=-\frac{1}{x^2}, \quad \text{also} \quad f''(1)=-1=-1!;$$

$$f'''(x)=\frac{2}{x^3}, \quad \text{also} \quad f'''(1)=2=2!;$$

$$f^{(4)}(x)=\frac{-2\cdot 3}{x^4}, \quad \text{also} \quad f^{(4)}(1)=-2\cdot 3=-3!;$$

$$\cdots\cdots\cdots\cdots\cdots\cdots\cdots\cdots$$

$$f^{(n)}(x)=\frac{(-1)^{n-1}\cdot(n-1)!}{x^n}, \quad \text{also} \quad f^{(n)}(1)=(-1)^{n-1}\cdot(n-1)!$$

Somit lautet das Näherungspolynom:

$$P_n(x)=(x-1)-\frac{(x-1)^2}{2}+\frac{(x-1)^3}{3}+\cdots+(-1)^{n-1}\cdot\frac{(x-1)^n}{n}$$

$$=\sum_{\rho=1}^{n}(-1)^{\rho-1}\cdot\frac{(x-1)^\rho}{\rho}.$$

Ferner gilt:

$$\ln x=\sum_{\rho=1}^{n}(-1)^{\rho-1}\cdot\frac{(x-1)^\rho}{\rho}+R_n(x;1) \quad (\text{für } x\in\mathbb{R}^{>0}).$$

Wenn wir hierin $x-1$ durch x, also x durch $x+1$ ersetzen, erhalten wir:

$$\ln(x+1)=\sum_{\rho=1}^{n}(-1)^{\rho-1}\cdot\frac{x^\rho}{\rho}+R_n(x;0) \quad (\text{für } x\in\mathbb{R}^{>-1}).$$

Beachte, daß wir auch hier über das Restglied $R_n(x;0)$ noch nichts wissen.

Übungen und Aufgaben

1. Approximiere die Funktion f an der Stelle 0 durch ein Polynom $P_2(x)$ und zeichne die Graphen von f und P_2!

a) $f(x)=\sin x$ **b)** $f(x)=\cos x$ **c)** $f(x)=\sqrt{1+x}$ **d)** $f(x)=e^x$

2. Approximiere die Funktion f an der Stelle 0 durch ein Polynom $P_n(x)$! Versuche, das Ergebnis mit Hilfe des Summenzeichens zu schreiben!

a) $f(x)=\cos x$ **b)** $f(x)=e^{-x}$ **c)** $f(x)=\sqrt{1+x}$ **d)** $f(x)=\frac{1}{\sqrt{1+x}}$

e) $f(x)=\frac{1}{(1+x)^3}$ **f)** $f(x)=\frac{1}{\sqrt[4]{1-x}}$ **g)** $f(x)=\sqrt[3]{1-3x}$ **h)** $f(x)=\frac{1}{\sqrt[5]{1+2x}}$

i) $f(x)=\frac{1}{1+x^2}$ **j)** $f(x)=\frac{1}{\sqrt{1-x^2}}$ **k)** $f(x)=\frac{1}{(1+x)^2}$ **l)** $f(x)=\ln(x+1)$

m) $f(x)=(1+x)^n;\ n\in\mathbb{Q}$ **n)** $f(x)=(1-x)^n;\ n\in\mathbb{Q}$

3. Approximiere die Funktion f an der Stelle x_0 durch ein Polynom $P_n(x)$! Ansatz: $P_n(x)=a_0+a_1(x-x_0)+a_2(x-x_0)^2+\dots+a_n(x-x_0)^n$. Bestimme die Koeffizienten $a_0, a_1, a_2, \dots, a_n$, indem du die Ableitungen von $P_n(x)$ bildest (vgl. S. 218ff.):

$$P_n'(x)=a_1+2a_2(x-x_0)+3a_3(x-x_0)^2+\dots+n\,a_n(x-x_0)^{n-1}$$

und die Forderungen aufstellst:

$$f(x_0)=P_n(x_0);\quad f'(x_0)=P_n'(x_0);\quad f''(x_0)=P_n''(x_0)\quad \text{usw.}$$

4. Approximiere die Funktion f an der Stelle x_0 durch ein Polynom $P_n(x)$!

a) $f(x)=\sqrt{x};\ x_0=1$ **b)** $f(x)=e^x;\ x_0=1$

c) $f(x)=\sin x;\ x_0=\frac{\pi}{4}$ **d)** $f(x)=\frac{1}{\sqrt{2x}};\ x_0=\frac{1}{2}$

5. Entwickle aus dem n-ten Glied der Polynome $P_n(x)$ in den Aufgaben 2 und 4 eine Rekursionsformel für die Glieder der Polynome! Ist es in jedem Fall möglich, alle Glieder der Polynome durch Rekursion zu gewinnen?

Beispiel: $f(x)=\cos x$

$$P_n(x)=1-\frac{x^2}{2!}+\frac{x^4}{4!}-\frac{x^6}{6!}+\dots+(-1)^n\cdot\frac{x^{2n}}{(2n)!}$$

Es ist für $k\in\mathbb{N}_0$: $a_{k+2}=\begin{cases}\dfrac{-a_k}{(k+1)(k+2)} & \text{für k gerade, } a_0=1\\ a_k=0 & \text{für k ungerade}\end{cases}$

Anmerkung: Die Darstellung der Glieder durch eine Rekursionsformel ist für die Verarbeitung von Reihen in der EDV von Bedeutung, da in der Regel der Rechenumfang erheblich eingeschränkt wird. Begründe diese Aussage!

III. Herleitung des Restgliedes

1. Zur Herleitung des Restgliedes gehen wir aus vom **2. Hauptsatz der Infinitesimalrechnung** (vgl. Analysis I). Diesen kann man ausdrücken durch die Formel

$$\int_a^b f'(x)\,dx=f(b)-f(a).$$

Wir betrachten zunächst wieder den Fall $x_0=0$ und setzen in dieser Formel daher $a=0$. Den darzustellenden Funktionswert bezeichnen wir mit „$f(x)$"; wir setzen also $b=x$; daher müssen wir für die Integrationsvariable einen anderen Buchstaben wählen, z. B. t. Dann lautet die Formel des 2. Hauptsatzes

$$\int_0^x f'(t)\,dt = f(x)-f(0);$$

also gilt:

$$f(x)=f(0)+\int_0^x f'(t)\,dt.$$

Mithin gilt für das Restglied $R_1(x)$: $R_1(x)=\int_0^x f'(t)\,dt$.

2. Auf dieses Restglied wenden wir nun das Verfahren der **partiellen Integration** an (vgl. Analysis I) nach der Formel

$$\int_0^x u(t)\,v'(t)\,dt = u(t)\cdot v(t)\Big|_0^x - \int_0^x v(t)\cdot u'(t)\,dt.$$

Wir setzen:

$$u(t)=f'(t),\ \text{ also }\ u'(t)=f''(t) \quad \text{und} \quad v(t)=t-x,\ \text{ also }\ v'(t)=1.$$

Beachte: Die Stammfunktionen zur Funktion v' mit $v'(t)=1$ sind darstellbar in der Form

$$v(t)=t+c \qquad (\text{mit } c\in\mathbb{R}).$$

Wir haben hier aus der Menge aller Stammfunktionen von v' diejenige ausgewählt; für die $c=-x$ ist, für die also gilt:

$$v(t)=t-x.$$

Die Zweckmäßigkeit dieses Vorgehens wird sich sofort zeigen. Es gilt nämlich:

$$R_1(x)=\int_0^x f'(t)\,dt = f'(t)\cdot(t-x)\Big|_{t=0}^{t=x} - \int_0^x f''(t)\cdot(t-x)\cdot dt$$

$$=f'(x)\cdot 0 - f'(0)\cdot(-x) - \int_0^x f''(t)\cdot(t-x)\,dt$$

$$=f'(0)\cdot x + \int_0^x f''(t)\cdot(x-t)\,dt.$$

Setzen wir dies in die Formel des 2. Hauptsatzes ein, so erhalten wir:

$$f(x)=f(0)+f'(0)\cdot x + \int_0^x f''(t)\cdot(x-t)\,dt.$$

Damit haben wir eine Darstellung des Restgliedes R_2 erhalten:

$$R_2(x)=\int_0^x f''(t)\cdot(x-t)\,dt.$$

3. Auf $R_2(x)$ wenden wir nun erneut das Verfahren der partiellen Integration an. Wir setzen:

$$u(t)=f''(t),\ \text{also}\ u'(t)=f'''(t) \quad \text{und} \quad v(t)=-\tfrac{1}{2}(x-t)^2,\ \text{also}\ v'(t)=x-t.$$

Dann ergibt sich

$$R_2(x)=\int_0^x f''(t)\cdot(x-t)\,dt=-\tfrac{1}{2}f''(t)\cdot(x-t)^2\Big|_{t=0}^{t=x}+\tfrac{1}{2}\int_0^x f'''(t)\cdot(x-t)^2\,dt$$

$$=\tfrac{1}{2}f''(0)\cdot x^2+\tfrac{1}{2}\cdot\int_0^x f'''(t)\cdot(x-t)^2\,dt.$$

Somit gilt:

$$f(x)=f(0)+f'(0)\cdot x+\frac{1}{2!}f''(0)\cdot x^2+\frac{1}{2!}\cdot\int_0^x f'''(t)\cdot(x-t)^2\,dt$$

und

$$R_3(x)=\frac{1}{2!}\int_0^x f'''(t)\cdot(x-t)^2\,dt.$$

4. Aus den bisherigen Überlegungen ergibt sich die Vermutung, daß das Restglied $R_n(x)$ sich allgemein in der folgenden Form darstellen läßt:

$$R_n(x)=\frac{1}{(n-1)!}\int_0^x f^{(n)}(t)\cdot(x-t)^{n-1}\,dt.$$

Dies wollen wir durch das Verfahren der sogenannten **„vollständigen Induktion"** beweisen.

1. Schritt: Aus den Rechnungen unter **1.**, **2.** und **3.** ergibt sich bereits die Gültigkeit der Restglieddarstellung für $n=1$, $n=2$ und $n=3$.

2. Schritt: Wir haben zu zeigen:

$$R_n(x)=\frac{1}{(n-1)!}\int_0^x f^{(n)}(t)\cdot(x-t)^{n-1}\,dt \Rightarrow R_{n+1}(x)=\frac{1}{n!}\int_0^x f^{(n+1)}(x)\cdot(x-t)^n\,dt.$$

Beweis: Mit $u(t)=f^{(n)}(t)$, also $u'(t)=f^{(n+1)}(t)$ und $v(t)=-\dfrac{(x-t)^n}{n}$, also $v'(t)=(x-t)^{n-1}$ gilt:

$$\int_0^x f^{(n)}(t)\cdot(x-t)^{n-1}\,dt=-f^{(n)}(t)\cdot\frac{(x-t)^n}{n}\Big|_{t=0}^{t=x}+\frac{1}{n}\int_0^x f^{(n+1)}(t)\cdot(x-t)^n\,dt$$

$$=f^{(n)}(0)\cdot\frac{x^n}{n}+\frac{1}{n}\cdot\int_0^x f^{(n+1)}(t)\cdot(x-t)^n\,dt.$$

Somit gilt:

$$f(x)=f(0)+f'(0)\cdot x+\frac{1}{2!}f''(0)\cdot x^2+\dots+\frac{1}{n!}f^{(n)}(0)\cdot x^n+\frac{1}{n!}\int_0^x f^{(n+1)}(t)\cdot(x-t)^n\,dt,$$

also

$$R_{n+1}(x)=\frac{1}{n!}\int_0^x f^{(n+1)}(t)\cdot(x-t)^n\,dt, \quad \text{q.e.d.}$$

Damit haben wir einen Sonderfall des „**Satzes von Taylor**“[1]) bewiesen:

S 12.1 **Ist eine Funktion f wenigstens (n+1)-mal stetig differenzierbar in einem Intervall [0; x], so gilt:**

$$f(x)=f(0)+\frac{f'(0)}{1!}x+\frac{f''(0)}{2!}x^2+\cdots+\frac{f^{(n)}(0)}{n!}x^n+R_n(x)=\sum_{\rho=0}^{n}\frac{f^{(\rho)}(0)}{\rho!}x^\rho+R_n(x)$$

mit

$$R_n(x)=\frac{1}{n!}\int_0^x f^{(n+1)}(t)\cdot(x-t)^n\,dt.$$

Man nennt diesen Spezialfall des Taylorschen Satzes gelegentlich auch den „**Satz von Maclaurin**“[2]).

Beachte:

1) Wir haben im Band Analysis I den Begriff der Differenzierbarkeit einer Funktion f über einem (abgeschlossenen) Intervall [a; b] so definiert, daß an den beiden Randstellen nur einseitige Differenzierbarkeit vorausgesetzt wird. Wenn die Funktion f also an der Stelle 0 nur rechtsseitig differenzierbar ist, so bezeichnen $f'(0), f''(0), \ldots, f^{(n)}(0)$ jeweils die rechtsseitigen Grenzwerte.

2) Man kann den Satz allgemeiner formulieren, wenn man voraussetzt, daß die Funktion f über einem Intervall [a; b] definiert und stetig und über]a; b[wenigstens (n+1)-mal stetig differenzierbar ist und daß gilt: $0, x \in\,]a; b[$. In diesem Falle kann also auch $x<0$ sein.

5. Bevor wir uns in den nächsten Abschnitten mit dem Restglied näher beschäftigen, zeigen wir noch, wie man Satz S 12.1 auf eine beliebige Stelle $x_0 \in D(f)$ übertragen, den Satz von Taylor also allgemein beweisen kann.
Wir haben dabei

$$0 \text{ durch } x_0 \quad \text{und} \quad x=x-0 \text{ durch } x-x_0$$

zu ersetzen.
Wir gehen wiederum vom **2. Hauptsatz der Infinitesimalrechnung** aus, diesmal in der Form:

$$\int_{x_0}^{x} f'(t)\,dt=f(x)-f(x_0), \qquad \text{also } f(x)=f(x_0)+\int_{x_0}^{x} f'(t)\,dt.$$

Mithin lautet das Restglied R_1:

$$R_1(x)=\int_{x_0}^{x} f'(t)\,dt.$$

Nun wenden wir wiederum das Verfahren der **partiellen Integration** an. Wir setzen

$$u(t)=f'(t), \text{ also } u'(t)=f''(t) \quad \text{und} \quad v(t)=t-x, \text{ also } v'(t)=1.$$

Damit ergibt sich:

$$\int_{x_0}^{x} f'(t)\,dt=f'(t)\cdot(t-x)\Big|_{t=x_0}^{t=x}-\int_{x_0}^{x} f''(t)\cdot(t-x)\,dt$$

---

[1]) Brook Taylor (1685–1731), engl. Mathematiker.

[2]) Colin Maclaurin (1698–1746), engl. Mathematiker.

$$= f'(x) \cdot 0 - f'(x_0) \cdot (x_0 - x) + \int_{x_0}^{x} f''(t) \cdot (x-t)\,dt$$

$$= f'(x_0) \cdot (x - x_0) + \int_{x_0}^{x} f''(t) \cdot (x-t)\,dt.$$

Also gilt:

$$f(x) = f(x_0) + f'(x_0) \cdot (x - x_0) + \int_{x_0}^{x} f''(t) \cdot (x-t)\,dt$$

und somit:

$$R_2(x) = \int_{x_0}^{x} f''(t) \cdot (x-t)\,dt.$$

Allgemein können wir für das Restglied die Gültigkeit der Formel:

$$R_n(x) = \frac{1}{(n-1)!} \int_{x_0}^{x} f^{(n)}(t) \cdot (x-t)^{n-1}\,dt$$

vermuten. Wir beweisen dies wiederum mit Hilfe des Verfahrens der sogenannten **„vollständigen Induktion"**. Der Beweis für den 1. Schritt ist bereits erbracht.

2. Schritt: Mit $u(t) = f^{(n)}(t)$, also $u'(t) = f^{(n+1)}(t)$ und $v(t) = -\dfrac{(x-t)^n}{n}$, also $v'(t) = (x-t)^{n-1}$ gilt:

$$\int_{x_0}^{x} f^{(n)}(t) \cdot (x-t)^{n-1}\,dt = -f^{(n)}(t) \cdot \frac{(x-t)^n}{n}\Bigg|_{t=x_0}^{t=x} + \frac{1}{n} \int_{x_0}^{x} f^{(n+1)}(t) \cdot (x-t)^n\,dt$$

$$= f^{(n)}(x_0) \cdot \frac{(x-x_0)^n}{n} + \frac{1}{n} \int_{x_0}^{x} f^{(n+1)}(t) \cdot (x-t)^n\,dt.$$

Insgesamt ergibt sich also:

$$f(x) = f(x_0) + \frac{f'(x_0)}{1!}(x-x_0) + \frac{f''(x_0)}{2!}(x-x_0)^2 + \cdots + \frac{f^{(n)}(x_0)}{n!}(x-x_0)^n + R_n(x)$$

$$= \sum_{\rho=0}^{n} \frac{f^{(\rho)}(x_0)}{\rho!} \cdot (x-x_0)^\rho + R_n(x)$$

mit

$$R_n(x) = \frac{1}{n!} \int_{x_0}^{x} f^{(n+1)}(t) \cdot (x-t)^n\,dt, \quad \text{q.e.d.}$$

Damit haben wir den **Satz von Taylor** allgemein bewiesen:

S 12.2 **Ist eine Funktion f wenigstens (n+1)-mal stetig differenzierbar in einem Intervall $[x_0; x]$, so gilt:**

$$\mathbf{f(x) = \sum_{\rho=0}^{n} \frac{f^{(\rho)}(x_0)}{\rho!} \cdot (x-x_0)^\rho + R_n(x)}$$

mit

$$\mathbf{R_n(x) = \frac{1}{n!} \int_{x_0}^{x} f^{(n+1)}(t) \cdot (x-t)^n\,dt.}$$

Beachte die Bemerkungen, die wir im Anschluß an Satz S 12.1 gemacht haben! Der Satz von Taylor kann allgemeiner formuliert werden, wenn man voraussetzt, daß die Funktion f über einem Intervall [a; b] definiert und stetig und über]a; b[wenigstens (n+1)-mal stetig differenzierbar ist und daß gilt: x_0, $x \in]a; b[$. In diesem Falle kann also auch $x < x_0$ sein.

Übungen und Aufgaben

1. Entwickle die Funktion f an der Stelle 0 mit Hilfe des Verfahrens der partiellen Integration nach Maclaurin und berechne das Restglied!

   a) $f(x) = e^x$ **b)** $f(x) = \sin x$ **c)** $f(x) = \cos x$ **d)** $f(x) = \ln(x+1)$

2. Zeige, daß der Mittelwertsatz der Differentialrechnung ein Sonderfall des Satzes von Taylor darstellt!

3. Bei der Herleitung des Restgliedes mit Hilfe des Verfahrens der partiellen Integration haben wir als Stammfunktion v zu $v'(t) = 1$ gewählt: $v(t) = t - x$.
   Begründe die Zweckmäßigkeit dieses Vorgehens! Zeige, daß es unzweckmäßig wäre, $v(t) = t$ zu wählen!
   Zeige, daß sich mit $v(t) = t + c$ das Ergebnis vereinfacht, wenn man $c = -x$ setzt!

IV. Abschätzungen des Restgliedes

1. Unter III. haben wir die folgende Integraldarstellung des Restgliedes gewonnen:

$$R_n(x) = \frac{1}{n!} \int_{x_0}^{x} f^{(n+1)}(t) \cdot (x-t)^n \, dt$$

Diese Darstellung hat aber den Nachteil, daß das fragliche Integral nur in wenigen Fällen einfach berechnet werden kann. In den meisten Fällen ist es notwendig, dieses Restglied **„abzuschätzen"**.
Eine solche Abschätzung können wir mit Hilfe des **2. Mittelwertsatzes der Integralrechnung** (vgl. § 3, III) durchführen.
Wir ersetzen in der Formel des 2. Mittelwertsatzes

$$f(x) \text{ durch } f^{(n+1)}(t) \quad \text{und} \quad g(x) \text{ durch } (x-t)^n.$$

Dabei ist zu beachten, daß nicht x, sondern t die Integrationsvariable ist.

Wir haben zunächst zu überprüfen, ob die Voraussetzungen des Mittelwertsatzes erfüllt sind. Da f in S 12.2 als wenigstens (n+1)-mal **stetig** differenzierbar vorausgesetzt ist, ist $f^{(n+1)}$ über $[x_0; x]$ stetig, also auch integrierbar. Auch g ist über $[x_0; x]$ integrierbar; es gilt:

$$\int_{x_0}^{x} (x-t)^n \, dt = -\left.\frac{(x-t)^{n+1}}{n+1}\right|_{t=x_0}^{t=x} = \frac{(x-x_0)^{n+1}}{n+1}.$$

Außerdem ist die Funktion g zu $g(t)=(x-t)^n$ über $[x_0; x]$ auch vorzeichenbeständig. Jede Zahl $t_1 \in [x_0; x]$ können wir nämlich darstellen in der Form

$$t_1 = x_0 + \theta(x-x_0) \qquad \text{mit } 0 \leq \theta \leq 1.$$

Durch Einsetzen erhalten wir:

$$g(t_1) = [x - x_0 - \theta x + \theta x_0]^n = [x(1-\theta) - x_0(1-\theta)]^n = (x-x_0)^n (1-\theta)^n.$$

Wegen $0 \leq \theta \leq 1$ gilt $1-\theta \geq 0$; daher wird das Vorzeichen von $g(t_1)$ allein durch $(x-x_0)^n$ bestimmt; g ist über dem Intervall $[x_0; x]$ also in der Tat vorzeichenbeständig. Nach dem 2. Mittelwertsatz gibt es also eine Zahl $x_1 \in [x_0; x]$ mit

$$R_n(x) = \frac{1}{n!} \cdot f^{(n+1)}(x_1) \cdot \int_{x_0}^{x} (x-t)^n \, dt,$$

also

$$\mathbf{R_n(x) = \frac{1}{(n+1)!} \cdot f^{(n+1)}(x_1) \cdot (x-x_0)^{n+1}}.$$

Dies ist die „**Restgliedformel von Lagrange**"[1]).
Häufig wird diese Formel in anderer Form angegeben. Man setzt

$$x - x_0 = h \quad \text{und} \quad x_1 = x_0 + \theta(x-x_0) = x_0 + \theta h \qquad \text{mit } 0 \leq \theta \leq 1.$$

Dann ergibt sich:

$$\mathbf{R_n(x) = \frac{1}{(n+1)!} \cdot f^{(n+1)}(x_0 + \theta h) \cdot h^{n+1} \qquad \text{mit } 0 \leq \theta \leq 1.}$$

2. Eine andere Restgliedformel erhält man, wenn man in der Formel des 2. Mittelwertsatzes

$$f(x) \text{ durch } f^{(n+1)}(x) \cdot (x-t)^n \quad \text{und} \quad g(x) \text{ durch } 1$$

ersetzt.
Die Voraussetzungen des Mittelwertsatzes sind dann offenbar erfüllt. Es gibt also eine Zahl $x_1 \in [x_0; x]$ mit

$$R_n(x) = \frac{1}{n!} \cdot f^{(n+1)}(x_1) \cdot (x-x_1)^n \cdot (x-x_0).$$

Zur Vereinfachung der Formel setzen wir auch hier $x-x_0=h$ und $x_1 = x_0 + \theta(x-x_0) = x_0 + \theta \cdot h$ mit $0 \leq \theta \leq 1$, also $x - x_1 = (x-x_0) - \theta h = h - \theta h = (1-\theta) h$.
Damit ergibt sich:

$$\mathbf{R_n(x) = \frac{1}{n!} \cdot f^{(n+1)}(x_0 + \theta h) \cdot (1-\theta)^n \cdot h^{n+1} \qquad \text{mit } 0 \leq \theta \leq 1.}$$

Dies ist die „**Restgliedformel von Cauchy**"[2]).

---

[1]) Joseph Louis Lagrange (1736–1813), frz. Mathematiker.

[2]) Auguste Louis Cauchy (1789–1857), frz. Mathematiker.

3. Weitere Restgliedformeln erhält man, wenn man den Integranden $f^{(n+1)}(x) \cdot (x-t)^n$ in anderer Weise in Faktoren zerlegt und dann den 2. Mittelwertsatz der Integralrechnung anwendet (Aufgabe 5).

4. Wir können den Taylorschen Satz nunmehr auch folgendermaßen formulieren:

S 12.3 **Ist eine Funktion f wenigstens (n+1)-mal stetig differenzierbar in einem Intervall $[x_0; x]$, so gilt**

$$\mathbf{f(x)=\sum_{\rho=0}^{n} \frac{f^{(\rho)}(x_0)}{\rho!} \cdot (x-x_0)^{\rho}+R_n(x)}.$$

Dabei ist das Restglied darstellbar z. B. durch

a) $\mathbf{R_n(x)=\frac{1}{(n+1)!} f^{(n+1)}(x_0+\theta h) \cdot h^{n+1}}$ **mit $h=x-x_0$ und $0 \leq \theta \leq 1$ oder**

b) $\mathbf{R_n(x)=\frac{1}{n!} f^{(n+1)}(x_0+\theta h) \cdot (1-\theta)^n \cdot h^{n+1}}$ **mit $h=x-x_0$ und $0 \leq \theta \leq 1$.**

Beachte, daß die Zahlen für θ bei **a)** und bei **b)** im allgemeinen voneinander verschieden sind!
Für den Sonderfall $x_0=0$ (Maclaurin) lauten die Restglieddarstellungen wegen $h=x-x_0=x$ und $x_0+\theta h=\theta x$:

a) $\mathbf{R_n(x)=\frac{1}{(n+1)!} \cdot f^{(n+1)}(\theta x) \cdot x^{n+1}}$ **mit $0 \leq \theta \leq 1$** und

b) $\mathbf{R_n(x)=\frac{1}{n!} \cdot f^{(n+1)}(\theta x) \cdot (1-\theta)^n \cdot x^{n+1}}$ **mit $0 \leq \theta \leq 1$.**

Übungen und Aufgaben

1. Entwickle die Funktion f an der Stelle 0 in eine Taylorreihe und ermittle das Restglied!

a) $f(x)=e^{-x}$ **b)** $f(x)=e^{2x}$ **c)** $f(x)=\sqrt{1+x}$ **d)** $f(x)=\ln(x+1)$

e) $f(x)=\sqrt[3]{1+x}$ **f)** $f(x)=\frac{1}{\sqrt[4]{1+2x}}$ **g)** $f(x)=e^x+e^{-x}$ **h)** $f(x)=e^x-e^{-x}$

i) $f(x)=(1+x)^n$ mit $n \in \mathbb{Q}$ **j)** $f(x)=(1-x)^n$ mit $n \in \mathbb{Q}$

2. Entwickle die Funktion f an der Stelle 0 in eine Taylorreihe mit n Gliedern und ermittle das Restglied R_n! Berechne den Funktionswert an der Stelle x mit Hilfe der ersten n Glieder der Reihe und schätze mit Hilfe von R_n den Fehler ab!

Beispiel: $f(x)=e^x$; $n=3$; $x=1$; $e^x=1+x+\frac{x^2}{2}+\frac{1}{3!}e^{\theta x} \cdot x^3$

$$x=1: \; e=1+1+\tfrac{1}{2}+\tfrac{1}{6}e^{\theta \cdot 1}.$$

Da f streng monoton steigend ist, erhält man eine Fehlerabschätzung, indem man $\theta=1$ und $\theta=0$ setzt.

1) $\theta=1$: $e \leq 1+1+\frac{1}{2}+\frac{1}{6}e \Leftrightarrow e(1-\frac{1}{6}) \leq 2{,}5 \Leftrightarrow e \leq 2{,}5 \cdot \frac{6}{5}=3$

2) $\theta=0$: $e \geq 1+1+\frac{1}{2}+\frac{1}{6} \Leftrightarrow e \geq 2{,}\overline{6}$

Also gilt: $2{,}\bar{6} \leq e \leq 3$.

a) $f(x) = e^x$; $n = 4(5)$; $x = 1$

b) $f(x) = e^{-x}$; $n = 3(4)$; $x = 1$

c) $f(x) = \sqrt{1+x}$; $n = 2(3)$; $x = 0{,}2$

d) $f(x) = \dfrac{1}{\sqrt{1+x}}$; $n = 2(3)$; $x = 0{,}1$

e) $f(x) = \sqrt[3]{1+x}$; $n = 2(3)$; $x = 0{,}3$

f) $f(x) = \sin x$; $n = 2$; $x = \dfrac{\pi}{6}$

g) $f(x) = \cos x$; $n = 2$; $x = \dfrac{\pi}{6}$

h) $f(x) = \sqrt{1-x}$; $n = 2$; $x = 0{,}1$

Bemerkung: Die Aufgaben f) und g) erfordern einen relativ hohen Rechenaufwand; vgl. Aufgabe 4!

3. Die Reihen zu den Funktionen 2b) bis g) sind alternierende Reihen. Schätze jeweils den Fehler mit Hilfe des in § 10 für alternierende Reihen entwickelten Verfahrens ab und vergleiche die Ergebnisse!

4. a) Entwickle zu Aufgabe 2 Flußdiagramme für die automatisierte Datenverarbeitung!

b) Übertrage die Flußdiagramme in eine Programmiersprache und teste die Programme! (Unterprogrammtechnik!) Beachte Aufgabe II, 5!

5. Leite eine weitere Darstellung des Restgliedes $R_n(x)$ durch Anwendung des 2. Mittelwertsatzes der Integralrechnung her! Setze $g(t) = (x-t)^p$ mit $0 \leq p \leq n$ und somit $f(t) = f^{(n+1)}(t) \cdot (x-t)^{n-p}$. Zeige, daß die Voraussetzungen des 2. Mittelwertsatzes erfüllt sind und wende den Satz dann an! Es ergibt sich die Restgliedformel von Schlömilch. Zeige, daß diese Formel für $p = n$ in die Form von Lagrange, für $p = 0$ in die Form von Cauchy übergeht!

V. Taylor-Reihen (Maclaurin-Reihen)

1. Wir kommen nun auf das Hauptproblem dieses Paragraphen zurück, auf die Frage nämlich, unter welchen Bedingungen sich Funktionen durch Polynome bzw. durch Potenzreihen approximieren lassen.

Nach unseren bisherigen Überlegungen ist dies bei Funktionen, die die Voraussetzungen des Taylorschen Satzes erfüllen, genau dann der Fall, wenn bei vorgegebenem Wert von x das Restglied $R_n(x)$ durch passende Wahl von n „beliebig klein" gemacht werden kann, d. h. so klein, wie es verlangt wird oder wie es zur Lösung eines Problems notwendig ist. Mit anderen Worten: Es ist zu klären, ob es bei Vorgabe einer beliebigen Zahl $\varepsilon \in \mathbb{R}^{>0}$ stets eine Zahl $n \in \mathbb{N}$ gibt, so daß

$$|R_n(x)| < \varepsilon, \quad \text{also} \quad \lim_{n \to \infty} R_n(x) = 0$$

ist. Wenn diese Bedingung erfüllt ist, so wird der betreffende Funktionswert f(x) durch den Grenzwert

$$\lim_{n \to \infty} \sum_{\rho=0}^{n} \frac{f^{(\rho)}(x_0)}{\rho!}(x-x_0)^\rho,$$

d. h. durch die unendliche Potenzreihe

$$\sum_{\rho=0}^{\infty} \frac{f^{(\rho)}(x_0)}{\rho!}(x-x_0)^\rho$$

dargestellt. Man nennt diese Reihe **„Taylor-Reihe"** oder – im Sonderfall für $x_0=0$ – auch **„Maclaurin-Reihe"**.
Beachte, daß wir hierbei voraussetzen müssen, daß die Funktion f über $[x_0; x]$ **beliebig oft differenzierbar** sein muß, d.h., daß die n-te Ableitung von f über $[x_0; x]$ für alle $n \in \mathbb{N}$ existieren muß.
Es gilt also der Satz

S 12.4 **Ist eine Funktion f über einem Intervall $[x_0; x]$ beliebig oft differenzierbar und gilt für das Restglied des Satzes von Taylor**

$$\lim_{n\to\infty} R_n(x)=0,$$

so gilt:

$$f(x)=\sum_{\rho=0}^{\infty} \frac{f^{(\rho)}(x_0)}{\rho!}\cdot(x-x_0)^{\rho}.$$

Beachte, daß es **nicht** genügen würde, die Reihe auf Konvergenz zu untersuchen; es muß vielmehr $\lim\limits_{n\to\infty} R_n(x)=0$ sein; nur dann stellt die Reihe den Funktionswert f(x) dar!

2. Wir untersuchen zunächst die schon im II. Abschnitt behandelten **Beispiele** (vgl. S. 219!).

Für die **natürliche Exponentialfunktion** gilt:

$$e^x=1+\frac{x}{1!}+\frac{x^2}{2!}+\frac{x^3}{3!}+\dots+\frac{x^n}{n!}+R_n(x).$$

Nach der Restgliedformel von Lagrange gilt:

$$R_n(x)=\frac{1}{(n+1)!}\,e^{\theta x}\cdot x^{n+1} \qquad \text{mit } 0\leq\theta\leq 1.$$

Beachte, daß wegen $x_0=0$ hier $h=x-x_0=x$ und $x_0+\theta h=\theta x$ ist!
Wir wollen nun zeigen, daß bei diesem Beispiel tatsächlich gilt:

$$\lim_{n\to\infty} R_n(x)=0.$$

Beweis: Für jede Zahl $m\in\mathbb{N}$ mit $m\leq n$ läßt sich $|R_n(x)|$ folgendermaßen schreiben:

$$|R_n(x)|=|e^{\theta x}|\left|\frac{x^{n+1}}{(n+1)!}\right|=|e^{\theta x}|\cdot\left|\frac{x^m}{m!}\right|\cdot\left|\frac{x}{m+1}\right|\cdot\left|\frac{x}{m+2}\right|\cdots\left|\frac{x}{n+1}\right|.$$

Wir wählen die Zahl m nun so, daß $\frac{|x|}{m}<\frac{1}{2}$, also $m>2\,|x|$ ist, was offensichtlich für jedes $x\in\mathbb{R}$ möglich ist. Dann gilt auch

$$\left|\frac{x}{m+1}\right|<\frac{1}{2};\ \left|\frac{x}{m+2}\right|<\frac{1}{2};\ \dots;\ \left|\frac{x}{n+1}\right|<\frac{1}{2}.$$

Wegen $0\leq\theta\leq1$ und wegen der Monotonie der Exponentialfunktion gilt außerdem $|e^{\theta x}|\leq|e^x|$.
Damit ergibt sich für $|R_n(x)|$ die folgende Abschätzung:

$$|R_n(x)|<|e^x|\cdot\left|\frac{x^m}{m!}\right|\cdot\left(\frac{1}{2}\right)^{n+1-m}=|e^x|\cdot 2^{m-1}\cdot\left|\frac{x^m}{m!}\right|\cdot\left(\frac{1}{2}\right)^n.$$

Bei festgewählten Zahlen für x und m stellt auch der Term $|e^x| \cdot 2^{m-1} \cdot \left|\frac{x^m}{m!}\right|$ eine bestimmte Zahl $K \in \mathbb{R}$ dar. Es gilt also

$$\lim_{n\to\infty} |R_n(x)| \leq \lim_{n\to\infty} K \cdot (\tfrac{1}{2})^n = K \cdot \lim_{n\to\infty} (\tfrac{1}{2})^n = K \cdot 0 = 0$$

und daher auch

$$\lim_{n\to\infty} |R_n(x)| = 0 \quad \text{und} \quad \lim_{n\to\infty} R_n(x) = 0, \quad \text{q.e.d.}$$

Nach Satz S 12.4 gilt also für alle $x \in \mathbb{R}$:

$$\mathbf{e^x = 1 + x + \frac{x^2}{2!} + \frac{x^3}{3!} + \cdots + \frac{x^n}{n!} + \cdots = \sum_{\rho=0}^{\infty} \frac{x^\rho}{\rho!}}.$$

Diese Reihe gestattet z. B. (für $x = 1$) eine relativ einfache Berechnung von Näherungswerten für die Zahl e; es gilt:

$$e = 1 + 1 + \frac{1}{2!} + \frac{1}{3!} + \frac{1}{4!} + \frac{1}{5!} + \frac{1}{6!} + \frac{1}{7!} + \frac{1}{8!} + \cdots,$$

also: $e \approx 1 + 1 + 0{,}5 + 0{,}16667 + 0{,}04167 + 0{,}00833 + 0{,}00139 + 0{,}00020 + 0{,}00002$,
$e \approx 2{,}71828$.

3. Für die **Sinusfunktion** gilt (vgl. S. 219):

$$\sin x = x - \frac{x^3}{3!} + \frac{x^5}{5!} - \frac{x^7}{7!} + \cdots + (-1)^{m-1} \cdot \frac{x^{2m-1}}{(2m-1)!} + R_{2m}(x).$$

Beachte: Das Restglied folgt auf ein Glied mit dem Koeffizienten 0, hat also einen geraden Index ($n = 2m$).
Nach der Restgliedformel von Lagrange gilt:

$$R_{2m}(x) = \frac{1}{(2m+1)!} \cdot (-1)^m \cdot \cos\theta x \cdot x^{2m+1} \qquad \text{mit } 0 \leq \theta \leq 1;$$

denn es gilt

$$f^{(2m+1)}(\theta x) = (-1)^m \cdot \cos\theta x \qquad (\text{für } m \in \mathbb{N}).$$

Mithin gilt wegen $|\cos\theta x| \leq 1$:

$$|R_{2m}(x)| = |\cos\theta x| \cdot \left|\frac{x^{2m+1}}{(2m+1)!}\right| \leq \left|\frac{x^{2m+1}}{(2m+1)!}\right|.$$

Hier können wir nun eine genaue analoge Abschätzung durchführen wie bei Beispiel 1) (Aufgabe 2).
Es gilt also auch hier:

$$\lim_{m\to\infty} R_{2m}(x) = 0.$$

Nach Satz S 12.4 erhalten wir somit:

$$\mathbf{\sin x = x - \frac{x^3}{3!} + \frac{x^5}{5!} - \frac{x^7}{7!} + \cdots + (-1)^{m-1} \cdot \frac{x^{2m-1}}{(2m-1)!} + \cdots = \sum_{\rho=1}^{\infty} (-1)^{\rho-1} \cdot \frac{x^{2\rho-1}}{(2\rho-1)!}}.$$

Auf die gleiche Weise ergibt sich:

$$\mathbf{\cos x = 1 - \frac{x^2}{2!} + \frac{x^4}{4!} - \frac{x^6}{6!} + \cdots + (-1)^m \cdot \frac{x^{2m}}{(2m)!} + \cdots = \sum_{\rho=1}^{\infty} (-1)^\rho \cdot \frac{x^{2\rho}}{(2\rho)!}}.$$

Führe den Beweis (Aufgabe 1, h)!

4. In einem abschließenden **Beispiel** wollen wir zeigen, daß keinesfalls jede beliebig oft differenzierbare Funktion die Entwicklung in eine Taylor-Reihe gestattet.

Beispiel: Durch $f(x)=e^{-\frac{1}{x^2}}$ ist eine Funktion festgelegt, die für alle $x\in\mathbb{R}^{\neq 0}$ definiert ist.

Es ist aber $\lim\limits_{x\to 0} e^{-\frac{1}{x^2}} = \lim\limits_{z\to\infty} e^{-z} = \dfrac{1}{\lim\limits_{z\to\infty} e^z} = 0$.

Daher können wir diese Funktion zu einer überall stetigen Funktion f ergänzen durch die Festsetzung $f(0) =_{Df} 0$.

Ferner gilt:

$$f'(x) = \frac{2}{x^3}\cdot e^{-\frac{1}{x^2}}$$

$$f''(x) = \left(\frac{4}{x^6} - \frac{6}{x^4}\right)\cdot e^{-\frac{1}{x^2}}$$

. . . .

Bei den weiteren Ableitungen treten nur Summanden der Form $\frac{c}{x^m}\cdot e^{-\frac{1}{x^2}}$ (mit $m\in\mathbb{N}$) auf; denn es gilt:

$$\left(\frac{c}{x^m}\cdot e^{-\frac{1}{x^2}}\right)' = \left(\frac{2}{x^{m+3}} - \frac{m}{x^{m+1}}\right) c\cdot e^{-\frac{1}{x^2}}.$$

Wie wir später (vgl. § 14) zeigen werden, gilt aber für alle $m\in\mathbb{N}$:

$$\lim_{x\to 0} \frac{1}{x^m}\cdot e^{-\frac{1}{x^2}} = 0.$$

Daher können wir alle Ableitungen der Funktion f an der Stelle 0 durch die Festsetzung

$$f^{(n)}(0) =_{Df} 0$$

stetig ergänzen.

Die Funktion f ist also an der Stelle 0 beliebig oft differenzierbar, und es gilt:

$$f(0) = f'(0) = f''(0) = \cdots = f^{(n)}(0) = \cdots = 0.$$

Damit gilt nach S 12.1:

$$f(x) = e^{-\frac{1}{x^2}} = 0 + 0 + \cdots + 0 + R_n(x);$$

der gesamte Funktionsterm reduziert sich also auf das Restglied des Satzes von Taylor; eine Taylor-Reihe gibt es (zur Stelle 0) für diese Funktion nicht.

Übungen und Aufgaben

1. Prüfe, ob die Funktion f sich an der Stelle 0 in eine „unendliche Reihe" entwickeln läßt, d.h., ob $\lim\limits_{n\to\infty} R_n(x)=0$ ist! Stelle gegebenenfalls fest, für welche $x\in\mathbb{R}$ $\lim\limits_{n\to\infty} R_n(x)=0$ ist!

a) $f(x)=\ln(1+x)$ **b)** $f(x)=\sqrt{1+x}$ **c)** $f(x)=\dfrac{1}{\sqrt{1+x}}$ **d)** $f(x)=\sqrt[4]{1-x}$

e) $f(x)=\dfrac{1}{\sqrt[3]{1+2x}}$ **f)** $f(x)=\left(1+\dfrac{x}{2}\right)^{\frac{2}{3}}$ **g)** $f(x)=(1+x)^n$ $(n\in\mathbb{Q})$ **h)** $f(x)=\cos x$

2. Führe die Abschätzung des Restgliedes für die Sinusreihe analog zur Abschätzung des Restgliedes für die Exponentialreihe durch; vgl. den Lehrtext unter **2.** und **3.**!

3. Man kann die Koeffizienten $a_0, a_1, a_2, \dots, a_n, \dots$ der Taylorreihe gelegentlich auch auf andere Weise finden, als es hier beschrieben ist. Man kann z. B. die Reihe für die Funktion f mit $f(x)=\tan x$ mit Hilfe des **„Verfahrens der unbestimmten Koeffizienten"** gewinnen. Da die Tangensfunktion eine ungerade Funktion ist, kann man ansetzen:

$$\tan x = a_1 + a_3 x^3 + a_5 x^5 + \cdots + a_{2n-1} x^{2n-1} + \cdots$$

Andererseits gilt: $\tan x = \dfrac{\sin x}{\cos x} \Leftrightarrow \tan x \cdot \cos x = \sin x$.

Somit erhält man, wenn man die Reihen für sin x und cos x als bekannt voraussetzt:

$$(a_1 x + a_3 x^3 + a_5 x^5 + \cdots) \cdot \left(1 - \frac{x^2}{2!} + \frac{x^4}{4!} \mp \cdots\right) = x - \frac{x^3}{3!} + \frac{x^5}{5!} \mp \cdots$$

Multipliziere die Summen auf der linken Seite der Gleichung aus und ordne sie nach steigenden Potenzen von x! Vergleiche die Koeffizienten der gleichen Potenzen von x auf beiden Seiten der Gleichung! Welche Reihe erhältst du für tan x? Für welche $x \in \mathbb{R}$ konvergiert diese Reihe?

4. Gib für die Cotangensfunktion eine Reihendarstellung mit Hilfe des Verfahrens der unbestimmten Koeffizienten an! $\left(\text{Ansatz: } \cot x = \dfrac{1}{x} + a_1 x + a_3 x^3 + \cdots = \dfrac{\cos x}{\sin x},\right.$ vgl. Aufgabe 3!$\Big)$ Begründe den Ansatz! Ermittle die ersten drei Glieder der Reihe!

5. Unter bestimmten Voraussetzungen (vgl. § 11, III, IV) kann man Potenzreihen gliedweise integrieren und differenzieren. Diese Voraussetzungen sind bei den Reihen zu sin x, cos x, $\dfrac{1}{\sqrt{1-x^2}}$, $\dfrac{1}{1+x^2}$ erfüllt. Versuche, dies zu beweisen!

a) Differenziere die an der Stelle 0 entwickelte Reihe zu $f(x)=\sin x$ gliedweise und zeige auf diese Weise, daß $(\sin x)' = \cos x$ ist!

b) Integriere die an der Stelle 0 entwickelte Reihe zu $f(x)=\cos x$ gliedweise! Bestimme die Integrationskonstante c aus der Bedingung $\sin 0 = 0$!

c) Entwickle $f(x) = \dfrac{1}{\sqrt{1-x^2}}$ an der Stelle 0 in eine Reihe! Integriere die Reihe gliedweise! Bestimme die Integrationskonstante aus der Bedingung $\arcsin 0 = 0$! Welche Reihe erhältst du für $g(x) = \arcsin x$? Für welche $x \in \mathbb{R}$ konvergiert die Reihe?

d) Entwickle $f(x) = \dfrac{1}{1+x^2}$ an der Stelle 0 in eine Taylorreihe. Wie gewinnt man daraus eine Reihe für arc tan x? Für welche $x \in \mathbb{R}$ konvergiert diese Reihe?

§ 13 Anwendungen von Taylor-Reihen

I. Berechnung von Logarithmen

1. In Band 6 haben wir an einzelnen Beispielen gezeigt, wie man Intervallschachtelungen für dekadische Logarithmen konstruieren kann. Das Verfahren ist aber sehr mühsam und daher für die Berechnung von Näherungswerten für Logarithmen wenig geeignet.
Mit Hilfe von Reihen gelingt es, Logarithmen mit wesentlich geringerem Rechenaufwand zu berechnen. Wegen der Proportionalität der Logarithmensysteme zu verschiedenen Basen können wir uns auf **natürliche Logarithmen** beschränken.

2. In § 12, II haben wir für die Logarithmusfunktion bereits die folgende Formel hergeleitet (vgl. S. 220)!

$$\ln(x+1)=x-\frac{x^2}{2}+\frac{x^3}{3}-\frac{x^4}{4}+\cdots+(-1)^{n-1}\cdot\frac{x^n}{n}+R_n(x) \qquad (\text{für alle } x\in\mathbb{R}^{>-1}).$$

Wir haben zunächst wieder zu zeigen, daß das Restglied gegen 0 strebt. Aus $f(x)=\ln(x+1)$ ergibt sich nach einer ähnlichen Rechnung wie auf S. 220:

$$f^{(n+1)}(x)=\frac{(-1)^n\cdot n!}{(x+1)^{n+1}}, \quad \text{also} \quad f^{(n+1)}(\theta x)=\frac{(-1)^n\cdot n!}{(1+\theta x)^{n+1}}.$$

Somit ergibt sich nach der Restgliedformel von Lagrange:

$$R_n(x)=\frac{1}{(n+1)!}\cdot\frac{(-1)^n\cdot n!}{(1+\theta x)^{n+1}}\cdot x^{n+1}=\frac{(-1)^n}{n+1}\cdot\left(\frac{x}{1+\theta x}\right)^{n+1} \qquad \text{mit } 0\leq\theta\leq 1.$$

Die durch $R_n(x)$ bestimmte Zahlenfolge kann offensichtlich nur dann den Grenzwert 0 haben, wenn $\left|\frac{x}{1+\theta x}\right|\leq 1$ ist; wegen $0\leq\theta\leq 1$ ist diese Bedingung für alle x mit $0\leq x\leq 1$ erfüllt (Aufgabe 1). Für diese Werte von x gilt

$$|R_n(x)|\leq\frac{1}{n+1}, \quad \text{also} \quad \lim_{n\to\infty}|R_n(x)|=0 \quad \text{und auch} \quad \lim_{n\to\infty}R_n(x)=0, \quad \text{q.e.d.}$$

Für negative Werte von x führt die Langrangeformel nicht zum Ziel, wir wenden daher die Cauchyformel an:

$$R_n(x)=\frac{1}{n!}\cdot\frac{(-1)^n\cdot n!}{(1+\theta x)^{n+1}}\cdot(1-\theta)^n\cdot x^{n+1}=(-1)^n\cdot\frac{x^{n+1}}{1+\theta x}\cdot\left(\frac{1-\theta}{1+\theta x}\right)^n \qquad \text{mit } 0\leq\theta\leq 1.$$

Die durch $R_n(x)$ bestimmte Zahlenfolge kann nur dann den Grenzwert 0 haben, wenn $\left|\frac{1-\theta}{1+\theta x}\right|<1$ ist; wegen $0\leq\theta\leq 1$ ist diese Bedingung für alle x mit $x>-1$ erfüllt (Aufgabe 2).

Für diese Werte von x gilt:

$$|R_n(x)| \leq \left|\frac{1}{1+\theta x}\right| \cdot |x^{n+1}|$$

und daher für alle x mit $|x|<1$, also insbesondere für alle x mit $-1<x\leq 0$:

$$\lim_{n\to\infty} |R_n(x)| \leq \left|\frac{1}{1+\theta x}\right| \cdot \lim_{n\to\infty} |x^{n+1}| = 0,$$

also auch $\lim\limits_{n\to\infty} R_n(x)=0$, q. e. d.

Es gilt also der Satz:

S 13.1 **Für alle $x \in]-1;1]$ gilt:**

$$\ln(1+x) = x - \frac{x^2}{2} + \cdots + (-1)^{n-1}\frac{x^n}{n} + \cdots = \sum_{\rho=1}^{\infty} (-1)^{\rho-1}\frac{x^\rho}{\rho}.$$

3. Mit den vorstehenden Überlegungen ist nachgewiesen, daß die Reihe für $\ln(1+x)$ den Geltungsbereich $]-1;1]$ hat. Mit ihrer Hilfe können also nur Logarithmen für $0<x\leq 2$ berechnet werden. Ein weiterer Nachteil besteht darin, daß diese Reihe im allgemeinen nur sehr „langsam" konvergiert, daß man also sehr viele Glieder der Reihe berechnen muß, wenn man einen guten Näherungswert für den betreffenden Logarithmus erzielen will.
Eine Ausdehnung des Geltungsbereichs und eine „Beschleunigung" des Konvergenzverhaltens läßt sich durch eine Transformation des Argumentes der Funktion erreichen.
Wir ersetzen zunächst in der Reihe für $\ln(1+x)$ die Variable x durch $-x$:

$$\ln(1-x) = -x - \frac{x^2}{2} - \frac{x^3}{3} - \frac{x^4}{4} - \cdots = -\sum_{\rho=1}^{\infty} \frac{x^\rho}{\rho}.$$

Diese Reihe gilt für $-1\leq x<1$ (Aufgabe 3).
Subtrahiert man nun die Reihe für $\ln(1-x)$ von der für $\ln(1+x)$, so erhält man:

S 13.2 **Für alle $x \in]-1;1[$ gilt:**

$$\ln(1+x) - \ln(1-x) = \ln\frac{1+x}{1-x} = 2\cdot\left(x + \frac{x^3}{3} + \frac{x^5}{5} + \frac{x^7}{7} + \cdots\right)$$

$$= 2\cdot\sum_{\rho=1}^{\infty} \frac{x^{2\rho-1}}{2\rho-1}.$$

Begründe, daß diese Subtraktion erlaubt ist und daß der Geltungsbereich das offene Intervall $]-1;1[$ ist (Aufgabe 4)!
Mit Hilfe dieser Reihe läßt sich grundsätzlich jeder natürliche Logarithmus berechnen. Es gilt nämlich:

$$y = \frac{1+x}{1-x} \Leftrightarrow y - yx = 1 + x \Leftrightarrow x(y+1) = y-1 \Leftrightarrow x = \frac{y-1}{y+1}.$$

Ferner gilt: $x = \frac{y-1}{y+1} = \frac{y+1-2}{y+1} = 1 - \frac{2}{y+1}$. Aus dieser Gleichung läßt sich leicht herleiten, daß für alle Zahlen $y>0$ gilt: $-1<x<1$ (Aufgabe 5); zu jeder positiven Zahl y gibt es also eine Zahl x, die zum Geltungsbereich der Reihe gehört.

Als **Beispiel** berechnen wir einen Näherungswert für ln 2.
Aus y=2 ergibt sich $x=\frac{1}{3}$; also gilt:

$$\begin{aligned}\ln 2 &= 2\cdot\left(\frac{1}{3}+\frac{1}{3\cdot 3^3}+\frac{1}{5\cdot 3^5}+\frac{1}{7\cdot 3^7}+\cdots\right)\\ &\approx 2\cdot(0{,}33333+0{,}01235+0{,}00082+0{,}00007)\\ &\approx 2\cdot 0{,}34657\\ &\approx 0{,}69314.\end{aligned}$$

4. Wir merken noch an, daß sich durch weitere Umformungen die Konvergenz von Logarithmusreihen noch stärker „beschleunigen" läßt (Aufgabe 12).

Übungen und Aufgaben

1. Das Restglied für die Reihe zu $\ln(1+x)$ ist $R_n(x)=\frac{(-1)^n}{n+1}\cdot\left(\frac{x}{1+\theta x}\right)^{n+1}$ mit $0\leq\theta\leq 1$. Beweise, daß $\lim\limits_{n\to\infty} R_n=0$ ist, falls $\left|\frac{x}{1+\theta x}\right|\leq 1$ ist! Zeige, daß die zuletzt genannte Bedingung wegen $0\leq\theta\leq 1$ stets erfüllt ist, wenn $0\leq x\leq 1$ gilt!

2. Der Beweis dafür, daß $\lim\limits_{n\to\infty} R_n(x)=0$ ist (vgl. Aufgabe 1), soll für negative Werte von x mit der Restgliedformel von Cauchy geführt werden. Es gilt:

$$R_n(x)=(-1)^n\cdot\frac{x^{n+1}}{1+\theta x}\cdot\left(\frac{1-\theta}{1+\theta x}\right)^n \quad \text{mit } 0\leq\theta\leq 1.$$

$R_n(x)$ konvergiert nur dann gegen 0, wenn $\left|\frac{1-\theta}{1+\theta x}\right|<1$ ist. Zeige, daß diese Bedingung wegen $0\leq\theta\leq 1$ stets erfüllt ist, wenn $x>-1$ ist!

3. Zeige, daß $\ln(1-x)$ für alle x mit $-1\leq x<1$ dargestellt wird durch die Reihe

$$-x-\frac{x^2}{2}-\frac{x^3}{3}-\frac{x^4}{4}-\cdots=-\sum_{\rho=1}^{\infty}\frac{x^\rho}{\rho}!$$

4. Begründe die Herleitung der Formel von S 13.2 und zeige, daß sie für alle $x\in\,]-1;1[$ gilt!

5. Beweise: Ist $x=\frac{y-1}{y+1}$, so gilt für alle $y\in\mathbb{R}^{>0}$: $-1<x<1$!

6. Gegeben ist die Reihe für $\ln(x+1)$; es handelt sich um eine alternierende Reihe. Schätze mit Hilfe des Leibniz-Kriteriums für alternierende Reihen den Fehler ab, der entsteht, wenn man die Reihe nach dem n-ten Glied abbricht! Wieviel Glieder muß man jeweils berücksichtigen, wenn bei der Berechnung von ln 2 und ln 11 der Fehler jeweils kleiner als 10^{-4} sein soll?

7. Berechne folgende natürlichen Logarithmen mit Hilfe der Reihe

$$\ln y=2\left[\frac{y-1}{y+1}+\frac{1}{3}\left(\frac{y-1}{y+1}\right)^3+\frac{1}{5}\left(\frac{y-1}{y+1}\right)^5+\cdots\right].$$

a) ln 0,9 **b)** ln 1,5 **c)** ln 3 **d)** ln 5 **e)** ln 7

Verwende jeweils drei Glieder der Reihe!

8. Führe eine Fehlerabschätzung für die in Aufgabe 7 angegebene Reihe durch, indem du für den Rest eine konvergente geometrische Majorante suchst und schätze die Fehler der Näherungswerte von Aufgabe 7 ab!

Anleitung: $R_n(y) = \frac{1}{7}\left(\frac{y-1}{y+1}\right)^7 + \frac{1}{9}\left(\frac{y-1}{y+1}\right)^9 + \cdots$

$$\leq \frac{1}{7}\left(\frac{y-1}{y+1}\right)^7 + \frac{1}{7}\left(\frac{y-1}{y+1}\right)^9 + \frac{1}{7}\left(\frac{y-1}{y+1}\right)^{11} + \cdots$$

9. a) Wie kann man die Logarithmen der natürlichen Zahlen berechnen, wenn man die Logarithmen der Primzahlen kennt?

b) Wie erhält man die Logarithmen der positiven rationalen Zahlen, wenn man die Logarithmen der natürlichen Zahlen kennt?

10. [1]) Entwickle ein Programm zur Berechnung von Logarithmen für die automatisierte Datenverarbeitung! Teste das Programm!

11. Entwickle ein Programm zur Berechnung von Logarithmen für die automatisierte Datenverarbeitung, in dem die Fehlerabschätzung von Aufgabe 7 berücksichtigt wird! Berechne mit einem Fehler, der kleiner als 10^{-4} ist:

a) $\ln 2$ **b)** $\ln 3$ **c)** $\ln 5$ **d)** $\ln 6{,}4$ **e)** $\ln 9{,}6$

12. Eine weitere Verbesserung der Konvergenz der Reihen zur Berechnung der natürlichen Logarithmen der drei kleinsten Primzahlen erhält man auf die folgende Weise.
Die Zähler und die Nenner der Zahlen $\frac{16}{15}$, $\frac{25}{24}$ und $\frac{81}{80}$ enthalten ausschließlich die Primfaktoren 2, 3 und 5. Es gilt z. B.

$$\ln\tfrac{16}{15} = 4\ln 2 - \ln 3 - \ln 5.$$

a) Stelle entsprechend auch $\ln\frac{25}{24}$ und $\ln\frac{81}{80}$ dar!

b) Löse die drei Gleichungen nach $\ln 2$, $\ln 3$ und $\ln 5$ auf!

c) Berechne die zu $y = \frac{16}{15}$ $\left(\frac{25}{24}, \frac{81}{80}\right)$ gehörenden Zahlen x mit $x = \frac{y-1}{y+1}$!

d) Berechne nach der Formel von S 13.2: $\ln\frac{16}{15}$, $\ln\frac{25}{24}$, $\ln\frac{81}{80}$ und benutze dabei jeweils drei Glieder der Reihe!

e) Berechne daraus nach dem Ergebnis von b): $\ln 2$, $\ln 3$ und $\ln 5$!

II. Erweiterung des binomischen Lehrsatzes

1. Im Band „Analysis I" haben wir den **„binomischen Lehrsatz"** hergeleitet:

S 13.3 **Für alle a, b ∈ ℝ und für alle n ∈ ℕ gilt:**

$$(a+b)^n = \binom{n}{0} a^n + \binom{n}{1} a^{n-1} b + \binom{n}{2} a^{n-2} b^2 + \cdots + \binom{n}{n-1} a b^{n-1} + \binom{n}{n} b^n$$

$$= \sum_{k=0}^{n} \binom{n}{k} a^{n-k} b^k.$$

[1]) Vgl.: Die EDV in der Mathematik, Verlag Schwann, Düsseldorf.

Hierbei sind die Terme $\binom{n}{k}$ die sogenannten „**Binomialkoeffizienten**"

$$\binom{n}{k}=\frac{n!}{k!\,(n-k)!}=\frac{n(n-1)\ldots(n-k+1)}{k!}.$$

Es erhebt sich die Frage, ob man diese Formel auf beliebige reelle Zahlen im Exponenten erweitern kann. Wir müssen dann aber voraussetzen, daß $a+b>0$ ist. Wenigstens eine der beiden Zahlen muß also positiv sein. Wir können also voraussetzen, daß $a>0$ und $a>|b|$, also $\left|\frac{b}{a}\right|<1$ ist.

Wegen $(a+b)^n=a^n\cdot\left(1+\frac{b}{a}\right)^n$ mit $\left|\frac{b}{a}\right|<1$ können wir uns also beschränken auf $(1+x)^n$ mit $|x|<1$.

Für diesen Sonderfall ergibt sich aus S 13.3:

S 13.4 **Für alle $n\in\mathbb{N}$ und alle $x\in\mathbb{R}$ gilt:**

$$(1+x)^n=1+\binom{n}{1}x+\binom{n}{2}x^2+\cdots+\binom{n}{n}x^n=\sum_{k=0}^{n}\binom{n}{k}\cdot x^k.$$

2. Zur Verallgemeinerung dieser Formel untersuchen wir, ob die durch

$$f(x)=(1+x)^r \quad \text{mit } r\in\mathbb{R}$$

gegebene Funktion f an der Stelle 0 in eine Taylor-Reihe entwickelt werden kann. Wir können uns dabei wegen obiger Überlegung auf Werte von x mit $|x|<1$ beschränken.

Es gilt:

$$\begin{aligned}
f(x)&=(1+x)^r, & &\text{also } f(0)=1;\\
f'(x)&=r(1+x)^{r-1}, & &\text{also } f'(0)=r;\\
f''(x)&=r(r-1)(1+x)^{r-2}, & &\text{also } f''(0)=r(r-1);\\
f'''(x)&=r(r-1)(r-2)(1+x)^{r-3}, & &\text{also } f'''(0)=r(r-1)(r-2);\\
&\ldots\ldots\ldots\ldots\ldots\ldots\ldots\ldots\ldots\ldots\\
f^{(k)}(x)&=r(r-1)(r-2)\ldots(r-k+1)\cdot(1+x)^{r-k},\\
\text{also }\ f^{(k)}(0)&=r(r-1)(r-2)\ldots(r-k+1).
\end{aligned}$$

Nach S 12.1 gilt also für alle $n\in\mathbb{N}$:

$$(1+x)^r=1+\frac{r}{1!}x+\frac{r(r-1)}{2!}x^2+\frac{r(r-1)(r-2)}{3!}x^3+\cdots+\frac{r(r-1)(r-2)\ldots(r-n+1)}{n!}x^n+R_n(x).$$

Vergleicht man diese Formel mit der von S 13.4, so liegt es nahe, den Begriff des „**Binomialkoeffizienten**" auf reelle Zahlen für r zu erweitern durch die folgende **Definition**:

D 13.1 **Für alle $r\in\mathbb{R}$, $n\in\mathbb{N}$ gilt:** $\binom{r}{n}=\frac{r(r-1)(r-2)\ldots(r-n+1)}{n!}$ **und** $\binom{r}{0}=1$.

$\binom{r}{n}$ wird gelesen „r über n".

Beispiele: 1) $\binom{\frac{1}{2}}{3}=\frac{\frac{1}{2}\cdot\left(-\frac{1}{2}\right)\cdot\left(-\frac{3}{2}\right)}{1\cdot2\cdot3}=\frac{1}{16}$; 2) $\binom{-3{,}7}{1}=-3{,}7$;

3) $\binom{-\frac{1}{3}}{2}=\frac{(-\frac{1}{3})\cdot(-\frac{4}{3})}{1\cdot 2}=\frac{2}{9}$; 4) $\binom{\sqrt{2}}{0}=1$;

5) $\binom{\pi}{5}=\frac{\pi(\pi-1)(\pi-2)(\pi-3)(\pi-4)}{1\cdot 2\cdot 3\cdot 4\cdot 5}\approx -0{,}0078.$

Unter Verwendung dieser Binomialkoeffizienten ergibt sich:

$$(1+x)^r=1+\binom{r}{1}x+\binom{r}{2}x^2+\cdots+\binom{r}{n}x^n+R_n(x)=\sum_{\rho=0}^{n}\binom{r}{\rho}x^\rho+R_n(x).$$

3. Wir haben nun zu prüfen, ob die Folge der Restglieder gegen 0 konvergiert; wir können uns dabei – wie oben erörtert – auf Werte von x mit $|x|<1$ beschränken.

1. Fall: $0<x<1$

Wir benutzen die Lagrangeform des Restgliedes:

$$R_n(x)=\frac{1}{(n+1)!}(n+1)!\binom{r}{n+1}(1+\theta x)^{r-n-1}\cdot x^{n+1}$$

$$=\binom{r}{n+1}\frac{(1+\theta x)^r}{(1+\theta x)^{n+1}}\cdot x^{n+1}\qquad(\text{mit } 0\le\theta\le 1).$$

Wir können die Zahl n so groß wählen, daß $n+1>r$ ist; wegen $0\le\theta\le 1$ und $x>0$ gilt dann $1+\theta x>1$ und somit $(1+\theta x)^{r-n-1}<1$. Daraus ergibt sich

$$|R_n(x)|<\left|\binom{r}{n+1}\right|\cdot|x^{n+1}|=a_{n+1}.$$

Wir wollen zeigen, daß $\lim\limits_{n\to\infty}a_n=0$ ist. Dazu bilden wir den Quotienten aufeinanderfolgender Glieder; falls r **nicht** für eine natürliche Zahl steht, sind alle in den Binomialkoeffizienten auftretenden Differenzen der Form $r-m$ von 0 verschieden, es gilt also:

$$\frac{a_{n+1}}{a_n}=\frac{\left|\binom{r}{n+1}\right|\cdot|x^{n+1}|}{\left|\binom{r}{n}\right|\cdot|x^n|}=\left|\frac{r(r-1)\dots(r-n)\cdot n!}{(n+1)!\,r(r-1)\dots(r-n-1)}\right|\cdot|x|=\left|\frac{r-n}{n+1}\right|\cdot|x|.$$

Es ist also $\lim\limits_{n\to\infty}\frac{a_{n+1}}{a_n}=\lim\limits_{n\to\infty}\left|\frac{r-n}{n+1}\right|\cdot|x|=|x|<1.$

Damit ist nach dem Quotientenkriterium S 9.7 gezeigt, daß die Reihe $\sum\limits_{\nu=0}^{\infty}a_\nu$ konvergiert und mithin $\lim\limits_{n\to\infty}a_n=0$, also auch $\lim\limits_{n\to\infty}|R_n(x)|=\lim\limits_{n\to\infty}R_n(x)=0$ ist, q.e.d.

2. Fall: $-1<x<0$

Wir benutzen die Cauchyform des Restgliedes:

$$R_n(x)=\frac{1}{n!}(n+1)!\binom{r}{n+1}(1+\theta x)^{r-n-1}\cdot(1-\theta)^n\cdot x^{n+1}$$

$$=(n+1)\binom{r}{n+1}\cdot\left(\frac{1-\theta}{1+\theta x}\right)^n\cdot(1+\theta x)^{r-1}\cdot x^{n+1}\qquad(\text{mit } 0\le\theta\le 1).$$

Wegen $-1<x<0$ und $0\le\theta\le 1$ gilt: $\frac{1-\theta}{1+\theta x}<1$ (vgl. S. 234), also auch $\left(\frac{1-\theta}{1+\theta x}\right)^n<1$. Bei fest gewählter Zahl für x ist auch $(1+\theta x)^{r-1}$ eine bestimmte Zahl, die wir mit K bezeichnen. Es gilt also:

$$|R_n(x)| < \left| K \cdot (n+1) \binom{r}{n+1} x^{n+1} \right| = b_{n+1}.$$

Wir wollen auch hier zeigen, daß $\lim\limits_{n\to\infty} b_n = 0$ ist. Zu diesem Zwecke bilden wir wieder den Quotienten aufeinanderfolgender Glieder und setzen $r \notin \mathbb{N}$ voraus, damit alle Differenzen der Form $r-m \neq 0$ sind. Dann gilt:

$$\frac{b_{n+1}}{b_n} = \left| \frac{K \cdot (n+1) \cdot \binom{r}{n+1} x^{n+1}}{K \cdot n \cdot \binom{r}{n} \cdot x^n} \right| = \left| \frac{K \cdot (n+1) \cdot r(r-1) \dots (r-n) \cdot n!}{(n+1)!\, K \cdot n \cdot r(r-1) \dots (r-n+1)} \right| \cdot |x| = \left| \frac{r-n}{n} \right| \cdot |x|.$$

Es ist also $\lim\limits_{n\to\infty} \dfrac{b_{n+1}}{b_n} = \lim\limits_{n\to\infty} \left| \dfrac{r-n}{n} \right| \cdot |x| = |x| < 1.$

Damit ist nach dem Quotientenkriterium S 9.7 gezeigt, daß die Reihe $\sum\limits_{\nu=0}^{\infty} b_\nu$ konvergiert und mithin $\lim\limits_{n\to\infty} b_n = 0$, also auch $\lim\limits_{n\to\infty} |R_n(x)| = \lim\limits_{n\to\infty} R_n(x) = 0$ ist, q.e.d.

4. Mit den vorstehenden Überlegungen ist gezeigt, daß die durch $(1+x)^r$ festgelegte Funktion für $|x|<1$; $x \neq 0$ und $r \notin \mathbb{N}$ durch eine Taylor-Reihe darstellbar ist.
Dabei sind die Einschränkungen $x \neq 0$ und $r \notin \mathbb{N}$ nur für den Beweis notwendig, für das Ergebnis aber ohne Bedeutung; denn

1) für $x=0$ ergibt sich: $(1+0)^n = 1$ und

2) für $r \in \mathbb{N}$ erhalten wir die endliche Reihe von S 13.4.

Wir haben damit die Verallgemeinerung des **„binomischen Lehrsatzes"** bewiesen:

S 13.5 **Für alle $x \in \mathbb{R}$ mit $|x|<1$ und für alle $r \in \mathbb{R}$ gilt:**

$$(1+x)^r = 1 + \binom{r}{1} x + \binom{r}{2} x^2 + \dots + \binom{r}{n} x^n + \dots = \sum_{\rho=0}^{\infty} \binom{r}{\rho} x^\rho .$$

5. Von Bedeutung ist der binomische Lehrsatz vor allem für die Berechnung von Wurzelwerten. Für $r = \frac{1}{2}$ ergibt sich (Aufgabe 5):

$$\sqrt{1+x} = 1 + \frac{x}{2} - \frac{1}{2 \cdot 4} x^2 + \frac{1 \cdot 3}{2 \cdot 4 \cdot 6} x^3 \mp \dots + (-1)^{n-1} \cdot \frac{1 \cdot 3 \dots (2n-3)}{2 \cdot 4 \cdot 6 \dots 2n} x^n + \dots,\ n \in \mathbb{N}^{\neq 1}.$$

Will man mit dieser Reihe einen Näherungswert für eine Quadratwurzel berechnen, so ist es zweckmäßig den Radikanden in eine Summe zu zerlegen, wobei der eine Summand eine Quadratzahl ist.

Beispiel:

$$\begin{aligned}
\sqrt{18} = \sqrt{16+2} &= \sqrt{16} \cdot \sqrt{1+\tfrac{1}{8}} = 4 \cdot \sqrt{1+\tfrac{1}{8}} \\
&= 4 \cdot \left[1 + \tfrac{1}{2} \cdot \tfrac{1}{8} - \tfrac{1}{8} \cdot \left(\tfrac{1}{8}\right)^2 + \tfrac{1}{16} \cdot \left(\tfrac{1}{8}\right)^3 \mp \dots\right] \\
&= 4 \cdot \left[1 + \frac{1}{2^4} - \frac{1}{2^9} + \frac{1}{2^{13}} \mp \dots\right] \\
&\approx 4 \cdot (1 + 0{,}0625 - 0{,}001\,95 + 0{,}000\,12) \\
&\approx 4 \cdot 1{,}060\,67 = 4{,}242\,68.
\end{aligned}$$

Entsprechend gilt für $r=\frac{1}{3}$:

$$\sqrt[3]{1+x}=1+\frac{x}{3}-\frac{1}{3^2}\cdot x^2+\frac{5}{3\cdot 3^3}x^3-\frac{5\cdot 8}{3\cdot 4\cdot 3^4}x^4\pm\cdots+(-1)^{n-1}\cdot\frac{5\cdot 8\ldots(3n-4)}{3\cdot 4\ldots n\cdot 3^n}x^n+\ldots,\ n\in\mathbb{N}^{*1}.$$

Beispiel:

$$\sqrt[3]{24}=\sqrt[3]{27-3}=\sqrt[3]{27}\left(\sqrt[3]{1-\tfrac{3}{27}}\right)=3\cdot\sqrt[3]{1-\tfrac{1}{9}}$$

$$=3\cdot\left(1-\frac{1}{3}\cdot\frac{1}{9}-\frac{1}{3^2}\cdot\frac{1}{9^2}-\frac{5}{3\cdot 3^3}\cdot\frac{1}{9^3}-\ldots\right)$$

$$=3\cdot\left(1-\frac{1}{3^3}-\frac{1}{3^6}-\frac{5}{3^{10}}-\ldots\right)$$

$$\approx 3\cdot(1-0{,}03704-0{,}00137-0{,}00008)$$

$$\approx 3\cdot 0{,}96151$$

$$\approx 2{,}8845.$$

Übungen und Aufgaben

1. Entwickeln wir $(1+x)^r$ für $r\in\mathbb{Q}$ in eine Taylorreihe, so erhalten wir eine unendliche Reihe. Ist $r\in\mathbb{N}$, so ergibt sich eine endliche Reihe. Begründe diesen Sachverhalt!

2. Untersuche, in welchen Fällen man für $(1+x)^r$ eine alternierende Reihe erhält! (Fallunterscheidungen für x und r!)

3. **Erhält man für $(1+x)^r$ eine schließlich alternierende Reihe, so ist die Fehlerabschätzung besonders einfach (vgl. § 10!). Berechne die folgenden Wurzeln mit Hilfe der drei ersten Glieder der Reihe und gib den Fehler an! (Beachte das Ergebnis von Aufgabe 2!)**
   a) $\sqrt{10}$ **b)** $\sqrt{27}$ **c)** $\sqrt[3]{9}$ **d)** $\sqrt[3]{30}$ **e)** $\sqrt{2}$ **f)** $\sqrt[3]{3}$

4. **Erhält man für $(1+x)^r$ eine Reihe mit nur schließlich positiven (oder mit nur schließlich negativen) Gliedern, so kann man den Fehler mit Hilfe einer konvergenten geometrischen Mejorante abschätzen. Führe die Abschätzung durch für den Fall, daß die Reihe nach n Gliedern abgebrochen wird! Zur Anleitung beachte Aufgabe I, 7!**

5. Bestätige die Gültigkeit der im Lehrtext angegebenen Reihen für **a)** $\sqrt{1+x}$ **b)** $\sqrt[3]{1+x}$!

6. Berechne mit Hilfe der drei ersten Glieder einer Taylorreihe Näherungswerte für die folgenden Wurzeln und schätze den Fehler ab! (Vgl. Aufgabe 4!)
   a) $\sqrt{8}$ **b)** $\sqrt{14}$ **c)** $\sqrt[3]{6}$ **d)** $\sqrt[3]{25}$ **e)** $\sqrt[4]{15}$

7. Berechne Näherungswerte für die folgenden Wurzelwerte mit verschiedenen Ansätzen und vergleiche die Ergebnisse! Verwende drei Glieder der betreffenden Reihen! Schätze jeweils die Fehler ab!
   Beispiel: $\sqrt{12}=?$ **1)** $\sqrt{12}=\sqrt{9+3}=3\cdot\sqrt{1+\frac{1}{3}}$ **2)** $\sqrt{12}=\sqrt{16-4}=4\cdot\sqrt{1-\frac{1}{4}}$
   a) $\sqrt{29}$ **b)** $\sqrt{40}$ **c)** $\sqrt[3]{5}$ **d)** $\sqrt[3]{11}$

8. Berechne mit Hilfe der drei ersten Glieder der Reihenentwicklung Näherungswerte für die folgenden Wurzelwerte! Schätze jeweils den Fehler ab!
   a) $\frac{1}{\sqrt{1{,}5}}$ **b)** $\frac{1}{\sqrt{5}}$ **c)** $\frac{1}{\sqrt{7}}$ **d)** $\frac{1}{\sqrt[3]{2}}$ **e)** $\frac{1}{\sqrt[3]{6}}$

9. Entwickle ein Programm für die automatisierte Datenverarbeitung zur Berechnung von Näherungswerten für Wurzelwerte! Teste das Programm!

10. Vervollständige das Programm in Aufgabe 9 durch eine Fehlerabschätzung! Berechne mit einem Fehler, der kleiner ist als 10^{-4}:

a) $\sqrt{3}$ **b)** $\sqrt{17}$ **c)** $\sqrt[3]{10}$ **d)** $\sqrt[3]{26}$!

III. Berechnung der Zahl π

1. Mit den in der Mittelstufe (Band 7) besprochenen Methoden ist die Berechnung eines Näherungswertes für die Kreiszahl π eine sehr mühsame Angelegenheit. Mit Hilfe von Reihenentwicklungen für die Umkehrfunktionen zu den Winkelfunktionen ist dagegen eine einfachere Lösung dieses Problems zu erwarten; denn es gilt z. B.

$$\text{arc tan}\,1=\frac{\pi}{4};\quad \text{arc tan}\,\frac{1}{\sqrt{3}}=\frac{\pi}{6};\quad \text{arc sin}\,1=\frac{\pi}{2};\quad \text{arc sin}\,\frac{1}{\sqrt{2}}=\frac{\pi}{4};\quad \text{usw.}$$

2. Die Ermittlung der arc tan-Reihe durch unmittelbare Berechnungen der Ableitungsterme scheitert an relativ großen rechnerischen Schwierigkeiten (Aufgabe 7). Hier hilft jedoch ein Kunstgriff. Es gilt:

$$f(x)=\text{arc tan}\,x \Rightarrow f'(x)=\frac{1}{1+x^2}=(1+x^2)^{-1}.$$

Für $|x|<1$ läßt sich $f'(x)$ nach dem erweiterten binomischen Lehrsatz (vgl. S. 240) in eine Taylor-Reihe entwickeln. Es gilt:

$$f'(x)=\frac{1}{1+x^2}=1-x^2+x^4-x^6\pm\cdots=\sum_{\rho=0}^{\infty}(-1)^{\rho}\cdot x^{2\rho}.$$

Durch gliedweise Integration ergibt sich daraus:

$$\text{arc tan}\,x=\int_0^x[1-t^2+t^4-t^6\pm\cdots]\,dt=\int_0^x\sum_{\rho=0}^{\infty}(-1)^{\rho}\cdot t^{2\rho}\cdot dt$$

$$=x-\frac{x^3}{3}+\frac{x^5}{5}-\frac{x^7}{7}\pm\cdots=\sum_{\rho=0}^{\infty}(-1)^{\rho}\cdot\frac{x^{2\rho+1}}{2\rho+1}\qquad(\text{für } |x|<1).$$

Begründe, daß die gliedweise Integration der Reihe erlaubt ist (Aufgabe 3, a)! Somit erhalten wir den Satz

S 13.6 **Für alle x mit $|x|<1$ gilt:**

$$\mathbf{arc\ tan\,x=x-\frac{x^3}{3}+\frac{x^5}{5}-\frac{x^7}{7}\pm\cdots=\sum_{\rho=0}^{\infty}(-1)^{\rho}\cdot\frac{x^{2\rho+1}}{2\rho+1}}.$$

3. Man kann zeigen, daß diese Reihe überdies auch noch für $x=1$ zutrifft, daß also gilt:

$$\text{arc tan}\,1=\frac{\pi}{4}=1-\frac{1}{3}+\frac{1}{5}-\frac{1}{7}\pm\cdots=\sum_{\rho=0}^{\infty}\frac{(-1)^{\rho}}{2\rho+1}.$$

Auf den Beweis für diese **„Reihe von Leibniz"** wollen wir verzichten, zumal sie zur Berechnung von π wegen zu „langsamer" Konvergenz nur bedingt geeignet ist.

Mit $x=\frac{1}{\sqrt{3}}<1$ jedoch erhält man:

$$\arctan\frac{1}{\sqrt{3}}=\frac{\pi}{6}=\frac{1}{\sqrt{3}}-\frac{1}{3\sqrt{3^3}}+\frac{1}{5\sqrt{3^5}}-\frac{1}{7\sqrt{3^7}}\pm\cdots$$

also

$$\pi=2\sqrt{3}\left(1-\frac{1}{3\cdot 3}+\frac{1}{5\cdot 3^2}-\frac{1}{7\cdot 3^3}\pm\cdots\right)$$

$$=2\sqrt{3}(1-\tfrac{1}{9}+\tfrac{1}{45}-\tfrac{1}{189}\pm\cdots)$$

$$\approx 2\sqrt{3}(1-0{,}1111+0{,}0222-0{,}0053)\approx 3{,}138\,.$$

Eine weitere „Beschleunigung" der Konvergenz läßt sich dadurch erreichen, daß man z. B. $\frac{\pi}{4}$ in zwei Summanden zerlegt, deren Tangenswerte Stammbrüche sind; es gilt

$$\frac{\pi}{4}=\arctan\frac{1}{2}+\arctan\frac{1}{3}.$$

Weise dies nach und ermittle auf diese Weise einen Näherungswert für π (Aufgabe 4)!

4. Auf ähnliche Weise läßt sich auch eine Taylor-Reihe für die Funktion arc sin ermitteln.

Es gilt: $f(x)=\arcsin x \Rightarrow f'(x)=\frac{1}{\sqrt{1-x^2}}=(1-x^2)^{-\frac{1}{2}}$.

Für $|x|<1$ läßt sich auch hier $f'(x)$ nach dem erweiterten binomischen Lehrsatz in eine Reihe entwickeln:

$$f'(x)=\frac{1}{\sqrt{1-x^2}}=1+\frac{1}{2}x^2+\frac{1\cdot 3}{2\cdot 4}x^4+\frac{1\cdot 3\cdot 5}{2\cdot 4\cdot 6}x^6+\cdots$$

$$=1+\sum_{\rho=1}^{\infty}\frac{1\cdot 3\cdot\ldots\cdot(2\rho-1)}{2\cdot 4\cdot\ldots\cdot 2\rho}\cdot x^{2\rho}.$$

Wir können die Koeffizienten folgendermaßen umformen:

$$\frac{1\cdot 3\cdot\ldots\cdot(2\rho-1)}{2\cdot 4\cdot\ldots\cdot 2\rho}=\frac{1\cdot 2\cdot 3\cdot\ldots\cdot(2\rho-1)\cdot 2\rho}{(2\cdot 4\cdot\ldots\cdot 2\rho)^2}=\frac{(2\rho)!}{(2^\rho\cdot\rho!)^2}=\frac{(2\rho)!}{2^{2\rho}\cdot(\rho!)^2}.$$

Für $\rho=0$ gilt: $\frac{0!}{2^0\cdot(0!)^2}=\frac{1}{1\cdot 1}=1$; wir können bei dieser Darstellung also auch die 1 unter das Summenzeichen bringen:

$$f'(x)=\sum_{\rho=0}^{\infty}\frac{(2\rho)!\,x^{2\rho}}{2^{2\rho}\cdot(\rho!)^2}.$$

Durch gliedweise Integration ergibt sich daraus:

$$\arcsin x=\int_0^x[1+\tfrac{1}{2}t^2+\tfrac{3}{8}t^4+\cdots]\,dt=\int_0^x\sum_{\rho=0}^{\infty}\frac{(2\rho)!\,t^{2\rho}}{2^{2\rho}\cdot(\rho!)^2}\,dt$$

$$=x+\frac{1}{2}\cdot\frac{x^3}{3}+\frac{3}{8}\cdot\frac{x^5}{5}+\frac{5}{16}\cdot\frac{x^7}{7}+\cdots=\sum_{\rho=0}^{\infty}\frac{(2\rho)!\,x^{2\rho+1}}{2^{2\rho}\cdot(\rho!)^2\cdot(2\rho+1)}.$$

Begründe, daß die gliedweise Integration der Reihe erlaubt ist (Aufgabe 3, b)! Somit erhalten wir den Satz:

S 13.7 **Für alle x mit $|x|<1$ gilt:**

$$\arcsin x = x + \frac{1}{2}\cdot\frac{x^3}{3} + \frac{3}{8}\cdot\frac{x^5}{5} + \frac{5}{16}\cdot\frac{x^7}{7} + \cdots = \sum_{\rho=0}^{\infty}\frac{(2\rho)!\,x^{2\rho+1}}{2^{2\rho}\cdot(\rho!)^2\cdot(2\rho+1)}.$$

5. Man kann zeigen, daß diese Reihe überdies auch noch für $x=1$ und für $x=-1$ zutrifft. Es gilt also z. B. auch noch:

$$\arcsin 1 = \frac{\pi}{2} = 1 + \frac{1}{6} + \frac{3}{40} + \frac{5}{112} + \frac{35}{1152} + \frac{63}{2816} + \cdots$$

$$\approx 1 + 0{,}16667 + 0{,}075 + 0{,}04464 + 0{,}03038 + 0{,}022372$$

$$\approx 1{,}33906,$$

also $\pi \approx 2{,}68$.

Man erkennt, daß diese Reihe nicht so schnell konvergiert wie die aus der arc tan-Reihe entwickelten Reihen für die Zahl π.

Übungen und Aufgaben

1. Die Zahl π läßt sich mit Hilfe der Reihe $\arctan 1 = \frac{\pi}{4} = 1 - \frac{1}{3} + \frac{1}{5} - \frac{1}{7} \pm \cdots$ berechnen.

a) Beweise, daß die Reihe konvergiert!

b) Wieviel Glieder der Reihe muß man verwenden, wenn der Fehler kleiner als 10^{-4} sein soll? Beachte, daß eine alternierende Reihe vorliegt!

2. Ermittle den Fehler, der entsteht, wenn man die Zahl π aus den 3 (4) ersten Gliedern der folgenden Reihe berechnet!

$$\pi = 2\sqrt{3}\cdot\left(1 - \frac{1}{3\cdot 3} + \frac{1}{5\cdot 3^2} - \frac{1}{7\cdot 3^3} \pm \cdots\right).$$

3. Begründe, daß die gliedweise Integration der Reihe

a) zu $\frac{1}{1+x^2}$ **b)** zu $\frac{1}{\sqrt{1-x^2}}$ erlaubt ist!

4. Ein anderer Ansatz, um π zu berechnen, geht auf Leonhard Euler[1]) zurück:

$$\arctan\frac{1}{2} = \frac{1}{2} - \frac{1}{3}\cdot\frac{1}{2^3} + \frac{1}{5}\cdot\frac{1}{2^5} - \frac{1}{7}\cdot\frac{1}{2^7} \pm \cdots$$

und

$$\arctan\frac{1}{3} = \frac{1}{3} - \frac{1}{3}\cdot\frac{1}{3^3} + \frac{1}{5}\cdot\frac{1}{3^5} - \frac{1}{7}\cdot\frac{1}{3^7} \pm \cdots.$$

---

[1]) Leonard Euler, dtsch. Mathematiker in Petersburg und Berlin (1707–1783).

Addiert man die Reihen gliedweise, was erlaubt ist, so erhält man:

$$\arctan\frac{1}{2}+\arctan\frac{1}{3}=\left(\frac{1}{2}+\frac{1}{3}\right)-\frac{1}{3}\left(\frac{1}{2^3}+\frac{1}{3^3}\right)+\frac{1}{5}\left(\frac{1}{2^5}+\frac{1}{3^5}\right)$$
$$-\frac{1}{7}\left(\frac{1}{2^7}+\frac{1}{3^7}\right)\pm\cdots.$$

Mit Hilfe eines Additionstheorems läßt sich zeigen, daß

$$\arctan\tfrac{1}{2}+\arctan\tfrac{1}{3}=\arctan 1 \qquad \text{ist.}$$

Beweis: Wir setzen $\arctan\frac{1}{2}=u$ und $\arctan\frac{1}{3}=v$, d. h. $\tan u=\frac{1}{2}$ und $\tan v=\frac{1}{3}$. Nun gilt:

$$\tan(u+v)=\frac{\tan u+\tan v}{1-\tan u\cdot\tan v}.$$

Mit den angegebenen Werten für tan u und tan v erhält man:

$$\tan(u+v)=\frac{\frac{1}{2}+\frac{1}{3}}{1-\frac{1}{2}\cdot\frac{1}{3}}=1, \quad \text{also } u+v=\arctan 1, \quad \text{q.e.d.}$$

Damit gilt:

$$\arctan\frac{1}{2}+\arctan\frac{1}{3}=\frac{\pi}{4}=\left(\frac{1}{2}+\frac{1}{3}\right)-\frac{1}{3}\left(\frac{1}{2^3}+\frac{1}{3^3}\right)+\frac{1}{5}\left(\frac{1}{2^5}+\frac{1}{3^5}\right)\mp\cdots.$$

a) Schätze den Fehler ab, der entsteht, wenn man die Reihe nach dem 3. Glied abbricht!

b) Vergleiche die Ergebnisse mit der Fehlerabschätzung von Aufgabe 1!

5. Entwickle Reihen für $\arctan\frac{1}{3}$ und $\arctan\frac{1}{7}$! Bilde die Reihe für

$$2\arctan\tfrac{1}{3}+\arctan\tfrac{1}{7} \qquad \text{(vgl. Aufgabe 4!)}.$$

Zeige wie in Aufgabe 4, daß gilt:

$$\frac{\pi}{4}=2\arctan\frac{1}{3}+\arctan\frac{1}{7}!$$

Schätze den Fehler ab, der entsteht, wenn man die Reihe nach dem 3. (4.) Glied abbricht und vergleiche die Fehler mit den in Aufgabe 4 ermittelten Fehlern!

6. Wie in den Aufgaben 4 und 5 erhält man:

$$\frac{\pi}{4}=4\cdot\arctan\frac{1}{5}-\arctan\frac{1}{239}\text{ [1]}.$$

Wie groß ist der Fehler, wenn man die zugehörige Reihe nach dem 3. Glied abbricht?

7. Ermittle drei Glieder der arc tan-Reihe durch unmittelbare Berechnung nach dem Satz von Taylor! Was erkennt man?

[1]) Der Gedanke stammt von Machin.

IV. Hinreichende Bedingungen für lokale Extrema

1. Im Band „Analysis I" haben wir ohne Beweis den folgenden Satz über lokale Extrema differenzierbarer Funktionen mitgeteilt.

S 13.8 **Ist eine Funktion f an einer Stelle x_0 wenigstens n-mal differenzierbar und ist die n-te Ableitung die erste, welche an der Stelle x_0 von 0 verschieden ist:**

$$f'(x_0)=f''(x_0)=\cdots=f^{(n-1)}(x_0)=0 \wedge f^{(n)}(x_0)\neq 0,$$

so hat f an der Stelle x_0 genau dann ein lokales

Maximum	Minimum
wenn n eine gerade Zahl ist und gilt	
$f^{(n)}(x_0)<0.$	$f^{(n)}(x_0)>0.$

Ist n eine ungerade Zahl mit $n>1$, so hat f an der Stelle x_0 kein Extremum, sondern eine „horizontale Wendestelle" oder „Sattelstelle".

2. Wir können diesen Satz nunmehr mit Hilfe des Satzes von Taylor leicht beweisen. Wir geben sogar **zwei** Beweise an; beim ersten setzen wir **zusätzlich** voraus, daß $f^{(n)}$ an der Stelle x_0 sogar **stetig** ist.

1. Beweis: Nach den Voraussetzungen und nach S 12.3 gilt mit der Lagrangeform des Restgliedes:

$$f(x)-f(x_0)=\frac{1}{n!}f^{(n)}(x_0+\theta h)\cdot h^n \quad \text{mit } h=x-x_0 \text{ und } 0\leq\theta\leq 1.$$

Wir wollen zeigen, daß für gerade n in einer Umgebung $U_\varepsilon(x_0)$ die Differenz $f(x)-f(x_0)$ stets **dasselbe** Vorzeichen hat, während dieses Vorzeichen bei ungeradem n links und rechts von x_0 verschieden ist.

Da $f^{(n)}$ an der Stelle x_0 stetig sein soll, existiert eine Umgebung $U_\varepsilon(x_0)$, in der alle Werte von $f^{(n)}$ dasselbe Vorzeichen haben wie $f^{(n)}(x_0)$; insbesondere kann man also h so klein wählen, daß gilt:

$$\operatorname{sign} f^{(n)}(x_0+\theta h)=\operatorname{sign} f^{(n)}(x_0).$$

Somit hängt das Vorzeichen von $f(x)-f(x_0)$ nur noch von dem Vorzeichen von h^n ab. Ist **n gerade,** so gilt für positive wie für negative Werte von h stets $h^n>0$; in diesem Falle gilt also für alle $x\in U_\varepsilon(x_0)$:

$$f^{(n)}(x_0)>0 \Rightarrow f(x)-f(x_0)>0 \Rightarrow f(x_0)<f(x);$$

$$f^{(n)}(x_0)<0 \Rightarrow f(x)-f(x_0)<0 \Rightarrow f(x_0)>f(x);$$

im ersten Fall hat f an der Stelle x_0 ein **lokales Minimum,** im zweiten Fall ein **lokales Maximum.** Ist **n ungerade,** so ist $h^n>0$ für $h>0$, aber $h^n<0$ für $h<0$; $f(x)-f(x_0)$ hat also links und rechts von x_0 verschiedenes Vorzeichen, d.h. es liegt eine **horizontale Wendestelle** vor.

2. Beweis: Wenn wir die Voraussetzung der Stetigkeit von $f^{(n)}$ an der Stelle x_0 nicht zur Verfügung haben, müssen wir die Reihenentwicklung einen Schritt früher abbrechen. Nach S 12.3 gilt dann wieder mit der Lagrangeform des Restgliedes:

$$f(x)-f(x_0)=\frac{1}{(n-1)!}f^{(n-1)}(x_0+\theta h)\cdot h^{n-1} \quad \text{mit } h=x-x_0 \text{ und } 0\leq\theta\leq 1.$$

Wegen $f^{(n-1)}(x_0)=0$ und $f^{(n)}(x_0)\neq 0$, erleidet die Funktion $f^{(n-1)}$ beim Durchgang durch die Stelle x_0 einen Vorzeichenwechsel, und zwar den Wechsel

$$- \to +, \quad \text{falls } f^{(n)} \text{ steigend, also } f^{(n)}(x_0)>0,$$

$$+ \to -, \quad \text{falls } f^{(n)} \text{ fallend, also } f^{(n)}(x_0)<0 \quad \text{ist}.$$

Die Differenz $f(x)-f(x_0)$ ist also genau dann vorzeichenbeständig, wenn auch $h^{n-1}=(x-x_0)^{n-1}$ beim Durchgang durch x_0 einen Vorzeichenwechsel erleidet; das ist genau dann der Fall, wenn $n-1$ ungerade, also n gerade ist. Daraus ergibt sich unmittelbar die Behauptung. Führe den 2. Beweis vollständig aus (Aufgabe 1)!

3. Ein Gegenbeispiel soll zeigen, daß die Bedingungen des Satzes S 13.8 **nur hinreichend,** aber **nicht notwendig** sind.

Beispiel: Eine Funktion f sei gegeben durch

$$f(x)=\begin{cases} e^{-\frac{1}{x^2}} & \text{für alle } x\in \mathbb{R}^{\neq 0} \\ 0 & \text{für } x=0. \end{cases}$$

Schon auf S. 232 haben wir besprochen, daß die Ableitungen dieser Funktion für alle $n\in\mathbb{N}$ durch die Festsetzung $f^{(n)}(0)=\lim\limits_{x\to 0} f^{(n)}(x)=0$ stetig ergänzt werden können.

Die Bedingungen von S 13.8 sind also **nicht** erfüllt, trotzdem hat die Funktion f an der Stelle 0 ein lokales (und sogar absolutes) Minimum; denn für alle $x\in\mathbb{R}^{\neq 0}$ gilt:

$$e^{-\frac{1}{x^2}}>0, \qquad \text{also } f(x)>f(0).$$

4. Genau entsprechend wie Satz S 13.8 ist der folgende Satz zu beweisen:

S 13.9 **Gilt für eine an einer Stelle x_0 n-mal differenzierbare Funktion f:**

$$f''(x_0)=f'''(x_0)=\cdots=f^{(n-1)}(x_0)=0 \wedge f^{(n)}(x_0)\neq 0,$$

so hat die Funktion f an der Stelle x_0 genau dann eine Wendestelle, wenn n eine ungerade Zahl ist.

Der Beweis ist in Aufgabe 2 zu führen.

Übungen und Aufgaben

1. Führe den auf Seite 246 f. skizzierten 2. Beweis vollständig aus!

2. Beweise den Satz S 13.9!

V. Die Differentiation von Potenzreihen

1. In § 11, III haben wir bewiesen (S 11.7), daß die Grenzfunktion s einer konvergenten Potenzreihe (s_n) mit

$$s(x)=\lim_{n\to\infty} s_n(x)=\sum_{k=0}^{\infty} a_k x^k$$

für alle x aus ihrem Konvergenzintervall $]-r;r[$ differenzierbar ist und daß gilt: $s'(x)=t(x)$ mit

$$t(x)=\lim_{n\to\infty} t_n(x)=\sum_{k=0}^{\infty} k\,a_k\,x^{k-1}.$$

Den Beweis haben wir mit einer Abschätzung für die Differenzenquotienten der Funktion s geführt (S. 206 ff.); diese Abschätzung erforderte eine längere Rechnung. Mit Hilfe des Satzes von Taylor können wir diese Rechnungen vereinfachen. Wir geben daher im folgenden einen zweiten Beweis für Satz S 11.7.

2. Wir schreiben den Differenzenquotienten mit Hilfe der Variablen h; wir haben dann zu zeigen:

$$\lim_{h\to 0}\frac{s(x_0+h)-s(x_0)}{h}=t(x_0) \quad \text{oder} \quad \lim_{h\to 0}\left|\frac{s(x_0+h)-s(x_0)}{h}-t(x_0)\right|=0.$$

Es gilt: $s(x_0+h)-s(x_0)=\sum_{k=1}^{\infty} a_k[(x_0+h)^k-x_0]$ (wegen $a_0-a_0=0$).

Die Differenzen $d_k(x_0,h)=(x_0+h)^k-x_0^k$ formen wir mit Hilfe des Satzes von Taylor (mit $n=1$) um und stellen das Restglied $R_1(x)$ in der Form von Lagrange dar. Es gilt:

$$f(x)=f(x_0)+f'(x_0)\cdot(x-x_0)+\tfrac{1}{2}f''(x_0+\theta h)\cdot(x-x_0)^2 \qquad \text{mit } 0\leq\theta\leq 1$$

und $x-x_0=h$, also $x=x_0+h$. Somit können wir auch schreiben:

$$f(x_0+h)-f(x_0)=f'(x_0)\cdot h+\tfrac{1}{2}f''(x_0+\theta h)\cdot h^2 \qquad \text{mit } 0\leq\theta\leq 1.$$

Mit $f(x)=x^k$, $f'(x)=k\,x^{k-1}$, $f''(x)=(k-1)\cdot k\,x^{k-2}$ erhält man mit $0\leq\theta\leq 1$:

$$d_k(x_0;h)=(x_0+h)^k-x_0^k=k\,x_0^{k-1}\cdot h+\tfrac{1}{2}(k-1)\cdot k\cdot(x_0+\theta h)^{k-2}\cdot h^2.$$

Daraus ergibt sich:

$$\begin{aligned} s(x_0+h)-s(x_0)&=\sum_{k=1}^{\infty} a_k\cdot[k\,x_0^{k-1}\cdot h+\tfrac{1}{2}(k-1)\cdot k\cdot(x_0+\theta h)^{k-2}\cdot h^2]\\ &=\left(\sum_{k=1}^{\infty} k\,a_k\,x_0^{k-1}\right)\cdot h+\tfrac{1}{2}\left(\sum_{k=1}^{\infty}(k-1)\cdot k\cdot a_k\cdot(x_0+\theta h)^{k-2}\right)\cdot h^2 \end{aligned}$$

$$\Rightarrow \frac{s(x_0+h)-s(x_0)}{h}=\sum_{k=1}^{\infty} k\,a_k\,x_0^{k-1}+\tfrac{1}{2}\left(\sum_{k=1}^{\infty}(k-1)\cdot k\cdot a_k\cdot(x_0+\theta h)^{k-2}\right)\cdot h$$

Wegen $t(x_0)=\sum_{k=1}^{\infty} k\,a_k\,x_0^{k-1}$ folgt daraus:

$$d(x_0;h)=\frac{s(x_0+h)-s(x_0)}{h}-t(x_0)=\tfrac{1}{2}\left(\sum_{k=1}^{\infty}(k-1)\cdot k\cdot a_k(x_0+\theta h)^{k-2}\right)\cdot h.$$

Wir wählen nun wieder eine positive Zahl c mit $|x_0|<c<r$, etwa die Zahl $c=\frac{1}{2}(|x_0|+r)$. Außerdem beschränken wir uns auf Werte von h mit $|x_0+h|<c$, also erst recht $|x_0+\theta h|<c$. Dann gilt:

$$|d(x_0;h)|<\left|\frac{h}{2}\right|\cdot\sum_{k=2}^{\infty}(k-1)\cdot k\cdot|a_k|\cdot c^{k-2}.$$

Die Reihe $\sum_{k=2}^{\infty}(k-1)\cdot k\cdot a_k\cdot c^{k-2}$ entsteht durch zweimalige Differentiation der Reihe $\sum_{k=0}^{\infty} a_k c^k$ und hat daher nach S 11.6 denselben Konvergenzradius r wie diese Reihe. Wegen $c<r$ kon-

vergiert die Reihe $\sum_{k=2}^{\infty}(k-1)\cdot k\cdot a_k\cdot c^{k-2}$ nach S 11.1 **absolut.** Es gibt also eine Zahl $S\in\mathbb{R}^{>0}$ mit

$$S=\sum_{k=2}^{\infty}(k-1)\cdot k\cdot|a_k|\cdot c^{k-2}.$$

Damit vereinfacht sich unsere Abschätzung zu:

$$|d(x_0;h)|<\frac{S}{2}\cdot|h|.$$

Somit gilt:

$$\lim_{h\to 0}|d(x_0;h)|=\lim_{h\to 0}\left|\frac{s(x_0+h)-s(x_0)}{h}-t(x_0)\right|=0,\quad \text{q.e.d.}$$

VI. Anwendungen in der Physik

Zur Lösung vieler Probleme in der Physik kann man Reihenentwicklungen heranziehen. Wir behandeln einige Beispiele und verknüpfen dies sofort mit

Übungen und Aufgaben

1. Der Michelson-Versuch

Vor der Entwicklung der speziellen Relativitätstheorie durch **Albert Einstein** [1]) nahm man an, daß die Lichtwellen von einer besonderen Substanz getragen würden, der man den Namen „Äther" gab. Um die Relativgeschwindigkeit zwischen Erde und Äther zu messen, entwickelte **Albert Abraham Michelson** [2]) im Jahre 1880 eine nach ihm benannte Versuchsanordnung. Bei diesem Versuch sollte erstens die Zeit t_1 gemessen werden, die das Licht in der Bewegungsrichtung der Erde für den Hin- und Rückweg längs einer Strecke l benötigt und zweitens die Zeit t_2, die es für den Hin- und Rückweg einer gleichlangen Strecke quer zur Bewegungsrichtung der Erde braucht (Bild 13.1). Aus der Theorie der Versuchsanordnung ergibt sich:

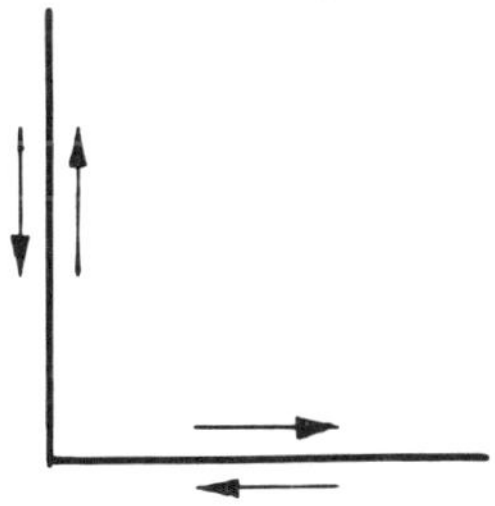

Bild 13.1

Bewegungsrichtung der Erde

$$t_1=\frac{l}{c-v}+\frac{l}{c+v}=\frac{1}{c}\left[\frac{l}{1-\frac{v}{c}}+\frac{l}{1+\frac{v}{c}}\right]$$

und

$$t_2=\frac{2l}{c\sqrt{1-\frac{v^2}{c^2}}},$$

wobei v die Geschwindigkeit der Erde und c die Lichtgeschwindigkeit bezeichnet.

[1]) Albert Einstein (1879–1956), dtsch. Physiker und Nobelpreisträger (1921).

[2]) Albert Abraham Michelson (1852–1931), amerik. Physiker und Nobelpreisträger (1907).

Aufgabe: Entwickle die Terme für t_1 und t_2 in Potenzreihen und brich die Reihen nach dem quadratischen Glied ab! Was erhältst du als Näherungswert für $t_1 - t_2$? Was ergibt sich für $t_1 - t_2$, wenn $l = 30$ m, $v = 30 \frac{km}{sec}$ und $c = 300\,000 \frac{km}{sec}$ ist?

2. Das Plancksche Strahlungsgesetz

Erwärmt man einen sogenannten „schwarzen Körper" auf eine Temperatur T (Kelvin), so sendet er Strahlungen von verschiedenen Wellenlängen λ aus, auf die sich die gesamte Strahlungsenergie $W(\lambda, T)$ verteilt. Diese Verteilung wird durch eine von **Max Planck** [1]) entwickelte Formel beschrieben:

$$W(\lambda, T) = \frac{h c^2}{\lambda^5} \cdot \frac{1}{e^{\frac{hc}{\lambda k T}} - 1}.$$

Dabei bezeichnen h das Planksche Wirkungsquantum, k die Boltzmannkonstante und c die Lichtgeschwindigkeit; es handelt sich bei allen drei Größen um universelle Naturkonstanten.

Aufgabe:

a) Berechne das Maximum von W in Abhängigkeit von λ bei konstanter Temperatur T!

Hinweis: Aus $\frac{dW}{d\lambda} = 0$ ergibt sich eine transzendente Gleichung der Form

$$\frac{z}{5} + e^{-z} = 1 \quad \text{mit} \quad z = \frac{c \cdot h}{\lambda_0 k T},$$

wobei λ_0 die Wellenlänge bezeichnet, auf die das Maximum der Energie entfällt. Eine Näherungslösung dieser Gleichung ist $z = 4{,}9651$.
Zeige, daß $\lambda_0(T) \cdot T$ konstant ist (Wiensches [2]) Verschiebungsgesetz)! Was sagt das Wiensche Verschiebungsgesetz physikalisch aus?

b) Ist $\frac{hc}{\lambda k T}$ eine sehr kleine positive Zahl $\left(\text{man schreibt in der Physik: } \frac{hc}{\lambda k T} \ll 1\right)$, so kann man den Nenner des Bruches in der Planckschen Strahlungsformel, also den Term

$$e^{\frac{hc}{\lambda k T}} - 1$$

in eine Potenzreihe entwickeln und nach dem 2. Glied abbrechen. Welchen Grenzfall des Gesetzes erhält man auf diese Weise im Ultraroten für hohe Temperaturen?

3. Die spezifische Wärme fester Körper

Für die spezifische Wärme γ eines festen Körpers ergibt sich aus der Quantentheorie:

$$\gamma = 3k \cdot \left(\frac{hc}{\lambda k T}\right) \cdot \frac{e^{\frac{hc}{\lambda k T}}}{\left(e^{\frac{hc}{\lambda k T}} - 1\right)^2},$$

wobei die Zeichen h, k, c, λ und T dieselbe Bedeutung haben wie unter **2.**

a) Für hohe Temperaturen T kann man Zähler und Nenner des Bruches jeweils in eine Reihe entwickeln und nach dem 2. Glied abbrechen. Führe diese Rechnung durch!

---

[1]) Max Planck (1858–1947), dtsch. Physiker und Nobelpreisträger (1918).

[2]) Wilhelm Wien (1864–1928), dtsch. Physiker und Nobelpreisträger (1911).

b) Eine weitere Vereinfachung ergibt sich, wenn man berücksichtigt, daß für $z \ll 1$ (vgl. **2.**!) in „guter" Näherung gilt:

$$\frac{1+z}{z^2} \approx \frac{1}{z^2}.$$

Was erhält man durch Anwendung dieser Beziehung auf das Ergebnis von **a)** (Gesetz von Dulong-Petit)?

c) Für niedrige Temperaturen kann man den Nenner $\left(e^{\frac{hc}{\lambda kT}}-1\right)^2$ durch $e^{\frac{2hc}{\lambda kT}}$ ersetzen. Begründe dies! Was erhält man durch diese Vereinfachung für γ? Bilde $\lim\limits_{T \to 0} \gamma$!

4. Die relativistische Ruhmasse

In der speziellen Relativitätstheorie wird gezeigt, daß die Gesamtenergie W einer Masse m_0, die sich mit einer Geschwindigkeit v bewegt, gegeben ist durch:

$$W = \frac{m_0 c^2}{\sqrt{1-\frac{v^2}{c^2}}}.$$

Dabei bezeichnet c die Lichtgeschwindigkeit. Für „kleine" Geschwindigkeiten ($v \ll c$) kann man den Term $\dfrac{m_0 c^2}{\sqrt{1-\frac{v^2}{c^2}}}$ in eine Reihe entwickeln und nach dem 2. Glied abbrechen. Führe die Rechnung durch und erläutere das Ergebnis!

5. Die Frequenz ν, die Wellenlänge λ und die Lichtgeschwindigkeit c sind durch die Gleichung

$$c = \lambda \cdot \nu \Leftrightarrow \nu = \frac{c}{\lambda}$$

miteinander verknüpft. λ soll sich um $\Delta\lambda$ ändern. Entwickle eine Näherungsformel für $\nu(\lambda+\Delta\lambda)$!

Zahlenbeispiel: $\lambda = 6 \cdot 10^{-5}$ cm; $c = 3 \cdot 10^{10} \frac{\text{cm}}{\text{sec}}$; $\Delta\lambda = 6 \cdot 10^{-8}$ cm.

6. Eine Leiter von der Länge a ist schräg an eine Wand gelehnt (Bild 13.2). Der Abstand des Fußpunktes A der Leiter von der Wand sei x. Drücke den Zusammenhang zwischen a, x und der Höhe y durch eine Gleichung der Form $y = f(x; a)$ aus! Entwickle den Term $f(x; a)$ für $x_0 = \frac{a}{2}$ in eine Potenzreihe und brich diese Reihe nach dem 2. Glied ab! Um wieviel bewegt sich der Punkt B ungefähr nach unten, wenn der Fußpunkt der Leiter (A) um 10 cm nach links bewegt wird? Zahlenbeispiel: $a = 2$ m.

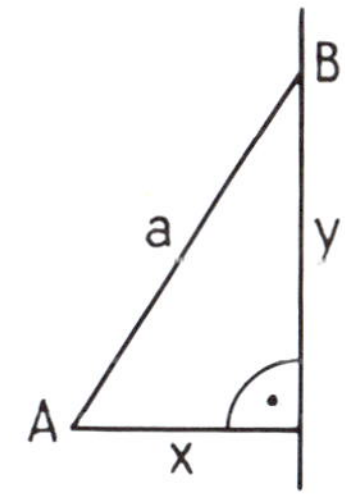

Bild 13.2

7. Die Spitze eines Turmes (Bild 13.3) wird aus der Entfernung a unter einem Höhenwinkel vom Maß α gesehen. Auf dem Turm befindet sich ein Fahnenmast, dessen Spitze man unter dem Höhenwinkel $\alpha+\Delta\alpha$ beobachtet. Welche Länge hat der

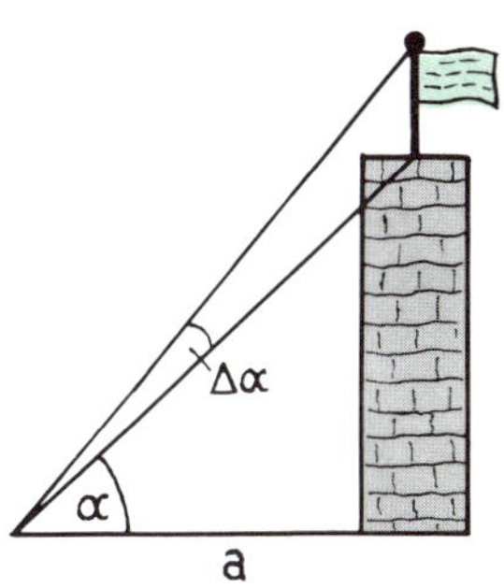

Bild 13.3

Fahnenmast? Entwickle $\tan(\alpha+\Delta\alpha)$ in eine Potenzreihe und brich die Reihe nach dem 2. Glied ab!

Zahlenbeispiel: $a=100\,\mathrm{m}$; $\alpha=30°\left(\frac{\pi}{6}\right)$; $\Delta\alpha=10'$.

8. Von einem Turm der Höhe h wird der Horizont beobachtet (Bild 13.4). Wie groß ist die Sichtweite s?

Anleitung: Bestimme $\cos\alpha$ und entwickle beide Seiten der Gleichung in Potenzreihen! Beachte, daß α im Bogenmaß zu messen ist und daß $\alpha \ll 1$ ist!

[Ergebnis: $\alpha=\sqrt{\frac{2h}{R}}$.]

Zahlenbeispiel: $h=20\,\mathrm{m}$; $R=6380\,\mathrm{km}$.

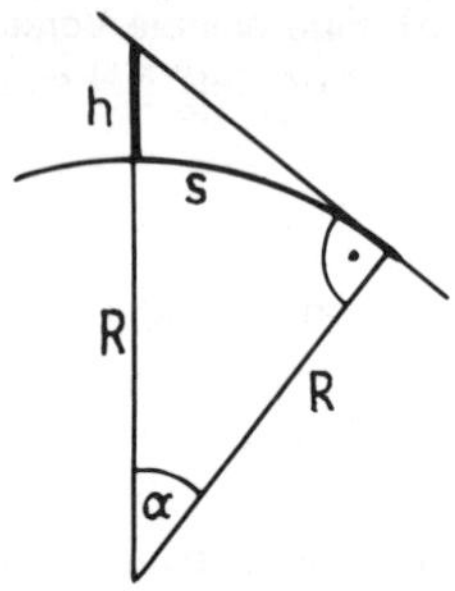

Bild 13.4

9. Eine Substanz A zerfällt mit der Zerfallskonstanten a in eine Substanz B. Die Substanz B zerfällt mit einer Zerfallskonstanten b in die Substanz C, die ihrerseits nicht weiter zerfällt. Die Theorie ergibt für die Anzahl der Teilchen in Abhängigkeit von der Zeit t die folgenden Beziehungen:

1) $N_A(t)=A_0\,e^{-at}$ (A_0 bezeichnet die Anzahl der Teilchen zur Zeit $t=0$);

2) $N_B(t)=\frac{a A_0}{b-a}(e^{-at}-e^{-bt})$ mit $b>a$;

3) $N_C(t)=A_0-\frac{b A_0}{b-a}e^{-at}+\frac{a A_0}{b-a}e^{-bt}$.

a) Skizziere den Graph der Funktion N_A zu $N_A(t)$!

b) Diskutiere die Funktion N_B zu $N_B(t)$! Ermittle Extremstellen und Asymptote! Approximiere $N_A(t)$ und $N_B(t)$ linear für „kleine" Werte von t! Vergleiche die Ergebnisse! Skizziere die Näherungsgraphen!

c) Diskutiere die Funktion N_C zu $N_C(t)$! Ermittle $N_C(0)$ und die Asymptote! Zeige, daß der Wendepunkt des Graphen an der Stelle liegt, an der N_B ein Maximum hat! Approximiere N_C für „kleine" Werte von t linear! Was stellst du fest? Erläutere das Ergebnis!

Bestimme das Verhältnis $\frac{N_B(t)}{N_C(t)}$! Was erhält man für „große" Werte von t?

10. In Aufgabe 3 von § 6, II soll die Lösung einer Differentialgleichung ermittelt werden, die sich auf die Bewegung einer Kugel in einer zähen Flüssigkeit bezieht. Entwickle den Lösungsterm s(t) in eine Potenzreihe und brich die Reihe nach dem 2. Glied ab! Was erhält man für $\frac{R}{m}\cdot t \ll 1$? Erläutere das Ergebnis!

11. In Aufgabe 4 von § 6, II ist die Lösung einer Differentialgleichung angegeben, die sich auf den Fall einer Kugel in einer zähen Flüssigkeit bezieht:

$$v=\frac{g}{R}(m-V\cdot\rho)\cdot\left(1-e^{-\frac{R}{m}t}\right).$$

Entwickle den letzten Faktor in eine Potenzreihe! Was erhält man für $\frac{R}{m}\cdot t \ll 1$? Erläutere das Ergebnis!

12. Bestimme für die Bewegung eines mathematischen Pendels (vgl. Aufgabe 2 in § 6, III) den zeitlichen Mittelwert der Höhe h der Pendelmasse m gegenüber der Höhe in der Lage $\varphi=0$! Vergleiche das Ergebnis mit der maximalen Höhe des Pendels!

Anleitung: Bestimme h als Funktion des Auslenkwinkels φ und verwende für $\cos\varphi$ die beiden ersten Glieder der Potenzreihenentwicklung!

13. In den Naturwissenschaften (z. B. in der statistischen Mechanik) muß man häufig eine Näherungsformel für n! anwenden, wenn n für eine „sehr große" natürliche Zahl steht. Entwickle diese Näherungsformel nach der folgenden Anleitung! Durch Logarithmieren von n! erhält man:

$$\ln(n!)=\ln 1+\ln 2+\ln 3+\cdots+\ln(n-1)+\ln n.$$

Zeichne den Graph der Funktion f zu $f(x)=\ln x$ und zwischen den Graph und die D-Achse Rechtecke von Flächeninhalt $\ln 1$, $\ln 2$, $\ln 3, \ldots, \ln(n-1)$ und $\ln n$. Durch welche Fläche kann man die Summe der Rechtecksflächen für „große" Werte von n näherungsweise ersetzen? Berechne die Fläche und ermittle daraus eine Näherungsformel für n! (Formel von Stirling)!

§ 14 Die Berechnung von Grenzwerten

I. Die Regel von de l'Hospital

1. Bei unserer bisherigen Beschäftigung mit der Analysis haben wir gesehen, daß die Bestimmung von Grenzwerten ein wichtiges und häufig auftretendes Problem ist. Obwohl wir schon viele Grenzwerte berechnet haben, gibt es andere Beispiele, die mit den bisher besprochenen Methoden nur sehr mühsam oder überhaupt nicht behandelt werden können.

Beispiel: $\lim\limits_{x\to 0} \frac{x^2}{1-\cos x} = ?$

Bei diesem Beispiel ist der Satz, der sich auf Grenzwerte von Quotienten bezieht (vgl. Analysis I) nicht anwendbar, weil $\lim\limits_{x\to 0}(1-\cos x)=0$ ist. Weil aber auch $\lim\limits_{x\to 0} x^2=0$ ist, bedeutet dies noch lange nicht, daß der Grenzwert $\lim\limits_{x\to 0} \frac{x^2}{1-\cos x}$ nicht existiert; wir werden vielmehr unten sehen, daß er den Wert 2 hat. Man spricht in diesem Fall gelegentlich von einem **„unbestimmten Ausdruck"**, und zwar von einem „Ausdruck der Form $\frac{0}{0}$".
Andere Beispiele für **„unbestimmte Ausdrücke"** sind:

1) $\lim\limits_{x\to\infty} \frac{x^3}{e^x}$ (man spricht von einem „Ausdruck der Form $\frac{\infty}{\infty}$");

2) $\lim\limits_{x\to\infty} e^{-x}\cdot x$ (man spricht von einem „Ausdruck der Form $0\cdot\infty$");

3) $\lim\limits_{x\to 0} x^{\sin x}$ (man spricht von einem „Ausdruck der Form 0^0").

2. Wir behandeln zunächst den Fall $\lim\limits_{x\to x_0} \frac{f(x)}{g(x)}$ mit $f(x_0)=g(x_0)=0$. (Es genügt sogar, vorauszusetzen, daß $\lim\limits_{x\to x_0} f(x) = \lim\limits_{x\to x_0} g(x) = 0$ ist; f und g brauchen also für x_0 nicht einmal definiert zu sein.)
Wir wenden nun auf beide Funktionen den Satz von Taylor (S 12.3) an und stellen das Restglied jeweils in der Lagrangeform dar:

$$\frac{f(x)}{g(x)} = \frac{f(x_0)+f'(x_0+\theta_1 h)\cdot h}{g(x_0)+g'(x_0+\theta_2 h)\cdot h} \quad \text{mit } 0\le\theta_1,\ \theta_2\le 1,\quad h=x-x_0 \quad \text{und} \quad g(x)\neq 0.$$

Beachte:

1) θ_1, θ_2 stimmen im allgemeinen nicht überein. Begründe dies (Aufgabe 1)!

2) Obige Umformung hätten wir auch mit dem Mittelwertsatz der Differentialrechnung begründen können (vgl. Analysis I) (Aufgabe 2).

Um nun den Grenzwert mit $x\to x_0$, wegen $h=x-x_0$ also mit $h\to 0$, bilden zu können, müssen wir – wegen $\lim\limits_{x\to x_0} g(x)=0$ – voraussetzen, daß es eine Umgebung $U_\varepsilon(x_0)$ gibt, in der $g'(x)\neq 0$ ist. Falls dann der Grenzwert

$$\lim_{h\to 0} \frac{f'(x_0+\theta_1 h)}{g'(x_0+\theta_2 h)} = \lim_{x\to x_0} \frac{f'(x)}{g'(x)}$$

existiert, ergibt sich wegen $\lim\limits_{x\to x_0} f(x) = \lim\limits_{x\to x_0} g(x) = 0$:

$$\lim_{x\to x_0}\frac{f(x)}{g(x)} = \lim_{h\to 0}\frac{f(x_0+h)}{g(x_0+h)} = \lim_{h\to 0}\frac{f'(x_0+\theta_1 h)}{g'(x_0+\theta_2 h)} = \lim_{x\to x_0}\frac{f'(x)}{g'(x)},$$

insgesamt also:

$$\lim_{x\to x_0}\frac{f(x)}{g(x)} = \lim_{x\to x_0}\frac{f'(x)}{g'(x)}.$$

Beachte die verschiedene Bedeutung von x in den Termen $\frac{f(x)}{g(x)}$ und $\frac{f'(x)}{g'(x)}$! In $\frac{f(x)}{g(x)}$ ist $x = x_0 + h$; in $f'(x)$ ist $x = x_0 + \theta_1 h$; in $g'(x)$ ist $x = x_0 + \theta_2 h$. Gleichwohl stimmen die Grenzwerte unter den genannten Voraussetzungen überein.

Beispiel: $\lim\limits_{x\to 0}\frac{x}{\sin x} = \lim\limits_{x\to 0}\frac{1}{\cos x} = 1.$

Beachte: Strenggenommen dürfte man das Limeszeichen erst hinschreiben, wenn gesichert ist, daß der Grenzwert existiert.

Aus unseren Überlegungen ergibt sich die Gültigkeit der sogenannten **„Regel von de l'Hospital"**[1]):

S 14.1 **Sind f und g zwei in einer Umgebung einer Stelle x_0 differenzierbare Funktionen, gilt**

$$\lim_{x\to x_0} f(x) = \lim_{x\to x_0} g(x) = 0,$$

$g'(x) \neq 0$ in einer Umgebung $U_\varepsilon(\not{x}_0)$ und existiert $\lim\limits_{x\to x_0}\frac{f'(x)}{g'(x)}$, so gilt:

$$\lim_{x\to x_0}\frac{f(x)}{g(x)} = \lim_{x\to x_0}\frac{f'(x)}{g'(x)}.$$

Beachte:

1) Der Satz behauptet die **Existenz** des Grenzwertes und gestattet überdies seine **Berechnung.**

2) Es würde genügen, vorauszusetzen, daß die Funktionen in einer **einseitigen** Umgebung von x_0 existieren; dann sind die Grenzwerte natürlich als **einseitige** Grenzwerte zu bilden. Begründe dies im einzelnen (Aufgabe 3)!

Beispiel: $\frac{f(x)}{g(x)} = \frac{\sqrt{x}-\sqrt{2}}{\sqrt{x-2}}$ mit $f(2) = g(2) = 0$.

Die Funktion g ist nur für $x \geq 2$ definiert; daher berechnen wir den rechtsseitigen Grenzwert:

$$\text{r-}\lim_{x\to 2}\frac{\sqrt{x}-\sqrt{2}}{\sqrt{x-2}} = \text{r-}\lim_{x\to 2}\frac{\frac{1}{2\cdot\sqrt{x}}}{\frac{1}{2\cdot\sqrt{x-2}}} = \text{r-}\lim_{x\to 2}\frac{\sqrt{x-2}}{\sqrt{x}} = \frac{0}{\sqrt{2}} = 0.$$

[1]) G. F. A. de l'Hospital (1661 – 1704), frz. Mathematiker; der Satz wurde aber schon von Johann Bernoulli gefunden; es wäre also korrekter, von der „Regel von Bernoulli" zu sprechen.

3. Wenn sich durch Anwendung der l'Hospitalschen Regel erneut ein unbestimmter Ausdruck der Form „$\frac{0}{0}$" ergibt, kann man die Regel ein zweites Mal anwenden.

Beispiel: $\lim\limits_{x\to 0}\dfrac{x^2}{1-\cos x}=\lim\limits_{x\to 0}\dfrac{2x}{\sin x}=\lim\limits_{x\to 0}\dfrac{2}{\cos x}=\dfrac{2}{1}=2.$

Solche Fälle werden erfaßt durch eine Verallgemeinerung der **„Regel von de l'Hospital"**, nämlich durch den Satz:

S 14.2 **Sind f und g zwei in einer Umgebung $U_\varepsilon(\not{x}_0)$ wenigstens n-mal differenzierbare Funktionen, gilt:**

$$\lim_{x\to x_0} f(x)=\lim_{x\to x_0} f'(x)=\cdots=\lim_{x\to x_0} f^{(n-1)}(x)=0,$$

$$\lim_{x\to x_0} g(x)=\lim_{x\to x_0} g'(x)=\cdots=\lim_{x\to x_0} g^{(n-1)}(x)=0,$$

$g^{(n)}(x)\neq 0$ für alle $x\in U_\varepsilon(\not{x}_0)$ und existiert der Grenzwert $\lim\limits_{x\to x_0}\dfrac{f^{(n)}(x)}{g^{(n)}(x)}$, so gilt:

$$\lim_{x\to x_0}\frac{f(x)}{g(x)}=\lim_{x\to x_0}\frac{f^{(n)}(x)}{g^{(n)}(x)}.$$

Beweis: Wir wenden auf beide Funktionen wieder den Satz von Taylor (S 12.3) an und bilden die Restglieder nach Lagrange:

$$\frac{f(x)}{g(x)}=\frac{f(x_0)+\dfrac{f'(x_0)}{1!}h+\cdots+\dfrac{f^{(n-1)}(x_0)}{(n-1)!}h^{n-1}+\dfrac{f^{(n)}(x_0+\theta_1 h)}{n!}h^n}{g(x_0)+\dfrac{g'(x_0)}{1!}h+\cdots+\dfrac{g^{(n-1)}(x_0)}{(n-1)!}h^{n-1}+\dfrac{g^{(n)}(x_0+\theta_2 h)}{n!}h^n}$$

mit $h=x-x_0$, $0\leq\theta_1$, $\theta_2\leq 1$ und $g(x)\neq 0$.

Aus den Voraussetzungen ergibt sich unmittelbar:

$$\lim_{x\to x_0}\frac{f(x)}{g(x)}=\lim_{h\to 0}\frac{f^{(n)}(x_0+\theta_1 h)}{g^{(n)}(x_0+\theta_2 h)}=\lim_{x\to x_0}\frac{f^{(n)}(x)}{g^{(n)}(x)},\quad \text{q.e.d.}$$

Beispiel: $\lim\limits_{x\to 0}\dfrac{x-\sin x}{x(\cos x-1)}=\lim\limits_{x\to 0}\dfrac{1-\cos x}{\cos x-1-x\cdot\sin x}=\lim\limits_{x\to 0}\dfrac{\sin x}{-2\sin x-x\cos x}$

$$=\lim_{x\to 0}\frac{\cos x}{-3\cos x+x\cdot\sin x}=-\frac{1}{3}.$$

Beachte:

1) Der Satz behauptet die **Existenz** des Grenzwertes und gestattet überdies seine **Berechnung.**

2) Es würde genügen, vorauszusetzen, daß die Funktion f und g in einer **einseitigen** Umgebung von x_0 existieren; dann sind natürliche auch **einseitige** Grenzwerte zu bilden. Begründe dies im einzelnen (Aufgabe 3)!

Beispiel: $\dfrac{f(x)}{g(x)}=\dfrac{x(2\cdot\sqrt{x}-3)+1}{\sqrt{x-1}^3}$ mit $f(1)=g(1)=0$.

Die Funktion g mit $g(x)=\sqrt{x-1}^3$ ist nur für $x \geq 1$ definiert; daher berechnen wir den rechtsseitigen Grenzwert:

$$\text{r-}\lim_{x\to 1}\frac{x(2\cdot\sqrt{x}-3)+1}{\sqrt{x-1}^3}=\text{r-}\lim_{x\to 1}\frac{2\cdot\sqrt{x}-3+x\cdot\frac{1}{\sqrt{x}}}{\frac{3}{2}\sqrt{x-1}}=\text{r-}\lim_{x\to 1}\frac{3\cdot\sqrt{x}-3}{\frac{3}{2}\cdot\sqrt{x-1}}$$

$$=\text{r-}\lim_{x\to 1}\frac{2(\sqrt{x}-1)}{\sqrt{x-1}}=\text{r-}\lim_{x\to 1}\frac{2\cdot\frac{1}{2\cdot\sqrt{x}}}{\frac{1}{2\cdot\sqrt{x-1}}}=\text{r-}\lim_{x\to 1}\frac{2\cdot\sqrt{x-1}}{\sqrt{x}}=0.$$

4. Die beiden Sätze S 14.1 und S 14.2 lassen sich leicht auch auf Grenzwerte mit der Bedingung $x\to\infty$ (bzw. $x\to-\infty$) übertragen. Wir zeigen dies am Beispiel des Satzes:

S 14.3 **Sind zwei Funktionen f und g für alle x mit $x>a$ (für eine bestimmte Zahl $a\in\mathbb{R}^{>0}$) definiert und differenzierbar, gilt ferner:**

$$\lim_{x\to\infty}f(x)=\lim_{x\to\infty}g(x)=0,$$

$g'(x)\neq 0$ für alle x mit $x>a$ und existiert $\lim\limits_{x\to\infty}\frac{f'(x)}{g'(x)}$, so gilt:

$$\lim_{x\to\infty}\frac{f(x)}{g(x)}=\lim_{x\to\infty}\frac{f'(x)}{g'(x)}.$$

Beweis: Wir setzen $x=\frac{1}{z}$; dann sind die Funktionen f_1 und g_1 mit $f_1(z)=f\left(\frac{1}{z}\right)=f(x)$ und $g_1(z)=g\left(\frac{1}{z}\right)=g(x)$ für alle z mit $0<z<\frac{1}{a}$, also in einer rechtsseitigen Umgebung von 0 definiert und differenzierbar und es gilt:

$$\text{r-}\lim_{z\to 0}f_1(z)=\text{r-}\lim_{z\to 0}g_1(z)=0.$$

Außerdem gilt nach der Kettenregel:

$$f_1'(z)=f'\left(\frac{1}{z}\right)\cdot\left(\frac{1}{z}\right)'=f'\left(\frac{1}{z}\right)\cdot\left(-\frac{1}{z^2}\right)=f'(x)\cdot\left(-\frac{1}{z^2}\right)$$

und

$$g_1'(z)=g'\left(\frac{1}{z}\right)\cdot\left(\frac{1}{z}\right)'=g'\left(\frac{1}{z}\right)\cdot\left(-\frac{1}{z^2}\right)=g'(x)\cdot\left(-\frac{1}{z^2}\right)$$

und mithin $g_1'(z)\neq 0$ für alle z mit $0<z<\frac{1}{a}$.
Schließlich existiert der Grenzwert

$$\text{r-}\lim_{z\to 0}\frac{f_1'(z)}{g_1'(z)}=\text{r-}\lim_{z\to 0}\frac{f'\left(\frac{1}{z}\right)\cdot\left(-\frac{1}{z^2}\right)}{g'\left(\frac{1}{z}\right)\cdot\left(-\frac{1}{z^2}\right)}=\lim_{x\to\infty}\frac{f'(x)}{g'(x)};$$

daher gilt nach S 14.1 (allerdings eingeschränkt auf rechtsseitige Grenzwerte)

$$\lim_{x\to\infty}\frac{f(x)}{g(x)}=\text{r-}\lim_{z\to 0}\frac{f_1(z)}{g_1(z)}=\text{r-}\lim_{z\to 0}\frac{f_1'(z)}{g_1'(z)}=\lim_{x\to\infty}\frac{f'(x)}{g'(x)},\quad \text{q.e.d.}$$

Beispiel: $$\lim_{x\to\infty}\frac{\arc\tan x-\frac{\pi}{2}}{\frac{1}{x}}=\lim_{x\to\infty}\frac{\frac{1}{1+x^2}}{-\frac{1}{x^2}}=\lim_{x\to\infty}\frac{-x^2}{1+x^2}=\lim_{x\to\infty}\frac{-1}{\frac{1}{x^2}+1}=-1.$$

Für $x\to-\infty$ ist der Beweis entsprechend zu führen (Aufgabe 4).

Beispiel: $$\lim_{x\to-\infty}\frac{\frac{1}{x}}{\operatorname{arc}\cot x-\pi}=\lim_{x\to-\infty}\frac{-\frac{1}{x^2}}{-\frac{1}{1+x^2}}=\lim_{x\to-\infty}\frac{1+x^2}{x^2}=\lim_{x\to-\infty}\frac{\frac{1}{x^2}+1}{1}=1.$$

Außerdem läßt sich auch S 14.2 auf die Fälle $x\to\infty$ und $x\to-\infty$ übertragen (Aufgabe 5).

Beispiel: $$\lim_{x\to\infty}\frac{\frac{1}{x}}{(\ln x)^2}=\lim_{x\to\infty}\frac{-\frac{1}{x^2}}{2\cdot\frac{1}{x}\ln x}=-\frac{1}{2}\lim_{x\to\infty}\frac{\frac{1}{x}}{\ln x}=-\frac{1}{2}\cdot\lim_{x\to\infty}\frac{-\frac{1}{x^2}}{\frac{1}{x}}$$
$$=\frac{1}{2}\lim_{x\to\infty}\frac{1}{x}=\frac{1}{2}\cdot 0=0.$$

5. Für den Fall uneigentlicher Grenzwerte gelten entsprechende Sätze. Wir fassen die möglichen Fälle durch die Schreibweise „$\pm\infty$", gelesen „plus oder minus unendlich", zusammen.

S 14.4 **Sind zwei Funktionen f und g**

in einer Umgebung $U_\varepsilon(x_0)$	**für alle x mit** $x>a$ $(a\in\mathbb{R}^{>0})$

differenzierbar und gilt

$\lim\limits_{x\to x_0} f(x)=\lim\limits_{x\to x_0} g(x)=\pm\infty$,	$\lim\limits_{x\to\pm\infty} f(x)=\lim\limits_{x\to\pm\infty} g(x)=\pm\infty$,

gilt ferner $g'(x)\neq 0$ **für alle x mit**

$x\in U_\varepsilon(x_0)$	$x>a$

und existiert der Grenzwert

$\lim\limits_{x\to x_0}\frac{f'(x)}{g'(x)}$,	$\lim\limits_{x\to\pm\infty}\frac{f'(x)}{g'(x)}$,

so gilt

$\lim\limits_{x\to x_0}\frac{f(x)}{g(x)}=\lim\limits_{x\to x_0}\frac{f'(x)}{g'(x)}$.	$\lim\limits_{x\to\pm\infty}\frac{f(x)}{g(x)}=\lim\limits_{x\to\pm\infty}\frac{f'(x)}{g'(x)}$.

Auf einen exakten Beweis des Satzes wollen wir verzichten. Wir machen die Gültigkeit nur plausibel, indem wir ihn unter der Voraussetzung herleiten, daß der Grenzwert existiert und von 0 verschieden ist. Um die möglichen Fälle nicht unterscheiden zu müssen, lassen wir die Bedingung „$x\to x_0$" bzw. „$x\to\pm\infty$" unter dem Limeszeichen weg. Dann gilt wegen $\lim\frac{1}{f(x)}=\lim\frac{1}{g(x)}=0$ nach den Sätzen S 14.1 und S 14.3:

$$\lim \frac{f(x)}{g(x)} = \lim \frac{\dfrac{1}{g(x)}}{\dfrac{1}{f(x)}} = \lim \frac{-\dfrac{g'(x)}{g(x)^2}}{-\dfrac{f'(x)}{f(x)^2}} = \lim \left[\frac{f(x)}{g(x)}\right]^2 \cdot \frac{1}{\lim \dfrac{f'(x)}{g'(x)}}.$$

Unter den oben genannten Voraussetzungen folgt hieraus:

$$\lim \frac{f(x)}{g(x)} = \lim \frac{f'(x)}{g'(x)}.$$

Begründe, an welchen Stellen der Herleitung wir von den oben genannten zusätzlichen Voraussetzungen Gebrauch gemacht haben (Aufgabe 7)!

Beispiele:

1) $\operatorname{r-lim}\limits_{x\to 0} \dfrac{\ln x}{\dfrac{1}{x}} = \operatorname{r-lim}\limits_{x\to 0} \dfrac{\dfrac{1}{x}}{-\dfrac{1}{x^2}} = \operatorname{r-lim}\limits_{x\to 0}(-x) = 0,$ **2)** $\lim\limits_{x\to\infty} \dfrac{x^3}{e^x} = \lim\limits_{x\to\infty} \dfrac{3x^2}{e^x} = \lim\limits_{x\to\infty} \dfrac{6x}{e^x} = \lim\limits_{x\to\infty} \dfrac{6}{e^x} = 0.$

6. Andere unbestimmte Ausdrücke kann man auf die behandelten Fälle zurückführen.

Beispiele:

1) $\lim\limits_{x\to\infty} x \cdot e^{-x} = \lim\limits_{x\to\infty} \dfrac{x}{e^x} = \lim\limits_{x\to\infty} \dfrac{1}{e^x} = 0$ (Fall „$0 \cdot \infty$").

2) $\operatorname{r-lim}\limits_{x\to 0} x^x = \operatorname{r-lim}\limits_{x\to 0} (e^{\ln x})^x = \operatorname{r-lim}\limits_{x\to 0} e^{x \ln x} = e^0 = 1$ (Fall „0^0"),

weil $\operatorname{r-lim}\limits_{x\to 0}(x \cdot \ln x) = \operatorname{r-lim}\limits_{x\to 0} \dfrac{\ln x}{\dfrac{1}{x}} = 0$ ist, wie oben gezeigt.

3) $\lim\limits_{x\to\frac{\pi}{2}} (\sin x)^{\tan x} = \lim\limits_{x\to\frac{\pi}{2}} e^{\tan x \cdot \ln \sin x} = e^0 = 1$ (Fall „1^∞");

denn es gilt: $\lim\limits_{x\to\frac{\pi}{2}} (\tan x \cdot \ln \sin x) = \lim\limits_{x\to\frac{\pi}{2}} \dfrac{\ln \sin x}{\cot x} = \lim\limits_{x\to\frac{\pi}{2}} \dfrac{\dfrac{\cos x}{\sin x}}{\dfrac{-1}{\sin^2 x}} = \lim\limits_{x\to\frac{\pi}{2}} (-\sin x \cos x) = 0.$

4) $\operatorname{r-lim}\limits_{x\to 0} (\cot x)^{\tan x} = \operatorname{r-lim}\limits_{x\to 0} e^{\tan x \cdot \ln \cot x} = e^0 = 1$ (Fall „∞^0");

denn es gilt: $\operatorname{r-lim}\limits_{x\to 0} [\tan x \cdot \ln \cot x] = \operatorname{r-lim}\limits_{x\to 0} \dfrac{\ln \cot x}{\cot x} = \operatorname{r-lim}\limits_{x\to 0} \dfrac{1}{\cot x} = \operatorname{r-lim}\limits_{x\to 0} \tan x = 0.$

7. Mit Hilfe der de l'Hospitalschen Regel können wir auch Grenzwerte von Quotienten berechnen, in denen außer Potenzen ein Exponentialterm oder ein Logarithmus vorkommt.

Beispiele:

1) $\lim\limits_{x\to\infty} \dfrac{\ln x}{x^\alpha} = \lim\limits_{x\to\infty} \dfrac{\dfrac{1}{x}}{\alpha x^{\alpha-1}} = \lim\limits_{x\to\infty} \dfrac{1}{\alpha x^\alpha} = 0$ (für $\alpha > 0$).

Es gilt also z. B. $\lim\limits_{x\to\infty} \dfrac{\ln x}{\sqrt{x}} = 0$ und $\lim\limits_{x\to\infty} \dfrac{\ln x}{\sqrt[10]{x}} = 0.$

Man sagt: der Logarithmus strebt „schwächer" nach ∞ als jede Potenz x^α mit $\alpha > 0$.

2) $\lim\limits_{x\to\infty}\frac{x^n}{e^x}=\lim\limits_{x\to\infty}\frac{n\,x^{n-1}}{e^x}=\cdots=\lim\limits_{x\to\infty}\frac{n!}{e^x}=0.$

Man kann sogar zeigen, daß $\lim\limits_{x\to\infty}\frac{x^\alpha}{e^x}=0$ ist für jede Zahl α mit $\alpha>0$ (Aufgabe 11, a).

Man sagt: die Exponentialfunktion strebt „stärker" nach ∞ als jede Potenz x^α mit $\alpha>0$.

3) $\text{r-}\lim\limits_{x\to 0} x^\alpha\cdot\ln x=\text{r-}\lim\limits_{x\to 0}\frac{\ln x}{x^{-\alpha}}=\text{r-}\lim\limits_{x\to 0}\frac{\frac{1}{x}}{-\alpha x^{-\alpha-1}}=\text{r-}\lim\limits_{x\to 0}\left(-\frac{1}{\alpha}x^\alpha\right)=0$ (für $\alpha>0$).

4) Um $\text{r-}\lim\limits_{x\to 0}\frac{e^{-\frac{1}{x}}}{x^\alpha}$ für ein beliebiges $\alpha\in\mathbb{R}$ zu bestimmen, setzen wir $x=\frac{1}{z}$;

dann gilt: $\text{r-}\lim\limits_{x\to 0}\frac{e^{-\frac{1}{x}}}{x^\alpha}=\lim\limits_{z\to\infty}\frac{e^{-z}}{z^{-\alpha}}=\lim\limits_{z\to\infty}\frac{z^\alpha}{e^z}=0$ (vgl. Beispiel **2)** und Aufgabe 11, a!).

5) Ebenso gilt für alle $\alpha\in\mathbb{R}$: $\text{r-}\lim\limits_{x\to 0}\frac{e^{-\frac{1}{x^2}}}{x^\alpha}=0$ (Aufgabe 11, b).

Übungen und Aufgaben

1. Wendet man auf zwei Funktionen f und g den Satz von Taylor an und stellt man das Restglied nach Lagrange dar, so ergibt sich für $g(x)\neq 0$:

$$\frac{f(x)}{g(x)}=\frac{f(x_0)+f'(x_0+\theta_1 h)\cdot h}{g(x_0)+g'(x_0+\theta_2 h)\cdot h}$$

Begründe, daß θ_1 und θ_2 im allgemeinen nicht übereinstimmen!

2. Leite die in Aufgabe 1 angegebene Formel für $\frac{f(x)}{g(x)}$ mit Hilfe des Mittelwertsatzes der Differentialrechnung her!

3. Begründe, daß man in S 14.1 und in S 14.2 nur voraussetzen muß, daß die Funktionen in derselben einseitigen Umgebung von x_0 existieren! Welcher Bedingung sind dann die Grenzwerte zu unterwerfen?

4. Übertrage den Beweis von S 14.3 auf den Fall $x\to-\infty$!

5. Übertrage den Satz S 14.2 auf die Fälle $x\to\infty$ und $x\to-\infty$!

6. Begründe, an welchen Stellen der Herleitung von S 14.4 von den zusätzlichen Voraussetzungen Gebrauch gemacht wurde!

7. Bestimme die Grenzwerte folgender Ausdrücke an der Stelle x_0! In welchen Beispielen kann nur ein einseitiger Grenzwert bestimmt werden?

a) $\frac{x^2-1}{x+1}$; $x_0=-1$ **b)** $\frac{x^2-3x+2}{x^2+2x-8}$; $x_0=2$ **c)** $\frac{e^x-1}{\sin x}$; $x_0=0$

d) $\frac{\sqrt{x^2-9}-4}{x^2-4x-5}$; $x_0=5$ **e)** $\frac{x-\sin x}{1-\cos x}$; $x_0=0$ **f)** $\frac{x^2-4}{x-2}$; $x_0=2$

g) $\frac{e^x-1}{x};\ x_0=0$ h) $\frac{\ln x}{x-1};\ x_0=1$ i) $\frac{\sin(x^2)}{x};\ x_0=0$

j) $\frac{\sin^2 x-1}{\cos x};\ x_0=\frac{\pi}{2}$ k) $\frac{x^2\cdot\cos x}{\cos x-1};\ x_0=0$ l) $\frac{\sin n x}{x};\ x_0=0;\ n\in\mathbb{N}$

m) $\frac{1-\sin x+\cos x}{\sin 2x-\cos x};\ x_0=\frac{\pi}{2}$ n) $\frac{e^x-e^{-x}}{x};\ x_0=0$ o) $\frac{\ln\cos x}{x};\ x_0=0$

p) $\frac{e^x-a^x}{x};\ x_0=0;\ a>0$ q) $\frac{\tan 2x}{\tan 3x};\ x_0=0$ r) $\frac{1-x^m}{1-x^n};\ x_0=1\ (m, n\in\mathbb{N})$

8. Ermittle die folgenden Grenzwerte!

a) $\lim\limits_{x\to\infty}\frac{2x^2-1}{x^2-6x+1}$ b) $\lim\limits_{x\to\infty}\frac{\sqrt{x}}{x-1}$ c) $\lim\limits_{x\to\infty}\frac{x}{e^x-e^{-x}}$

d) $\lim\limits_{x\to\infty}\frac{\ln x}{x^n}\ (n\in\mathbb{N})$ e) $\lim\limits_{x\to\infty}\frac{e^x}{x^n}\ (n\in\mathbb{N})$ f) $\lim\limits_{x\to\infty}\frac{\ln(a+bx)^m}{\ln(c+dx)^n}\ (m, n\in\mathbb{N})$

9. Berechne die folgenden Grenzwerte!

a) $\text{r-}\lim\limits_{x\to 0}\frac{a\ln x}{\ln\sin x}$ b) $\lim\limits_{x\to\frac{\pi}{2}}\frac{\tan 3x}{\tan 5x}$ c) $\text{r-}\lim\limits_{x\to 0}\frac{\ln\frac{1}{x}}{\ln x}$

d) $\text{r-}\lim\limits_{x\to\alpha}\frac{\ln(\sin x-\sin\alpha)}{\ln(\tan x-\tan\alpha)}\ (0\leq\alpha\leq\frac{\pi}{4})$ e) $\text{r-}\lim\limits_{x\to 1}\frac{\ln(x-1)}{\frac{1}{x-1}}$

10. Berechne die folgenden Grenzwerte!

a) $\text{r-}\lim\limits_{x\to 0}(\sin x\cdot\ln x)$ b) $\text{r-}\lim\limits_{x\to 0}(\sin a x\cdot\ln x)$ c) $\lim\limits_{x\to\infty}(x+a)\ln\left(1+\frac{a}{x}\right)$

d) $\lim\limits_{x\to 5}(x-5)\cdot\cot\pi x$ e) $\lim\limits_{x\to\alpha}(\sin\alpha-\sin x)\cdot\tan\frac{\pi x}{2\alpha}$

f) $\lim\limits_{x\to\alpha}\tan\frac{\pi x}{2\alpha}(e^{\sin x}-e^{\sin\alpha})$ g) $\lim\limits_{x\to\alpha}\cot\frac{\pi x}{\alpha}(\cos\alpha-\cos x)$

11. Zeige: a) $\lim\limits_{x\to\infty}\frac{x^\alpha}{e^x}=0$ b) $\text{r-}\lim\limits_{x\to 0}\frac{e^{-\frac{1}{x^2}}}{x^\alpha}=0$

12. Berechne die folgenden Grenzwerte!

a) $\lim\limits_{x\to 0}\frac{a^x-b^x}{x}$ b) $\lim\limits_{x\to 0}\frac{\arcsin x}{x}$ c) $\lim\limits_{x\to 0}\frac{e^x+e^{-x}-2}{1-\cos x}$

d) $\lim\limits_{x\to 0}\frac{x-\sin x}{x^3}$ e) $\lim\limits_{x\to 0}\frac{1-\cos\frac{x}{2}}{1-\cos x}$ f) $\lim\limits_{x\to\infty}\frac{\frac{\pi}{2}-\arctan x}{\frac{1}{x}}$

g) $\lim\limits_{x\to\frac{\pi}{2}}\frac{\tan x}{\tan 3x}$ h) $\lim\limits_{x\to 0}\frac{\tan x-\sin x}{x^3}$ i) $\lim\limits_{x\to 2}\frac{\sqrt{2+x}-\sqrt{3x-2}}{\sqrt{4x+1}-\sqrt{5x-1}}$

j) $\lim\limits_{x\to 0}\frac{\sqrt{1+x+x^2}-1}{x}$ k) $\lim\limits_{x\to 0}\frac{\sqrt{1+x}-\sqrt{1+x^2}}{\sqrt{1+x}-1}$ l) $\lim\limits_{x\to 2}\frac{\sqrt{3+x+x^2}-\sqrt{9-2x+x^2}}{x^2-3x+2}$

13. Berechne die Grenzwerte folgender Ausdrücke zur Stelle x_0!

a) $\frac{\sin 2x}{x}$; $x_0=0$ b) $\frac{\tan x}{\sin x}$; $x_0=0$ c) $\frac{x^3-a^3}{x^2-a^2}$; $x_0=a$

d) $\frac{x^2-\sqrt{a^3 x}}{\sqrt{ax}-a}$; $x_0=a$; $a>0$ e) $\frac{\sin 2x}{x\cos x}$; $x_0=0$ f) $\frac{\sin x\cdot\sin 2x}{x^2}$; $x_0=0$

g) $\frac{x^3+4x^2-2x-8}{x^4-8x^2+12}$; $x_0=\pm\sqrt{2}$ h) $\frac{x^3-2x^2-x+2}{x^3-7x+6}$; $x_0=1;\ 2$

i) $\frac{6x^2-5x+1}{8x^2-2x-1}$; $x_0=\frac{1}{2}$ j) $\frac{1-\cos nx}{x\sin nx}$; $x_0=0$; $n\in\mathbb{N}$

k) $\frac{e^x-e^{-x}}{1-x-\ln(e-x)}$; $x_0=0$ l) $\frac{\cos x-1}{\ln(1+x^2)}$; $x_0=0$

m) $\frac{e^{-x^2}-1}{x^2}$; $x_0=0$ n) $\frac{\sin x}{\sqrt{1+x}-1}$; $x_0=0$ o) $\frac{e^{nx}}{\ln(1+x)}$; $x_0=0$; $n\in\mathbb{N}$

p) $\frac{e^x-\sin x-\cos x}{x^2}$; $x_0=0$ q) $\frac{x\cos x-\sin x}{2x^2\sin x}$; $x_0=0$ r) $\frac{x-\sin x}{\tan^3 x}$; $x_0=0$

s) $\frac{x(e^x-e^{-x}-2x)}{2-x^2-2\cos x}$; $x_0=0$ t) $\frac{x(2-e^x-e^{-x})}{2x-e^x+e^{-x}}$; $x_0=0$ u) $\frac{\sqrt{1+x+x^2}-1}{x}$; $x_0=0$

v) $\frac{2-x^2-2\cos x}{2+2x+x^2+\frac{x^3}{2}-2e^x}$; $x_0=0$ w) $\frac{2\cos x+2x\sin x-x^2-2}{2\cos x-x^2-2}$; $x_0=0$

14. Berechne die folgenden Grenzwerte!

a) $\lim\limits_{x\to\infty}\frac{x^2+2x-3}{e^x}$ b) $\lim\limits_{x\to\infty}\frac{x^2+xe^x}{e^{2x}}$ c) $\lim\limits_{x\to\infty}\frac{x+e^x}{(x+1)e^x}$

d) $\lim\limits_{x\to\infty}\frac{e^x}{x+e^x}$ e) $\lim\limits_{x\to\infty}\frac{x^2+e^x}{xe^x}$ f) $\lim\limits_{x\to\infty}\frac{x\ln x}{e^x}$

15. Beweise mit Hilfe des Wurzelkriteriums (S 9.13) und der Regel von de l'Hospital die Konvergenz der Reihen (s_n)!

a) $s_n=\sum\limits_{k=1}^{n}k^k\cdot\left(\sin\frac{1}{k^2}\right)^k$ b) $s_n=\sum\limits_{k=1}^{n}k^{2k}\cdot\left(1-\cos\frac{1}{k}\right)^k$

II. Unbestimmte Ausdrücke der Form „$\infty-\infty$"

1. Eine weitere Form von unbestimmten Ausdrücken lernen wir kennen an dem folgenden

Beispiel: $\lim\limits_{x\to 0}\left(\frac{1}{\sin x}-\frac{1}{x}\right)=?$

Da jeder Summand gegen ∞ strebt, spricht man von einem unbestimmten Ausdruck der Form „$\infty-\infty$".

Sachregister

Abbildung 10
Abbildungsrelation 10
Abbildung von A auf B 11 f.
Abbildung von A nach B 11
abgeschlossene Menge 145 f.
abgeschlossenes Intervall 146
Abkühlvorgang 133
Abschätzung 148 ff., **189 ff.**, 192 ff., 219, **226 ff.**, **230**, 241, 248
absolute Konvergenz **177 f.**, **181**, **201 f.**, **205**, 208, 249
abzählbar 63
Additionstheorem 148
d'Alembert 173 ff.
algebraische Funktion 37 ff.
algebraische Gleichung 37 f.
alternierende Reihe **184 ff.**, **191 f.**, 236, 241
Anfangsbedingung 136 f.
Anfangsgeschwindigkeit 133
Ansatz 119 ff., 218
Approximation **214 ff.**
  durch Polynome **217 ff.**
Archimedisches Axiom 141
Arcusfunktionen 43 ff.
Arcussinusreihe 244
Arcustangensreihe 242
arithmetische Reihe **154**, **157**, 160
arithmetische Zahlenfolge 140
Assoziativgesetz 158
Auflösungsvorgang 136
Aussageform 9

bestimmt divergent 157
bestimmtes Integral 53 ff.
Bijektion, bijektiv **13**, 17
Binomialkoeffizient 237 ff.
binomischer Lehrsatz **237 ff.**, 242 f.
Bogen 43 ff.
Boltzmannkonstante 250
Bolzano-Weierstraß 142, 147, 170, 186
Boyle, Gesetz von 134 f.

Cauchy, Restgliedformel **227 ff.**, 236, 239
Cauchysches Konvergenzkriterium **146 ff.**, **162 ff.**, 167 ff., 187
Cauchysches Wurzelkriterium **180 ff.**
Chemische Reaktion 134

Dämpfung 135
Definition, rekursive 147 ff., 153 ff.
Definitionsmenge 9 ff.
Dezimalbruch, unendlicher 161
Differentialgleichung **128 ff.**, 132 ff., 252
Differentiation von Potenzreihen **204 ff.**, 233, **247 ff.**
differenzierbar **27 ff.**, 80, 83, 95, 100, 204 ff.
Distributivgesetz 158
Divergenz 142 ff., **157**, **164**, **169 ff.**
Drehhyperboloid 106
Dreiecksungleichung 147
Doppelpunkt 42

echt gebrochen 119, 121
effektive Spannung 139
effektive Stromstärke 138
einseitige Grenzwerte 255 ff.
Einstein, A. 249
elektrische Schwingung 135
Endstück 19
Entwicklungsstelle **201**, **219 f.**
Erweiterungsverfahren 263
Euler 244
Eulersche Zahl **88 f.**, **107 ff.**, **190**
explizite Darstellung 40
Exponentialfunktion **79 ff.**, **89**, 91, 98, **128**, **219**, **230 f.**
  natürliche **88 ff.**
Extremstellen 38
Extremum 246 f.

Fehler **189 f.**, 216, **218**, 244
Fehlerabschätzung **216**, 228, 236 ff., 241 f., 245
Flächeninhalt 75
Flußdiagramm 193, 217, 229
Folgen von Funktionen **195 ff.**
Frequenz 251
Funktion 10 f.
  algebraische Funktion 37 ff.
  differenzierbare Funktion 27 ff.
  gebrochene rationale Funktion 112 ff.
  identische Funktion 15
  konstante Funktion 214
  lineare Funktion 215
  stetige Funktion 19 ff., 65 ff.
  trigonometrische Funktionen 43 ff.
Funktionalgleichung 81, 84, 87
Funktionenfolge **195 ff.**
Funktionenreihe **197 ff.**, 204 ff.
Funktionsgleichung 10 f.
Funktionsterm 10 f.

Gaußklammer 10, 16 f.
Gauß-Verteilungsfunktion 92
geometrische Folge 135, **140**, 180
geometrische Reihe **154**, **157**, 160, **168**, 172 f., **198**, **212**, 237
globale Approximation 215
Graph 9, 15
Grenzfunktion **197 ff.**, 204 ff., 209 ff., 247

Grenzwert 140ff., 147, 151, 156f., 185, 254ff.
Grenzwertsätze 159
Grundintegrale 112

Halbwertszeit 131
harmonische Reihe **153, 157,** 162, 173, **175**
harmonische Schwingung 139
Häufungspunkt 142ff., 147
Häufungswert 142ff.
Hauptbereiche 51f.
Hauptsätze der Infinitesimalrechnung **34, 47f.,** 50, **67ff.,** 83, **112,** 212, 221f., 224
Hauptwerte 51
de l'Hospital **254ff.**
Hyperboloid 42, 106

ideales Gas 134
identische Funktion 15
implizite Darstellung einer Funktion 40
implizites Differenzieren 40ff.
Induktion, vollständige 117, 148f., 158, 160f., 173, 190, 192, 207, 209f., 223, 225
Induktivität 136
infimum 54
Injektion, injektiv **12, 15,** 20f.
Integral 53ff.
bestimmtes Integral 53ff.
uneigentliches Integral 73ff.
Integralrechnung 53ff.
Integration von Differentialgleichungen 130
Integration von Potenzreihen **210ff.,** 233, 242f.
Integrationskonstante 133ff.
Integrationsverfahren 112
integrierbar **53ff.,** 79, **210f.**
Integrierbarkeitskriterium 63
Intervall 19
Intervallschachtelung 110f., 192f., 202

Joulegesetz 137

Kapazität 132
Kettenlinie 115
Kettenregel 29, 33, 41f., 96, 104, 257
kinetische Energie 139
Koeffizient **200,** 218, 221, 233
Koeffizientenvergleich **119,** 123, **209, 218,** 221, 233
Kommutativgesetz 158
Kompression 134f.
adiabatische Kompression 135
isotherme Kompression 135
Kondensator 132
Konvergenz **140ff., 150ff., 156ff.,** 161, **196ff., 177f.,** 235ff., 262
absolute Konvergenz **177f., 181, 201f., 205,** 208, 249
Konvergenzbedingung 141, 201
Konvergenzbereich 196ff.
Konvergenzbeweis 142
Konvergenzintervall **202,** 205, 210
Konvergenzkriterium **146ff., 169ff., 173ff., 184ff.,** 203
Konvergenzmenge **196ff.,** 201, 204
Konvergenzradius **202ff., 206f., 211ff.,** 248
Kreisfrequenz 135
Kreiszahl 242f.

Lagrange **227ff.,** 239, 248, 254, 256, 260
Leibniz 128, **184**
Leibnizkriterium **185ff., 191ff.,** 236
Leibnizreihe **153, 243**
Lichtgeschwindigkeit 249ff.
limes inferior 145f.
limes superior 145f.
Linearfaktoren 119
Linearität 58
linkseindeutig 12, 16
Logarithmengesetze 99f.
Logarithmusfunktionen **79ff., 99ff., 220,** 259f.
natürliche Logarithmusfunktion **88ff., 220, 234ff.,** 259f.
lokale Approximation 215f.
lokales Extremum 246ff.
Luftdruck 134

Maclaurinreihe 229ff.
Maclaurinsatz 224ff.
Majorante **166ff.,** 188, 190, 193, 202, 205, 241
Majorantenkriterium 166ff.
mathematisches Pendel 139, 253
Maximum 246f.
Michelson-Versuch 149
Minimum 246f.
Minorante 169ff.
Minorantenkriterium 169ff.
Mittelwerte **137ff.,** 214f., 217
Mittelwertsatz der Integralrechnung 68f., 214f., 217, 226, 254
Mittelwertsatz der Integralrechnung, zweiter **70ff., 226ff.**
Modul 101
monoton 20f., 32, 51, 84, 98, 109
Monotoniegesetz für Potenzen **94ff.,** 97

Näherungsfunktion 215f.
Näherungswerte **189,** 217, 237, **240ff.**
natürliche Exponentialfunktion 88ff.
natürliche Logarithmen **88ff.,** 90ff., 100ff., **234ff.**
Newton 128
Normalbereich 106
Normale 36
Nullfolge 177

obere Grenze 54
Oberintegral **55ff.,** 66f.
Obersumme 53ff.

Partialbruchzerlegung **117ff., 122ff.**
Partialsummen **153ff.,** 156ff., 159

partielle Integration 85, 114 ff., **222 f.**
Pendel 139, 253
Pfeilbild 10, 15
physikalische Beispiele **132 ff., 249 ff.**
Planck, M. 250
Plancksches Wirkungsquantum 250
Polynom **200,** 214
Potenzbegriff 79, 93 ff.
Potenzfunktionen **33 f., 96,** 259 f.
Potenzgleichungen 98
Potenzreihen **200 ff., 214 ff., 247 ff.,** 250
Potenzterm **33 ff., 79,** 88, **96,** 259 f.
Potenzungleichungen 98
Programmieren 193 f., 217, 229, 237, 242
Proportionalität der Logarithmensysteme 100 ff.

Quadratwurzeln 240 f.
Quantoren 141
Quotient der Differentiale 129
Quotientenkriterium **173 ff.,** 179, 198 f., 203, 205, 209, 212 f., 239 f.

Radioaktiver Zerfall 128, 130
Reaktion, chemische 134
Reaktionsgeschwindigkeit 134
rechtseindeutig 10 f., 16
rechtsseitige Grenzwerte 257 ff.
Reibungskraft 133
Reihen **153 ff.,** 264
  alternierende Reihen 236
  arithmetische Reihen 154
  geometrische Reihen 154, 198, 201, 212
  von Funktionen 195 ff.
  Potenzreihen 200 ff.
  Taylorreihen 228 ff., 238 ff.
  unendliche Reihen 153 ff.
Rekursionsformel 116 f., **147 ff.,** 153, 221
rekursive Definition 147 ff., **153 ff.**
Relation 9 ff.
  funktionale Relation 10
Restglied **218 ff., 222 ff., 226 ff.,** 239 f.
Rotationskörper 35 f., 42, 78, 106, 115
Ruhmasse 251

schiefer Wurf 139
Schleife 42
Schnittmenge 196
Schranke 205
schwarzer Körper 250
Schwingung, elektrische 135
Schwingung, harmonische 139
Selbstinduktion 136
Sichtweite 252
Sinusfunktion 43, 219, 231
Spannung 132, 136
Spitze 42
Stammfunktion 35, 50, 83, 85, 116, 118, 129, 211, 222
stetige Funktionen **19, 65 ff.,** 79 f., 83, 95
stetige Verzinsung 132
Stetigkeit 204, 210
Stirlingformel 253
Strahlungsenergie 250
Strahlungsgesetz 250
Stromstärke 136 ff.
Strömungsgeschwindigkeit 135
Substitutionsverfahren 34, 47, 74, 85, 113 f., 117, 137
Summenzeichen **153 f., 158 f.,** 161
supremum 54
Surjektion, surjektiv **11,** 13, 17
Symmetrie 98

Tangente 27, 32, 36, 42
Tangentenfunktion 233
Taylorreihen **229 ff.,** 238 ff., 241
Taylorsatz **224 ff.,** 254, 260
Teilfolgen 151, 186, 192
Toricelli 106
Transformation, lineare 200
Translation 200
Treppenfunktion 64
trigonometrische Funktionen 43 ff.

Umkehrabbildung 12
umkehrbar 12, 15, 20
Umkehrfunktion **9 ff.,** 15 ff., **19 ff., 27 ff., 43 f., 86 ff.,** 98
Umkehrrelation 9, 15
unbestimmter Ausdruck **254 ff.**
unbestimmtes Integral 118
uneigentliche Grenzwerte 157
uneigentliche Integrale **73 ff.,** 105 f., 127
unendliche Folge 140
unendliche Reihe 153 ff.
unendlicher Dezimalbruch 161
Unendlichkeitsstelle 75
untere Grenze 54
Unterintegral **55 f.,** 65 f.
Unterprogramm 193, 217, 229
Untersumme 53 ff.

Vergleichsreihen **166 ff.**
Verketten 13
Verkettungsfunktion **13,** 17, 29, 32
Verkettungsrelation 14
Verschiebung 200
Verzinsung, stetige 132
vollständige Induktion 117, 148 f., 158, 160 f., 173, 190, 192, 207, 209 f., 223, 225

Wachstumsfunktion 132
Wachstumsgesetz 131 ff.
Wärme, spezifische 250
Wärmemenge 137 f.
Wechselstrom 137 ff.
Weierstraß 142, 147, 170, 186
Weiterzerlegung 62
Wellenlänge 250 f.
Wendestellen 38, 246 f.
Wertemenge 9 ff.
Wiensches Verschiebungsgesetz 250

Widerstand 132, 136 f., 139
Winkelgeschwindigkeit 139
Wurf, schiefer 139
Wurzelfunktionen 33 f.
Wurzelkriterium **180 ff.**, 203, 262
Wurzeln 241 f.

zähe Flüssigkeit 133, 252
Zahlenfolge 11, **140 ff.**, 196
Zahl π 242 f.
Zerfallsgeschwindigkeit 128, 131
Zerfallskonstante 130 f., 252
Zerlegung 53 ff.
Zerlegungsfolge, ausgezeichnete 53
zusammenhängend **19 ff.**, 27, 32
Zustandsgleichung 135
Zwischenwertsatz **19**, 24